DELIUS KLASING

MIX
Papier aus verantwortungsvollen Quellen
Paper from responsible sources
FSC® C105338

Dr. Etzold
Diplom-Ingenieur für Fahrzeugtechnik

So wird's gemacht

pflegen – warten – reparieren

Band 154

Ford Fiesta

Benziner

1,0 l/ 48 kW	(65 PS)	1/13 –	6/17
1,0 l/ 59 kW	(80 PS)	1/13 –	6/17
1,0 l/ 74 kW	(100 PS)	1/13 –	6/17
1,0 l/ 92 kW	(125 PS)	1/13 –	6/17
1,0 l/103 kW	(140 PS)	1/13 –	6/17
1,25 l/ 44 kW	(60 PS)	10/08 –	6/17
1,25 l/ 60 kW	(82 PS)	10/08 –	6/17
1,4 l/ 71 kW	(96 PS)	10/08 –	6/17
1,6 l/ 88 kW	(120 PS)	10/08 –	12/12
1,6 l/ 99 kW	(134 PS)	4/11 –	6/17

Diesel

1,4 l/ 51 kW	(70 PS)	7/10 –	12/12
1,5 l/ 55 kW	(75 PS)	1/13 –	4/17
1,6 l/ 55 kW	(75 PS)	1/09 –	7/10
1,6 l/ 66 kW	(90 PS)	10/08 –	2/10
1,6 l/ 70 kW	(95 PS)	2/10 –	6/17

Delius Klasing Verlag

Redaktion: Günter Skrobanek (Text)
Christine Etzold (Bild)

Bibliografische Information der Deutschen Nationalbibliothek
Die Deutsche Nationalbibliothek verzeichnet diese Publikation
in der Deutschen Nationalbibliografie; detaillierte bibliografische
Daten sind im Internet über http://dnb.d-nb.de abrufbar.

3. Auflage
ISBN 978-3-667-13037-2

Alle Angaben ohne Gewähr
Druck: Books on Demand, Norderstedt
Printed in Germany

Delius Klasing Verlag, Siekerwall 21, D-33602 Bielefeld
Tel.: 0521/559-0
E-Mail: info@delius-klasing.de
www.delius-klasing.de
http://sowirdsgemacht.com

Lieber Leser,

die Automobile werden von Modellgeneration zu Modellgeneration technisch immer aufwändiger und komplizierter. Ohne eine Anleitung kann man mitunter nicht einmal mehr die Glühlampe eines Scheinwerfers auswechseln. Und so wird verständlich, dass von Jahr zu Jahr immer mehr Heimwerker zum »So wird´s gemacht«-Handbuch greifen.

Doch auch der kundige Hobbymonteur sollte bedenken, dass der Fachmann viel Erfahrung hat und durch die Weiterschulung und den ständigen Erfahrungsaustausch über den neuesten Technikstand verfügt. Mithin kann es für die Überwachung und Erhaltung der Betriebs- und Verkehrssicherheit des eigenen Fahrzeugs sinnvoll sein, in regelmäßigen Abständen eine Fachwerkstatt aufzusuchen.

Grundsätzlich muss sich der Heimwerker natürlich darüber im Klaren sein, dass man mithilfe eines Handbuches nicht automatisch zum Kfz-Mechaniker wird. Auch deshalb sollten Sie nur solche Arbeiten durchführen, die Sie sich zutrauen. Das gilt insbesondere für jene Arbeiten, die die Verkehrssicherheit des Fahrzeugs beeinträchtigen können. Gerade in diesem Punkt sorgt das »So wird´s gemacht«-Handbuch jedoch für praktizierte Verkehrssicherheit. Durch die Beschreibung der Arbeitsschritte und den Hinweis, die Sicherheitsaspekte nicht außer Acht zu lassen, wird der Heimwerker vor der Arbeit entsprechend sensibilisiert und informiert. Auch wird darauf hingewiesen, im Zweifelsfall die Arbeit lieber von einem Fachmann ausführen zu lassen.

Sicherheitshinweis
Auf verschiedenen Seiten dieses Buches stehen »Sicherheitshinweise«. Bevor Sie mit der Arbeit anfangen, lesen Sie bitte diese Sicherheitshinweise aufmerksam durch und halten Sie sich strikt an die dort gegebenen Anweisungen.

Vor jedem Arbeitsgang empfiehlt sich ein Blick in das vorliegende Buch. Dadurch werden Umfang und Schwierigkeitsgrad der Reparatur offenbar. Außerdem wird deutlich, welche Ersatz- oder Verschleißteile eingekauft werden müssen und ob unter Umständen die Arbeit nur mithilfe von Spezialwerkzeug durchgeführt werden kann. **Besonders empfehlenswert: Wenn Sie eine elektronische Kamera zur Hand haben, dann sollten Sie komplizierte Arbeitsschritte für den Wiedereinbau fotografisch dokumentieren.**

Für die meisten Schraubverbindungen ist das Anzugsdrehmoment angegeben. Bei Schraubverbindungen, die in jedem Fall mit einem Drehmomentschlüssel angezogen werden müssen (Zylinderkopf, Achsverbindungen usw.), ist der Wert **f e t t** gedruckt. Nach Möglichkeit sollte man generell jede Schraubverbindung mit einem Drehmomentschlüssel anziehen. Übrigens: Für viele Schraubverbindungen sind Innen- oder Außen-Torxschlüssel erforderlich.

Als ich Anfang der siebziger Jahre den ersten Band der »So wird´s gemacht«-Buchreihe auf den Markt brachte wurden im Automobilbau nur ganz wenige elektronische Bauteile eingesetzt. Inzwischen ist das elektronische Management allgegenwärtig; ob bei der Steuerung der Zündung, des Fahrwerks oder der Gemischaufbereitung. Die Elektronik sorgt auch dafür, dass es in verschiedenen Bereichen keine Verschleißteile mehr gibt. Das Überprüfen elektronischer Bauteile ist wiederum nur noch mit teuren und speziell auf das Fahrzeugmodell abgestimmten Prüfgeräten möglich, die dem Heimwerker in der Regel nicht zur Verfügung stehen. Wenn also verschiedene Reparaturschritte nicht mehr beschrieben werden, so liegt das ganz einfach am vermehrten Einsatz von elektronischen Bauteilen.

Das vorliegende Buch kann nicht auf jedes technische Fahrzeug-Problem eingehen. Dennoch hoffe ich, dass Sie mithilfe der Beschreibungen viele Arbeiten am Fahrzeug durchführen können. Eines sollten Sie jedoch bei Ihren Arbeiten am eigenen Auto beachten: Ständig werden am aktuellen Modell Änderungen in der Produktion durchgeführt, so dass sich die im Buch veröffentlichten Arbeitsanweisungen und Einstelldaten für Ihr spezielles Modell geändert haben könnten. Sollten Zweifel auftreten, erfragen Sie bitte den aktuellen Stand beim Kundendienst des Automobilherstellers.

Rüdiger Etzold

Inhaltsverzeichnis

Ford Fiesta '09

Aus dem Inhalt:

- **Modellvarianten**
- **Fahrzeugidentifizierung**
- **Motordaten**

Im Oktober 2008 startete die siebte Modellgeneration des FORD FIESTA. Der neue FIESTA ist gegenüber dem Vorgängermodell um 3 Zentimeter gewachsen; doch bleibt er mit einer Länge von 3,95 Metern im Segment der kleinen Kompaktwagen.

Serienmäßig verfügt der FIESTA über Sicherheitsfeatures wie ABS, ESP mit Bremsassistent, Front- und Seiten-Airbags, einen Knie-Airbag auf der Fahrerseite sowie Kopf-Schulter-Airbags vorn und hinten.

Für alle FIESTA-Modelle stehen Benzin- und Dieselmotoren mit unterschiedlicher Leistung zur Verfügung, sodass die Motorisierung ganz nach den persönlichen Anforderungen ausgewählt werden kann. Die Antriebskraft wird auf die Vorderräder übertragen.

Im Herbst 2012 kam das ST-Modell auf den Markt. Ein trapezförmiger Kühlergrill mit Wabenmuster, flachere Scheinwerfer, die zur Fahrzeugmitte hin abgeschrägt sind sowie hochkantgestellte Nebelscheinwerfer, die wie seitliche Lichtschlitze in der Frontverkleidung sitzen, lassen den ST dynamischer als die Serienlimousine wirken.

Mit dem Anfang 2013 durchgeführten Facelift wurden Scheinwerfer und Kühlergrill vom ST-Modell übernommen, allerdings verfügt der Kühlergrill der Limousine nunmehr über 5 Querspangen und das FORD-Emblem ist oben auf der Frontverkleidung angeordnet. Seitliche Zierblenden umfassen die runden Nebelscheinwerfer. Das Fahrzeugheck bleibt weitgehend gleich, lediglich die Heckleuchten wurden neu gestaltet.

FIESTA: Modell 2009

FIESTA-Heck: Modell 2009

FIESTA: Modell 2013

FIESTA-Heck: Modell 2013

Fahrzeug- und Motoridentifizierung

Die **Fahrgestellnummer** oder **Fahrzeug-Identifizierungs-Nummer** (VIN = Vehicle Identification Number) befindet sich an folgenden Positionen:

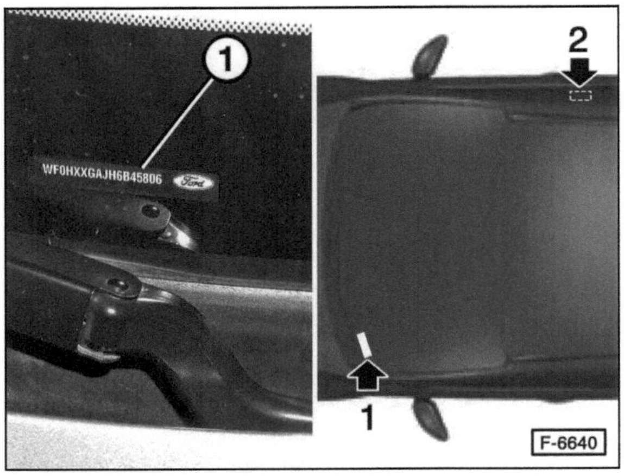

1 – Auf der linken Seite der Armaturentafel, lesbar durch die Frontscheibe.

2 – Rechts neben dem Vordersitz im Bodenblech

3 – Auf dem Typschild am Türholm der Beifahrertür unterhalb des Türschließbügels, siehe auch Abbildung F-6632.

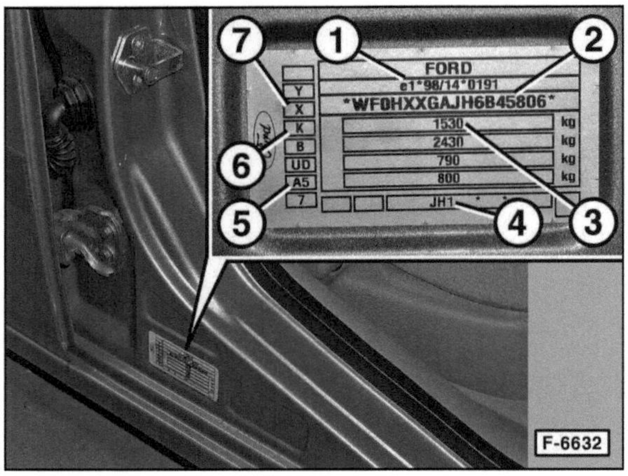

1 – Zulassungsnummer
2 – Fahrgestellnummer (VIN)
3 – Fahrzeug-Gesamtgewicht
4 – Karosserietyp
5 – Lackierung
6 – Getriebecode
7 – Motorcode

Aufschlüsselung der Fahrgestellnummer:

*	W	F	0	J	X	X	G	A	J	J	C	R	0	0	0	2	0	*
1	2	3	4	5	6	7	8	9	10	11	12	13	14	15	16	17	18	19

Stelle 1: Stern (*)

Die Sterne vorn und hinten dienen als Begrenzung der Fahrgestellnummer.

Stellen 2, 3, und 4: Welt-Herstellerzeichen

WF0 – Ford Werke Deutschland (Europäische Modelle)
SFA – Ford Motor Company Ltd. Großbritannien
WF1 – Ford Werke Deutschland (US-Modelle)
XLC – N.V. Nederland Ford – Niederlande
VS6 – Ford Espana S.A. – Spanien
TW2 – Ford Lusitana S.A.R.L. – Portugal

Ziffer 5: Karosserieform

J – 5-türige Limousine
G – 3-türige Limousine
R – Lieferwagen

Stelle 6 und 7: XX (Füllzeichen)

Stelle 8: Hersteller

G – FORD Deutschland, Köln

Stelle 9: Montagewerk

A – Köln, Deutschland
B – Genk, Belgien
C – Saarlouis, Deutschland

Stelle 10: Modellreihe

J – FIESTA

Stelle 12: Baujahr

8 – 2008; 9 – 2009; A – 2010; . . . I – 2016; H – 2017.

Stelle 13: Baumonat

	Jan	Feb	Mär	Apr	Mai	Jun	Jul	Aug	Sep	Okt	Nov	Dez
2008	–	–	–	–	–	–	–	–	–	Y	S	T
2009	J	U	M	P	B	R	A	G	C	K	D	E
2010	L	Y	S	T	J	U	M	P	B	R	A	G
2011	C	K	D	E	L	Y	S	T	J	U	M	P
2012	B	R	A	G	C	K	D	E	L	Y	S	T
2013	J	U	M	P	B	R	A	G	C	K	D	E
2014	L	Y	S	T	J	U	M	P	B	R	A	G
2015	C	K	D	E	L	Y	S	T	J	U	M	P
2016	B	R	A	G	C	K	D	E	L	Y	S	T
2017	J	U	M	P	B	R	–	–	–	–	–	–

Stelle 14 – 18: Laufende Fahrzeugnummer (5-stellig)

Stelle 19: Stern (*)

Motornummer

Die **Motornummer** ist im Motorblock eingeschlagen und befindet sich beim **Benzinmotor** vorn links im Bereich des Getriebeflansches.

Beim **Dieselmotor** sitzt die Motornummer an der Auslassseite des Motors in Höhe des 1. und 2. Zylinders, siehe auch Position –8– in Abbildung F-6631 auf Seite 14.

Motordaten I

Motor/Modell	1.0 l	1.0 l	1.0 l EcoBoost	1.0 l EcoBoost	1.0 l EcoBoost
Fertigung von – bis	1/13 – 6/17	1/13 – 6/17	1/13 – 6/17	1/13 – 6/17	1/13 – 6/17
Motorbezeichnung	XMJB	P4JA-D	M2DA-C	M1DA/C/D	M1DH
Hubraum cm^3	998	998	998	998	998
Leistung kW bei 1/min PS bei 1/min	48/6300 65/6300	59/6300 80/6300	74/6000 100/6000	92/6000 125/6000	103/6000 140/6000
Drehmoment Nm bei 1/min	105/4100	105/4100	170/1400	170/1400	180/1500
Bohrung ∅ mm	71,9	71,9	71,9	71,9	71,9
Hub mm	81,9	81,9	81,9	81,9	81,9
Verdichtung	10,0	10,0	10,0	10,0	10,0
Zylinder/Ventile pro Zylinder	3/4	3/4	3/4	3/4	3/4
Kraftstoff (ROZ)	Super 95	Super 95	Super 95	Super 95	Super 95
Wechselmengen Motoröl Liter Kühlflüssigkeit Liter	 4,1 5,8	 4,1 5,8	 4,1 5,8	 4,1 5,8	 4,1 5,8

Motor/Modell	1,25 l	1,25 l	1,4 l	1,4 l LPG	1,6 l Ti-VCT
Fertigung von – bis	10/08 – 6/17	10/08 – 6/17	10/08 – 12/12	10/08 – 6/17	10/08 – 12/12
Motorbezeichnung	STJA/STJB	SNJA/SNJB	SPJA/SPJC	RTJA/RTJB	HXJA/HXJB
Hubraum cm^3	1242	1242	1388	1388	1596
Leistung kW bei 1/min PS bei 1/min	44/6000 60/6000	60/5800 82/5800	71/5750 96/5750	71/5750 [1)] 96/5750 [1)]	88/6000 120/6000
Drehmoment Nm bei 1/min	109/3600	114/4200	128/4200	128/4200 [1)]	152/4050
Bohrung ∅ mm	71,9	71,9	76,0	76,0	79,0
Hub mm	76,5	76,5	76,5	76,5	81,4
Verdichtung	11,0	11,0	11,0	11,0	11,0
Zylinder/Ventile pro Zylinder	4/4	4/4	4/4	4/4	4/4
Kraftstoff (ROZ)	Super 95	Super 95	Super 95	Autogas LPG	Super 95
Wechselmengen Motoröl Liter Kühlflüssigkeit Liter	 4,1 5,8	 4,1 5,8	 4,1 5,8	 4,1 5,8	 4,1 5,8

[1]) Leistungsdaten bei Gasbetrieb: 68 kW (92 PS) bei 5500/min; maximales Drehmoment: 122 Nm bei 4300/min.

Ti-VCT = **T**win **i**ndependent **V**ariable **C**am **T**iming = variable Nockenwellensteuerung für beide Nockenwellen (Einlass- und Auslassnockenwelle).

EcoBoost steht für Benzindirekteinspritzung, Turboaufladung und Ti-VCT.

LPG = **L**iquefied **P**etroleum **G**as = Flüssiggasmischung aus Propan und Butan.

Motordaten II

Motor/Modell	1,6 l Ti-VCT	1,4 l TDCi	1,5 l TDCi	1,6 l TDCi	1,6 l TDCi	1,6 l TDCi
Fertigung von – bis	4/11 – 6/17	7/10 – 12/12	1/13 – 4/17	1/09 – 7/10	10/08 – 2/10	2/10 – 6/17
Motorbezeichnung	U5JA	F6JD	UGJC	HHJD	HHJD	TZJA
Hubraum cm³	1596	1399	1499	1560	1560	1560
Leistung kW bei 1/min PS bei 1/min	99/6700 134/6700	51/4000 70/4000	55/4000 75/4000	55/4000 75/4000	66/4000 90/4000	70/4000 95/4000
Drehmoment Nm bei 1/min	160/4250	160/1750	185/1700	185/1750	194/2000	205/1750
Bohrung Ø mm	79,0	73,7	73,5	75,0	75,0	75,0
Hub mm	81,4	82,0	88,3	88,3	88,3	88,3
Verdichtung	11,0	18,0	16,0	18,0	18,0	18,3
Zylinder/Ventile pro Zylinder	4/4	4/4	4/2	4/4 [2)]	4/4	4/4 [2)]
Kraftstoff (ROZ)	Super 95	Diesel	Diesel	Diesel	Diesel	Diesel
Wechselmengen Motoröl Liter Kühlflüssigkeit Liter	 4,1 5,8	 3,9 5,8	 3,9 5,8	 3,9 5,8	 3,9 5,8	 3,9 5,8

[2)] Seit 3/10: 4/2. (55/70 kW: Seit 3/10 anstelle von 16 Ventilen jetzt 8 Ventile)
TDCi = Turbodiesel-Direkteinspritzer mit gemeinsamer Kraftstoffverteilung (**T**urbo **D**iesel **C**ommon-Rail **I**njection).

Dieselmotor
1,6-l-TDCi

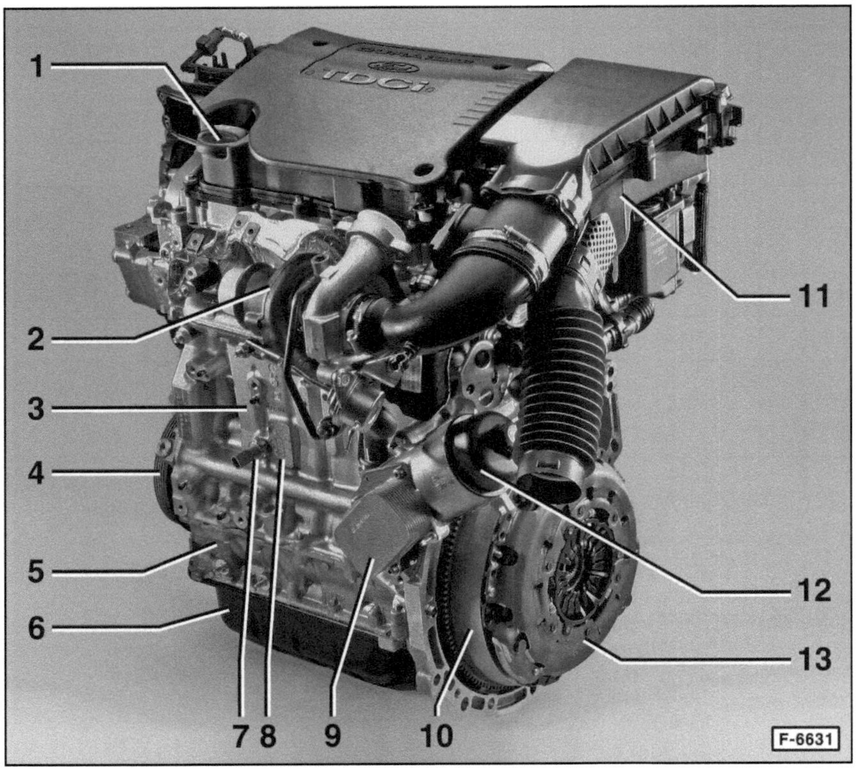

1 – Öleinfülldeckel
2 – Abgasturbolader
3 – Motorblock
4 – Keilrippenriemen
5 – Versteifungsrahmen
6 – Motorölwanne
7 – Öldruckschalter
8 – Motornummer
9 – Ölkühler
10 – Schwungrad
11 – Luftfilter
12 – Ölfilterdeckel
13 – Kupplungs-Druckplatte

Wartung

Aus dem Inhalt:

- Wartungsplan
- Wagenpflege
- Motorstarthilfe
- Wartungsarbeiten
- Werkzeugausrüstung
- Fahrzeug aufbocken

Wartungsplan

Die Wartung ist mindestens **einmal jährlich** durchzuführen. Werden in dieser Zeit **mehr als 20.000 km** gefahren, ist die Wartung bereits nach dieser Laufleistung durchzuführen.

Bei erschwerten Betriebsbedingungen wie überwiegend Stadt- und Kurzstreckenverkehr, häufigen Gebirgsfahrten, Anhängerbetrieb oder staubigen Straßenverhältnissen, Wartung entsprechend öfter durchführen.

Hinweis: Für Fahrzeuge mit 1,4-l-LPG-Motor fallen zusätzliche Wartungsarbeiten an der Gasanlage an, die von einer Fachwerkstatt durchgeführt werden müssen. Bei LPG (**Li**quefied **P**etroleum **G**as) handelt es sich um Flüssiggas, das aus einer Mischung von Butan und Propan besteht.

Motor

- Motorraum: Leitungen, Schläuche, Verkabelungen auf Verlegung, Dichtheit und Scheuerstellen sichtprüfen.
- Motor: Sichtprüfung auf Ölundichtigkeiten.
- Motoröl: Wechseln, Ölfilter ersetzen.
- Dieselmotor mit Ablassschraube am Kraftstofffilter: Kraftstofffilter entwässern, wenn der Filter nicht erneuert wurde.
- Kühl- und Heizsystem: Flüssigkeitsstand prüfen, Konzentration des Frostschutzmittels prüfen. Sichtprüfung auf Undichtigkeiten und äußere Verschmutzung des Kühlers.
- Abgasanlage: Auf Dichtheit und Beschädigung sichtprüfen.

Getriebe, Kupplung, Achsantrieb

- Kupplung: Auf Funktion und Zustand prüfen.
- Antriebswellen: Manschetten auf Undichtigkeiten und Beschädigungen prüfen.
- Schaltgetriebe: Sichtprüfung auf Undichtigkeiten.
- Automatikgetriebe: Sichtprüfung auf Undichtigkeiten. Ölstand prüfen, gegebenenfalls auffüllen (bei mind. +20° C).

Vorderachse und Lenkung

- Spurstangenköpfe: Spiel und Befestigung prüfen, Staubkappen prüfen.
- Achsgelenke: Staubkappen prüfen.
- Lenkung: Manschetten auf Undichtigkeiten und Beschädigungen prüfen.

Bremsen, Reifen, Räder

- Bremsanlage: Dicke und Verschleiß von Bremsbelägen und Bremsscheiben prüfen.
- Bremsanlage: Leitungen, Schläuche, Bremszylinder und Anschlüsse auf Undichtigkeiten und Beschädigungen sichtprüfen. Bremsflüssigkeitsstand prüfen, gegebenenfalls auffüllen.
- Handbremse: Funktion prüfen, gegebenenfalls einstellen.
- Bereifung einschließlich Reserverad (wenn vorhanden): Profiltiefe und Reifenfülldruck prüfen; Reifen auf Verschleiß und Beschädigungen prüfen. Dabei besonders die Seitenwand des Reifens prüfen. Bei unnormaler Abnutzung Spur prüfen lassen (Werkstattarbeit).
- Reifendichtmittel (falls vorhanden): Haltbarkeitsdatum prüfen. Dichtmittelflasche alle 4 Jahre erneuern.
- Radmuttern nachziehen, siehe Seite 137.
- Radzierblenden: Auf Beschädigungen, besonders am Haltesystem prüfen, gegebenenfalls ersetzen.

Karosserie, Innenraum, Heizung

- Motorhaube: Verschluss/Sicherungshaken auf Funktion prüfen und schmieren.
- Unterbodenschutz und Lackierung: Sichtprüfen.
- Sicherheitsgurte: Auf Beschädigungen prüfen.
- Reinluftfilter: Erneuern. **Hinweis:** Falls ein Papierfilter eingebaut ist, diesen durch einen Aktivkohlefilter ersetzen.
- Klimaanlage prüfen. Klimaanlagen-Reinigungsmittel in Luftverteilungssystem einbringen (Werkstattarbeit).

Elektrische Anlage

- Instrumente, Warn- und Kontrollleuchten, Laderaumbeleuchtung sowie Hupe: Funktion prüfen.
- Beleuchtungsanlage: Prüfen, gegebenenfalls Scheinwerfer einstellen.
- Alle Stromverbraucher: Funktion prüfen.

- Scheibenwischer: Wischergummis auf Verschleiß prüfen.
- Scheibenwaschanlage: Funktion prüfen, Waschflüssigkeit nachfüllen.
- Batterie: Pole reinigen und fetten. Auf Undichtigkeiten und festen Sitz prüfen.

Folgende Arbeiten zusätzlich durchführen:

Alle 2 Jahre

- Bremsflüssigkeit: Erneuern.

Alle 2 Jahre oder 40.000 km

- 1,4-l-LPG-Motor: Zündkerzen erneuern.

Alle 3 Jahre

- Klimaanlage: Temperatur an der Auslassleitung des Verdampfers prüfen (Werkstattarbeit). Leitungen der Klimaanlage auf Beschädigung und Undichtigkeiten sichtprüfen.

Alle 3 Jahre oder 60.000 km

- Dieselmotor: Kraftstofffilter erneuern.
- Benzinmotor: Zündkerzen erneuern.
- Luftfiltereinsatz: Erneuern. **Hinweis:** Bei starkem Staubanfall Luftfilter öfter wechseln.
- 1,4-l-LPG-Motor: Ventilspiel prüfen, gegebenenfalls einstellen (Werkstattarbeit).

Alle 8 Jahre oder 160.000 km

- Benzin- und LPG-Motor: Keilrippenriemen erneuern.
- Benzin- und LPG-Motor: Zahnriemen erneuern (Werkstattarbeit).
- 1,25-/1,4-/1,6-l-Benzinmotor: Ventilspiel prüfen, gegebenenfalls einstellen (Einstellen – Werkstattarbeit).

Alle 10 Jahre

- Kühlsystem: Kühlflüssigkeit ablassen, Kühlsystem spülen und mit neuem, violettem Kühlmittel »Super Plus« auffüllen.

Alle 10 Jahre oder 200.000 km

- Dieselmotor: Keilrippenriemen erneuern.
- Dieselmotor: Zahnriemen sowie Riemenspanner und Umlenkrollen erneuern (Werkstattarbeit).

Alle 10 Jahre oder 240.000 km

- 1,0-l-Benzinmotor: Keilrippenriemen erneuern.
- 1,0-l-Benzinmotor: Zahnriemen sowie Riemenspanner und Umlenkrollen erneuern (Werkstattarbeit).

Speziell 1,4-l-LPG-Motor:

Achtung: Die folgenden Prüfungen können nur in einer entsprechend ausgestatteten Fachwerkstatt durchgeführt werden.

- Komponenten der Flüssiggasanlage sichtprüfen.
- Gasrohrleitungen, Schlauchleitungen und Kühlmittelleitungen auf sichere Befestigung und/oder Scheuerstellen sichtprüfen.
- Elektrische Installation sichtprüfen.
- Gaskartuschenfilter: Erneuern (Niederdruck und Nassfilter Magnetventil).
- Dichtheitsprüfung.
- Funktionsprüfung, gegebenenfalls Reglerdruck einstellen.

Wartungsarbeiten

Hier werden, nach den verschiedenen Baugruppen des Fahrzeugs aufgeteilt, alle Wartungsarbeiten beschrieben, die gemäß dem Wartungsplan durchgeführt werden müssen. Auf die erforderlichen Verschleißteile sowie das möglicherweise benötigte Sonderwerkzeug wird jeweils hingewiesen.

Es empfiehlt sich Reifendruck, Motorölstand und Flüssigkeitsstände für Kühlung, Wisch-/Waschanlage etc. mindestens alle 4 bis 6 Wochen zu prüfen und gegebenenfalls zu ergänzen.

Achtung: Beim **Einkauf von Ersatzteilen** ist zur Identifizierung des Fahrzeuges unbedingt die **Fahrzeug-Ident-Nummer** (Fahrgestellnummer) beziehungsweise der **KFZ-Schein** mitzunehmen. Sonst ist eine genaue Zuordnung der Ersatzteile oftmals nicht möglich.

Um ganz sicher zu sein, dass man die richtigen Ersatzteile erhalten hat, empfiehlt es sich nach Möglichkeit, das Altteil auszubauen und zum Ersatzteilhändler mitzunehmen. Dort kann man es mit dem Neuteil vergleichen.

Motor und Abgasanlage

Folgende Wartungspunkte müssen nach dem Wartungsplan durchgeführt werden:

- Motor: Ölstand prüfen, Sichtprüfung auf Öundichtigkeiten.
- Motorraum: Leitungen, Schläuche, Verkabelungen auf Verlegung, Dichtheit und Scheuerstellen sichtprüfen.
- Motoröl: Wechseln, Ölfilter ersetzen.
- Dieselmotor: Kraftstofffilter entwässern/ersetzen.
- Kühl- und Heizsystem: Flüssigkeitsstand prüfen, Konzentration des Frostschutzmittels prüfen. Sichtprüfung auf Undichtigkeiten und äußere Verschmutzung des Kühlers.
- Kühlsystem: Verschlussdeckel prüfen.
- Abgasanlage: Auf Dichtheit und Beschädigung sichtprüfen.
- Motor-Luftfilter: Filtereinsatz erneuern.
- 1,0-/1,25-/1,4-/1,6-l-Benzin- und 1,4-l-LPG-Motor: Zündkerzen erneuern.
- Keilrippenriemen: Erneuern.
- 1,25-/1,4-/1,6-l-Benzin- und 1,4-l-LPG-Motor: Ventilspiel prüfen, gegebenenfalls einstellen (Werkstattarbeit).
- 1,0-/1,25-/1,4-/1,6-l-Benzinmotor: Zahnriemen erneuern (Werkstattarbeit).
- Dieselmotor: Zahnriemen sowie Riemenspanner und Umlenkrollen erneuern (Werkstattarbeit).
- Kühlflüssigkeit: Erneuern.

Motorölstand prüfen

Etwa alle 1.000 km oder vor längeren Fahrten sollte der Ölstand des Motors überprüft und gegebenenfalls ergänzt werden. Maximal erlaubter Ölverbrauch auf 1000 km – Benzinmotor: 0,5 l, Dieselmotor: 0,1 l.

Erforderliche Betriebsmittel:

- Zum Nachfüllen nur ein von FORD freigegebenes Motoröl verwenden, siehe Seite 19.

Prüfen

- Motor warm fahren und Fahrzeug auf einer waagerechten Fläche abstellen.
- Nach Abstellen des Motors mindestens 2 Minuten lang warten, bis sich das Öl in der Ölwanne gesammelt hat.
- Ölmessstab herausziehen und mit sauberem Lappen abwischen.
- Anschließend Messstab bis zum Anschlag einführen und wieder herausziehen.

1,0-l-Benzinmotor

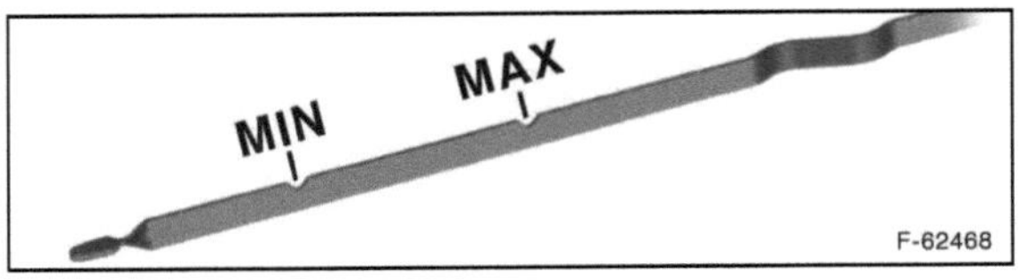

1,25-/1,4-/1,6-l-Benzinmotor

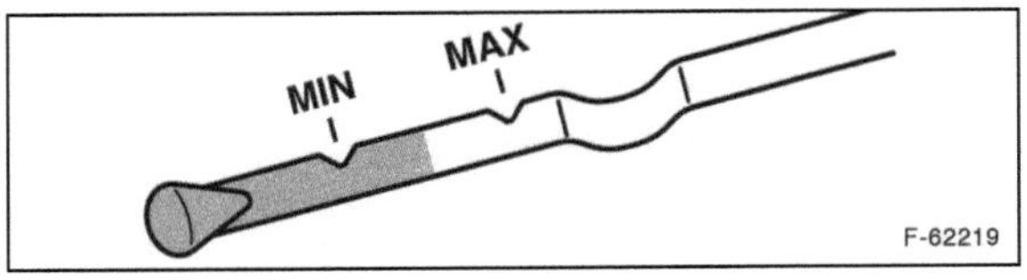

1,5-l-Dieselmotor

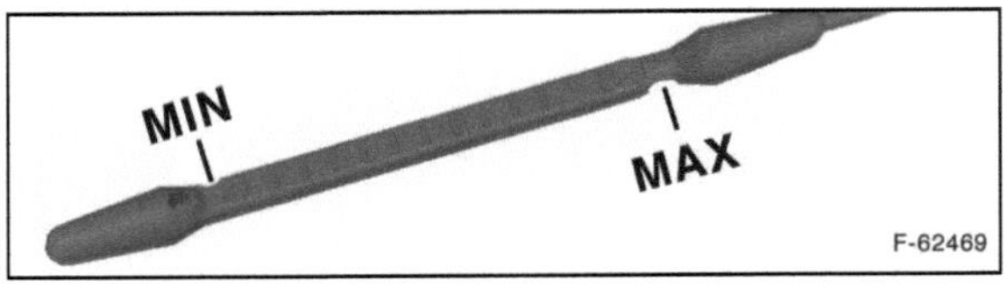

1,4-/1,6-l-Dieselmotor

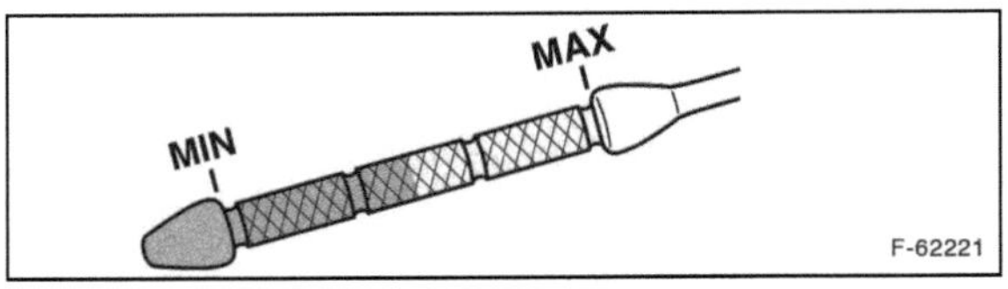

- Der Ölstand soll zwischen der MIN- und der MAX-Markierung liegen. Ölmenge zwischen den Markierungen ist beim Benzinmotor 0,75 l; beim Dieselmotor 1,5 l. Liegt der Ölstand an der unteren Kerbe oder darunter, **neues** Motoröl bis zur oberen Kerbe nachfüllen.

Achtung: Falls versehentlich zu viel Öl eingefüllt wurde, überschüssiges Öl mit einem Öl-Absauggerät absaugen. Bei einem Ölstand oberhalb der MAX-Markierung besteht die Gefahr eines Katalysatorschadens.

- Nachgefüllt wird am Verschluss –1– des Zylinderkopfdeckels; 2 – Ölmessstab. Beim Nachfüllen richtige Ölsorte verwenden, keine Ölzusätze verwenden, siehe Kapitel »Motoröl wechseln«.

Achtung: Wahllos abwechselnder Gebrauch verschiedener Öltypen ist ungünstig. Motoröle gleichen Typs, aber verschiedener Marken sollen möglichst nicht gemischt werden. Motoröle gleichen Typs und gleicher Marke, aber verschiedener Viskosität können im Bedarfsfall während jahreszeitlicher Überschneidung ohne weiteres nachgefüllt werden.

Motor/Motorraum: Sichtprüfung auf Undichtigkeiten

Folgende Leitungen, Schläuche und Anschlüsse auf Undichtigkeiten, Scheuerstellen, Porosität und Brüchigkeit sichtprüfen:

- Kraftstoffleitungen
- Kühlmittelschläuche
- Bremsleitungen

Ölundichtigkeit suchen

Bei ölverschmiertem Motor und hohem Ölverbrauch überprüfen, wo das Öl austritt. Dazu folgende Stellen überprüfen:

- Öleinfülldeckel öffnen und Dichtung auf Porosität oder Beschädigung prüfen.
- Belüftungsschläuche vom Motorblock zum Zylinderkopfdeckel, zum Luftfilter beziehungsweise zum Ansaugkrümmer auf festen Sitz prüfen.
- Zylinderkopfdeckel-Dichtung.
- Zylinderkopfdichtung.
- Ölfilterdichtung: Ölfilter am Ölfilterflansch.
- Ölablassschraube (Dichtring).
- Ölwannendichtung.
- Trennstelle zwischen Motor und Getriebe (Dichtung an Schwungrad oder Getriebewelle).

Da sich bei Undichtigkeiten das Öl meistens über eine größere Motorfläche verteilt, ist die Austrittstelle des Öls nicht auf den ersten Blick zu erkennen. Bei der Suche geht man zweckmäßigerweise wie folgt vor:

- Motorwäsche durchführen. Motor mit handelsüblichem Kaltreiniger einsprühen und nach einer kurzen Einwirkungszeit mit Wasser abspritzen. Vorher Generator mit Plastiktüte abdecken.

Achtung: Motorwäsche nur in Auto-Selbstwaschanlagen mit Ölabscheider vornehmen.

- Trennstellen und Dichtungen am Motor von außen mit Kalk oder Talkumpuder bestäuben. **Hinweis:** Die Fachwerkstatt verwendet ein spezielles Lecköl-Suchspray.
- Ölstand kontrollieren, gegebenenfalls auffüllen.
- Probefahrt durchführen. Da das Öl bei heißem Motor dünnflüssig wird und dadurch schneller an den Leckstellen austreten kann, sollte die Probefahrt über eine Strecke von ca. 30 km auf einer Schnellstraße durchgeführt werden.
- Anschließend Motor mit Lampe absuchen, undichte Stelle lokalisieren und Fehler beheben.

Kühlsystem prüfen

- Kühlmittelschläuche durch Zusammendrücken und Verbiegen auf poröse Stellen untersuchen, hart gewordene und aufgequollene Schläuche erneuern.
- Die Schläuche dürfen nicht zu kurz auf den Anschlussstutzen sitzen.
- Festen Sitz der Schlauchschellen kontrollieren, gegebenenfalls Schellen erneuern.

- Dichtringe –1– am Verschlussdeckel –2– des Ausgleichbehälters –3– auf Beschädigungen überprüfen.

Achtung: Ein zu niedriger Kühlmittelstand kann auch von einem nicht richtig aufgeschraubten Verschlussdeckel herrühren.

- Deutlicher Kühlmittelverlust und/oder Öl in der Kühlflüssigkeit sowie weiße Abgaswolken bei warmem Motor deuten auf eine defekte Zylinderkopfdichtung hin.

Achtung: Mitunter ist es schwierig, die Leckstelle ausfindig zu machen. Dann empfiehlt sich eine Druckprüfung durch die Werkstatt (Spezialgerät erforderlich). Hierbei kann ebenfalls das Überdruckventil des Verschlussdeckels geprüft werden.

Motoröl wechseln/Ölfilter ersetzen

Erforderliches Spezialwerkzeug:

Wenn das Motoröl abgesaugt wird:

- Ölabsauggerät.
- Ölauffangbehälter.

Wenn das Motoröl abgelassen wird:

- Eine Grube oder ein hydraulischer Wagenheber mit Unterstellböcken.
- Eine Stecknuss zum Lösen der Ölablassschraube.
- Ein Spezialwerkzeug zum Lösen der Ölfilterpatrone:
  Benzinmotor: Ölfilterzange, Spannbandschlüssel, Ölfilterschlüssel, zum Beispiel HAZET 2169-76.
  Dieselmotor: Stecknuss mit Gelenk-Verlängerung zum Lösen des Ölfilterdeckels.
- Eine Ölauffangwanne, die mindestens 4,5 Liter Öl fasst.

Erforderliche Betriebsmittel/Verschleißteile:

- Je nach Motor 3,9 bis 4,1 Liter Motoröl. Nur von FORD freigegebenes Motoröl verwenden.
- Ölfilter.
- Wenn das Motoröl abgelassen wird: Aluminium-Dichtring für die Ölablassschraube. Der Dichtring wird manchmal mit dem Ölfilter mitgeliefert.

Spezifikation des Motoröls

Die Qualität eines Motoröls wird durch Normen der Automobil- sowie der Ölhersteller gekennzeichnet.

Für den **FIESTA** (außer 99 kW-Benzinmotor) ist ein Leichtlauf-Motoröl der Viskosität SAE **5W-30** entsprechend der **FORD-Spezifikation WSS-M2C913-C** vorgeschrieben. Steht dieses Motoröl beim Nachfüllen zwischen 2 Ölwechseln nicht zur Verfügung kann auch ein Motoröl der Viskosität SAE 5W-30 (vorzugsweise) oder SAE 5W-40 und der Spezifikation ACEA-A5/B5 (vorzugsweise) oder ACEA-A3/B3 verwendet werden.

Für den Benzinmotor mit **99 kW (134 PS)** ist das Leichtlauföl **Castrol SAE 5W-20** zu verwenden. Steht dieses Motoröl beim Nachfüllen zwischen 2 Ölwechseln nicht zur Verfügung kann auch ein Motoröl der Viskosität SAE 5W-30 verwendet werden.

Achtung: Die Öl-Verkaufsstellen nehmen die entsprechende Menge Altöl kostenlos entgegen, daher beim Ölkauf Quittung und Ölkanister für spätere Altölrückgabe aufbewahren! **Um Umweltschäden zu vermeiden, keinesfalls Altöl einfach wegschütten oder dem Hausmüll mitgeben.**

Ölwechselmenge mit Filterwechsel

Benzinmotor: . . . . 4,1 Liter
LPG-Motor: . . . . 4,1 Liter
Dieselmotor: . . . . 3,9 Liter

Das Motoröl kann entweder durch das Ölmessstab-Führungsrohr abgesaugt oder aus der Ölwanne abgelassen werden. Zum Absaugen ist eine geeignete Absaugpumpe erforderlich, dabei darauf achten, dass der Absaugschlauch in das Ölmessstab-Führungsrohr passt.

Motoröl ablassen

- Motor auf Betriebstemperatur bringen. Dazu Motor warm fahren, bis die Kühlmittel-Temperaturanzeige normale Betriebstemperatur des Kühlmittels signalisiert.
- **Dieselmotor:** Luftfilter ausbauen.
- **Dieselmotor:** Ölfilterdeckel mit Filtereinsatz ausbauen, siehe folgenden Abschnitt. Dadurch wird im Filtergehäuse ein Ventil geöffnet, und das Motoröl kann aus dem Filtergehäuse in die Ölwanne zurücklaufen.

Sicherheitshinweis
Beim Aufbocken des Fahrzeugs besteht Unfallgefahr! Deshalb vorher das Kapitel »Fahrzeug aufbocken« durchlesen.

- Fahrzeug waagerecht aufbocken.
- Altöl-Auffangwanne unter die Ölablassschraube stellen.

Sicherheitshinweis
Darauf achten, dass beim Herausdrehen der Ölablassschraube das heiße Motoröl nicht über die Hand läuft.

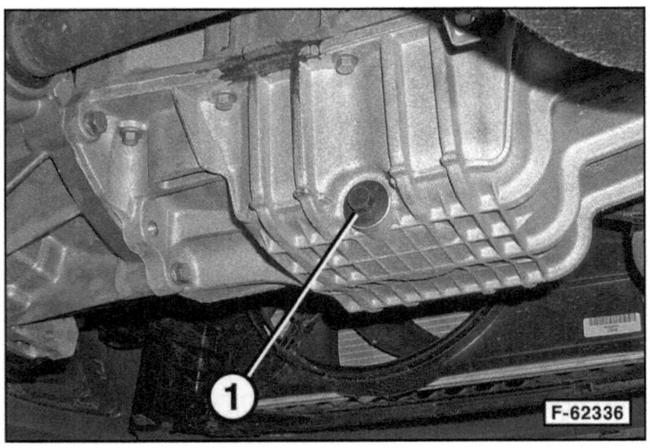

- Ölablassschraube –1– seitlich an der Ölwanne herausdrehen und Altöl ganz ablassen.

Achtung: Werden im Motoröl Metallspäne und Abrieb in größeren Mengen festgestellt, deutet dies auf Fressschäden hin, zum Beispiel Kurbelwellen- oder Pleuellagerschäden. Um Folgeschäden zu vermeiden, müssen nach der Motorreparatur die Ölkanäle und Ölschläuche sorgfältig gereinigt werden. Zusätzlich muss der Ölkühler, falls vorhanden, erneuert werden.

- Dieselmotor: Fahrzeug ablassen.

Ölfilter wechseln

Benzinmotor

- Ölfilterpatrone –1– vom Flansch –2– abschrauben. Der Ölfilter sitzt vorn am Motorblock, oberhalb der Ölwanne, neben dem Ölmessstab-Führungsrohr. Zum Lösen gibt es spezielle Werkzeuge, zum Beispiel einen Spannbandschlüssel oder HAZET 2169-76.
- Anlagefläche des Ölfilters am Motorblock mit einem Lappen abwischen. Eventuell dort verbliebene Filterdichtung abnehmen.
- Gummidichtring am **neuen** Ölfilter dünn mit sauberem Motoröl bestreichen. Hinweise auf dem Ölfilter beachten.
- **Neuen** Ölfilter nur mit der Hand festschrauben. Wenn die Filterdichtung am Motorblock anliegt, Filter um eine ¾ Umdrehung weiterdrehen.
- Fahrzeug ablassen.

- Ölfilterdeckel –1– mit Stecknuss am Sechskant –2– vom Gehäuse –3– abschrauben und mit Filtereinsatz abnehmen. **Hinweis:** In der Abbildung ist zur Verdeutlichung das Getriebe ausgebaut.

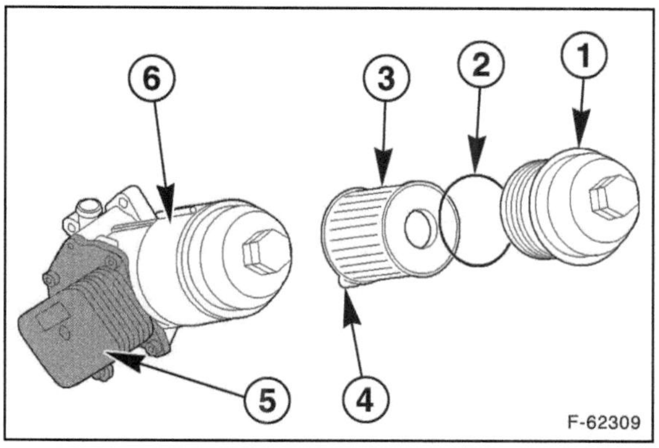

1 – Filterdeckel	4 – Verschlussstopfen
2 – Dichtring	5 – Ölkühler
3 – Filtereinsatz	6 – Filtergehäuse

- Anlagefläche für Filterdeckel –1– am Gehäuse –6– mit einem Lappen abwischen.
- Gummidichtring –2– auf Beschädigung prüfen, gegebenenfalls ersetzen.
- **Neuen** Filtereinsatz –3– in den Filterdeckel einsetzen.
- Dichtring etwas mit sauberem Motoröl bestreichen.
- Filterdeckel am Gehäuse aufschrauben.
- Luftfilter einbauen.

Motoröl auffüllen

- Dichtring der Ölablassschraube auf Beschädigungen prüfen, gegebenenfalls ersetzen.
- Ölablassschraube mit Dichtring einschrauben und fest, aber nicht mit zu großer Gewalt anziehen.
  Anzugsdrehmoment:
  Benzinmotor . . . . **27 Nm**
  Dieselmotor . . . . **35 Nm**
- **Neues** Öl am Einfüllstutzen des Zylinderkopfdeckels einfüllen. Einfüllmenge, siehe Tabelle am Kapitelanfang.

Achtung: Grundsätzlich empfiehlt es sich, zunächst ½ Liter Motoröl weniger einzufüllen. Zu viel eingefülltes Motoröl muss wieder abgesaugt werden, da sonst die Motordichtungen beziehungsweise der Katalysator beschädigt werden können.

- Motor starten und im Leerlauf laufen lassen, bis die Ölkontrolllampe erlischt. Motor abstellen.
- Nach 5-minütiger Wartezeit Ölstand mit Messstab kontrollieren und gegebenenfalls ergänzen.
- Nach Probefahrt Dichtigkeit der Ablassschraube und des Ölfilters überprüfen, gegebenenfalls vorsichtig nachziehen.

Kraftstofffilter entwässern/erneuern

Dieselmotor

Je nach Baujahr sind unterschiedliche Versionen des Kraftstofffilters eingebaut. Wenn eine Ablassschraube am Filter vorhanden ist, dann muss der Filter bei jeder Wartung entwässert werden. Filter mit und ohne Ablassschraube alle 3 Jahre oder 60.000 km ersetzen.

Spezialwerkzeug:

- Zum Entlüften der Kraftstoffanlage wird Handdruckpumpe mit Adaptersatz benötigt, zum Beispiel FORD-310-110A.

Erforderliches Verschleißteil:

- Kraftstofffilter für Dieselmotor.

Sicherheitshinweise

- **Kein offenes Feuer, nicht rauchen, keine glühenden oder sehr heißen Teile in die Nähe des Arbeitsplatzes bringen. Unfallgefahr! Feuerlöscher bereitstellen.**
- **Unbedingt für gute Belüftung des Arbeitsplatzes sorgen. Kraftstoffdämpfe sind giftig.**
- Beim Öffnen der Kraftstoffanlage können Kraftstoffspritzer auftreten, daher austretenden Kraftstoff mit einem Lappen auffangen. **Schutzbrille tragen.**
- Generator mit sauberem Lappen abdecken und dadurch vor Verunreinigungen schützen.

Auslaufender Dieselkraftstoff muss besonders von Gummiteilen, zum Beispiel Kühlmittelschläuchen, sofort abgewischt werden. Die Gummiteile können sonst aufquellen und werden im Lauf der Zeit zerstört.

Entwässern

Ausführung 1

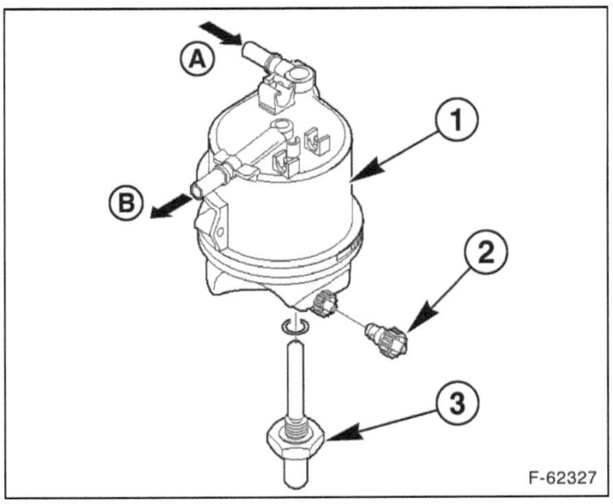

Pfeil A – Zulauf vom Kraftstofftank
Pfeil B – Anschluss zur Kraftstoff-Hochdruckpumpe

Der Kraftstofffilter ist am Luftfilter befestigt und verfügt über eine elektrische Kraftstoffvorwärmung –3–. Der Kraftstofffilter bildet mit dem Gehäuse –1– eine Einheit und kann nur komplett ersetzt werden.

- Kraftstoffbeständige Auffangwanne unter den Ablassstutzen stellen.
- Entwässerungsschraube –2– von Hand öffnen.
- Etwa 80 ml (Inhalt einer Kaffeetasse) Wassersatz ablaufen lassen, bis reiner Dieselkraftstoff austritt.
- Entwässerungsschraube von Hand festziehen.

Ausführung 2

Der Kraftstofffilter ist über einen Halter direkt am Zylinderkopf befestigt und verfügt über eine elektrische Kraftstoffvorwärmung.

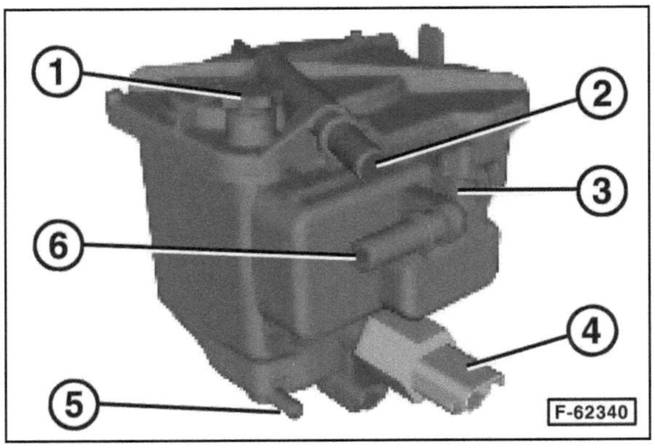

1 – Ablassschraube
2 – Ausgang zur Kraftstoffpumpe
3 – Anschluss für elektrischen Kraftstoffvorwärmer
4 – Wassermelde-Sensor, falls vorhanden
5 – Ablassstutzen
6 – Zulauf vom Kraftstoffbehälter

- Kraftstoffbeständige Auffangwanne unter den Ablassstutzen –5– stellen. **Hinweis:** Gegebenenfalls kraftstoffresistenten Schlauch auf den Ablassstutzen stecken und das andere Ende in die Auffangwanne führen.
- Ablassschraube –1– von Hand öffnen.
- Etwa 80 ml Wassersatz ablaufen lassen, bis reiner Dieselkraftstoff austritt. Ablassschraube –1– von Hand festziehen.

Erneuern – Ausführung 1

Ausbau

Achtung: Sicherheitsregeln bei Arbeiten an der Kraftstoffanlage beachten, siehe Seite 173.

Achtung: Hinweise zum Trennen und Verbinden der Schnellkupplungen beachten, siehe Seite 174.

Achtung: Vor dem Trennen von Kraftstoffleitungen die Anschlüsse gründlich reinigen. Anschlüsse der getrennten Leitungen verschließen, damit kein Schmutz eindringen kann.

- Batterie abklemmen. **Achtung:** Hinweise im Kapitel »Batterie aus- und einbauen« beachten.

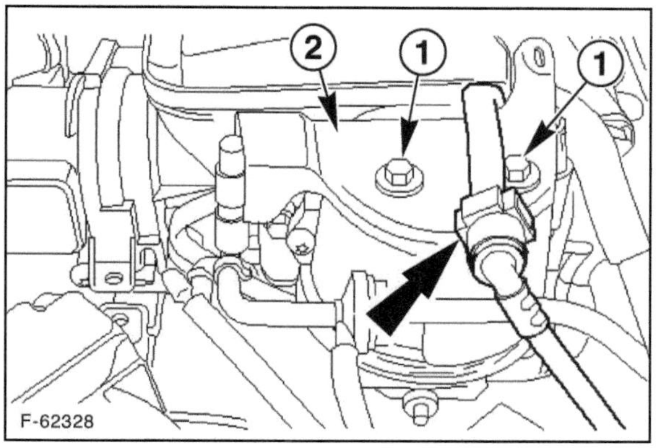

- Kraftstoffrücklaufleitung –Pfeil– trennen.
- Schrauben –1– herausdrehen und Schutzschild –2– über dem Kraftstofffilter abnehmen.

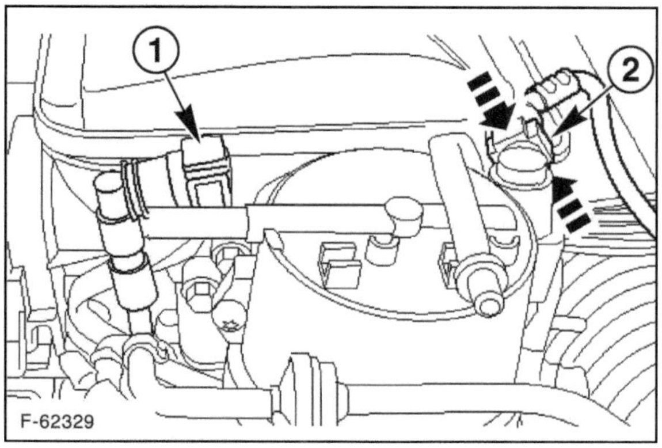

- Kraftstoffleitung –1– zur Hochdruckpumpe vom Kraftstofffilter abziehen.
- Kraftstoffzulaufleitung –2– entriegeln –Pfeile– und vom Kraftstofffilter abziehen.

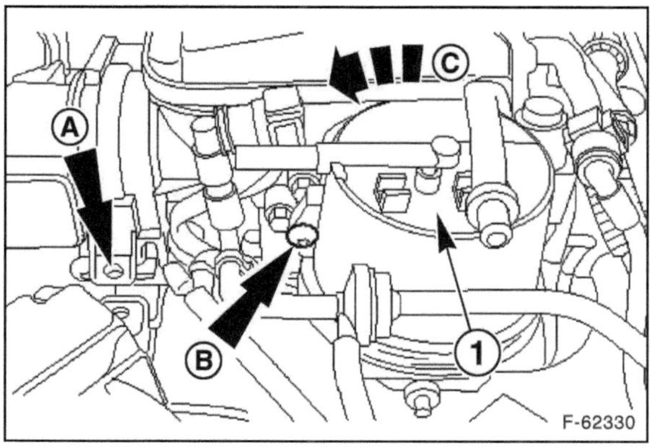

- Schraube –Pfeil A– herausdrehen und Einlassleitung vom Luftfilter trennen.
- Schraube –Pfeil B– herausdrehen, Kraftstofffilter –1– gegen den Uhrzeigersinn drehen –Pfeil C– und abbauen.
- Stecker für Kraftstoffvorwärmung unten am Kraftstofffilter abziehen und Kraftstofffilter aus dem Motorraum herausziehen.

Einbau

- Kraftstoffheizung in den Kraftstofffilter einschrauben und mit **4 Nm** festziehen.
- Stecker für Kraftstoffvorwärmung unten am Kraftstofffilter aufschieben.
- Kraftstofffilter einbauen, dabei im Uhrzeigersinn drehen. Kraftstofffilter anschrauben.
- Kraftstoffleitung zur Hochdruckpumpe am Kraftstofffilter anschließen.
- Kraftstoffrücklaufleitung verbinden.
- Kraftstofffilter entlüften, siehe Abschnitt am Ende des Kapitels.
- Kraftstoffzulaufleitung am Kraftstofffilter anschließen.
- Kraftstoffrücklaufleitung erneut trennen, Schutzschild über dem Kraftstofffilter anschrauben und Kraftstoffrücklaufleitung wieder verbinden.
- Einlassleitung am Luftfilter anbauen und Schraube mit **5 Nm** festziehen.
- Batterie anklemmen. **Achtung:** Hinweise im Kapitel »Batterie aus- und einbauen« beachten.

Erneuern – Ausführung 2

Ausbau

Achtung: Grundsätzliche Hinweise beachten, siehe unter »Erneuern – Ausführung 1«

- Batterie abklemmen. **Achtung:** Hinweise im Kapitel »Batterie aus- und einbauen« beachten.
- Luftfilter ausbauen, siehe Seite 000.

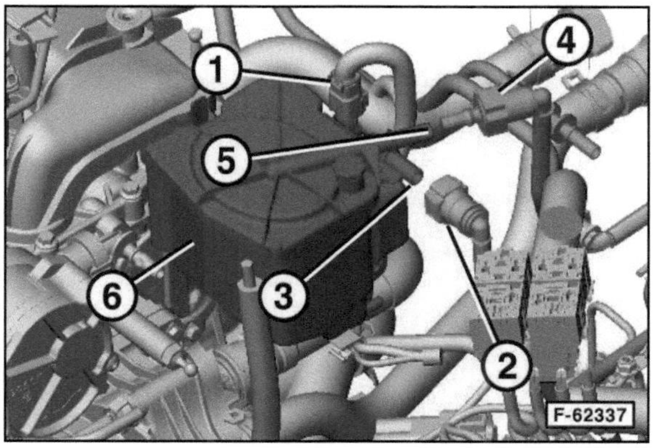

- Stecker für Kraftstoffheizung –1– abziehen.

Achtung: Vor dem Abziehen der Kraftstoffleitungen den Bereich der Anschlüsse –3/5– reinigen.

- Schnellkupplung für Kraftstoffversorgungsleitung –2– vom Anschluss –3– am Kraftstofffilter –6– trennen. Beide Öffnungen mit einem geeigneten Verschlussstopfen verschließen.
- Schnellkupplung für Kraftstoffversorgungsleitung –4– vom Kraftstofffilter –6– am Anschluss –5– zur Kraftstoffpumpe trennen. Beide Öffnungen mit einem geeigneten Verschlussstopfen verschließen.

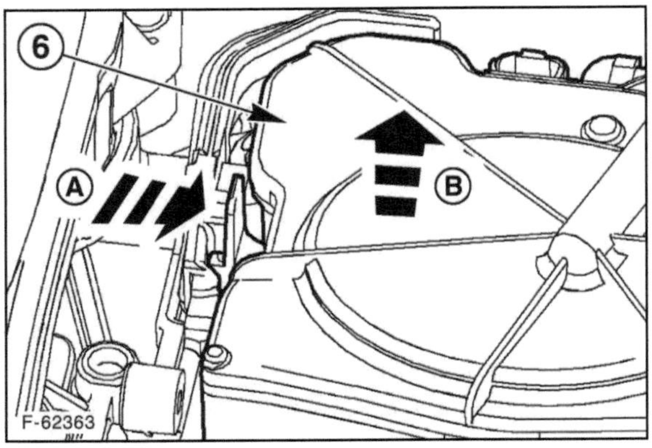

- Haltelasche am Kraftstofffilter eindrücken –Pfeil A– und Kraftstofffilter –6– aus dem Halter herausnehmen –Pfeil B–.

Einbau

- Neuen Filter einsetzen und einrasten.
- Verschlussstopfen von den Kraftstoffschläuchen abnehmen. Kraftstoffschlauch zur Kraftstoffpumpe am Filter aufschieben und einrasten, siehe Seite 000.
- Kraftstofffilter entlüften, siehe Abschnitt am Ende des Kapitels.
- Kraftstoffleitung am Kraftstofffilter anschließen.
- Stecker für Kraftstoffheizung aufstecken.
- Luftfilter einbauen.
- Batterie anklemmen. **Achtung:** Hinweise im Kapitel »Batterie aus- und einbauen« beachten.

Erneuern – Ausführung 3

Ausbau

Achtung: Grundsätzliche Hinweise beachten, siehe unter »Erneuern – Ausführung 1«

- Batterie abklemmen. **Achtung:** Hinweise im Kapitel »Batterie aus- und einbauen« beachten.

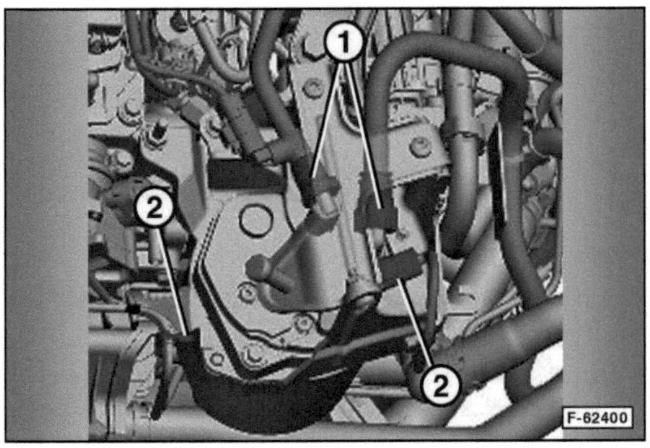

- Schnellverschlüsse –1– öffnen und Kraftstoffleitungen abziehen.
- Stecker –2– entriegeln und abziehen.

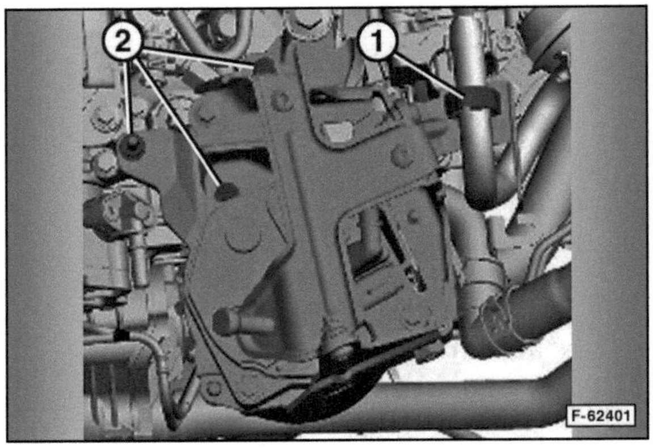

- Schlauchhalter –1– ausclipsen.
- Schrauben/Mutter –2– herausdrehen und Kraftstofffilter mit Halter herausnehmen.
- Kraftstofffilter vom Halter abschrauben und ersetzen.

Einbau

- Der Einbau erfolgt in umgekehrter Ausbaureihenfolge. Schrauben und Mutter mit **10 Nm** festziehen.
- Die Batterie bleibt abgeklemmt.
- Kraftstofffilter entlüften.

Entlüften

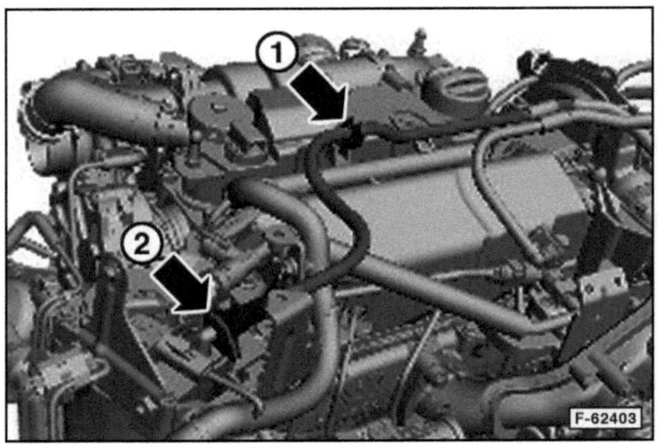

- Kraftstoff-Zulaufleitung vom Tank am Halter –1– ausclipsen.
- Anschluss –2– der Zulaufleitung am Kraftstofffilter abziehen.

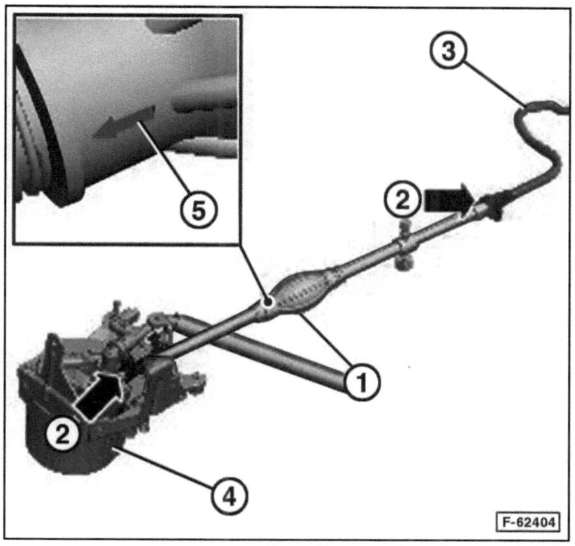

- Handdruckpumpe –1– mit Adaptern –2– zwischen Kraftstoffzulaufleitung –3– und Kraftstofffilter –4– anschließen. Der Pfeil –5– auf der Handdruckpumpe muss zum Kraftstofffilter zeigen. In der Abbildung ist die FORD-Handdruckpumpe 310-110A dargestellt.
- Handdruckpumpe mehrmals betätigen und dadurch Kraftstoff aus dem Tank zum Filter fördern.
- Handpumpe so lange betätigen, bis sich spürbarer Kraftstoffdruck aufgebaut hat. Die Pumpe wird dann beim Drücken fest.
- Handpumpe drücken und für 10 Sekunden gedrückt halten.
- Handpumpe freigeben.
- Handpumpe nochmals drücken und für 10 Sekunden gedrückt halten.
- Handpumpe freigeben und abbauen. Dazu dicken Lappen um den Anschlüsse legen und Schlauchverbindung lösen.
- Kraftstoff-Zulaufleitung am Kraftstofffilter anschließen.
- Batterie anklemmen. **Achtung:** Hinweise im Kapitel »Batterie aus- und einbauen« beachten.
- Anlasser betätigen, Motor starten und im Leerlauf auf Betriebstemperatur bringen. **Achtung:** Falls der Motor nicht sofort anspringt, Anlassvorgang nach 10 Sekunden abbrechen und Anlasser ca. 30 Sekunden abkühlen lassen. Anschließend Anlasser erneut betätigen.

Hinweis: Wenn der Motor nach mehrmaligen Startversuchen nicht anspringt, Pumpvorgang mit der Handdruckpumpe erneut durchführen.

- Nach Probefahrt Dichtigkeit der Kraftstoffanlage prüfen.

Kühlmittelstand prüfen

Erforderliche Betriebsmittel zum Nachfüllen:

- Kühlerfrostschutzmittel: Zum Nachfüllen ein Kühlkonzentrat gemäß der FORD-Spezifikation WSS-M97B44-D verwenden.
- Sauberes, kalkarmes Wasser in Trinkwasserqualität.

Prüfen

Der Kühlmittelstand sollte in regelmäßigen Abständen – etwa alle vier Wochen – geprüft werden, zumindest aber vor jeder größeren Fahrt. Zum Nachfüllen – auch in der warmen Jahreszeit – nur eine Mischung aus Kühlerfrostschutzmittel und kalkarmem, sauberem Wasser verwenden.

Achtung: Um die Weiterfahrt zu ermöglichen, kann auch, insbesondere im Sommer, reines Wasser nachgefüllt werden. Der Kühlerfrost- und Korrosionsschutz muss dann jedoch baldmöglichst korrigiert werden. **Hinweis:** Kühlmittelzusätze, die zum Beispiel einen zusätzlichen Korrosionsschutz oder ein Abdichten von geringen Undichtigkeiten bewirken sollen, möglichst nicht verwenden. Bedingt durch den schlechteren Wärmeübergang vom Zylinderkopf an das Kühlmittel kann es zu Hitzestauungen kommen, was unter ungünstigen Umständen zum Durchbrennen der Zylinderkopfdichtung oder zu Rissen im Zylinderkopf führen kann.

Sicherheitshinweis
Verschlussdeckel **nicht** bei heißem Motor öffnen. **Verbrühungsgefahr!** Der Kühlmittelstand wird bei kaltem Motor, Temperatur etwa +20° C, geprüft.

- Der Kühlmittelstand ist korrekt, wenn bei **kaltem** Motor, also bei einer Kühlmitteltemperatur von ca. +20° C, der Flüssigkeitsspiegel im Ausgleichbehälter zwischen der MIN- –3– und der MAX-Markierung –2– liegt. Bei warmem Motor kann der Flüssigkeitsspiegel auch etwas über der MAX-Marke liegen.
- Liegt der Kühlmittelstand unter der MIN-Marke, Verschlussdeckel –1– öffnen und Kühlmittel nachfüllen.
- Größere Mengen von Kühlmittel nur bei **kaltem Motor** nachfüllen, um Motorschäden zu vermeiden.

Frostschutz prüfen

Erforderliches Spezialwerkzeug:

- Prüfspindel zum Messen des Frostschutzanteils.

  Hinweis: Eventuell ist es erforderlich, die **Prüfspindel zu eichen**. Dabei ist folgendermaßen vorzugehen: 50 ml Kühlkonzentrat mit 50 ml sauberem Trinkwasser mischen. Diese Mischung hat einen Frostschutz von –35° C. Frostschutz mit der Prüfspindel messen und eventuelle Abweichung zum Sollwert von –35° C notieren. **Beispiel:** Die Prüfspindel zeigt –31° C an. Die Abweichung beträgt also –4° C. Wird dann am Fahrzeug ein Wert von –16° C gemessen, dann beträgt der tatsächliche Frostschutz (–16°) + (–4°) = –20° C.

Erforderliche Betriebsmittel zum Nachfüllen:

- Kühlerfrostschutzmittel: Zum Nachfüllen ein Kühlkonzentrat gemäß der FORD-Spezifikation WSS-M97B44-D verwenden.
- Sauberes, kalkarmes Wasser in Trinkwasserqualität.

Vor Beginn der kalten Jahreszeit sollte sicherheitshalber die Konzentration des Frostschutzmittels geprüft werden.

- Motor warm fahren, bis der obere Kühlmittelschlauch zum Kühler etwa handwarm ist.
- Verschlussdeckel am Ausgleichbehälter vorsichtig öffnen. **Achtung:** Nicht bei heißem Motor öffnen, siehe unter »Kühlmittelstand prüfen«.

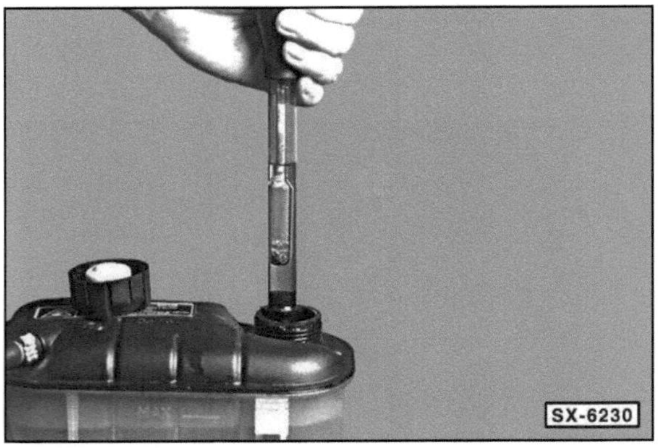
SX-6230

- Mit der Messspindel die Kühlflüssigkeit ansaugen und am Schwimmer die Kühlmitteldichte ablesen. Der Frostschutz soll in unseren Breiten bis –35° C reichen. Dies entspricht einer Mischung von Frostschutzmittel und Wasser im Volumenverhältnis 1 : 1.
- Gegebenenfalls Kühlkonzentrat nach Tabelle ergänzen.

Kühlkonzentrat ergänzen

Beispiel: Die Frostschutz-Messung mit der Spindel ergibt einen Frostschutz bis –10° C. In diesem Fall aus dem Kühlsystem 2 l Kühlflüssigkeit ablassen und dafür 2 l reines Frostschutzkonzentrat auffüllen. Dadurch wird ein Frostschutz bis ca. –35° C erreicht.

Gemess. Wert in °C		0	–5	–10	–15	–20	–30	Füllmenge in l
Motor	Sollwert	Differenzmenge in Liter						
Alle	–35°	2,9	2,5	2,0	1,7	1,3	0,6	5,8

Hinweis: Die in der Tabelle angegebenen Werte gelten bei einer Kühlflüssigkeitstemperatur von ca. +20° C.

- Verschlussdeckel am Ausgleichbehälter verschließen und nach Probefahrt Frostschutz erneut überprüfen.

Achtung: Eine zu hohe Konzentration des Frostschutzmittels führt zu einer Verschlechterung von Kühl- und Frostschutzwirkung. Dies ist der Fall ab einem Frostschutzanteil von ca. 60 %.

Sichtprüfung der Abgasanlage

Spezialwerkzeug ist nicht erforderlich.

Sicherheitshinweis
Beim Aufbocken des Fahrzeugs besteht Unfallgefahr! Deshalb vorher das Kapitel »Fahrzeug aufbocken« durchlesen.

- Fahrzeug aufbocken.
- Befestigungsschellen und -flansche auf festen Sitz prüfen.
- Abgasanlage auf Löcher, durchgerostete Teile sowie Scheuerstellen absuchen.
- Stark gequetschte Abgasrohre ersetzen.
- Gummihalterungen durch Drehen und Dehnen auf Porosität überprüfen und gegebenenfalls austauschen.
- Elektrischen Anschluss und festen Sitz der Lambdasonde prüfen.
- Fahrzeug ablassen.

Motor-Luftfilter: Filtereinsatz erneuern

Spezialwerkzeug ist nicht erforderlich.

Ausbau

Hinweis: Die Abbildungen zeigen den Luftfilter des Dieselmotors.

- Luftfilterdeckel –1– abschrauben –Pfeile–. **Achtung:** Die Schrauben bleiben im Deckel.

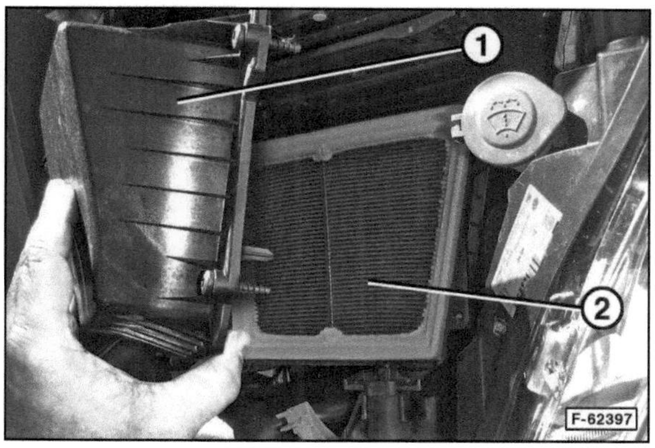

- Luftfilterdeckel –1– anheben und Filtereinsatz –2– herausnehmen.

Einbau

- Der Einbau erfolgt in umgekehrter Ausbaureihenfolge.

Zündkerzen erneuern

Benzinmotor

Erforderliches Spezialwerkzeug:

- Zündkerzenschlüssel, zum Beispiel HAZET 4766-1.

Erforderliche Verschleißteile:

- Je nach Motor 3 oder 4 Zündkerzen, siehe auch Tabelle auf der folgenden Seite.

Ausbau

- Zündung ausschalten.

1,0-l-Motor

- Obere Motorabdeckung ausbauen.

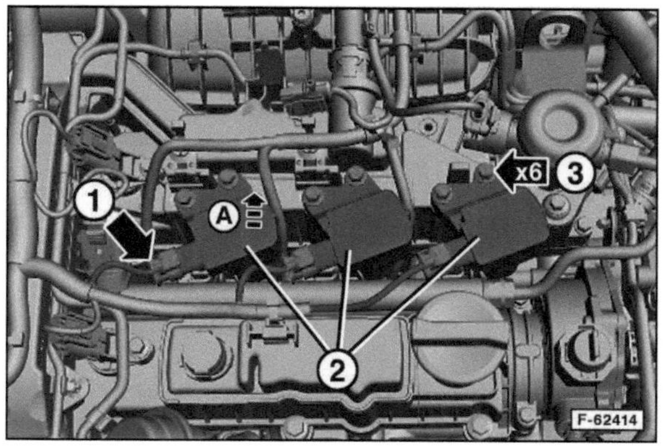

- Stecker –1– von den Zündspulen –2– abziehen.
- Schrauben –3– herausdrehen und Zündspulen –2– nach oben herausziehen –Pfeil A–.

1,25-/1,4-/1,6-l-Motor

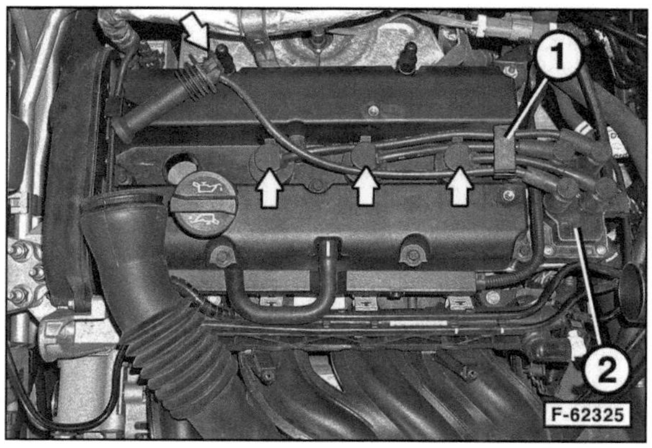

- Klemmhalterung –1– für Zündkabel lösen. 2 – Zündspule.
- Stecker –Pfeile– von den Zündkerzen abziehen. Falls nötig, Zündkerzenstecker-Zange verwenden, zum Beispiel HAZET 1849-1.

Alle Motoren

- Zündkerzen mit geeignetem Schlüssel, zum Beispiel HAZET 4766-1, herausschrauben. Dabei darauf achten, dass der Zündkerzenschlüssel nicht verkantet angesetzt wird.

Einbau

- Zündkerzen einschrauben und mit **15 Nm** festschrauben. Dabei darauf achten, dass die Zündkerzen nicht verkantet angesetzt werden.
- Der weitere Einbau erfolgt in umgekehrter Ausbaureihenfolge.

Zündkerzengewinde erneuern

Hinweis: Falls festgestellt wird, dass das Zündkerzengewinde defekt ist, muss dieses erneuert werden. Dazu gibt es unter anderem von HAZET oder BERU einen entsprechenden Werkzeug- und Reparatursatz. Nachträglich eingebaute Zündkerzengewindeeinsätze sitzen sicher und sind kompressionsdicht.

Zündkerzenwerte FORD FIESTA

Motor	**Zündkerzen**			
	BOSCH	EA*	**NGK**	EA*
1,0-l, 48/59 kW (65/80 PS	AR 7 SII 3002 T	0,8 mm	LZNAR 7 AI 8 G	–
1,0-l, 74/92/103 kW (100/125/140 PS)	AR 5 SII 3320 S	0,7 mm	SILZNAR 8 C 7 H	–
1,25-l, 44/60 kW (60/82 PS) 1,4-l, 71 kW (96 PS) 1,6-l, 88/99 kW (120/134 PS)	HR 7 MEV HR 78 NX	1,2 mm 1,0 mm	TR 5 B 13	1,3 mm
1,4-l LPG (Flüssiggas)	HR 7 NI 332 W	0,9 mm	ILTR 6 H 8	–

*) Elektrodenabstand

Achtung: Es kann sein, dass inzwischen für einzelne Motoren andere Zündkerzenwerte gelten, sodass unsere Tabelle möglicherweise nicht auf dem neuesten Stand ist. Um die aktuelle Zündkerze für Ihren Fahrzeugmotor zu ermitteln, benötigt der Fachhandel die **Fahrzeug-Ident-Nummer** und die **3 Schlüsselnummern**. Diese Nummern sind im Fahrzeugschein aufgeführt. Sie sollten beim Kauf von Zündkerzen angegeben werden.

Keilrippenriemen aus- und einbauen

Erforderliches Spezialwerkzeug:

- **1,0-l-Motor:** 8-mm-Bohrer.
- **1,25-/1,4-/1,6-l-Benzinmotor:** Scharfes Messer zum Durchschneiden des Keilrippenriemens.
- **1,25-/1,4-/1,6-l-Benzinmotor:** Aufziehwerkzeuge für den Einbau, die im jeweiligen Teilesatz des Keilrippenriemens enthalten sind. Bei Bedarf gibt es von HAZET einen Universal-Werkzeugsatz zur Demontage und Montage von elastischen Keilrippenriemen unter der HAZET-Nummer 4643/4.

Erforderliche Betriebsmittel/Verschleißteile:

- Passenden Keilrippenriemen für den jeweiligen Motor.

Nebenaggregate wie Kühlmittelpumpe, Generator und Klimakompressor werden von einem Keilrippenriemen angetrieben.

Beim Einbau des Keilrippenriemens ist besonders darauf zu achten, dass der Riemen bündig und nicht versetzt auf den Riemenscheiben liegt.

Der Keilrippenriemen muss ersetzt werden bei:

- Versprödung und Rissbildung, glatten und glänzenden Stellen.
- Geräuschen, zum Beispiel durch Ölbenetzung verursacht.
- Beschädigungen: Querrisse in den Rippen, Rippenausbrüche, Einlagerungen von Schmutz und kleinen Steinen zwischen den Rippen, Ausfransungen oder Flankenverschleiß der Gummirippen.

1,0-l-EcoBoost-Benzinmotor

Ausbau

- Zündung ausschalten, Zündschlüssel abziehen.
- Untere Motorraumabdeckung ausbauen, siehe Seite 203.

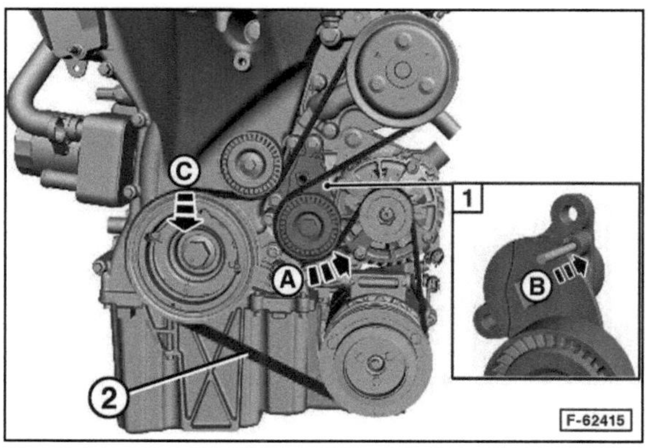

- Riemenspanner –1– in Pfeilrichtung –A– drehen, bis die Bohrung am Riemenspanner mit der dahinter liegenden Arretierbohrung übereinstimmt. 8-mm-Bohrer in die Bohrungen stecken –Pfeil B– und Riemenspanner arretieren. **Achtung:** Auf sicheren Sitz des Bohrerschafts in den Bohrungen achten.
- Der Keilrippenriemen –2– wird dadurch entspannt und kann von den Riemenscheiben abgenommen werden –Pfeil C–.

Einbau

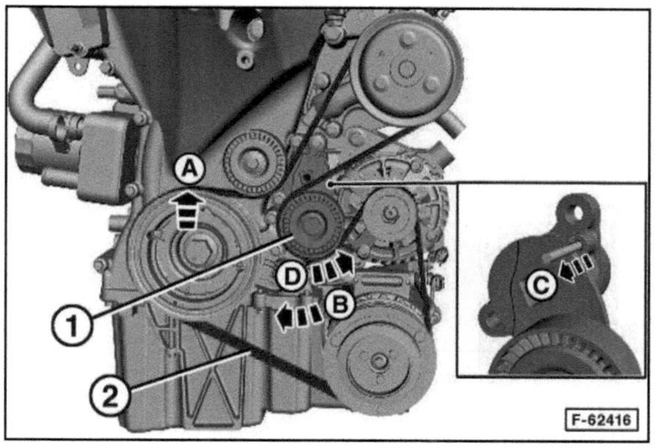

- Keilrippenriemen –2– auf die Riemenscheiben auflegen –Pfeil A–.
- Riemenspanner –1– etwas in Pfeilrichtung –B– drehen und dadurch Arretierstift (Bohrer) entlasten.
- Riemenspanner in dieser Stellung halten und Bohrer herausziehen –Pfeil C–.
- Riemenspanner langsam in Pfeilrichtung –D– zurückdrehen und dadurch Keilrippenriemen spannen.

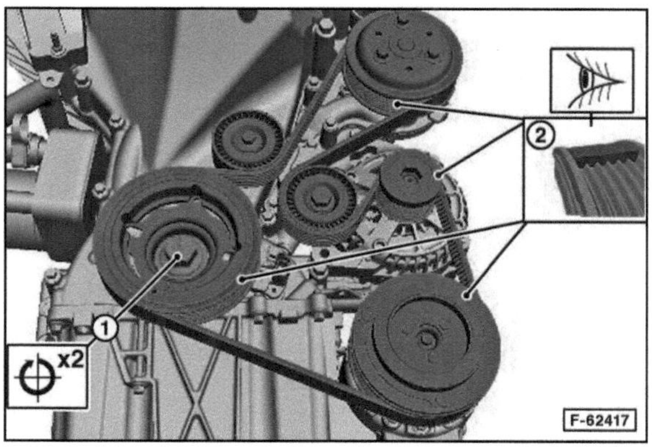

- Getriebe in Leerlaufstellung bringen, Handbremse anziehen.
- Kurbelwelle an der Zentralschraube –1– langsam 2 Umdrehungen in Motordrehrichtung durchdrehen.
- Dabei korrekten Sitz des Keilrippenriemens auf den Riemenscheiben sichtprüfen –2–.
- Untere Motorabdeckung einbauen, siehe Seite 203.

1,25-/1,4-/1,6-l-Benzinmotor

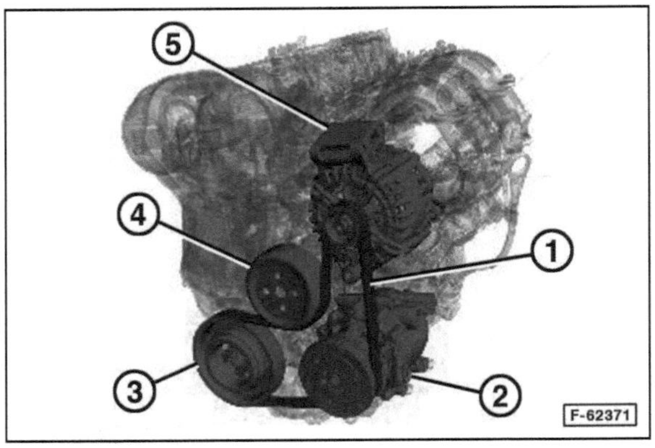

1 – Keilrippenriemen
2 – Klima-Kompressor
3 – Kurbelwellen-Riemenscheibe
4 – Kühlmittelpumpen-Riemenscheibe
5 – Generator

Bei **Fahrzeugen ohne Klimaanlage** treibt der Keilrippenriemen den Generator und die Kühlmittelpumpe an.

Bei **Fahrzeugen mit Klimaanlage** treibt der Keilrippenriemen zusätzlich den Klima-Kompressor an.

Der Keilrippenriemen ist als elastischer Mehrrillen-Riemen ausgeführt und benötigt keine Spannrolle. Ein Nachspannen ist nicht notwendig.

Achtung: Der Keilrippenriemen ist nur für ein einmaliges Auflegen auf den Riemenscheiben ausgelegt, er darf daher **nicht wiederverwendet** werden. Andernfalls kann es zu einem frühzeitigem Ausfall des Riemens kommen.

Hinweis: Die Einbau- und Führungswerkzeuge sind im jeweiligen Teilesatz des Keilrippenriemens enthalten.

Ausbau

- Fahrzeug aufbocken, siehe Seite 53.
- Getriebeschaltung in Leerlaufstellung bringen.

- Spritzschutz –1– für Keilrippenriemen von unten abschrauben –Pfeile–.

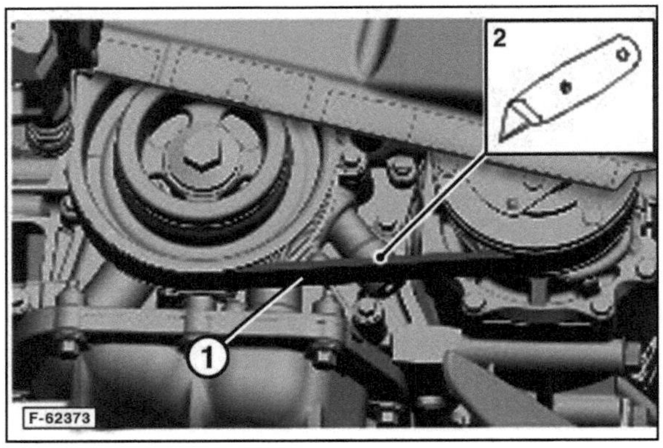

- Keilrippenriemen –1– mit einem Messer –2– durchschneiden und abnehmen.

Einbau

- Alle Riemenscheiben säubern, damit der neue Keilrippenriemen nicht durchrutscht.

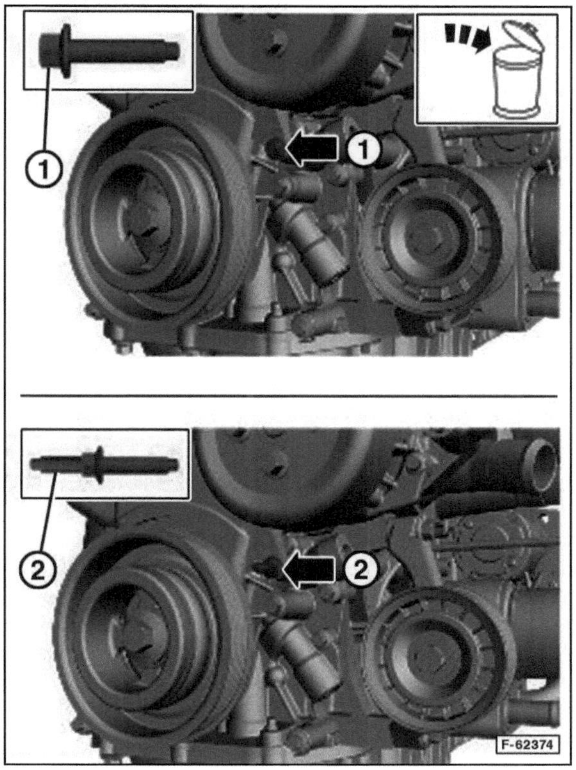

- Schraube –1– durch Stiftschraube –2– ersetzen. Anzugsdrehmoment: **9 Nm**.

- Kurbelwellen-Riemenscheibe in Pfeilrichtung –1– drehen, bis die Bohrung –Pfeil 2– auf 5-Uhr-Stellung steht, siehe Abbildung.

- Hilfswerkzeug –1– aus dem Teilesatz, wie in der Abbildung gezeigt, aufsetzen und mit Mutter –2– an der Stiftschraube anschrauben. Dabei Mutter vorerst nur handfest anziehen. 3 – Einbauwerkzeug.

- Keilrippenriemen auf die Riemenscheiben so auflegen, dass die Rippen des Riemens korrekt in die Rillen der Riemenscheiben eingreifen.
- Riemen in den Halter –1– des Hilfswerkzeuges einlegen, siehe Abbildung.
- Einbauwerkzeug –2– in 6-Uhr-Stellung an die Kurbelwellen-Riemenscheibe anbauen.

- Kurbelwelle eine Umdrehung **im Uhrzeigersinn** drehen –Pfeil–. Dadurch wird der Keilrippenriemen auf die Riemenscheibe aufgezogen.
- Anschließend Einbauwerkzeug –1– von der Kurbelwellen-Riemenscheibe abbauen.
- Riemenhalter –2– abbauen. Die Stiftschraube bleibt eingebaut.

- Kurbelwelle 2 Umdrehungen **im Uhrzeigersinn** drehen. Dabei prüfen, ob der Keilrippenriemen korrekt in den Nuten der Riemenscheiben sitzt –Bildausschnitte–. Falls nicht, Arbeitsschritte wiederholen.
- Spritzschutz für Keilrippenriemen anschrauben.
- Fahrzeug vorsichtig ablassen.

Dieselmotor

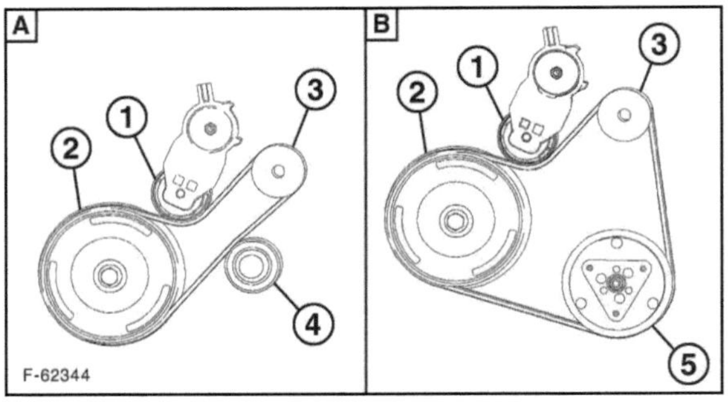

A – Fahrzeuge **ohne** Klimaanlage
B – Fahrzeuge **mit** Klimaanlage

1 – Riemenspanner
2 – Kurbelwelle
3 – Generator
4 – Umlenkrolle
5 – Klima-Kompressor

Der Keilrippenriemen treibt bei Fahrzeugen mit Klimaanlage auch den Klimakompressor an. Der Keilrippenriemen wird durch eine selbstnachstellende Spannvorrichtung gespannt und kann **wiederverwendet** werden. In diesem Fall sollte vor dem Ausbau die Laufrichtung des Riemens mit einem Pfeil gekennzeichnet werden, damit der Riemen beim Einbau in gleicher Laufrichtung aufgelegt wird. Andernfalls kommt es zu erhöhtem Verschleiß des Riemens.

Ausbau

- Fahrzeug aufbocken, siehe Seite 53.

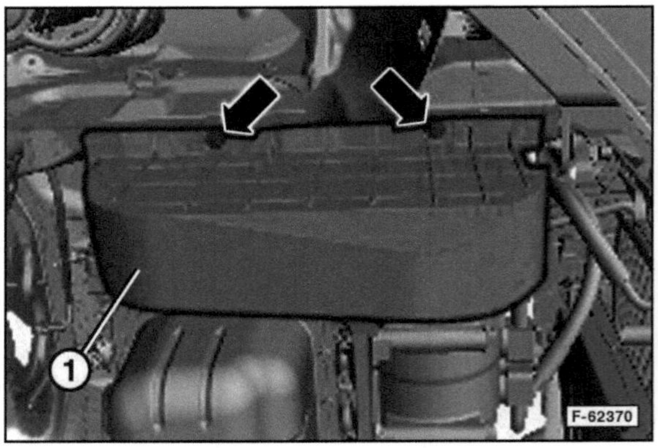

- Spritzschutz –1– für Keilrippenriemen abschrauben –Pfeile–.

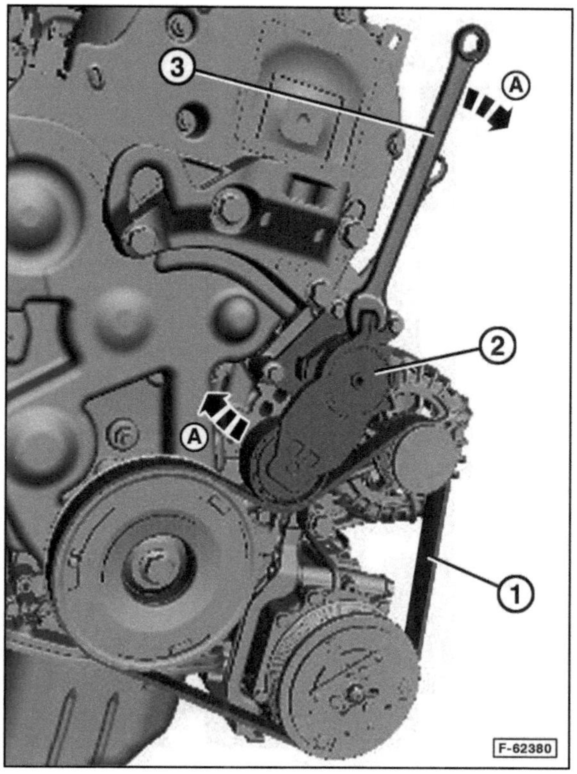

- Keilrippenriemen –1– entspannen. Dazu Riemenspanner –2– mit einem Maulschlüssel –3– im Uhrzeigersinn drehen –Pfeile A– und festhalten.
- Keilrippenriemen an den Riemenscheiben abnehmen.

Einbau

- Alle Riemenscheiben abwischen, damit der neue Keilrippenriemen nicht durchrutscht.
- Keilrippenriemen über die Riemenscheiben legen.
- Riemenspanner im Uhrzeigersinn drehen und Riemen auf die Spannrolle auflegen.
- Riemenspanner langsam entspannen. Dabei prüfen, ob der Keilrippenriemen korrekt in den Riemenscheiben sitzt.
- Spritzschutz für Keilrippenriemen anschrauben.
- Fahrzeug ablassen, siehe Seite 53.

Ventilspiel prüfen

1,0-/1,25-/1,4-/1,6-l-Benzinmotor

Achtung: Zum Einstellen des Ventilspiels müssen die Nockenwellen ausgebaut und die jeweiligen Ventilstößel ausgetauscht werden. Diese Zusatzarbeiten werden im vorliegenden Band nicht beschrieben. Es empfiehlt sich deshalb das Einstellen des Ventilspiels in der Fachwerkstatt durchführen zu lassen.

Bei den EcoBoost-Motoren ist das Prüfen des Ventilspiels kein Wartungspunkt. Das Ventilspiel wird nur nach Reparaturarbeiten, zum Beispiel im Rahmen des Aus- und Einbaus von Zahnriemen oder Nockenwelle eingestellt.

Erforderliches Spezialwerkzeug zum Prüfen:

- Fühlerblattlehre.

Prüfen

- Zylinderkopfdeckel ausbauen, siehe Seite 162.
- Zündkerzen ausbauen, siehe entsprechendes Kapitel.
- Getriebe in Leerlaufstellung bringen, Handbremse anziehen.

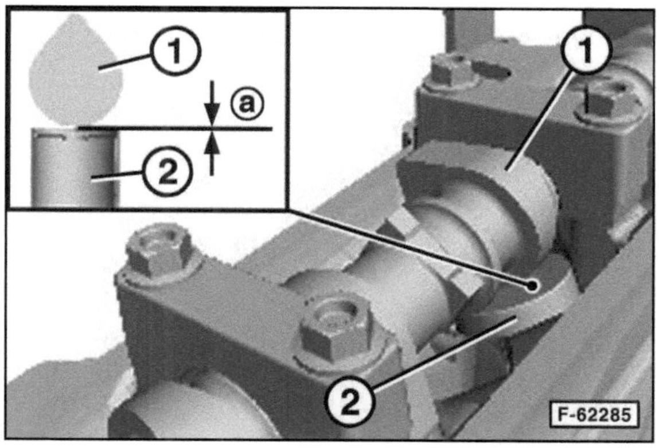

- Kurbelwelle im Uhrzeigersinn drehen, bis die Nockenspitze vom Ventilstößel wegzeigt. Ventilspiel –a– mit Fühlerblattlehre zwischen Nocken –1– und Ventilstößel –2– messen.
- Zylindernummer und das zugehörige, gemessene Ventilspiel notieren.
- Auf diese Weise das Ventilspiel für jeden Zylinder messen. **Achtung:** Dabei Kurbelwelle nur in Motordrehrichtung, also im Uhrzeigersinn, weiterdrehen.
- Messwerte mit den Prüfwerten vergleichen. **Achtung:** Liegt der Messwert innerhalb der Prüf-Toleranz, dann ist kein Einstellen erforderlich. Der Ventilspiel-Einstellwert entspricht dem Mittelwert der Prüf-Toleranz.

Motor	**Ventilspiel-Prüfwert** in mm	
	Einlassventil	Auslassventil
1,0-l-Benziner	0,21 – 0,30	0,38 – 0,47
1,25-/1,4-l-Benziner	0,17 – 0,23	0,27 – 0,33
1,6-l-Benziner	0,17 – 0,23	0,31 – 0,37

Einstellen

- Zum Einstellen des Ventilspiels müssen die Nockenwellen ausgebaut werden.
- Ventilstößel ausbauen und Stärke auf der Unterseite ablesen. Die Zahl auf dem Ventilstößel gibt die Stärke des Stößelbodens an. Die Angabe umfasst jedoch nur die Stellen nach dem Komma (Beispiel: 725 = 2,725 mm).
- Benötigten Ventilstößel berechnen:

Maß	Beispielwerte in mm
Stärke des derzeit eingebauten Ventilstößels	2,725
+ gemessenes Ventilspiel	+ 0,280
– Ventilspiel-Sollwert	– 0,200
= Benötigte Stärke des Ventilstößels	= 2,805

- Zum Einstellen des Ventilspiels die entsprechenden Ventilstößel austauschen.
- Nockenwellen einbauen.
- Zylinderkopfdeckel einbauen.

Kühlmittel wechseln

Das Motorkühlsystem wird vom Werk mit einer Mischung aus Wasser und Kühlkonzentrat befüllt. Das Kühlkonzentrat verhindert Frost- und Korrosionsschäden am Kühlsystem und hebt außerdem die Siedetemperatur der Kühlflüssigkeit an. Deshalb muss das Motorkühlsystem unbedingt ganzjährig mit Kühlerfrost- und Korrosionsschutzmischung gefüllt sein.

Wenn das Kühlmittel im Rahmen von Reparaturen an Zylinderkopf, Zylinderkopfdichtung, Kühler, Kühlmittelpumpe oder Wärmetauscher abgelassen wurde, muss es auf jeden Fall ersetzt werden. Das ist erforderlich, weil sich die Korrosionsschutzanteile in der Einlaufphase an den neuen Leichtmetallteilen absetzen und somit eine dauerhafte Korrosionsschutzschicht bilden. Bei gebrauchter Kühlflüssigkeit ist der Korrosionsschutzanteil in der Regel nicht mehr groß genug, um eine ausreichende Schutzschicht an den neuen Teilen zu bilden.

Hinweis: Kühlmittel ist leicht giftig. Gemeinde- und Stadtverwaltungen informieren darüber, wie das alte Kühlmittel entsorgt werden soll.

Achtung: Die Kühlflüssigkeit darf beim Ablassen auf keinen Fall mit dem Keilrippenriemen oder dem Zahnriemen in Berührung kommen. Der Glykolanteil des Kühlmittels kann das Gewebe des Riemens so schädigen, dass der Riemen nach einiger Betriebszeit reißt, wodurch schwerwiegende Motorschäden auftreten können.

Spezifikation des Kühlkonzentrats: FORD-WSS-M97B44-D.

Das **richtige Mischungsverhältnis** zwischen Kühlkonzentrat und Wasser beträgt 1 : 1. Der Frostschutz reicht dann bis mindestens –35° C.

Kühlmittel-Füllmenge: . . . . **5,8 l**

Erforderliches Spezialwerkzeug:

- Auffangwanne für Kühlflüssigkeit.

Spezialwerkzeug ist nicht erforderlich.

Ablassen

Sicherheitshinweis
Bei heißem Motor vor dem Öffnen des Deckels vom Kühlmittel-Ausgleichbehälter einen dicken Lappen auflegen, um Verbrühungen durch heiße Kühlflüssigkeit oder Dampf zu vermeiden. Deckel nur bei Kühlmitteltemperaturen unter +90° C abnehmen.

- Verschlussdeckel –1– am Ausgleichbehälter –2– langsam um zwei bis drei Umdrehungen öffnen und eventuellen Überdruck entweichen lassen. Anschließend Deckel ganz abschrauben. Der Ausgleichbehälter bleibt geöffnet.

Sicherheitshinweis
Beim Aufbocken des Fahrzeugs besteht Unfallgefahr! Deshalb vorher das Kapitel »Fahrzeug aufbocken« durchlesen.

- Fahrzeug aufbocken.
- Untere Motorabdeckung ausbauen, siehe Seite 203.
- Sauberes Auffanggefäß unter den Kühler stellen.

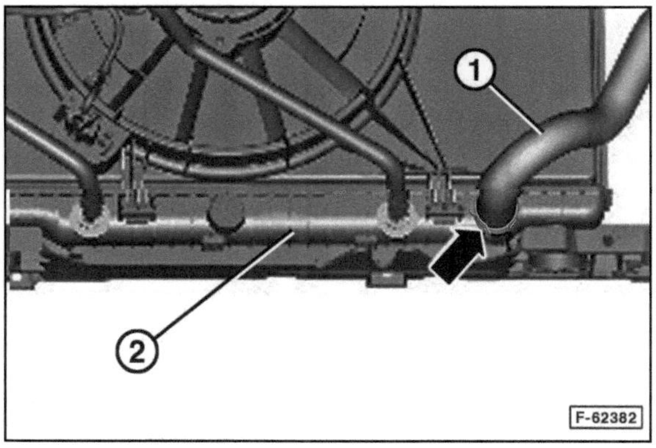

- Schlauchschelle –Pfeil– mit einer geeigneten Zange öffnen und zurückschieben.
- Unteren Kühlerschlauch –1– vom Auslassstutzen am Kühler –2– abziehen und in den Auffangbehälter führen.
- Kühlflüssigkeit vollständig ablassen.
- Kühlmittelschlauch am Kühler aufstecken und mit Schlauchklemme sichern.
- Untere Motorabdeckung einbauen, siehe Seite 203.
- Fahrzeug ablassen.

Auffüllen

- Kühlmittelmischung aus 50 % Wasser und 50 % Kühlkonzentrat herstellen.

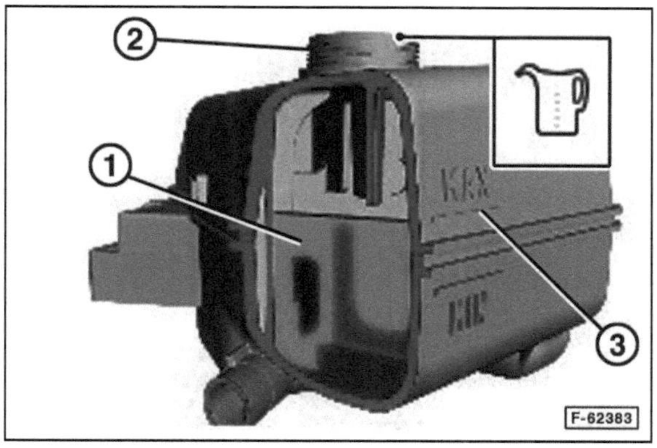

- Kühlflüssigkeit –1– am Ausgleichbehälter –2– bis zur MAX-Markierung –3– auffüllen.
- Motor starten und durch Helfer mit einer Motordrehzahl von 2500/min laufen lassen. Gleichzeitig Kühlflüssigkeit nachfüllen, bis der Flüssigkeitsstand konstant bleibt. **Achtung:** Dabei muss der Flüssigkeitsspiegel immer zwischen der MIN- und der MAX-Markierung liegen.
- Verschlussdeckel schließen.

Entlüften

- Motor ca. 15 Minuten bei 2500/min drehen lassen.
- Anschließend Motordrehzahl beim Benziner kurzzeitig auf 5000/min (Dieselmotor: 4500/min) erhöhen und dann auf Leerlaufdrehzahl absenken. Diesen Vorgang 6-mal wiederholen.
- Danach Motordrehzahl auf 4000/min anheben und 10 Sekunden halten, dann Motordrehzahl auf 2.500/min absenken und diese Drehzahl 10 Minuten beibehalten.
- Motor abstellen.
- Kühlsystem auf Undichtigkeiten sichtprüfen.
- Motor auf Umgebungstemperatur abkühlen lassen, die Kühlmitteltemperatur soll zwischen +10° C und + 40° C liegen.
- Kühlmittel-Ausgleichbehälter bis zur MAX-Markierung befüllen und Verschlussdeckel schließen.

Folgende Wartungsarbeiten müssen nach dem Wartungsplan durchgeführt werden:

- Manschetten der Antriebswellen: Auf Undichtigkeiten und Beschädigungen prüfen.
- Schaltgetriebe/Automatikgetriebe: Sichtprüfung auf Undichtigkeiten.
- Automatikgetriebe: Ölstand prüfen.

Manschetten der Antriebswellen prüfen

Spezialwerkzeug ist nicht erforderlich.

Sicherheitshinweis
Beim Aufbocken des Fahrzeugs besteht Unfallgefahr! Deshalb vorher das Kapitel »Fahrzeug aufbocken« durchlesen.

- Fahrzeug aufbocken.

- Manschetten –1– mit Lampe anstrahlen und auf Porosität und Risse untersuchen. Auf sichtbare Fettspuren an den Manschetten und in deren Umgebung achten. Eingerissene Manschetten umgehend erneuern.
- Sollte eine Manschette nach innen gezogen oder defekt sein, so ist sie umgehend auszutauschen.
- Festen Sitz der Manschettenbänder –2– prüfen.
- Fahrzeug ablassen.

Getriebe: Sichtprüfung auf Undichtigkeiten

Erforderliche Betriebsmittel:

- Schaltgetriebe: Falls Öl nachgefüllt werden muss, Schaltgetriebeöl der Spezifikation FORD-WSD-M2C200-C verwenden.
  Füllmenge 5-Gang-Getriebe (iB5): . . . . 2,3 l
- Automatikgetriebe: Falls Öl nachgefüllt werden muss: Automatikgetriebeöl der Spezifikation FORD-WSS-M2C938-A.

Folgende Leckstellen sind möglich:

- Trennstelle zwischen Motorblock und Getriebe (Schwungraddichtung/Wellendichtung-Getriebe).
- Ölstandkontrollschraube.
- Antriebswellen an Getriebe.

Sichtprüfung

- Getriebegehäuse mit Kaltreiniger reinigen.
- Mögliche Leckstellen mit Talkumpuder bestäuben.
- Probefahrt über ca. 30 km auf der Landstraße durchführen, damit das Öl möglichst dünnflüssig ist.

Sicherheitshinweis
Beim Aufbocken des Fahrzeugs besteht Unfallgefahr! Forher das Kapitel »Fahrzeug aufbocken« durchlesen.

- Anschließend Fahrzeug aufbocken und Getriebe mit einer Lampe nach der Leckstelle absuchen.

Hinweis: Falls Öl ausgetreten ist, prüfen, ob es sich um Getriebeöl, Bremsflüssigkeit (von der Kupplungsbetätigung) oder Motoröl handelt.

- Leckstellen umgehend beseitigen.

Schaltgetriebe: Ölstand prüfen

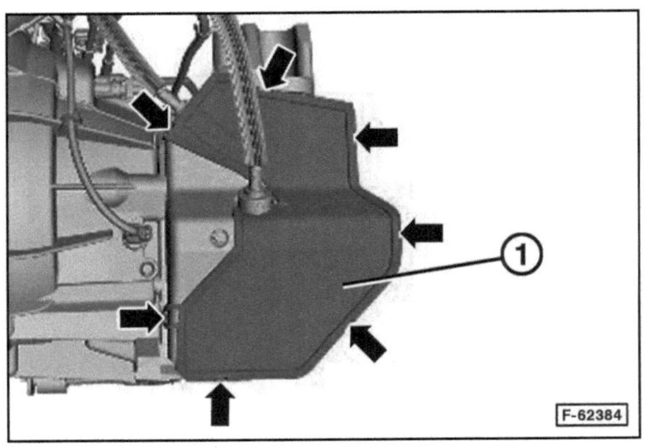

- Kunststoff-Abdeckung –1– der Schaltung am Getriebe ausclipsen –Pfeile– und abnehmen.

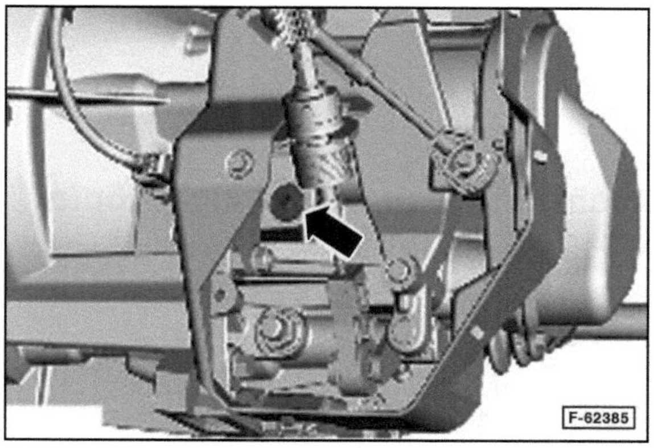

F-62385

- Kontrollschraube –Pfeil– herausdrehen.

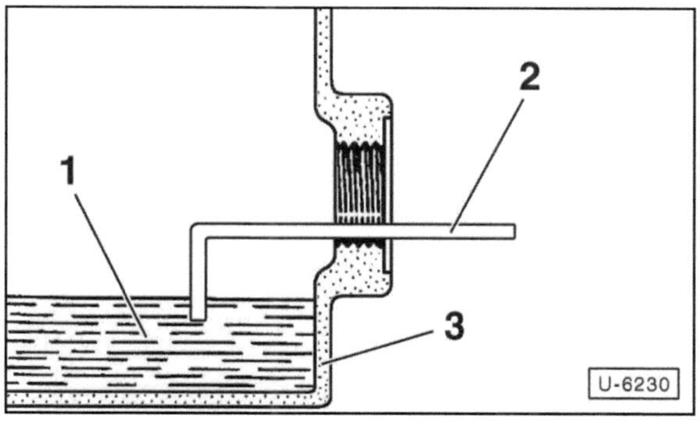

1 – Ölfüllung im Getriebe
2 – abgewinkelter Draht
3 – Getriebegehäuse

- Ölstand mit dem Finger oder mit einem abgewinkelten Draht –2– prüfen. Dazu kurzen Draht rechtwinklig biegen und Kerben entsprechend des Sollwertes anbringen.

Sollwert Getriebeölstand

iB5-Schaltgetriebe: 10 - 15 mm unterhalb von der Unterkante der Kontrollbohrung.

- Kontrollschraube festschrauben.
  Anzugsdrehmoment:
  iB5-Schaltgetriebe: . . . . **35 Nm**
- Abdeckung für Schaltung ansetzen und einclipsen.
- Fahrzeug ablassen.

Automatikgetriebe: Ölstand prüfen

Der vorgeschriebene Ölstand ist für die einwandfreie Funktion des automatischen Getriebes äußerst wichtig. Darum ist die Prüfung mit großer Sorgfalt durchzuführen.

- Getriebe auf Betriebstemperatur bringen, Getriebeöltemperatur soll zwischen +50° C und +60° C liegen. Die Betriebstemperatur wird in der Regel nach einer ca. 10 km langen Fahrt erreicht.
- Fahrzeug unbeladen auf eine ebene Fläche fahren.
- Wählhebel in Stellung »P« legen, Feststellbremse anziehen.
- Motor während der Prüfung im Leerlauf laufen lassen.

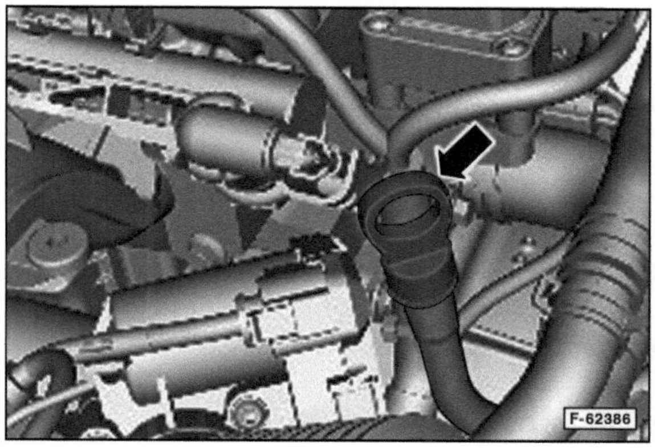

F-62386

- Peilstab –Pfeil– herausziehen und mit einem sauberen, nicht fasernden Lappen abwischen. Anschließend Meßstab voll eintauchen, wieder herausziehen und Ölstand ablesen.

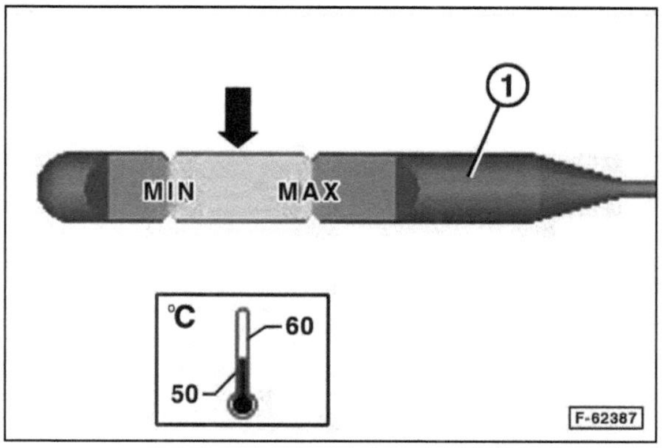

- Der Flüssigkeitsstand muß bei warmem Getriebeöl (+50° bis +60° C) zwischen der MIN- und MAX-Markierung des Peilstabes –1– liegen –Pfeil–.
- Altes Öl am Peilstab auf Aussehen und Geruch prüfen. Verbrannte Reibbeläge verursachen Brandgeruch. Durch verschmutztes Öl können Störungen in der Getriebesteuerung auftreten.
- Gegebenenfalls ATF-Öl nachfüllen. Es dürfen nur die vom Werk freigegebenen ATF-Öle verwendet werden. Keine Zusatzschmiermittel verwenden.

Achtung: Nicht zuviel Öl einfüllen. Zuviel Öl kann Störungen in der Automatik hervorrufen. In jedem Fall muß zuviel eingefülltes Öl wieder abgelassen oder mit einer Spritze abgesaugt werden.

- Nach erfolgter Prüfung oder Korrektur des Ölstandes Messstab wieder ganz einführen.
- Fußbremse betätigen und sämtliche Wählhebelstellungen langsam durchschalten. Anschließend Ölstand nochmals kontrollieren.
- Motor abstellen.

Vorderachse/Lenkung

Folgende Wartungsarbeiten müssen nach dem Wartungsplan durchgeführt werden:

- Lenkung: Manschetten auf Undichtigkeiten und Beschädigungen prüfen.
- Spurstangenköpfe: Spiel und Befestigung prüfen, Staubkappen prüfen.
- Achsgelenke: Staubkappen prüfen.

Lenkungsmanschetten prüfen

Spezialwerkzeug ist nicht erforderlich.

> **Sicherheitshinweis**
> Beim Aufbocken des Fahrzeugs besteht Unfallgefahr! Deshalb vorher das Kapitel »Fahrzeug aufbocken« durchlesen.

- Fahrzeug vorn aufbocken.

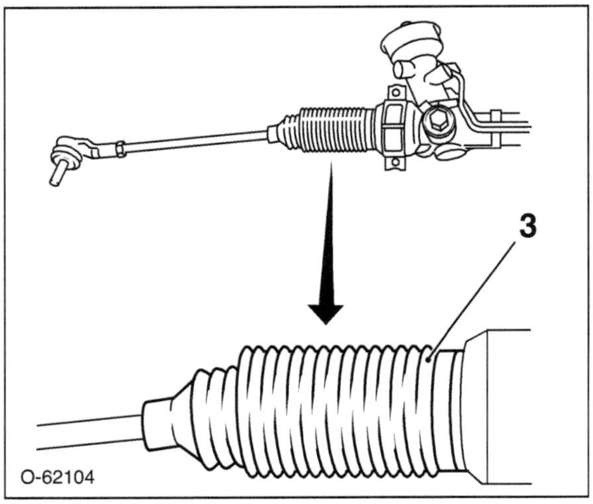

- Gummimanschetten –3– links und rechts mit Lampe anstrahlen und auf Beschädigungen überprüfen, dabei auf Fettspuren an den Manschetten und in deren Umgebung achten.
- Manschetten auf Risse, Einschnitte oder Marderbisse prüfen.
- Festen Sitz der Manschettenbänder prüfen.
- Fahrzeug ablassen.

Staubkappen für Spurstangenköpfe/ Achsgelenke prüfen

Spezialwerkzeug ist nicht erforderlich.

> **Sicherheitshinweis**
> Beim Aufbocken des Fahrzeugs besteht Unfallgefahr! Deshalb vorher das Kapitel »Fahrzeug aufbocken« durchlesen.

- Fahrzeug vorn aufbocken.

Spurstangenkopf

Achsgelenk

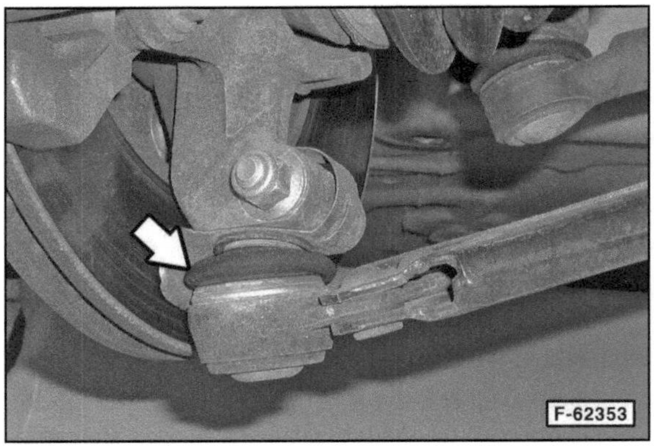

- Staubkappen –Pfeil– links und rechts mit Lampe anstrahlen und auf Beschädigungen überprüfen, dabei auf Fettspuren an den Staubkappen und in deren Umgebung achten.
- Bei beschädigter Staubkappe sicherheitshalber entsprechendes Gelenk mit Staubkappe auswechseln. Eingedrungener Schmutz zerstört das Gelenk.

Spurstangenköpfe auf Spiel prüfen

- Spurstangen kräftig von Hand hin- und herbewegen. Die Kugelgelenke dürfen kein Spiel aufweisen, sonst Gelenke oder Spurstange ersetzen.

Bremsen/Reifen/Räder

Folgende Wartungsarbeiten müssen nach dem Wartungsplan durchgeführt werden:

- Bremsanlage: Leitungen, Schläuche, Bremszylinder und Anschlüsse auf Undichtigkeiten und Beschädigungen prüfen. Bremsflüssigkeitsstand prüfen, gegebenenfalls auffüllen.
- Bremsanlage: Dicke und Verschleiß von Bremsbelägen und Bremsscheiben prüfen.
- Handbremse: Funktion prüfen, gegebenenfalls einstellen.
- Bereifung, einschließlich Reserverad: Profiltiefe und Reifenfülldruck prüfen; Reifen auf Verschleiß und Beschädigungen prüfen. Dabei besonders die Seitenwand des Reifens prüfen. Bei unnormaler Abnutzung Spur prüfen lassen (Werkstattarbeit).
- Radmuttern: Mit vorgeschriebenem Anzugsdrehmoment nachziehen, siehe Seite 137.
- Radzierblenden: Auf Beschädigungen, besonders am Haltesystem prüfen, gegebenenfalls ersetzen.
- Reifendichtmittel (falls vorhanden): Haltbarkeitsdatum prüfen. Dichtmittelflasche alle 4 Jahre erneuern
- Bremsflüssigkeit: Erneuern, siehe Seite 153.

Bremsleitungen sichtprüfen

Spezialwerkzeug ist nicht erforderlich.

Sicherheitshinweis
Beim Aufbocken des Fahrzeugs besteht Unfallgefahr! Deshalb vorher das Kapitel »Fahrzeug aufbocken« durchlesen.

- Fahrzeug aufbocken.
- Verschmutzte Bremsleitungen reinigen.

Achtung: Die Bremsleitungen sind zum Schutz gegen Korrosion mit einer Kunststoffschicht überzogen. Wird diese Schutzschicht beschädigt, kann es zur Korrosion der Leitungen kommen. Daher dürfen Bremsleitungen nicht mit einer Drahtbürste oder Schmirgelleinen gereinigt werden.

- Bremsleitungen vom Hauptbremszylinder zur ABS-Hydraulikeinheit und den einzelnen Radbremsen mit Lampe anstrahlen und auf Undichtigkeiten überprüfen. Der Hauptbremszylinder sitzt im Motorraum unterhalb vom Vorratsbehälter für Bremsflüssigkeit, vor dem Bremskraftverstärker.
- Bremsleitungen dürfen weder geknickt noch gequetscht sein. Auch dürfen sie keine Rostnarben oder Scheuerstellen aufweisen. Andernfalls Leitung bis zur nächsten Trennstelle ersetzen.
- Bremsschläuche verbinden die Bremsleitungen mit den Radbremszylindern an den beweglichen Teilen des Fahrzeugs. Sie bestehen aus hochdruckfestem Material, können aber mit der Zeit porös werden, aufquellen oder durch scharfe Gegenstände angeschnitten werden. In einem solchen Fall sind sie sofort zu ersetzen.

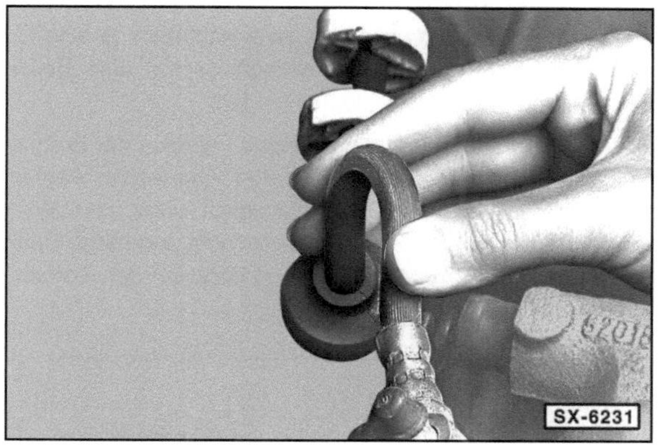

- Bremsschläuche mit der Hand hin- und herbiegen, um Beschädigungen festzustellen. Schläuche dürfen nicht verdreht sein, farbige Kennlinie beachten, falls vorhanden!
- Lenkrad nach links und rechts bis zum Anschlag drehen. Die Bremsschläuche dürfen dabei in keiner Stellung Fahrzeugteile berühren.
- Anschlussstellen von Bremsleitungen und -schläuchen dürfen nicht durch ausgetretene Bremsflüssigkeit feucht sein.
- Fahrzeug ablassen.

Bremsflüssigkeitsstand prüfen

Erforderliche Betriebsmittel:

- Fahrzeuge mit Baudatum **bis** 14.2.2012: Zum Nachfüllen Bremsflüssigkeit der Spezifikation »**Super-DOT 4**« beziehungsweise FORD-WSS-M6C57-A2.
- Fahrzeuge mit Baudatum **seit** 15.2.2012: Zum Nachfüllen Bremsflüssigkeit der Spezifikation »**DOT 4**« beziehungsweise FORD-WSS-M6C65-A2.

Der Vorratsbehälter für die Bremsflüssigkeit/Kupplungshydraulik befindet sich im Motorraum an der Spritzwand, über dem linken Federbeindom. Er hat zwei Kammern, je eine für jeden Bremskreis. Der Schraubverschluss hat eine Belüftungsbohrung, die nicht verstopft sein darf.

Der Vorratsbehälter ist durchscheinend, so dass der Bremsflüssigkeitsstand jederzeit von außen überwacht werden kann. Ein Absinken der Bremsflüssigkeit unter den MIN-Stand wird dem Fahrer am Kombiinstrument angezeigt. Dennoch ist es ratsam, regelmäßig einen Blick auf den Vorratsbehälter zu werfen.

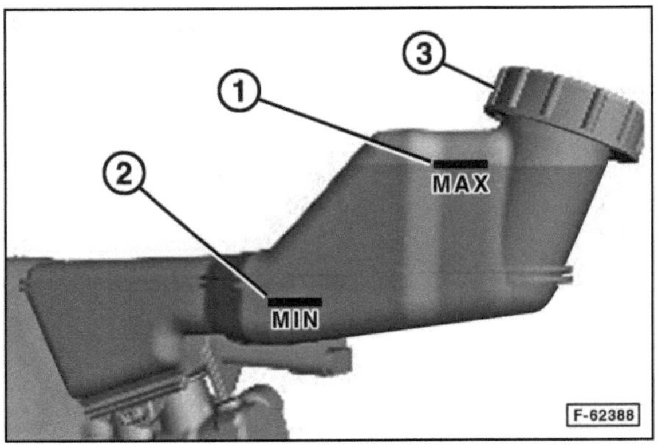

- Der Flüssigkeitsstand soll, bei geschlossenem Deckel –3–, nicht oberhalb der MAX-Markierung –1– und nicht unterhalb der MIN-Marke –2– liegen.

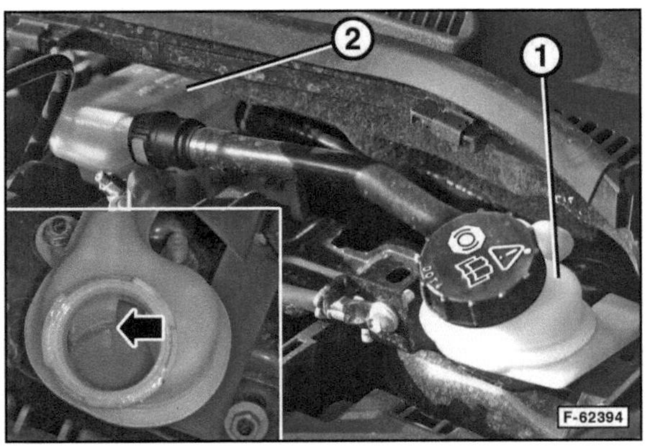

- Es kann auch ein zweigeteilter Bremsflüssigkeitsbehälter –1/2– eingebaut sein. In diesem Fall wird über den linken Behälter –1– die Bremsflüssigkeit aufgefüllt und der Bremsflüssigkeitsstand –Pfeil– geprüft.

- Nur die vorgeschriebene Bremsflüssigkeit einfüllen, siehe unter »Erforderliche Betriebsmittel«. **Achtung:** Keine Bremsflüssigkeit anderer DOT-Spezifikationen verwenden.

Durch die Abnutzung der Scheibenbremsbeläge sinkt der Bremsflüssigkeitsspiegel im Vorratsbehälter geringfügig ab. Das ist normal.

Sinkt der Flüssigkeitsspiegel jedoch innerhalb kurzer Zeit stark ab, ist das ein Zeichen für Bremsflüssigkeitsverlust.

Die Leckstelle muss dann sofort ausfindig gemacht werden. Sicherheitshalber sollte die Überprüfung der Anlage von einer Fachwerkstatt durchgeführt werden.

Dicke der Bremsbeläge und der Bremsscheibe prüfen

Spezialwerkzeug ist nicht erforderlich.

Sicherheitshinweis:
Beim Aufbocken des Fahrzeugs besteht Unfallgefahr! Deshalb vorher das Kapitel »Fahrzeug aufbocken« durchlesen.

- Radmuttern lösen. Fahrzeug aufbocken und Räder abnehmen. **Achtung:** Unbedingt Hinweise im Kapitel »Rad aus- und einbauen« beachten.

Scheibenbremsbelagdicke:

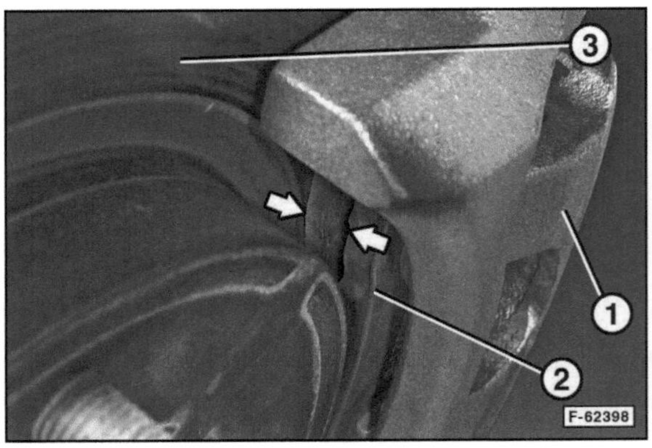

- Die Dicke des äußeren Belags –Pfeile– von der Seite her kontrollieren. 1 – Bremssattel, 2 – metallene Rückenplatte, 3 – Bremsscheibe.

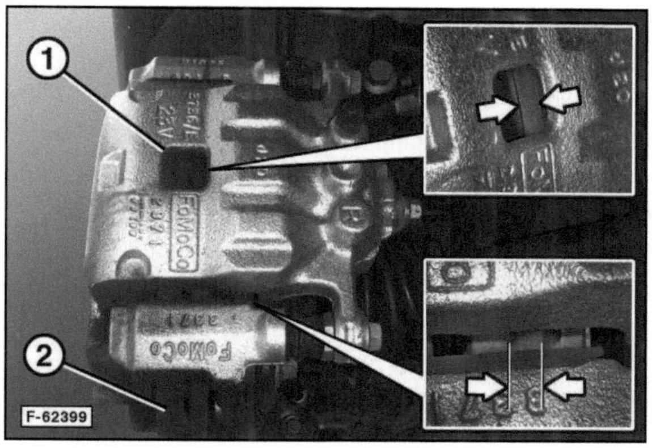

- Belagdicke –Pfeile– des inneren Scheibenbremsbelages durch die Öffnung –1– im Bremssattel prüfen. 2 – Bremsscheibe, innenbelüftet. **Hinweis:** Die Belagdicke kann auch durch den Spalt zwischen Bremsträger und Bremssattel geprüft werden, siehe Bildausschnitt rechts unten.
- Die Verschleißgrenze der Scheibenbremsbeläge ist erreicht, wenn der Belag nur noch eine Dicke von 1,5 mm aufweist.
- Im Zweifelsfall Bremsbeläge ausbauen und Belagdicke mit einer Schieblehre messen. Ist die Verschleißgrenze der Bremsbeläge erreicht, Bremsbeläge wechseln. Dabei müssen immer alle vier Beläge einer Achse ersetzt werden. Auch dann, wenn nur ein Belag die Verschleißgrenze erreicht hat.

Hinweis: Nach einer Faustregel entspricht 1 mm Bremsbelag einer Fahrleistung von mindestens 1.000 km. Diese Faustregel gilt unter ungünstigen Bedingungen. Im Normalfall halten die Beläge viel länger. Bei einer Belagdicke der Scheibenbremsbeläge von 3,0 mm (ohne Rückenplatte) beträgt die Restnutzbarkeit der Bremsbeläge also noch mindestens 1.500 km.

- Bremssättel auf Bremsflüssigkeitsverlust untersuchen. Bei Undichtigkeiten umgehend Bremssattel instand setzen lassen.
- Bremsscheiben an der Innen- und Außenseite auf Rillen, Rostfraß und Risse sichtprüfen, gegebenenfalls auswechseln.
- Dicke der Bremsscheiben prüfen, siehe Seite 146.

Trommelbremsbelagdicke

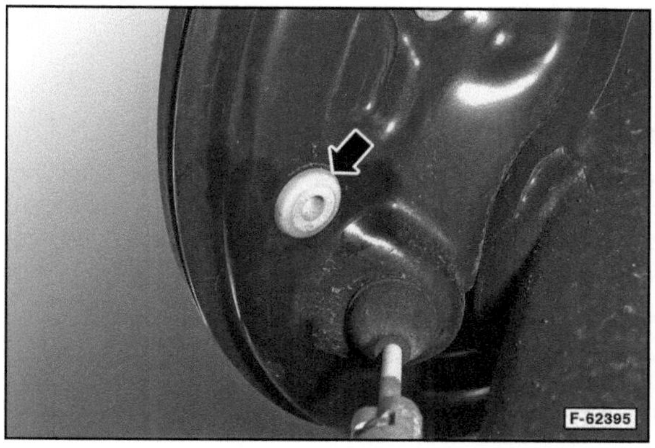

- An den Hinterrad-Bremsträgern von der Rückseite her die Gummikappe –Pfeil– vom Schauloch abnehmen und mit Taschenlampe durch die Öffnung leuchten.

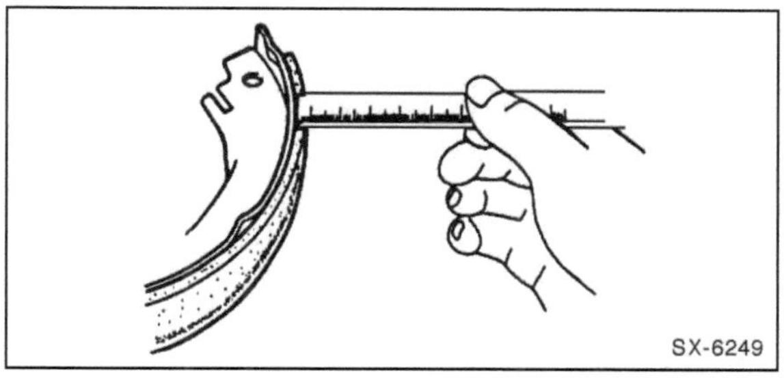

- Im Zweifelsfall Bremstrommel ausbauen und Belagstärke messen. Die Verschleißgrenze ist erreicht, wenn der Belag an der dünnsten Stelle eine Stärke von 1,0 mm hat.
- Räder anschrauben, dabei Reifen-Laufrichtung beachten. Fahrzeug ablassen, erst dann Radmuttern über Kreuz mit **135 Nm** festziehen. **Achtung:** Unbedingt Hinweise im Kapitel »Rad aus- und einbauen« beachten.

Handbremse prüfen

Spezialwerkzeug ist nicht erforderlich.

Die Handbremse wirkt über Seilzüge auf die Bremsen der Hinterräder.

Prüfen

- Fahrzeug auf einer ebenen Fläche abstellen.
- Handbremse lösen.
- Das Fahrzeug muss sich von Hand verschieben lassen, die Bremsen dürfen nicht schleifen.
- Handbremshebel um 2 Zähne anziehen, das Fahrzeug darf sich gerade nicht mehr von Hand verschieben lassen.
- Handbremshebel um 4 Zähne anziehen, das Fahrzeug muss an einer Steigung sicher gehalen werden.
- Handbremshebel fest anziehen. Der Handbremshebel darf sich nicht weiter als 5 Zähne anziehen lassen.
- Andernfalls Handbremse einstellen, siehe Seite 147.

Reifenfülldruck prüfen

Erforderliches Spezialwerkzeug:

■ Fülldruckmessgerät an der Tankstelle.

Prüfen

Reifenfülldruck einmal im Monat und bei hoher Zuladung prüfen. Vor längeren Autobahnfahrten Fülldruck zusätzlich kontrollieren, da hierbei die Temperaturbelastung für den Reifen am größten ist.

- Ventilkappe abschrauben.

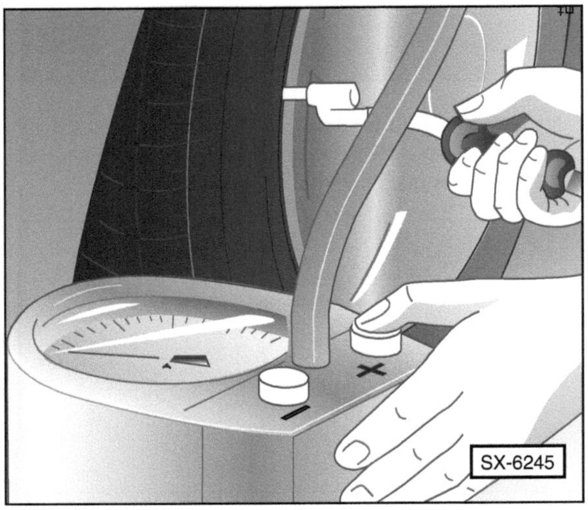

- Reifenfülldruck grundsätzlich am kalten Reifen prüfen, das heißt, er darf nicht länger als etwa 5 Minuten gefahren worden sein. Höherer Druck infolge Reifenerwärmung durch längere Fahrt darf nicht reduziert werden.

- Der richtige Reifenfülldruck für das Fahrzeug steht auf einem Aufkleber –1– an der Türanschlagsäule der Fahrertür unterhalb des Türschließbügels –2–. Anhaltswerte für den Reifenfülldruck, siehe Seite 134.

Hinweis: Der Reifenfülldruck gilt sowohl für Sommer- wie auch für Winterreifen.

- Der richtige Fülldruck für das normale **Reserverad** entspricht dem Fülldruck der hinteren Reifen bei höchster Beladung. Fülldruck für Notrad: 4,2 bar.
- Ventilkappe aufschrauben.

Reifenventil prüfen

Erforderliches Spezialwerkzeug:

■ Ventil-Metallschutzkappe oder HAZET 666-1.

Prüfen

- Staubschutzkappe vom Ventil abschrauben.

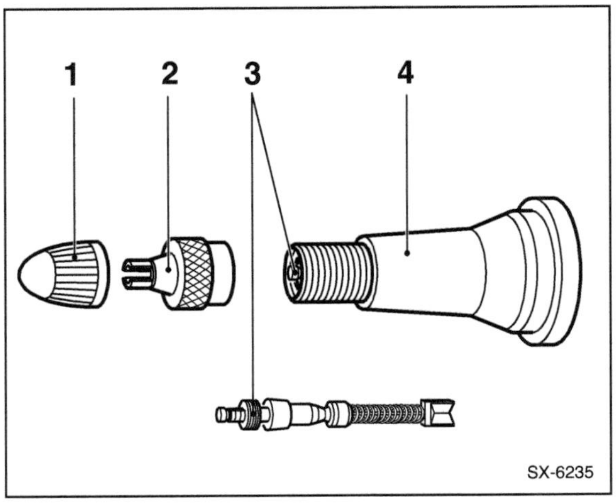

- Etwas Seifenwasser oder Speichel auf das Ventil geben. Wenn sich eine Blase bildet, Ventileinsatz –3– mit umgedrehter Metallschutzkappe –2– festdrehen.

Achtung: Zum Anziehen des Ventileinsatzes kann nur eine Metallschutzkappe –2– verwendet werden. Metallschutzkappen sind an der Tankstelle erhältlich. 1 – Gummischutzkappe, 4 – Ventil.

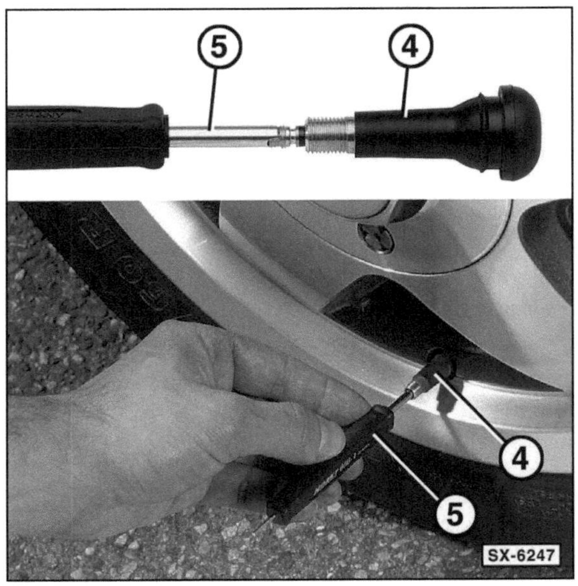

Hinweis: Anstelle der Metallschutzkappe kann auch das Werkzeug HAZET 666-1 –5– verwendet werden. 4 – Ventil.

- Ventil erneut prüfen. Falls sich wieder Blasen bilden oder das Ventil sich nicht weiter anziehen lässt, Ventil erneuern (Werkstattarbeit).
- Grundsätzlich Staubschutzkappe wieder aufschrauben.

Reifenprofil prüfen

Spezialwerkzeug ist nicht erforderlich.

Die Reifen ausgewuchteter Räder nutzen sich bei gewissenhaftem Einhalten des vorgeschriebenen Fülldrucks und bei fehlerfreier Radeinstellung und Stoßdämpferfunktion auf der gesamten Lauffläche annähernd gleichmäßig ab. Bei ungleichmäßiger Abnutzung können verschiedene Fehler vorliegen, siehe Kapitel »Räder und Reifen«. Im Übrigen lässt sich keine generelle Aussage über die Lebensdauer bestimmter Reifenfabrikate machen, denn die Lebensdauer hängt von unterschiedlichen Faktoren ab:

- Fahrbahnoberfläche
- Reifenfülldruck
- Fahrweise
- Witterung

Vor allem sportliche Fahrweise, scharfes Anfahren und starkes Bremsen fördern den schnellen Reifenverschleiß.

Achtung: Die Rechtsprechung verlangt, dass Reifen lediglich bis zu einer Profiltiefe von 1,6 mm abgefahren werden dürfen, und zwar müssen die Profilrillen auf der gesamten Lauffläche noch mindestens 1,6 mm Tiefe aufweisen. Es empfiehlt sich jedoch, sicherheitshalber die Reifen bereits bei einer Mindestprofiltiefe von 2 mm auszutauschen.

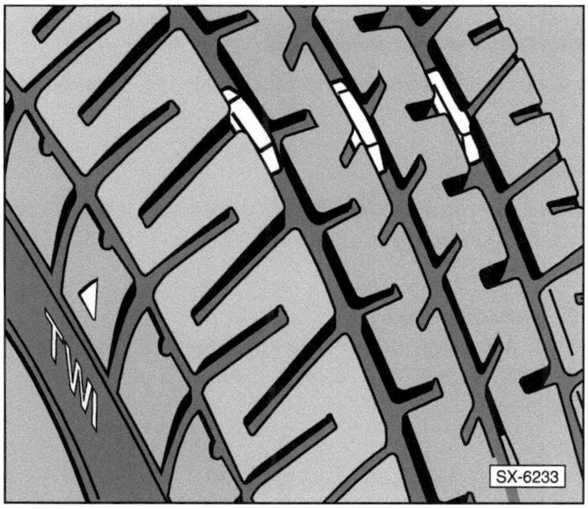

Nähert sich die Profiltiefe der gesetzlich zulässigen Mindestprofiltiefe, das heißt, weist der mehrmals am Reifenumfang angeordnete 1,6 mm hohe Verschleißanzeiger kein Profil mehr auf, müssen die Reifen gewechselt werden.

Achtung: »M+S«-Reifen haben auf Matsch und Schnee nur den gewünschten Grip, wenn ihr Profil noch mindestens 4 mm tief ist.

Achtung: Reifen auf Schnittstellen untersuchen und mit kleinem Schraubendreher Tiefe der Schnitte feststellen. Wenn die Schnitte bis zur Karkasse reichen, korrodiert durch eindringendes Wasser der Stahlgürtel. Dadurch löst sich unter Umständen die Lauffläche von der Karkasse, der Reifen platzt. Deshalb: Bei tiefen Einschnitten im Profil aus Sicherheitsgründen Reifen austauschen.

Reifendichtmittel prüfen/ersetzen

Spezialwerkzeug: nicht erforderlich.

Prüfen/Ersetzen

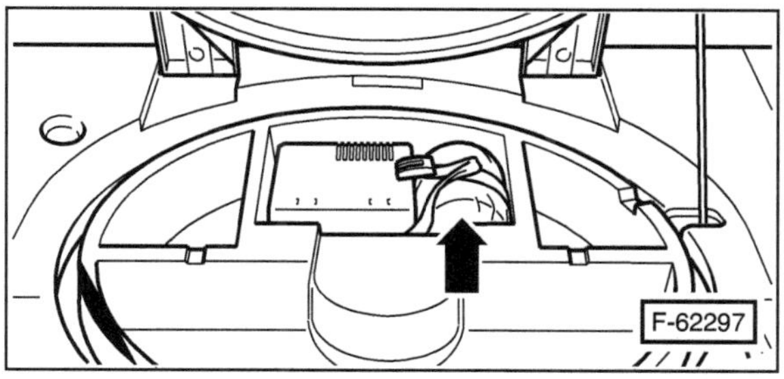

Das Reifendichtmittel –Pfeil– befindet sich, falls vorhanden, im Kofferraum in der Reserveradmulde.

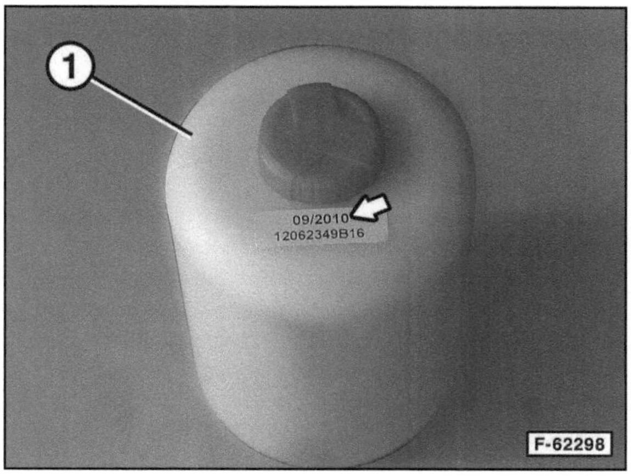

- Haltbarkeitsdatum –Pfeil– überprüfen. Bei Ablauf des Verfallsdatums Flasche –1– erneuern. In der Regel ist das Reifenpannen-Set alle 4 Jahre zu erneuern. Das Reifendichtungsmittel darf nicht älter als 5 Jahre sein.
- Nach Benutzung muss das Reifendichtungsmittel grundsätzlich ersetzt werden.

Karosserie/Innenausstattung/Heizung

Folgende Wartungsarbeiten müssen nach dem Wartungsplan durchgeführt werden:

- Motorhaube: Verschluss/Sicherungshaken auf Funktion prüfen und mit Mehrzweckfett schmieren.
- Sicherheitsgurte: Auf Beschädigungen prüfen.
- Karosserie, Unterbodenschutz: Sichtprüfen, Beschädigungen ausbessern.
- Reinluftfilter erneuern. **Hinweis:** Falls ein Papierfilter eingebaut ist, diesen durch einen Aktivkohlefilter ersetzen.
- Klimaanlage: Prüfen (Werkstattarbeit). Leitungen der Klimaanlage auf Beschädigung und Undichtigkeiten sichtprüfen.

Sicherheitsgurte prüfen

Spezialwerkzeug ist nicht erforderlich.

Sicherheitshinweis
Geräusche, die beim Aufrollen des Gurtbandes entstehen, sind funktionsbedingt. Bei störenden Geräuschen kann nur der Sicherheitsgurt komplett ausgetauscht werden. Auf keinen Fall darf zur Behebung von Geräuschen Öl oder Fett verwendet werden. Der Aufrollautomat darf nicht zerlegt werden, da hierbei die vorgespannte Feder herausspringen kann. Unfallgefahr!

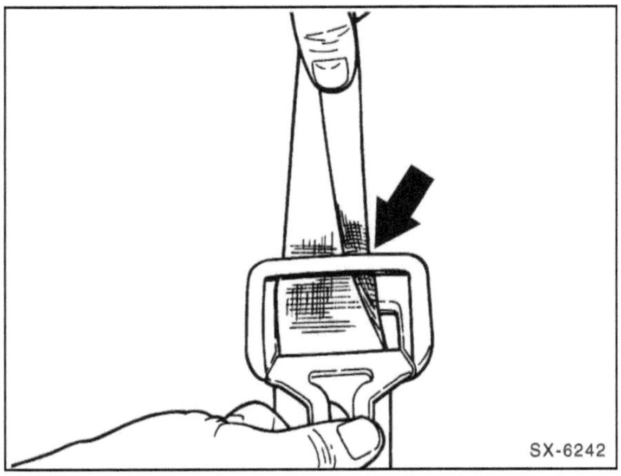

- Sicherheitsgurt ganz herausziehen und Gurtband auf durchtrennte Fasern prüfen. Sind Scheuerstellen vorhanden, ohne dass Fasern durchtrennt sind, muss der Gurt nicht erneuert werden.
- Beschädigungen können zum Beispiel durch Einklemmen des Gurtes oder durch brennende Zigaretten entstehen. In diesem Fall Gurt austauschen.
- Schwergängigen Gurt auf Verdrehungen prüfen, gegebenenfalls Verkleidung an der Mittelsäule ausbauen.
- Wenn die Aufrollautomatik nicht mehr funktioniert, Gurt auswechseln.
- Gurtbänder nur mit Seife und Wasser reinigen, keinesfalls scharfe chemische Reinigungsmittel verwenden.

Schließeinrichtungen schmieren

Spezialwerkzeug ist nicht erforderlich.

Erforderliche Betriebsmittel:

- Es eignet sich ein Mehrzweckfett zum Sprühen, zum Beispiel »Optimol-Optitemp TT 1«.

Schmieren

- Motorhaubenverschluss/Sicherungshaken mit einem Lappen reinigen und mit Fett einsprühen.

Karosserie/Unterboden sichtprüfen

Erforderliches Spezialwerkzeug:

- Eine Grube oder ein Hydraulikheber mit Unterstellböcken.

Prüfen

- Bei der regelmäßigen Pflege Augenmerk auf Lackbeschädigungen legen.

Sicherheitshinweis
Beim Aufbocken des Fahrzeugs besteht Unfallgefahr! Deshalb vorher das Kapitel »Fahrzeug aufbocken« durchlesen.

- Fahrzeug aufbocken, siehe Seite 53.
- Unterboden reinigen und Unterbodenschutz auf Schäden kontrollieren, gegebenenfalls ausbessern.
- Fahrzeug ablassen.

Reinluftfilter aus- und einbauen

Der Reinluftfilter befindet sich in einem Gehäuse hinter der Armaturentafel und wird zum Beifahrerfußraum hin ausgebaut.

Spezialwerkzeug ist nicht erforderlich.

Erforderliche Betriebsmittel:

- Reinluftfilter.

Ausbau

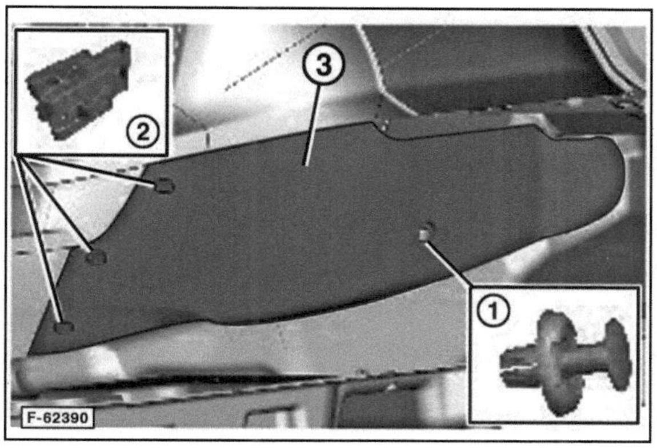

- Spreizclip –1– ausbauen. Dazu Spreizstift mit einem kleinen Schraubendreher heraushebeln, anschließend Clip heraushebeln.
- 3 Clips –2– lösen und Abdeckung –3– abnehmen.

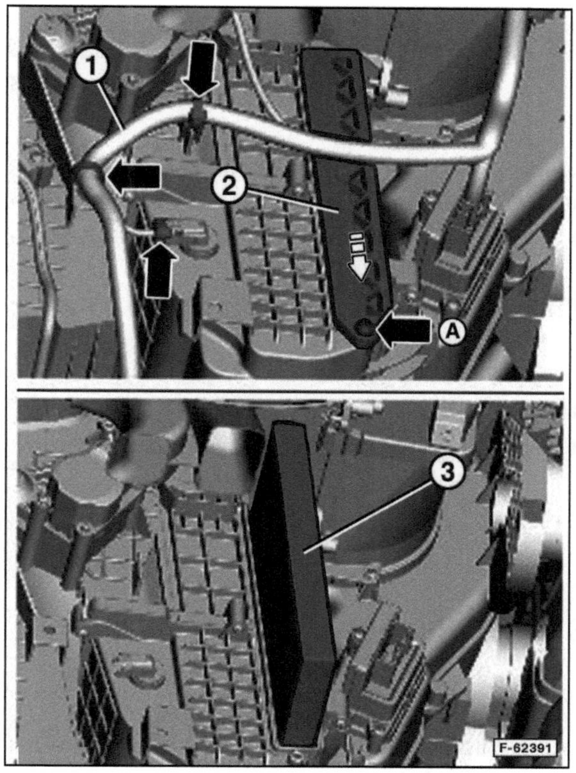

- Kabelhalter –Pfeile– öffnen und Kabelstrang –1– zur Seite legen.
- Schraube –Pfeil A– herausdrehen.
- Deckel –2– am Filtergehäuse in Pfeilrichtung nach unten schieben und abnehmen.
- Reinluftfilter –3– aus dem Filtergehäuse herausziehen.

Einbau

- Neuen Reinluftfilter einsetzen.
- Deckel aufschieben und anschrauben.
- Kabelstrang wie vor dem Ausbau verlegen und mit Kabelhaltern sichern.
- Seitenverkleidung der Mittelkonsole ansetzen und mit Clips sichern.

Elektrische Anlage

Folgende Wartungspunkte müssen nach dem Wartungsplan durchgeführt werden:

- Instrumente, Warn- und Kontrollleuchten, Laderaumbeleuchtung sowie Hupe: Funktion prüfen.
- Beleuchtungsanlage: Prüfen, gegebenenfalls Scheinwerfer einstellen.
- Alle Stromverbraucher: Funktion prüfen.
- Scheibenwischer: Wischergummis auf Verschleiß prüfen.
- Scheibenwaschanlage: Funktion prüfen, Waschflüssigkeit nachfüllen.
- Batterie: Spannung prüfen. Pole reinigen und fetten. Festen Sitz prüfen.

Stromverbraucher prüfen

Spezialwerkzeug ist nicht erforderlich.

Folgende Funktionen prüfen, gegebenenfalls Fehler beheben. Je nach Ausstattung sind nicht alle Verbraucher vorhanden:

- Beleuchtung: Abblendlicht, Fernlicht, Standlicht, Nebellicht vorn, Blinkleuchten, Warnblinkanlage, Schlusslicht, Nebelschlusslicht, Rückfahrlicht, Bremslicht.
- Leuchtweitenregulierung.
- Innenleuchten, Handschuhkastenbeleuchtung, Kofferraumbeleuchtung.
- Warnsignal für nicht ausgeschaltetes Licht.
- Alle Schalter in der Mittelkonsole.
- Kombiinstrument mit allen Anzeigen, Leuchten und Beleuchtung.
- Hupe.
- Scheibenwisch-/Scheibenwaschanlage.
- Zigarettenanzünder.
- Elektrische Außenspiegel, Beheizung und Verstellung.
- Elektrische Fensterheber.
- Elektrisches Schiebe-/Ausstelldach.
- Zentralverriegelung.
- Radio.

Wischergummis prüfen

Spezialwerkzeug ist nicht erforderlich.

- Wischerarme hochklappen und Wischerblätter abwinkeln.
- Wischlippen mit einem weichen Tuch sowie Scheibenreinigungs- und Frostschutzmittel reinigen.
- Wischlippen auf Verhärtungen oder Risse prüfen, gegebenenfalls Wischergummis/Wischerblätter ersetzen, siehe Kapitel »Scheibenwischeranlage«.

Batterie prüfen

Erforderliches Sonderwerkzeug:

- Messingdrahtbürste, Batterie-Pol- und Klemmenreinigungsbürste, zum Beispiel HAZET4650-4.
- Geeignetes Spannungs-Messgerät.

Verschleißteile sind nicht erforderlich.

Batterie-Pole reinigen/fetten

- Batterie-Pole und Anschlussklemmen reinigen, gegebenenfalls mit Messing-Drahtbürste von Korrosion befreien.

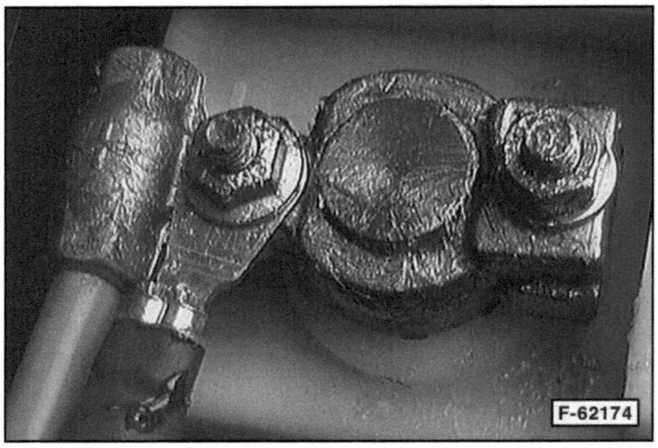

- Batterie-Pole dünn mit Vaseline oder Polfett fetten. **Achtung:** Das Fett darf nicht zwischen Batterie-Pol und Anschlussklemme gelangen, da andernfalls, insbesondere beim Starten, hohe Übergangswiderstände auftreten können. Hierdurch kann es zu einer Überlastung der elektronischen Steuergeräte kommen, wodurch diese beschädigt werden.

Batterie/Batterieklemmen auf festen Sitz prüfen

Eine lockere Batterie hat eine verkürzte Lebensdauer durch Rüttelschäden.

- Batterie kräftig hin- und herbewegen.
- Gegebenenfalls Halter lösen, Batterie fest an die Führungen andrücken und Halter mit **12 Nm** festziehen.
- Batterieklemmen durch Hin- und Herbewegen auf festen Sitz prüfen, gegebenenfalls Befestigung vorsichtig nachziehen.

Sicherheitshinweis
Um Unfallgefahren durch Kurzschluss auszuschließen, vor dem Festziehen des Pluskabels am Pluspol das Batterie-Massekabel abklemmen, siehe Seite 59.

Ruhespannung prüfen

Das Fahrzeug muss vor der Messung mindestens 2 Stunden im Ruhezustand gewesen sein. Das heißt: keine Starts, keine Be- und Entladung, kein Einschalten von Stromverbrauchern.

Werte für die Prüfung der Batterie-Ruhespannung, siehe Seite 61.

Service-Intervallanzeige »Ölservice« zurücksetzen

Zurücksetzen

- Zündung einschalten, dazu Zündschlüssel in Stellung II drehen oder Startknopf kurz drücken ohne das Bremspedal zu treten. Motor nicht starten.
- Gaspedal und Bremspedal ca. 15 Sekunden gleichzeitig betätigen, bis die Service-Intervallanzeige für Ölwechsel anfängt zu blinken beziehungsweise die Meldung »Ölservice-Rücksetzung abgeschlossen« im Fahrerinformationssystem (falls vorhanden) angezeigt wird.
- Beide Pedale freigeben.
- Sicherstellen, dass die Service-Intervallanzeige für Ölwechsel erloschen ist beziehungsweise die Meldung »Ölservice« nicht mehr im Fahrerinformationssystem angezeigt wird. **Hinweis:** Leuchtet die Service-Intervallanzeige für Ölwechsel weiterhin beziehungsweise wird die Meldung »Ölservice« weiterhin angezeigt, Zündschlüssel in Stellung 0 drehen und Vorgang erneut durchführen.
- Zündung ausschalten, dazu Zündschlüssel in Stellung 0 drehen und mindestens 2 Minuten in dieser Stellung stehen lassen, damit das Motorsteuergerät (PCM) vollständig ausgeschaltet und der nicht-flüchtige Speicher (NVM) im Steuergerät aktualisiert wird.
- Zündung einschalten, dazu Zündschlüssel in Stellung II drehen oder Startknopf kurz drücken ohne das Bremspedal zu treten. Motor nicht starten.
- Prüfen, ob die Service-Intervallanzeige für Ölwechsel nicht aufleuchtet beziehungsweise die Meldung »Ölservice« nicht angezeigt wird.
- Zündung ausschalten, dazu Zündschlüssel in Stellung 0 drehen.

Wagenpflege

Aus dem Inhalt:

- **Fahrzeug waschen**
- **Lackierung pflegen**
- **Unterbodenschutz/ Hohlraumkonservierung**
- **Polster reinigen**
- **Lackschäden ausbessern**

Fahrzeug waschen

Aus Umweltschutzgründen ist es in den meisten Gemeinden verboten, Fahrzeuge auf öffentlichen Plätzen zu waschen. Wird das Auto sehr oft in einer automatischen Waschanlage gewaschen, hinterlassen die rotierenden Waschbürsten Schleifspuren auf dem Lack. Diese lassen sich verhindern, wenn man den Wagen von Hand in einer entsprechenden Waschanlage wäscht.

- Vogelkot, Insekten, Baumharze, Teer- und Fettflecken, Streusalz und andere aggressive Ablagerungen sofort abwaschen, da sie ätzende Bestandteile enthalten, die Lackschäden verursachen.
- Bedienungshinweise für den Hochdruckreiniger bezüglich Druck und Düsenabstand des Sprühkopfes befolgen.
- Beim Waschen reichlich Wasser verwenden. Mit einem Schwamm oder Waschhandschuh beziehungsweise einer weichen Bürste mit dem Reinigen des Fahrzeugdaches beginnen; Schwamm oft ausspülen.
- Waschmittel nur bei hartnäckiger Verschmutzung verwenden. Mit klarem Wasser gründlich nachspülen, um die Reste des Waschmittels zu entfernen. Bei regelmäßiger Benutzung von Waschmitteln muss öfter konserviert werden. Dem Waschwasser kann ein Konservierungsmittel beigegeben werden.
- Darauf achten, dass kein Wasser in die Eintrittsöffnungen für die Innenraumbelüftung eindringt. Hochdruckdüse nicht gegen den Kühler oder schadhafte Lackflächen des Fahrzeugs richten.
- Zum Abtrocknen sauberes Leder verwenden. Verschiedene Leder für Lack- und Fensterflächen verwenden, da Konservierungsmittelrückstände auf den Scheiben zu Sichtbehinderungen führen.
- Durch Streusalz besonders gefährdet sind alle innen liegenden Falze, Flansche und Fugen an Türen und Hauben. Diese Stellen müssen deshalb bei jeder Wagenwäsche – auch nach der Wäsche in automatischen Waschstraßen – mit einem Schwamm gründlich gereinigt und anschließend abgespült und abgeledert werden.
- Wagen niemals in der Sonne waschen oder trocknen. Wasserflecken sind sonst unvermeidlich.

Achtung: Nach der Wagenwäsche Bremspedal während der Fahrt leicht antippen, um den Wasserfilm abzubremsen.

Lackierung pflegen

Konservieren: So oft wie nötig soll die sauber gewaschene und getrocknete Lackierung mit einem Konservierungsmittel behandelt werden, um die Oberfläche durch eine Poren schließende und Wasser abweisende Wachsschicht gegen Witterungseinflüsse zu schützen. Auch wenn regelmäßig Waschkonservierer verwendet wird, empfiehlt es sich, den Lack mindestens zweimal im Jahr mit Hartwachs zu schützen.

Sofern Kraftstoff, Öl, Fett oder Bremsflüssigkeit auf den Lack gelangt, diese Flüssigkeiten **sofort entfernen,** sonst kommt es zu Lackverfärbungen.

Spätestens wenn Wasser nicht mehr deutlich vom Lack abperlt, muss konserviert werden. Der Lack trocknet sonst aus.

Eine weitere Möglichkeit, den Lack zu konservieren, bieten Waschkonservierer. Waschkonservierer schützen die Lackierung jedoch nur ausreichend, wenn sie bei **jeder** Wagenwäsche verwendet werden und der zeitliche Abstand zwischen 2 Wäschen nicht mehr als 2 bis 3 Wochen beträgt. Nur Lackkonservierer verwenden, die Carnauba- oder synthetische Wachse enthalten.

Polieren: Das Polieren des Lackes ist nur dann erforderlich, wenn dieser infolge mangelhafter Pflege beziehungsweise unter der Einwirkung von Umwelteinflüssen unansehnlich geworden ist und sich durch eine Behandlung mit Konservierungsmitteln kein Glanz mehr erzielen lässt. Zu warnen ist vor stark schleifenden oder chemisch stark angreifenden Poliermitteln, auch wenn der erste Versuch damit noch so sehr zu überzeugen scheint.

Vor jedem Polieren muss der Wagen sauber gewaschen und sorgfältig abgetrocknet werden. Im Übrigen ist nach der Gebrauchsanweisung für das Poliermittel zu verfahren.

Die Bearbeitung soll in nicht zu großen Flächen erfolgen, um ein vorzeitiges Eintrocknen der Politur zu vermeiden. Bei manchen Poliermitteln muss anschließend noch konserviert werden. Nicht in der prallen Sonne polieren!

Kunststoffteile und matt lackierte Teile dürfen nicht mit Konservierungs- oder Poliermitteln behandelt werden, da sich sonst Flecken bilden.

Teerflecke entfernen: Frische Teerflecke können mit einem in Waschbenzin getränkten weichen Lappen entfernt werden oder mit speziellen Teerfleck-Entfernern. Notfalls kann auch Petroleum oder Terpentinöl verwendet werden. Sehr gut gegen Teerflecke eignet sich auch ein Lackkonservierer. Bei Verwendung dieses Mittels kann auf ein Nachwaschen verzichtet werden.

Insekten entfernen: Insekten enthalten aggressive Stoffe, die den Lackfilm beschädigen können. Sie müssen deshalb umgehend mit lauwarmer Seifen- oder Waschmittellösung abgewaschen werden. Es gibt auch spezielle Insekten-Entferner.

Außenbeleuchtung: Leuchten- und Scheinwerferabdeckungen sind aus Kunststoff. Verunreinigungen nur mit einem feuchten, weichen Tuch entfernen. Scheinwerferabdeckungen auf keinen Fall mit einem trockenen oder scheuernden Tuch reinigen. Keine Eiskratzer verwenden und nicht mit Reinigungs- oder Lösungsmitteln säubern.

Kunststoffteile pflegen: Kunststoffteile, Kunstledersitze, Himmel, Leuchtengläser sowie mattschwarz gespritzte Teile mit Wasser und Flüssigseife säubern. Himmel nicht durchfeuchten. Kunststoffteile gegebenenfalls mit Kunststoffreiniger behandeln.

Scheiben reinigen: Schnee und Eis von Scheiben und Spiegeln nur mit einem Kunststoffschaber entfernen. Um Kratzer durch Schmutz zu vermeiden, sollte der Schaber nicht vor- und zurückbewegt, sondern nur geschoben werden. Fensterscheiben innen und außen mit sauberem, weichem Lappen abreiben. Bei starker Verschmutzung helfen Spiritus oder Salmiakgeist und lauwarmes Wasser oder auch ein spezieller Scheibenreiniger. Beim Reinigen der Windschutzscheibe Scheibenwischerarme nach vorn klappen. Bei der Reinigung der Windschutzscheibe sind auch die Wischerblätter zu säubern.

Achtung: Bei Verwendung silikonhaltiger Mittel dürfen die zur Reinigung der Lackierung verwendeten Waschbürsten, Schwämme, Lederlappen und Tücher nicht für die Scheiben verwendet werden. Beim Einsprühen der Lackierung mit silikonhaltigen Pflegemitteln sollten die Scheiben mit Pappe oder anderem Material abgedeckt werden.

Gummidichtungen pflegen: Gummidichtungen durch Einpudern der Dicht- und Gleitflächen mit Talkum oder Besprühen mit Silikonspray geschmeidig halten. So werden auch quietschende oder knarrende Geräusche beim Schließen der Türen vermieden. Auch das Einreiben der betreffenden Flächen mit Schmierseife beseitigt die Geräusche.

Reifen reinigen: Reifen nicht mit einem Dampfstrahlgerät reinigen. Wird die Düse des Dampfstrahlers zu nahe an den Reifen gehalten, wird dessen Gummischicht innerhalb weniger Sekunden irreparabel zerstört, selbst bei Verwendung von kaltem Wasser. Ein auf diese Weise gereinigter Reifen sollte sicherheitshalber ersetzt werden.

Leichtmetall-Scheibenräder mit Felgenreiniger und Bürste reinigen, jedoch keine aggressiven, säurehaltigen, stark alkalischen und rauen Reinigungsmittel oder Dampfstrahler über +60° C verwenden.

Sicherheitsgurte nur mit milder Seifenlauge im eingebauten Zustand säubern, nicht chemisch reinigen, da dadurch das Gewebe zerstört werden kann. Automatikgurte nur in trockenem Zustand aufrollen.

Unterbodenschutz/ Hohlraumkonservierung

Die Fahrzeugunterseite ist mit Unterbodenschutz beschichtet. Die besonders stark gefährdeten Bereiche in den Radläufen sind zusätzlich mit Kunststoffschalen gegen Steinschlag geschützt. Vor der kalten Jahreszeit und nach einer Unterbodenwäsche sollte der Unterbodenschutz kontrolliert und gegebenenfalls ausgebessert werden.

Im Schleuderbereich des Unterbaues können sich Staub, Lehm und Sand ablagern. Den angesammelten Schmutz entfernen, zumal er während der Winterzeit auch noch mit Streusalz angereichert sein kann.

Polsterbezüge pflegen/reinigen

Textilbezüge: Polsterbezüge mit Staubsauger und Bürste reinigen. Flecken mit Flüssigseife, 25-prozentiger Ammoniaklösung oder Branntweinessig entfernen.

Fett- und Ölflecke mit Reinigungsbenzin oder Fleckenwasser behandeln. Das Reinigungsmittel darf aber nicht unmittelbar auf den Stoff gegossen werden, da sich sonst unweigerlich Ränder bilden. Fleck durch kreisförmiges Reiben von außen nach innen bearbeiten. Andere Verschmutzungen lassen sich meistens mit lauwarmem Seifenwasser entfernen.

Lederbezüge: Bei starker Sonneneinstrahlung und längerer Standzeit Sitze abdecken, damit sie nicht ausbleichen.

Trikot- oder Wolllappen mit Wasser leicht anfeuchten und Lederflächen säubern, ohne das Leder oder die Nahtstellen zu durchfeuchten. Anschließend das getrocknete Leder mit einem sauberen und weichen Tuch nachreiben.

Stärker verschmutzte Lederflächen mit einem milden Feinwaschmittel ohne Aufheller (2 Esslöffel auf 1 Liter Wasser) oder Flüssigseife reinigen. Fett- und Ölflecke ohne zu reiben vorsichtig mit Reinigungsbenzin abtupfen.

Lackierte Lederpolster sollten nach dem Reinigen mit einem handelsüblichen Pflegemittel für Lederflächen behandelt werden. Solche Mittel sind bei den Fachwerkstätten und im Autofachhandel erhältlich. Das Mittel vor Gebrauch gut schütteln und mit einem weichen Lappen dünn auftragen. Nach dem Eintrocknen mit einem sauberen und weichen Tuch nachreiben. Diese Behandlung empfiehlt sich bei normaler Beanspruchung alle 6 Monate.

Steinschlagschäden ausbessern

Ausbeul- und Lackierarbeiten an der Autokarosserie setzen Erfahrung über den Werkstoff und dessen Bearbeitung voraus. Derartige Fertigkeiten werden in der Regel erst durch eine langjährige Praxis erreicht. Aus diesem Grund wird hier nur das Ausbessern von kleineren Lackschäden erläutert.

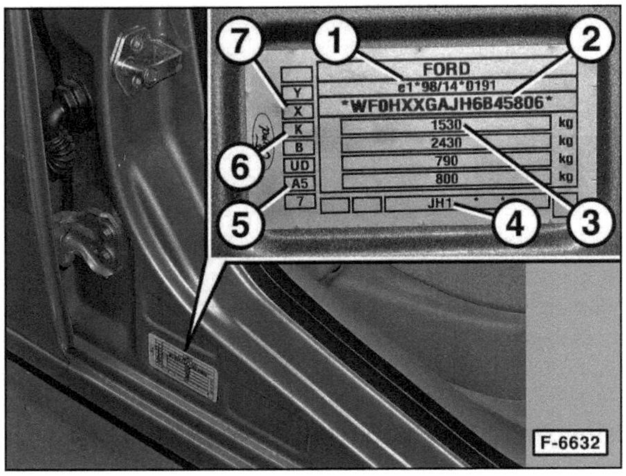

1 – Zulassungsnummer
2 – Fahrgestellnummer (VIN)
3 – Fahrzeug-Gesamtgewicht
4 – Karosserietyp
5 – Lacknummer
6 – Getriebecode
7 – Motorcode

Zum Nachlackieren wird unbedingt dieselbe Lackfarbe benötigt, denn selbst kleinste Farbunterschiede fallen nach Abschluss der Arbeiten sofort ins Auge. Der jeweilige Fahrzeug-Farbton wird vom Hersteller durch die Lacknummer –5– auf dem Typschild vermerkt. Das Typschild befindet sich am Türholm der Beifahrertür unterhalb des Türschließbügels.

Treten dennoch Differenzen zwischen dem Originallack und dem Reparaturlack auf, dann liegt das daran, dass sich Fahrzeug-Lackierungen durch Alterung, ultraviolette Sonnenbestrahlung, extreme Temperaturdifferenzen, Witterungsbedingungen und chemische Einflüsse wie beispielsweise Industrieabgase mit der Zeit verändern. Außerdem können Oberflächenschäden, Farbveränderungen und Ausbleichen des Lackes eintreten, wenn Reinigung und Lackpflege mit ungeeigneten Mitteln durchgeführt wurden.

Die Metallic-Lackierung besteht aus 2 Schichten, dem Metallic-Grundlack und der farblosen Decklackierung. Beim Lackieren wird der Klarlack über den feuchten Grundlack gespritzt. Die Gefahr von Farbdifferenzen bei der nachträglichen Metallic-Lackierung ist besonders groß, da hier schon die unterschiedliche Viskosität des Reparaturlackes gegenüber dem Originallack zu Farbverschiebungen führt.

Es lohnt sich, auch kleinste Lackschäden regelmäßig zu beseitigen, da auf diese Weise Rostschäden und größere Reparaturen vermieden werden.

Für kleine Kratzer und Steinschläge, die lediglich den Decklack abgesplittert haben, also nicht bis aufs blanke Blech vorgedrungen sind, genügt im allgemeinen der Lackstift oder Tupflack. Dabei handelt es sich um eine kleine Lackdose, in deren Deckel ein Pinsel integriert ist. Der Lackstift wird im Auto-Zubehörhandel angeboten.

- Tiefere Steinschlagschäden, die schon kleine Rostnarben gebildet haben, mit einem »Rostradierer« beziehungsweise einem Messer oder einem kleinen Schraubendreher auskratzen, bis das blanke Blech erscheint. Wichtig ist, dass keine auch noch so kleine Roststelle mehr sichtbar ist. Bei »Rostradierern« handelt es sich um kleine Kunststoffhülsen, die zum Auskratzen des Rostes kurze Drahtborsten besitzen.
- Die blanken Stellen müssen einwandfrei trocken und fettfrei sein. Dazu Reparaturstelle sowie umgebenden Lack mit Silikonentferner reinigen.
- Auf die blanke Metallfläche mit einem dünnen Pinsel etwas Lackgrundierung (»Primer«) auftragen. Da das Grundiermittel meist in Sprühdosen erhältlich ist, etwas Grundiermittel in den Deckel der Dose sprühen.
- Nachdem die Grundierung trocken ist, Stelle mit Tupflack ausbessern. Bei den Tupflackdosen ist ein Pinsel bereits im Deckel integriert. Falls nur eine Spraydose mit der entsprechenden Farbe zur Verfügung steht, etwas Farbe in den Deckel der Dose sprühen und Lack mit einem dünnen Wasserfarbenpinsel auftragen. Dabei in einem Arbeitsgang immer nur eine dünne Lackschicht anbringen, damit der Lack nicht herunterlaufen kann. Anschließend Farbe gut trocknen lassen. Vorgang so oft wiederholen, bis der Krater ausgefüllt ist und die ausgebesserte Stelle gegenüber der umgebenden Lackfläche keine Vertiefung mehr bildet.

Werkzeugausrüstung

Langfristig zahlt es sich immer aus, wenn man qualitativ hochwertiges Werkzeug kauft. Neben einer Grundausstattung mit Maul- und Ringschlüsseln in den gängigen Größen und verschiedenen Torxschraubendrehern sowie einem Satz Steckschlüssel empfiehlt sich auch der Kauf eines Drehmomentschlüssels. Darüber hinaus ist bei manchen Arbeitsgängen der Einsatz von Spezialwerkzeug zwingend erforderlich.

Gutes und stabiles Werkzeug wird von der Firma HAZET (42804 Remscheid, Postfach 100461) angeboten. In den Tabellen sind die Werkzeuge mit der HAZET-Bestellnummer aufgeführt. Vertrieben wird das Werkzeug über den Fachhandel.

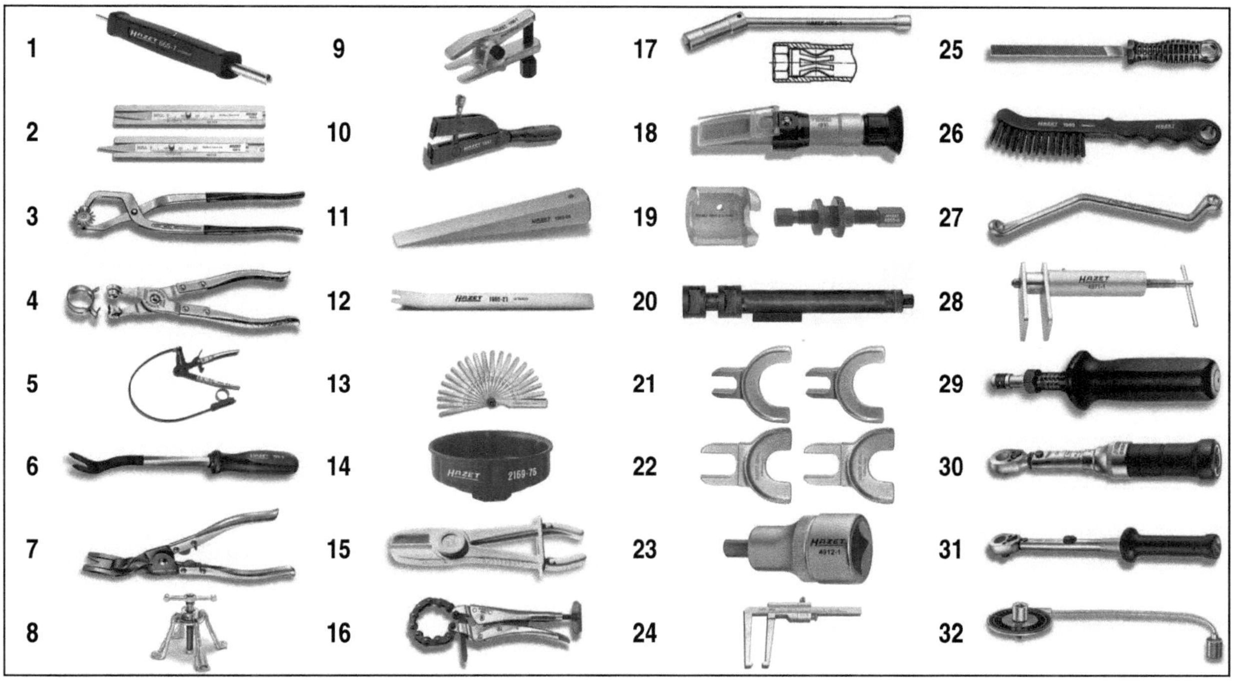

Abb.	Werkzeug	Hazet-Nr.
1	Ventildreher für Reifenventile	666-1
2	Messlehre für Reifen-Profiltiefe	666-5
3	Bremsfedernzange für Rückholfeder der Trommelbremse	797
4	Klemmzange für Lenkmanschetten-schelle	798-5
5	Schlauchklemmenzange mit Bowdenzug	798-15A/B
6	Lösehebel für Innenverkleidung	799-3
7	Lösezange für Innenverkleidung	799-4
8	Ausdrücker für Gelenkwelle	1781-5
9	Ausdrücker für Achsgelenk/ Spurstangenkopf	1790-7
10	Klemmzange für Haltebänder der Antriebswellen-Manschetten	1847
11	Montagekeil	1965-20
12	Montagekeil	1965-21
13	Fühlerblattlehre 0,05 - 1,0 mm	2147
14	Ölfilterschlüssel Benzinmotor	2169-76
15	Abklemmzangen-Satz	4590/2
16	Ketten-Abgasrohrschneider	4682

Abb.	Werkzeug	Hazet-Nr.
17	Zündkerzenschlüssel	4766-1
18	Messgerät für Frostschutzanteil	4810 B
19	Abziehspindel mit Abziehkopf für Wischerarm	4855-8 + 4855-1
20	Federspanner-Grundgerät	4900-2A
21	Spannplattenpaar für Schrauben-feder vorn	4900-11
22	Spannplattenpaar für Schrauben-feder hinten	4900-10
23	Spreizer für Federbeinausbau	4912-1/-2
24	Bremsscheiben-Messschieber	4956-1
25	Bremssattelfeile	4968-1
26	Stahldrahtbürste für Bremssattel	4968-2
27	Bremsen-Entlüftungsschlüssel	4968-9
28	Bremskolben-Rücksetzwerkzeug für vordere Scheibenbremsen	4971-1
29	Drehmomentschlüssel 1 – 6 Nm	6003 CT
30	Drehmomentschlüssel 4 – 40 Nm	6109-2 CT
31	Drehmomentschlüssel 40 – 200 Nm	6122–1CT
32	Winkelscheibe für drehwinkel-gesteuerten Schraubenanzug	6690

Motorstarthilfe

Sicherheitshinweise

Werden die vorgeschriebenen Anschlusshinweise nicht genau eingehalten, besteht die Gefahr der Verätzung durch austretende Batteriesäure. Außerdem können Verletzungen oder Schäden durch eine Batterieexplosion entstehen oder Defekte an der Fahrzeugelektrik auftreten.

- Batterieflüssigkeit von Augen, Haut, Gewebe und lackierten Flächen fern halten. Die Flüssigkeit ist ätzend. Säurespritzer sofort mit klarem Wasser gründlich abspülen. Gegebenenfalls einen Arzt aufsuchen.
- Keine Funken oder offenen Flammen in Batterienähe, da aus der Batterie brennbare Gase austreten können.
- Augenschutz tragen.
- Darauf achten, dass die Starthilfekabel nicht durch drehende Teile wie zum Beispiel den Kühlerventilator beschädigt werden.

- Die Starthilfekabel sollten einen Leitungsquerschnitt von 25 mm^2 aufweisen und mit isolierten Kabelzangen ausgestattet sein. In der Regel ist der Leitungsquerschnitt auf der Packung der Starthilfekabel angegeben.
- Bei beiden Batterien muss die Spannung 12 Volt betragen. Die Kapazität der stromgebenden Batterie darf nicht wesentlich unter der der entladenen Batterie liegen.
- Eine entladene Batterie kann bereits bei –10° C gefrieren. Vor Anschluss der Starthilfekabel muss eine gefrorene Batterie unbedingt aufgetaut werden.
- Die entladene Batterie muss ordnungsgemäß am Bordnetz angeklemmt sein.
- Fahrzeuge so weit auseinander stellen, dass kein metallischer Kontakt besteht. Andernfalls könnte bereits beim Verbinden der Pluspole ein Strom fließen.
- Bei beiden Fahrzeugen Handbremse anziehen. Schaltgetriebe in Leerlaufstellung, automatisches Getriebe in Parkstellung »P« schalten.
- Alle Stromverbraucher, auch das Autotelefon, ausschalten.
- Grundsätzlich Motor des Spenderfahrzeuges ca. 1 Minute vor dem Startvorgang und während des Startvorganges mit Leerlaufdrehzahl drehen lassen. Dadurch wird eine Beschädigung des Generators durch Spannungsspitzen beim Startvorgang vermieden.
- Batterie-Abdeckung abnehmen.
- Starthilfekabel in folgender Reihenfolge anschließen:
  1. Rotes Kabel –2– an den Pluspol (+) der Strom gebenden Batterie –B– anklemmen.
  2. Das andere Ende des roten Kabels –1– an den Pluspol (+) der entladenen Batterie –A– anklemmen.
  3. Schwarzes Kabel –3– an den Minuspol (–) der Strom gebenden Batterie –B– anklemmen.

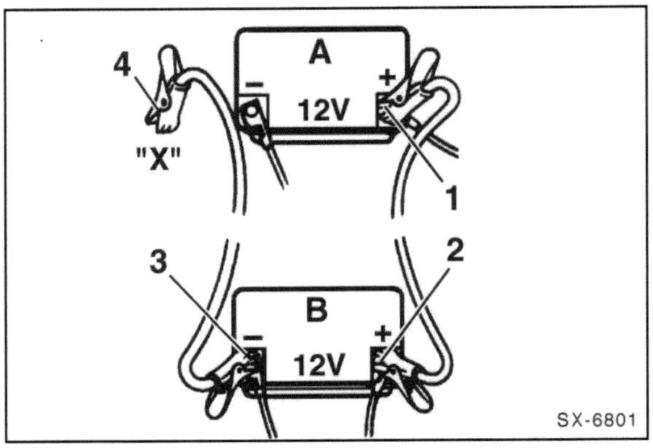

4. Das andere Ende des schwarzen Kabels –4– an eine gute Massestelle –X– des Empfängerfahrzeuges, möglichst weit von der Batterie entfernt, anschließen. Am besten eignet sich dazu eine Verschraubung am Federbeindom, neben dem Bremsflüssigkeit-Vorratsbehälter. **Achtung: Nicht an den Minuspol (–) der leeren Batterie anschließen.** Unter ungünstigen Umständen könnte durch Funkenbildung und Knallgasentwicklung die Batterie explodieren.

Achtung: Die Klemmen der Starthilfekabel dürfen bei angeschlossenen Kabeln nicht in Kontakt miteinander kommen, beziehungsweise die Plusklemmen dürfen keine Massestellen (Karosserie oder Rahmen) berühren – Kurzschlussgefahr! Kabel so verlegen, dass sie von drehenden Teilen des Motors nicht erfasst werden können.

- Motor des Empfängerfahrzeuges (leere Batterie) starten und laufen lassen. Beim Starten Anlasser nicht länger als 10 Sekunden ununterbrochen betätigen, da sich durch die hohe Stromaufnahme Polzangen und Kabel erwärmen. Deshalb zwischendurch eine »Abkühlpause« von mindestens ½ Minute einlegen.
- Bei Startschwierigkeiten nicht unnötig lange den Anlasser betätigen. Während des Anlassens wird permanent Kraftstoff eingespritzt. Fehlerursache ermitteln und beseitigen.
- Nach erfolgreichem Start beide Fahrzeuge mit der »Strombrücke« noch 3 Minuten laufen lassen.
- Um Spannungsspitzen beim Trennen abzubauen, im Fahrzeug mit der leeren Batterie Heizgebläse oder Heckscheibenheizung einschalten. Nicht das Fahrlicht einschalten. Glühlampen brennen bei Überspannung durch.
- **Nach der Starthilfe** Kabel in **umgekehrter** Reihenfolge abklemmen: Zuerst schwarzes Kabel –4– (–) am Empfängerfahrzeug, dann am Strom gebenden Fahrzeug abklemmen. Rotes Kabel –2– zuerst am Strom gebenden und dann am Empfängerfahrzeug abklemmen.
- Baldmöglichst entladene Batterie aufladen. Um die Batterie mit dem Generator aufzuladen müsste das Fahrzeug 8 Stunden ohne Unterbrechung betrieben werden und dabei dürften keine elektrischen Verbraucher eingeschaltet sein.

Fahrzeug aufbocken

Bei Arbeiten unter dem Fahrzeug muss dieses, falls es nicht auf einer Hebebühne steht, auf zwei oder vier stabilen Unterstellböcken stehen.

Sicherheitshinweis
Wenn unter dem Fahrzeug gearbeitet werden soll, **muss** es mit geeigneten Unterstellböcken sicher abgestützt werden. Wird das Fahrzeug nur mit Hilfe des Wagenhebers angehoben, darf lediglich ein Radwechsel durchgeführt werden. Arbeiten unter dem Fahrzeug sind verboten. **Lebensgefahr!**

- Das Fahrzeug nur in unbeladenem Zustand auf ebener, fester Fläche aufbocken.
- Die Räder, die beim Anheben auf dem Boden stehen bleiben, mit Keilen gegen Vor- oder Zurückrollen sichern. Nicht auf die Feststellbremse verlassen, diese muss bei einigen Reparaturen gelöst werden.

Achtung: Um Beschädigungen am Unterbau zu vermeiden, geeignete Gummi- oder Holzzwischenlage verwenden. Der Wagen darf keinesfalls am Antriebsaggregat angehoben werden, da dadurch große Schäden entstehen können.

- Fahrzeug mit Unterstellböcken so abstützen, dass jeweils ein Bein der Unterstellböcke seitlich nach außen zeigt.

Anhebe- und Aufbockpunkte

- Anhebepunkte –1– für den Bordwagenheber.

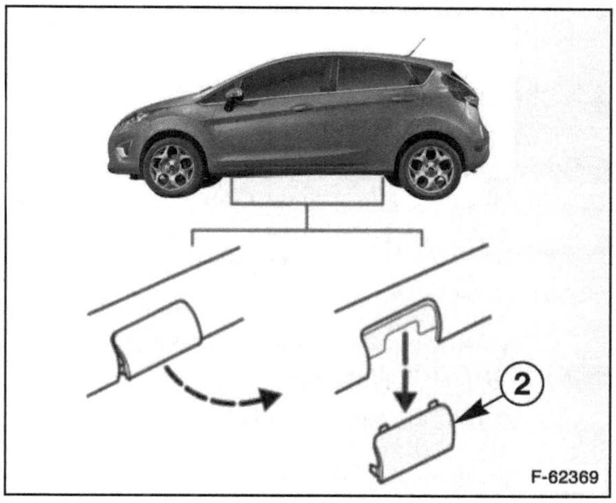

- Falls erforderlich, Schweller-Abdeckungen –2– abnehmen.

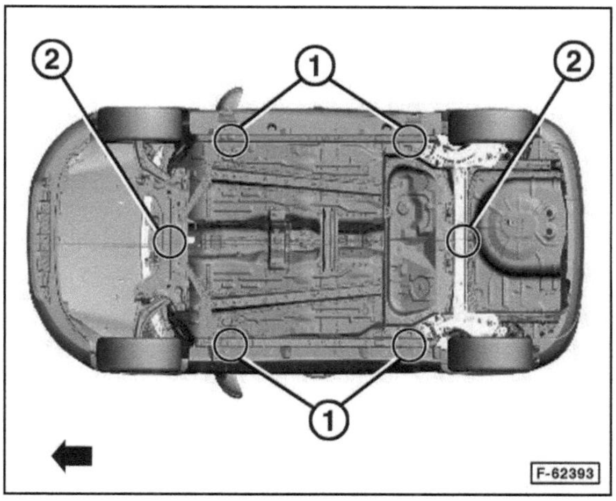

- Anhebepunkte –1– für die Hebebühne beziehungsweise Werkstattwagenheber oder Unterstellböcke.
- Anhebepunkte –2– nur für Werkstattwagenheber.

Hinweis: Der Pfeil in der Abbildung zeigt in Fahrtrichtung.

Elektrische Anlage

Aus dem Inhalt:

- Sicherungen auswechseln
- Batterie ausbauen
- Generator prüfen
- Anlasser prüfen
- Scheibenwischer
- Beleuchtungsanlage
- Armaturen/Schalter

Steckverbinder trennen

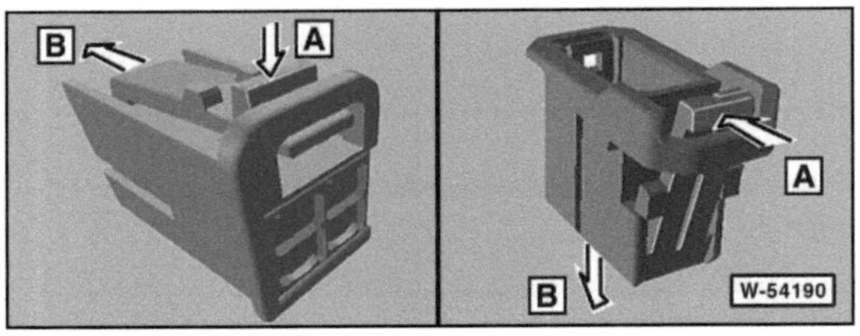

- Mit einem Schraubendreher Verriegelungslasche herunterdrücken –Pfeil A–, Stecker dabei ziehen und Verbindung trennen –Pfeil B–.

Achtung: Zum Trennen der Steckverbindung am Stecker und nicht an den Kabeln ziehen.

Lichtwellenleiter

Es kommen vermehrt Lichtwellenleiter als Steuerleitungen für Radios und Navigationsgeräte zum Einsatz, die sich durch verlustarme Datenübertragung sowie eine hohe Bandbreite auszeichnen.

Sicherheitshinweise im Umgang mit Lichtwellenleitern:

- Steckverbindungen für Lichtwellenleiter vorsichtig trennen.
- Die Übergangsstellen des Lichtwellenleiters dürfen nicht verschmutzt oder verkratzt werden.
- Lichtwellenleiter nicht knicken, strecken oder quetschen.
- **Kontaktstellen mit Abdeckkappen und Stopfen schützen.**

Batterie für Funkfernbedienung aus- und einbauen

Hinweis: Es gibt 3 verschiedene Schlüssel-Ausführungen.

Ausführung 1:

Fernbedienung mit einklappbarem Schlüsselbart

Ausbau

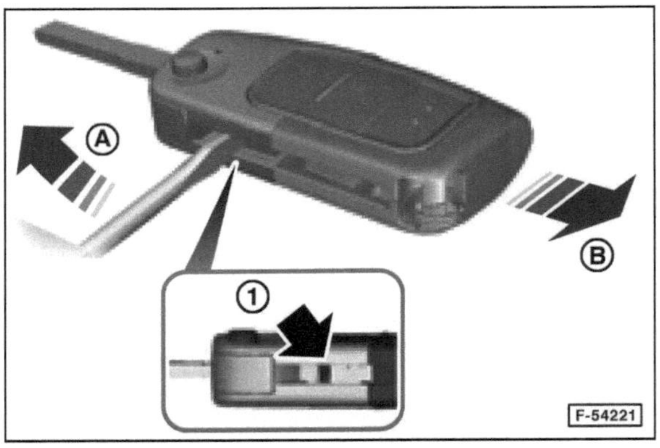

- Schlüsselbart von der Fernbedienung trennen. Dazu einen kleinen Schraubendreher möglichst weit in den seitlichen Schlitz –1– der Fernbedienung einstecken und in Richtung des Schlüsselbarts drücken –Pfeil A–.
- Fernbedienung vom Schlüsselbart abnehmen –Pfeil B–.

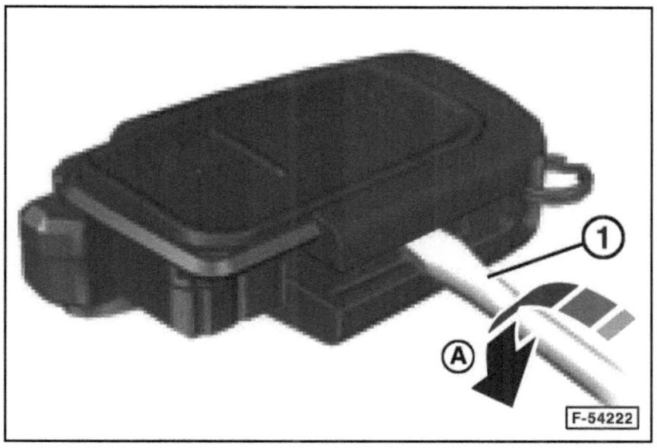

● Beide Hälften der Fernbedienung trennen. Dazu Schraubendreher –1– zwischen die beiden Hälften einstecken und in Pfeilrichtung –A– schwenken. Dadurch heben die beiden Hälften etwas voneinander ab.

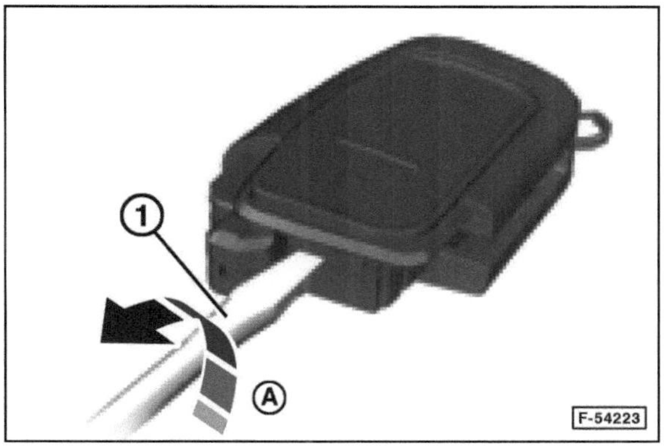

● Schraubendreher –1– an der Stirnseite der Fernbedienung einsetzen, in Pfeilrichtung –A– drehen und dadurch die beiden Hälften der Fernbedienung trennen.

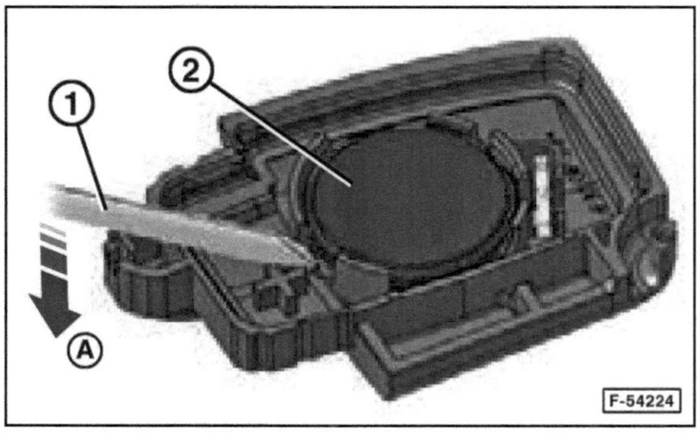

Achtung: Auf keinen Fall mit dem Schraubendreher die Batteriekontakte oder die Leiterplatte berühren.

Hinweis: Einbaulage der Batterie merken.

● Batterie –2– vorsichtig mit dem Schraubendreher –1– heraushebeln –Pfeil A–.

Einbau

● Neue Batterie vom Typ »CR 2032, 3 V« so einsetzen, dass das Plus-Symbol (+) nach unten zeigt.

● Beide Hälften der Fernbedienung übereinander ausrichten, zusammendrücken und einrasten.

● Schlüsselbart an der Fernbedienung andrücken und einrasten.

Ausführung 2:

Fernbedienung ohne einklappbaren Schlüsselbart – Typ 1

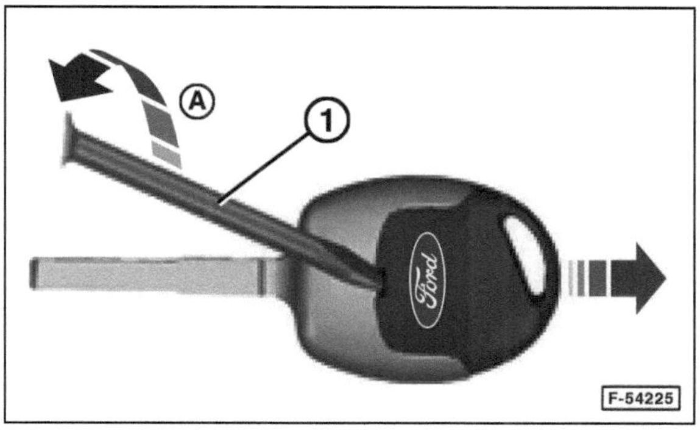

● Schlüsselbart von der Fernbedienung trennen. Dazu einen kleinen Schraubendreher –1– an der Trennstelle in die Nut einsetzen und in Pfeilrichtung –A– drehen.

● Fernbedienung vom Schlüsselbart abnehmen –Pfeil B–.

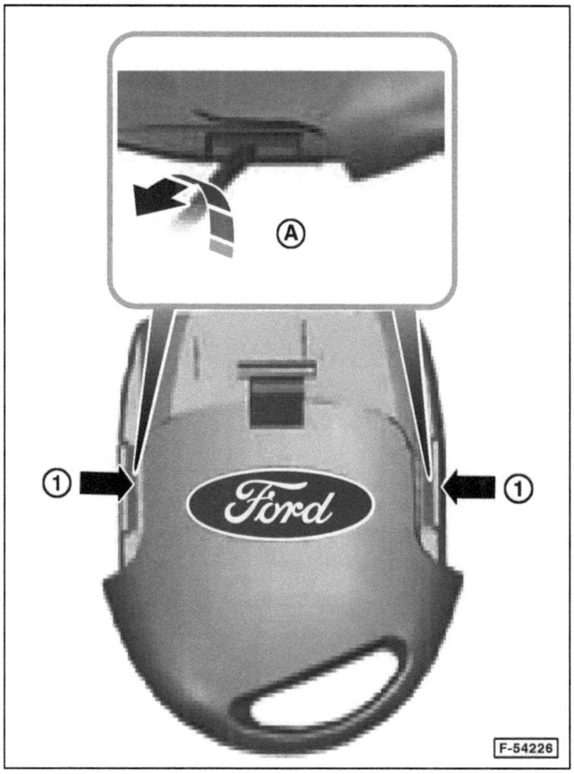

● Beide Hälften der Fernbedienung trennen. Dazu die beiden Halteclips –Pfeile 1– durch Drehen mit einem Schraubendreher in Pfeilrichtung –A– lösen.

Achtung: Auf keinen Fall mit dem Schraubendreher die Batteriekontakte oder die Leiterplatte berühren.

Hinweis: Einbaulage der Batterie merken.

- Batterie –1– vorsichtig mit dem Schraubendreher –2– heraushebeln –Pfeil A–.

Einbau

- Neue Batterie vom Typ »CR 2032, 3 V« so einsetzen, dass das Plus-Symbol (+) nach oben zeigt.
- Beide Hälften der Fernbedienung übereinander ausrichten, zusammendrücken und einrasten.
- Schlüsselbart an der Fernbedienung andrücken und einrasten.

Ausführung 3:

Fernbedienung ohne einklappbaren Schlüsselbart – Typ 2

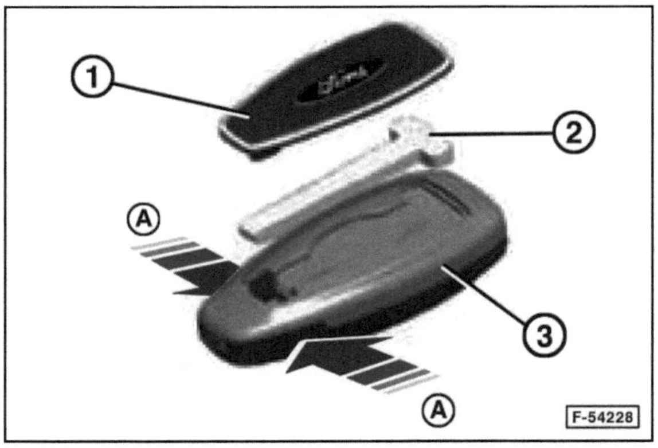

- Abdeckung –1– für Schlüsselbart abnehmen. Dazu die beiden Tasten seitlich eindrücken –Pfeile A–.
- Schlüsselbart –2– aus der Fernbedienung –3– herausnehmen.

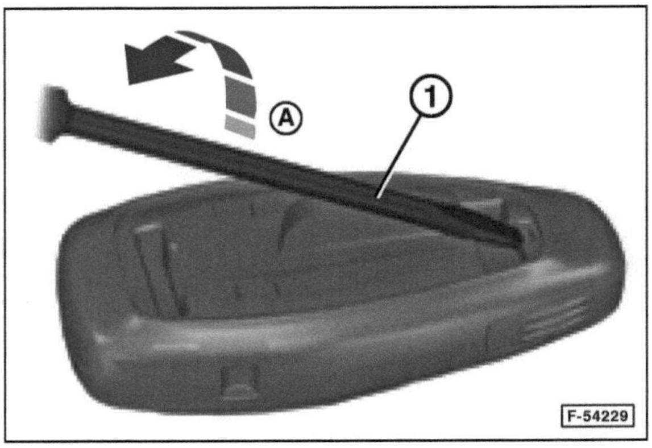

- Beide Hälften der Fernbedienung trennen. Dazu Schraubendreher –1– in die Nut einstecken und in Pfeilrichtung –A– drehen. Dadurch heben die beiden Hälften etwas voneinander ab.

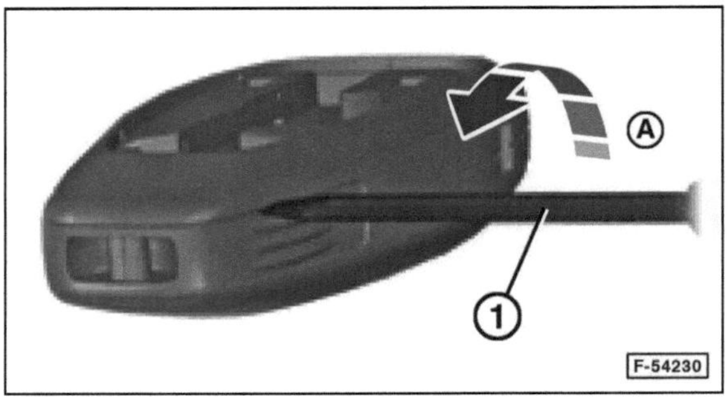

- Schraubendreher –1– seitlich zwischen den beiden Hälften der Fernbedienung einsetzen, in Pfeilrichtung –A– drehen und dadurch die beiden Hälften der Fernbedienung trennen.

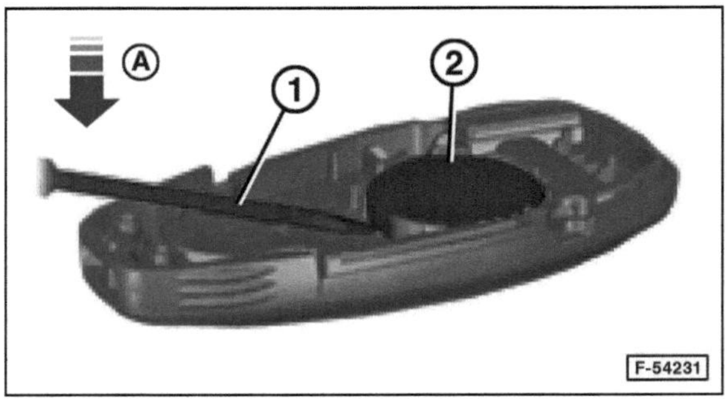

Achtung: Auf keinen Fall mit dem Schraubendreher die Batteriekontakte oder die Leiterplatte berühren.

Hinweis: Einbaulage der Batterie merken.

- Batterie –2– vorsichtig mit dem Schraubendreher –1– heraushebeln –Pfeil A–.

Einbau

- Neue Batterie vom Typ »CR 2032, 3 V« so einsetzen, dass das Plus-Symbol (+) nach unten zeigt.
- Beide Hälften der Fernbedienung übereinander ausrichten, zusammendrücken und einrasten.
- Schlüsselbart in die Fernbedienung einsetzen und die Öffnung mit dem Deckel verschließen.

Sensoren für Einparkhilfe aus- und einbauen

Ausbau

Hinweis: Beschrieben wird der Ausbau der hinteren Sensoren. Der Ausbau der vorderen, seitlichen Sensoren erfolgt auf die gleiche Weise.

- Zündung ausschalten, Zündschlüssel abziehen.
- Stoßfängerabdeckung hinten ausbauen, siehe Seite 205.

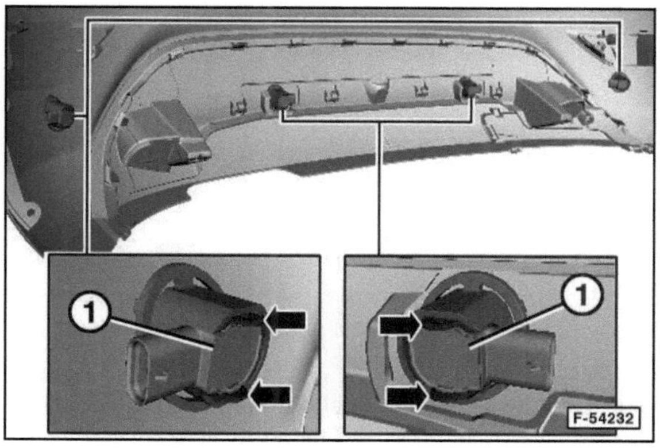

- An der Rückseite der Stoßfängerabdeckung Stecker am jeweiligen Sensor –1– entriegeln und abziehen.
- Haltelaschen –Pfeile– eindrücken und Sensor –1– nach hinten aus der Halterung herausziehen.

Achtung: Werden mehrere Sensoren ausgebaut, diese so ablegen, dass sie an den gleichen Stellen wieder eingebaut werden können.

Einbau

- Sensor in die Halterung stecken und einrasten lassen.
- Der weitere Einbau erfolgt in umgekehrter Ausbaureihenfolge.

Hupe aus- und einbauen

Ausbau

- Zündung ausschalten, Zündschlüssel abziehen.
- Rechten Innenkotflügel ausbauen, siehe Seite 208.

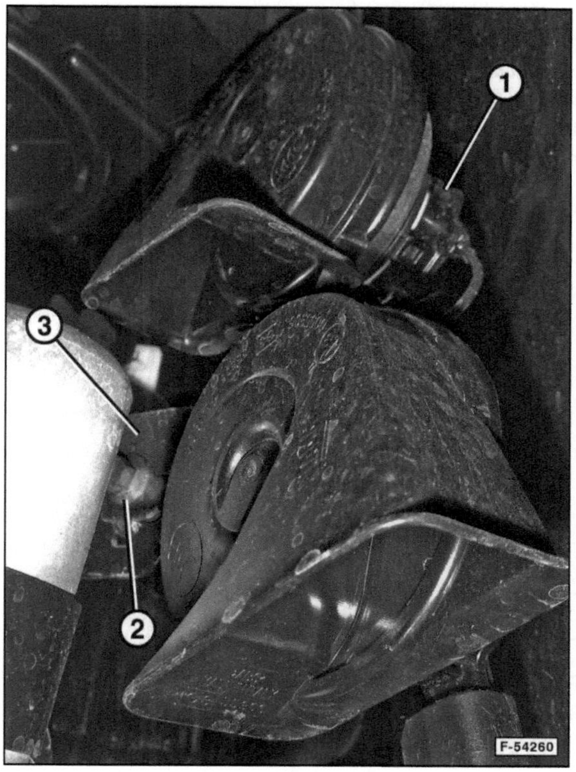

- Stecker —1— von der Hupe abziehen.
- Schraube –2– herausdrehen und Hupe mit Halter –3– abnehmen.

Einbau

- Der Einbau erfolgt in umgekehrter Ausbaureihenfolge.
- Mutter für Hupe mit **26 Nm** festziehen.

Sicherungen auswechseln

Um Kurzschluss- und Überlastungsschäden an den Leitungen und Verbrauchern der elektrischen Anlage zu verhindern, sind die einzelnen Stromkreise durch Schmelzsicherungen geschützt. **Hinweis:** Es empfiehlt sich, einige Ersatzsicherungen im Fahrzeug mitzuführen und diese nach Gebrauch zu ersetzen.

Hinweis: Die **Sicherungsbelegung** ist abhängig von der Ausstattung und vom Baujahr des Fahrzeuges. Eine Übersicht der aktuellen Sicherungsbelegung befindet sich in der Fahrzeug-Betriebsanleitung.

Sicherungskasten im Motorraum

F-54262

- Raste –1– eindrücken und Deckel –2– des Sicherungskastens hochheben –A– und seitlich unter dem Kotflügel hervorziehen.
- Die Sicherungs- und Relaisbelegung ist auf der Innenseite des Deckels aufgedruckt und steht gleichzeitig auch in der Betriebsanleitung.

Sicherungskasten im Innenraum

- Handschuhfach öffnen und leerräumen. **Hinweis:** Der Sicherungskasten befindet sich hinter dem Handschuhfach.

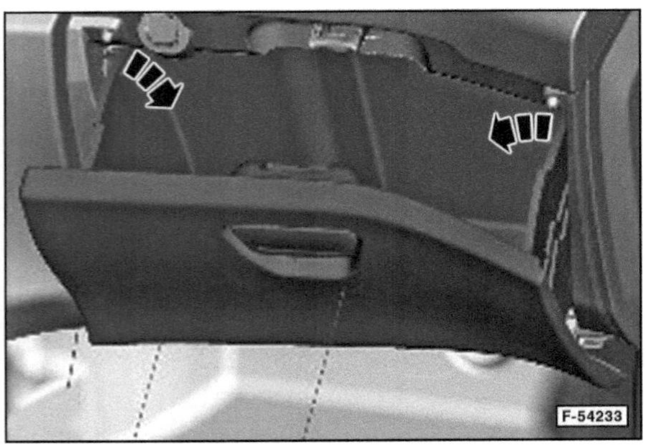
F-54233

- Seitenwände des Handschuhfachs nach innen drücken –Pfeile– und Handschuhfach nach unten schwenken.
- Defekte Sicherung aus dem hinter dem Handschuhfach liegenden Sicherungskasten herausziehen.

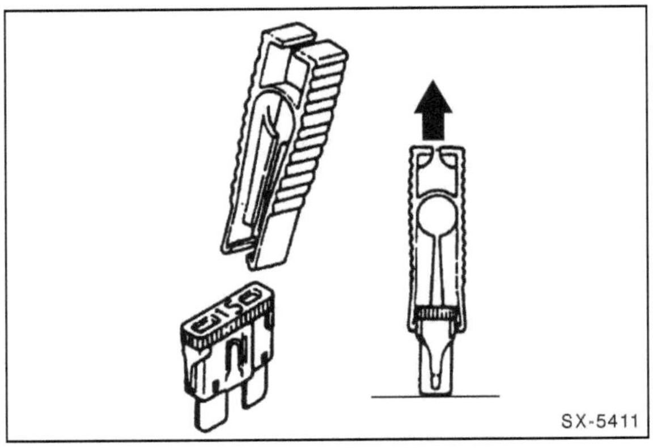
SX-5411

- Zum Herausziehen der Sicherungen eignet sich eine **Kunststoffklammer**.

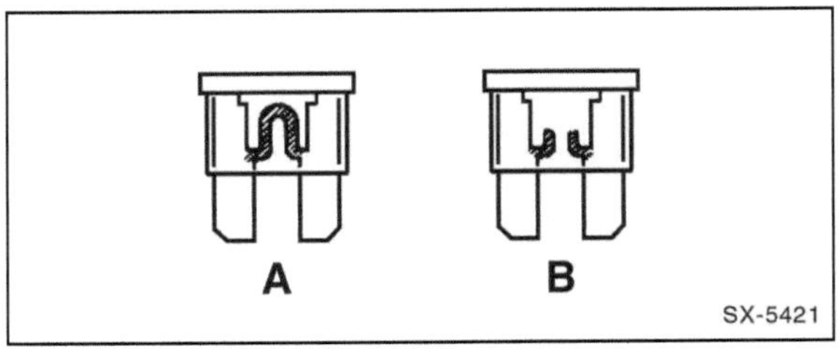

SX-5421

- Eine durchgebrannte Sicherung erkennt man am durchgeschmolzenen Metallstreifen. A – Sicherung in Ordnung, B – Sicherung durchgebrannt.
- Neue Sicherung **gleicher Sicherungsstärke** einsetzen. Die Nennstromstärke der Sicherung ist aufgedruckt. Außerdem ist die Sicherung durch eine Farbe gekennzeichnet, an der ebenfalls die Nennstromstärke zu erkennen ist.

Nennstromstärke in Ampere	Kennfarbe (kleine Sicherung)
5	beige/hellbraun
7,5	braun
10	rot
15	blau
20	gelb
25	transparent
30	grün
40	orange

- Brennt eine neu eingesetzte Sicherung nach kurzer Zeit wieder durch, muss der entsprechende Stromkreis überprüft werden.

Achtung: Auf keinen Fall Sicherung durch Draht oder ähnliche Hilfsmittel ersetzen, weil dadurch ernste Schäden an der elektrischen Anlage auftreten können.

Über dem Sicherungskasten befindet sich ein Relais beziehungsweise mehrere.

Batterie aus- und einbauen

Die Batterie des FIESTA befindet sich im Motorraum auf der linken Seite.

Hinweis: Wird die Autobatterie ersetzt, unbedingt die Altbatterie zum Händler mitnehmen und zurückgeben. Sonst muss Pfand für die neue Batterie bezahlt werden.

Achtung: Batterie nie bei laufendem Motor abklemmen.

Achtung: Nach dem Ausschalten der Zündung bleibt die elektrische Servolenkung noch 70 Sekunden aktiviert. In dieser Zeit darf die Batterie nicht abgeklemmt werden.

Achtung: Durch das Abklemmen der Batterie werden einige **elektronische Speicher gelöscht**.

Hinweis: Damit die gespeicherten Daten nicht verloren gehen, sollte möglichst ein Ruhestrom-Erhaltungsgerät verwendet werden. Das Gerät wird vor Abklemmen der Batterie nach Herstelleranweisung am Zigarettenanzünder angeschlossen.

Achtung: Kein Ruhestrom-Erhaltungsgerät bei Arbeiten an Airbags, Gurtstraffern und der Kraftstoffanlage anschließen.

- **Radiocode** vor Abklemmen der Batterie oder Ausbau des Radios feststellen. Ansonsten kann das Radio nur durch den Hersteller wieder in Betrieb genommen werden. Die Code-Nummer ist in der Radio-Bedienungsanleitung angegeben. Sie sollte nicht im Fahrzeug aufbewahrt werden.
- Nach dem Anklemmen der Batterie gegebenenfalls die **Radiosender** neu programmieren.
- Nach dem Anklemmen der Batterie die **Uhr** einstellen.

Ausbau

- Motorhaube öffnen.

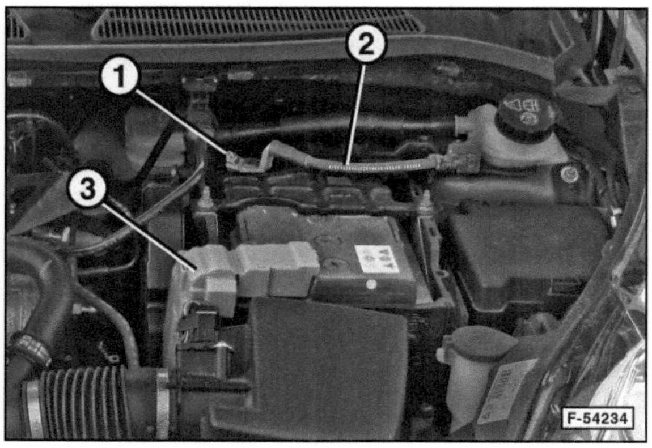

- **Zuerst Massekabel von der Batterie abklemmen.** Dazu Mutter –1– lockern, Klemme vom Minuspol (–) abziehen und Massekabel –2– zur Seite legen.

Achtung: Sicherstellen, dass das Massekabel nicht versehentlich zurückschwenken kann und unbeabsichtigt mit dem Minuspol in Kontakt kommt. Gegebenenfalls Batterie-Minuspol abdecken oder abkleben.

Achtung: Niemals die Batterie-Plusklemme ab- oder anschrauben, wenn die Minusklemme angeschlossen ist. Kurzschlussgefahr.

- Abdeckkappe –3– über dem Batterie-Pluspol abclipsen und abnehmen.

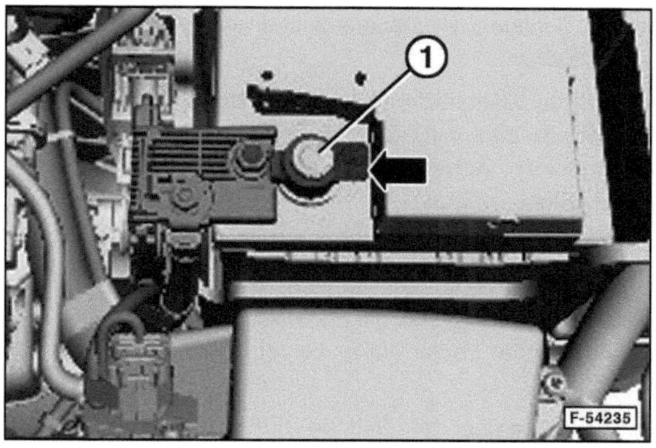

- Pluskabel –Pfeil– vom Pluspol (+) –1– abklemmen.

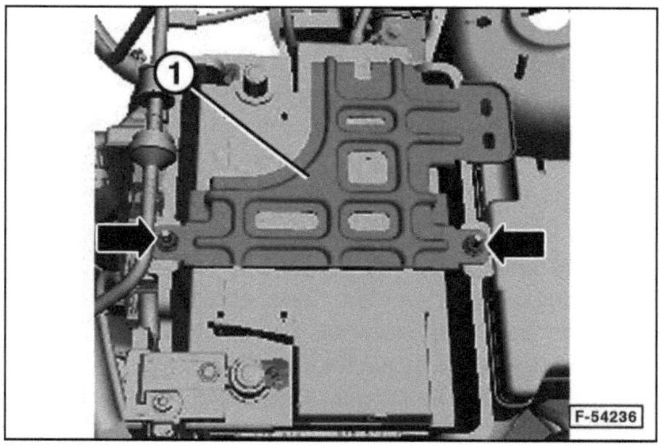

- 2 Muttern –Pfeile– abschrauben und Batteriehalter –1– abnehmen.
- Batterie aus dem Batteriekasten herausheben.

Einbau

Der Einbau erfolgt in umgekehrter Ausbaureihenfolge. Dabei ist Folgendes zu beachten:

- Sicherstellen, dass nur Batterien mit gleichen Abmessungen gegeneinander ausgetauscht werden.
- Sicherheitshinweise auf der Batterie beachten. Originalteile-Batterien sind mit Sicherheitshinweisen ausgestattet.
- Batteriepole blank kratzen, geeignet ist dazu eine Messingdrahtbürste. Batteriepole säubern.
- Gegebenenfalls Schlauch für die Zentralentgasung an der Batterie aufschieben. Schlauch nicht knicken. **Hinweis:** Die unter Umständen auf der gegenüberliegenden Batterieseite vorhandene Entlüftungsöffnung muss mit einem Stopfen verschlossen sein.

- Haltebügel mit **12 Nm** festschrauben.
- Vor dem Anklemmen der Batterie sicherstellen, dass die Zündung und alle Stromverbraucher ausgeschaltet sind.
- **Zuerst Pluskabel** am Pluspol (+) anklemmen, danach Massekabel am Minuspol (–). **Niemals** Batterie-Pluskabel anschließen, wenn die Minusklemme an der Batterie angeschlossen ist.

Hinweis: Durch eine falsch angeschlossene Batterie können erhebliche Schäden am Generator und an der elektrischen Anlage entstehen.

- Muttern der Batterieklemmen mit **15 Nm** festziehen und Batteriepole dünn mit Polfett einschmieren, um Korrosion zu vermeiden. **Achtung:** Pole **nicht vor** Anklemmen der Kabel fetten.
- Generatorspannung prüfen, siehe Seite 65.

Hinweis: Eine zu hohe Ladespannung des Generators kann die Ursache für den Ausfall der bisherigen Batterie gewesen sein und, falls der Fehler weiter besteht, die neue Batterie schädigen.

- Abdeckkappe über dem Batterie-Pluspol aufsetzen.
- Radiocode eingeben.
- Radiosender programmieren.
- Uhr prüfen und gegebenenfalls neu einstellen.
- Motor starten und Fahrzeug etwa 8 km fahren. **Hinweis:** Das Einfahren ist nötig, um Daten im Motorsteuergerät, die beim Abklemmen der Batterie verloren gingen, neu einzulesen.

Hinweis: Falls nach Anklemmen der Batterie die Lenkradrückstellung während der Fahrt nicht von der elektrischen Servolenkung unterstützt wird, muss die Mittelstellung der Lenkung neu kalibriert werden. Dies erfolgt automatisch während der Fahrt. Dazu muss das Fahrzeug mit einer Mindestgeschwindigkeit von 50 km/h für etwa eine Minute in Geradeausstellung gefahren werden. Führt dies nicht zum Erfolg, Kalibrierung in der Fachwerkstatt mit dem FORD-Diagnosegerät durchführen lassen.

Batteriekasten aus- und einbauen

Ausbau

- Batterie ausbauen, siehe entsprechendes Kapitel.

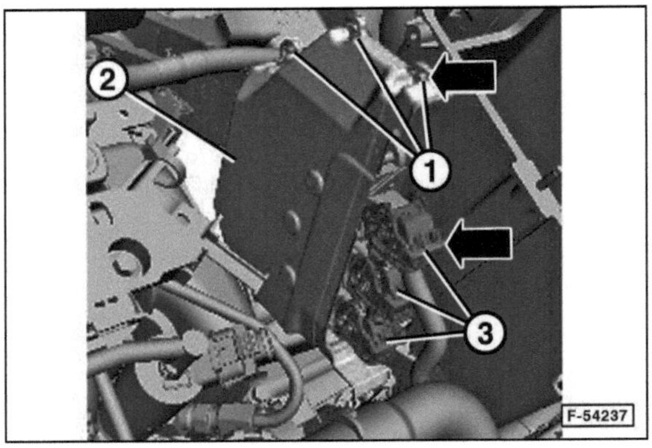

- 3 Schrauben –1– herausdrehen und Abdeckung –2– abnehmen.
- 3 Stecker –3– entriegeln und vom Motorsteuergerät abziehen.

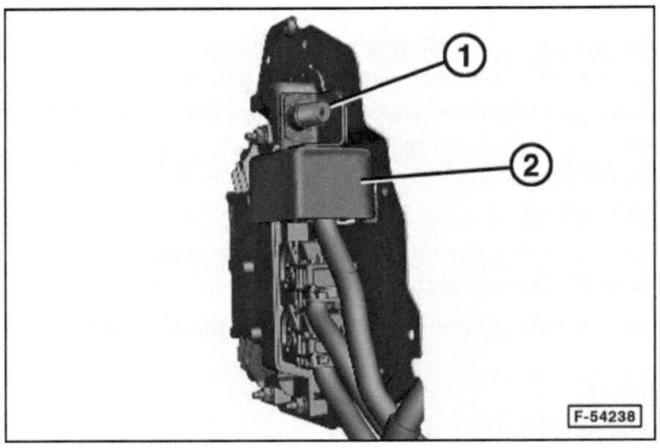

- Falls vorhanden, Halteschraube –1– für Sicherheitsblech –2– mit einem 3,5-mm-Bohrer ausbohren.

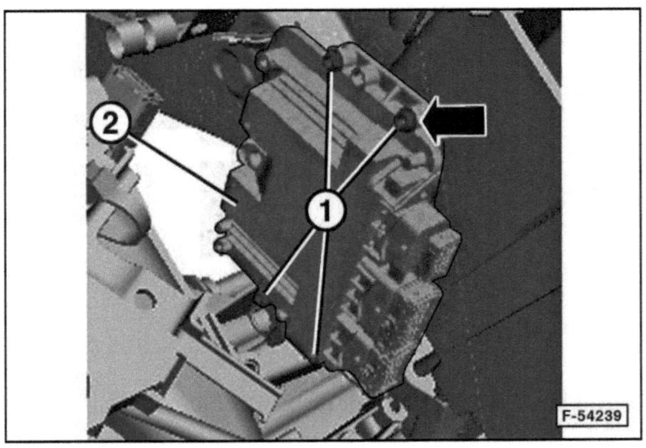

- 4 Muttern –1– abschrauben und Motorsteuergerät –2– abnehmen.

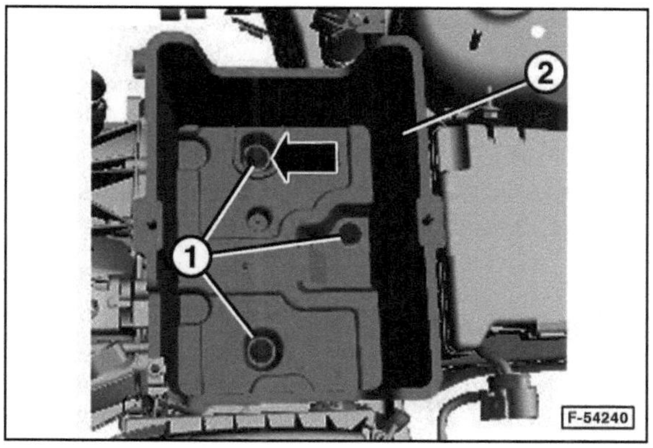

- 3 Schrauben –1– herausdrehen und Batteriekasten –2– herausnehmen.

Einbau

- Der Einbau erfolgt in umgekehrter Ausbaureihenfolge. Dabei ist Folgendes zu beachten:

Anzugsdrehmomente:

Batteriekasten	**12 Nm**
Motor-Steuergerät	**10 Nm**

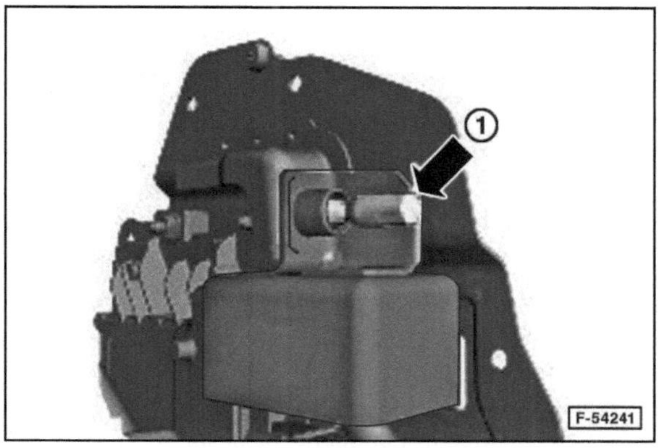

- Fahrzeuge mit Sicherungsblech: Sicherungsblech mit neuer Scherschraube –1– anschrauben. Dabei Schraube festziehen, bis der Schraubenkopf abschert.

Batterie prüfen

Vor Beginn des Winters sollte die Batterie überprüft werden. Bei großer Kälte sinkt die Batteriespannung einer nur mäßig geladenen Batterie während des Anlassvorgangs stark ab.

Bei einer wartungsarmen Batterie fehlen die Zellverschluss-Stopfen auf der Batterieoberseite. Kontrollmessungen des Säurestands oder der Säuredichte entfallen, da normalerweise keine Flüssigkeit entweicht oder entgast.

Hinweis: Batterien neuester Generation sind mit einem Rückzündungsschutz ausgestattet, einer so genannten »Fritte«. Das bei der Ladung entstehende Gas tritt durch eine Öffnung an der oberen Deckelseite aus, in die die Fritte eingesetzt ist. Die Fritte besteht aus einer kleinen, runden Glasfasermatte und arbeitet ähnlich wie ein Ventil.

- Batterie und Batterieklemmen auf festen Sitz prüfen, siehe Seite 46.

Ruhespannung prüfen

Das Fahrzeug muss vor der Messung mindestens 2 Stunden im Ruhezustand gewesen sein. Das heißt: keine Starts, keine Be- und Entladung, kein Einschalten von Stromverbrauchern.

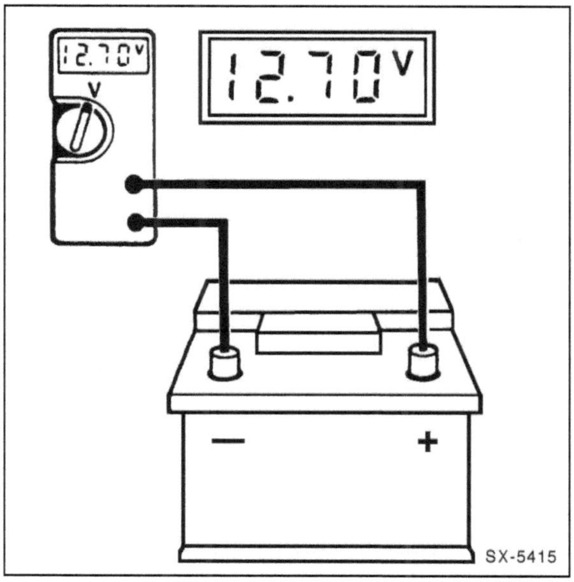

Der Batteriezustand wird durch Messen der Spannung mit einem Voltmeter zwischen den Batteriepolen überprüft.

- Batterie vom Stromnetz abklemmen, siehe Kapitel »Batterie aus- und einbauen«.
- Vor der Prüfung muss die Batterie mindestens zwei Stunden abgeklemmt sein.
- Voltmeter an die Batteriepole anschließen und Spannung messen.
- **Beurteilung des Spannungsmesswertes:**
  12,7 Volt oder darüber: Batterie in gutem Zustand.
  unter 12,7 Volt: Batterie in schlechtem Zustand, Batterie laden oder ersetzen.

- Batterie anklemmen. Zuerst Batterie-Pluskabel (+) und dann Batterie-Massekabel (–) bei ausgeschalteter Zündung anklemmen.

Batterie entlädt sich selbstständig

Je nach Fahrzeugausstattung addiert sich zur natürlichen Selbstentladung der Batterie auch die Stromaufnahme der verschiedenen Stromverbraucher im Ruhezustand. Daher sollte die Batterie in einem abgestellten Fahrzeug alle 6 Wochen nachgeladen werden. Wenn der Verdacht auf Kriechströme besteht, Bordnetz nach folgender Anleitung prüfen:

- Zur Prüfung eine geladene Batterie verwenden.

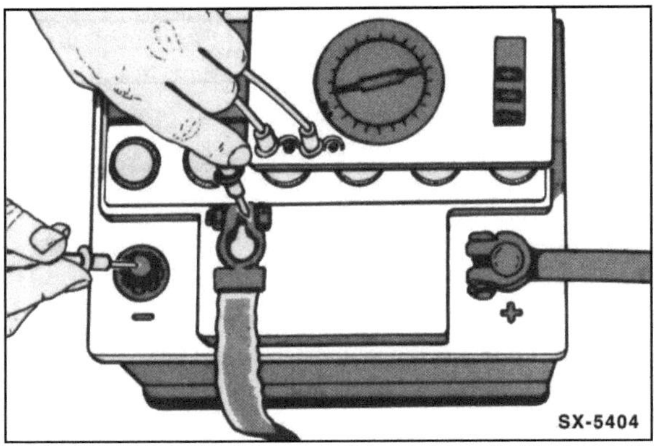

SX-5404

- Am Amperemeter den höchsten Messbereich einstellen.
- Batterie-Massekabel (–) abklemmen. **Achtung:** Hinweise im Kapitel »Batterie aus- und einbauen« beachten.
- Amperemeter zwischen Batterie-Minuspol (–) und Massekabel schalten: Amperemeter-Plus-Anschluss (+) an Massekabel und Minus-Anschluss (–) an Batterie-Minuspol (–).

Achtung: Die Prüfung kann auch mit einer Prüflampe durchgeführt werden. Leuchtet die Lampe zwischen Massekabel und Minuspol der Batterie jedoch nicht auf, ist auf jeden Fall ein Amperemeter zu verwenden.

- Alle Verbraucher ausschalten, vorhandene Zeituhr (und andere Dauerverbraucher) abklemmen, Türen schließen.
- Vom Amperebereich solange auf den Milliamperebereich zurückschalten, bis eine ablesbare Anzeige erfolgt (1–3 mA sind zulässig).
- Durch Herausnehmen der Sicherungen nacheinander die verschiedenen Stromkreise unterbrechen. Geht bei einem unterbrochenen Stromkreis die Anzeige auf Null zurück, ist hier die Fehlerquelle zu suchen.
- Fehler können sein: Korrodierte und verschmutzte Kontakte, durchgescheuerte Leitungen, interner Kurzschluss in Aggregaten.
- Wird in den abgesicherten Stromkreisen kein Fehler gefunden, so sind die Leitungen an den nicht abgesicherten Aggregaten, wie Generator und Anlasser, abzuziehen.
- Geht beim Abklemmen von einem der ungesicherten Aggregate die Anzeige auf Null zurück, betreffendes Bauteil überholen oder austauschen. Bei Stromverlust in der Anlasser- oder Zündanlage immer auch den Zünd-Anlassschalter nach Schaltplan prüfen.
- Batterie-Massekabel (–) anklemmen. **Achtung:** Hinweise im Kapitel »Batterie aus- und einbauen« beachten.

Batterie laden

Sicherheitshinweise

- Batterie **nicht** bei laufendem Motor abklemmen.
- Batterie **niemals kurzschließen,** das heißt Plus- (+) und Minuspol (–) dürfen nicht verbunden werden. Bei Kurzschluss erhitzt sich die Batterie und kann platzen.
- Gefrorene Batterie vor dem Laden auftauen. Eine geladene Batterie gefriert bei ca. –65° C, eine halbentladene bei ca. –30° C und eine entladene bei ca. –12° C. Aufgetaute Batterie vor dem Laden auf Gehäuserisse prüfen, gegebenenfalls ersetzen. Die von der ausgelaufenen Säure betroffenen Fahrzeugteile müssen umgehend mit Seifenlauge behandelt oder ausgetauscht werden.
- Batterie nur in gut belüftetem Raum oder im Freien laden. Beim Laden der eingebauten Batterie Motorhaube geöffnet lassen.

Zum Laden der Batterie nur ein elektronisch gesteuertes Ladegerät verwenden.

Beim Laden muss die Batterie eine Temperatur von mindestens +10° C aufweisen.

Laden

- **Bei ausgeschaltetem Ladegerät** Pluskabel (+) des Ladegerätes an den Pluspol (+) der Batterie anschließen. Minuskabel (–) des Ladegerätes mit dem Minuspol (–) der Batterie verbinden.
- Netzstecker des Ladegerätes in die Steckdose stecken. Falls erforderlich, Ladegerät einschalten.
- Nach dem Laden der Batterie Ladegerät ausschalten (wenn möglich) und Netzstecker des Ladegerätes ziehen.
- Anschlusskabel des Ladegerätes von der Batterie abklemmen.
- Ruhespannung der geladenen Batterie prüfen, siehe entsprechendes Kapitel.

Tiefentladene und sulfatierte Batterie laden

Eine Batterie, die längere Zeit unbenutzt war (zum Beispiel Fahrzeug stillgelegt), entlädt sich allmählich selbst und sulfatiert.

Wenn die Ruhespannung der Batterie unter 11,6 Volt liegt, bezeichnet man sie als tiefentladen. Ruhespannung prüfen, siehe unter »Batterie prüfen«.

Bei einer tiefentladenen Batterie besteht die Batteriesäure (Schwefelsäure-Wassergemisch) fast nur noch aus Wasser. **Achtung:** Bei Minustemperaturen kann diese Batterie einfrieren und das Gehäuse kann dann platzen.

Eine tiefentladene Batterie sulfatiert, das heißt die gesamte Plattenoberfläche der Batterie verhärtet.

Wenn die tiefentladene Batterie unmittelbar nach der Entladung wieder geladen wird, bildet sich die Sulfatierung wieder zurück. Andernfalls verhärten die Batterieplatten weiter und die Ladungsaufnahme bleibt dauerhaft eingeschränkt.

- Eine tiefentladene und sulfatierte Batterie muss mit einem geringen Ladestrom von ca. 5 % der Batteriekapazität geladen werden. Der Ladestrom beträgt dann beispielsweise bei einer 60 Ah-Batterie ca. 3 A.
- Die Ladespannung darf maximal 14,4 Volt betragen.

Achtung: Eine tiefentladene Batterie darf keinesfalls mit einem Schnellladegerät geladen werden.

Batterie lagern

Wird das Fahrzeug länger als 2 Monate stillgelegt, Batterie ausbauen und im aufgeladenen Zustand lagern. Die günstigste Lagertemperatur liegt zwischen 0° C und +27° C. Bei diesen Temperaturen hat die Batterie die günstigste Selbstentladungsrate. Spätestens nach 2 Monaten Batterie erneut aufladen, da sie sonst unbrauchbar wird.

Batteriepole reinigen

Batteriepole auf Korrosion überprüfen. Korrosion an den Batteriepolen zeigt sich in Form von weißen oder gelblichen pulverartigen Ablagerungen an den Polen.

- Batterie ausbauen, siehe entsprechendes Kapitel.
- Zur Entfernung von Korrosion Batteriepole mit einer Lösung aus Wasser und Soda bestreichen. Es kommt zu einer chemischen Reaktion mit Blasenbildung und einer braunen Verfärbung an den Polen.
- Gegebenenfalls Batteriepole mit einem Polreiniger oder einer Drahtbürste von Korrosionsrückständen reinigen.
- Nach Abklingen dieser Reaktion Batteriepole und Batterie mit klarem Wasser abwaschen und Batterie abtrocknen.
- Batterie einbauen, siehe entsprechendes Kapitel.

Batterietypen

Je nach Modell und Ausstattung können technisch recht unterschiedliche Batterietypen im Fahrzeug eingebaut sein. .

Nass-Batterie

Eine Batterie mit flüssigem Elektrolyt wird als Nass-Batterie bezeichnet. Diese Batterie besitzt ein magisches Auge zur Kontrolle von Ladezustand und Säurestand. Es darf kein destilliertes Wasser nachgefüllt werden, wie bei früheren Ausführungen der Nass-Batterie. Wenn der Säurestand zu niedrig ist, muss die Batterie ersetzt werden. Die Nassbatterie ist nicht für Fahrzeuge mit Start-Stopp-System geeignet.

EFB-Batterie

EFB = Enhanced **F**looded **B**attery. Die EFB-Batterie ist eine Weiterentwicklung der Standard-Nass-Batterie und kann auch für Fahrzeuge mit Start-Stopp-System verwendet werden. Allerdings nur, wenn der Fahrzeughersteller nicht ausdrücklich eine AGM-Stromquelle vorschreibt.

AGM-Batterie (Vlies-Batterie)

AGM = Absorbent-**G**lass-**M**att-Battery. Bei der AGM-Batterie ist der Elektrolyt in einem Mikroglasvlies festgelegt; sie gilt dadurch als auslaufsicher. Die Batterie ist mit einem Batteriedeckel verschlossen, Zellverschluss-Stopfen und Entgasungskanal sind im Deckel integriert. Die AGM-Batterie hat kein magisches Auge und bietet folgende Vorteile: hohe Zyklenfähigkeit (Zyklus = abwechselnder Lade- und Entladevorgang), Auslaufsicherheit, wartungsarm, geringe Gasung und gute Kaltstarteigenschaften. Wird häufig bei Fahrzeugen mit Start-Stopp-System verwendet. **Hinweis:** Bei Ersatz einer AGM- oder Vlies-Batterie unbedingt wieder eine Vlies-Batterie einbauen.

VRLA-Batterie

Bei der **V**alve-**R**egulated-**L**ead-**A**cid-Batterie (VRLA) handelt es sich um einen wartungsfreien Stromspeicher mit festgelegtem Elektrolyt. Die Zellverschluss-Stopfen lassen sich nicht herausschrauben. Wird die Batterie überladen, werden die entstehenden Wasserstoff- und Sauerstoffgase innerhalb der jeweiligen Zelle wieder zu Wasser zurückgewandelt. Bei zu starker Ladung tritt das überschüssige Gas über ein Entspannungsventil aus. Da diese Flüssigkeitsmengen nicht wieder ersetzt werden können, ist eine nachhaltige Beschädigung der Batterie möglich. Deshalb muss beim Laden unbedingt ein Batterieladegerät mit einer Ladebegrenzung von 14,4 Volt eingesetzt werden.

Gel-Batterie

Bei der Gel-Batterie ist der Elektrolyt durch die Zugabe von Kieselsäure zur Schwefelsäure in einer gelartigen Masse eingebunden. Entsprechend ihrem Entgasungsprinzip zählt die Gel-Batterie zu den VRLA-Batterien. Dieser Batterietyp zeichnet sich durch eine hohe Zyklenfestigkeit aus, die Batterie kann also öfters ent- und geladen werden. Eine Gel-Batterie hat kein magisches Auge. Sie ist wartungsfrei und auslaufsicher. Da die Batterie nicht hochtemperaturfähig ist, eignet sie sich nicht für den Einbau im Motorraum.

Störungsdiagnose Batterie

Störung	Ursache	Abhilfe
Abgegebene Leistung ist zu gering, Spannung fällt stark ab.	Batterie entladen.	■ Batterie nachladen.
	Ladespannung durch Generator zu niedrig.	■ Spannungsregler prüfen, gegebenenfalls austauschen.
	Anschlussklemmen lose oder oxydiert.	■ Anschlussklemmen reinigen, Klemmenmuttern anziehen.
	Masseverbindungen Batterie/Motor/ Karosserie sind schlecht.	■ Masseverbindung überprüfen, gegebenenfalls metallische Verbindungen herstellen oder Schraubverbindungen festziehen. Korrodierte Schrauben durch verzinnte ersetzen.
	Zu große Selbstentladung der Batterie.	■ Batterie austauschen.
	Batterie sulfatiert.	■ Batterie mit geringer Stromstärke laden. Falls die abgegebene Leistung immer noch zu gering ist, Batterie austauschen.
	Batterie verbraucht, aktive Masse der Platten ausgefallen.	■ Batterie austauschen.
Nicht ausreichende Ladung der Batterie.	Fehler an Generator, Spannungsregler oder Leitungsanschlüssen.	■ Generator und Spannungsregler überprüfen, gegebenenfalls Generator austauschen.
	Keilrippenriemen locker, Spannvorrichtung defekt.	■ Spannvorrichtung prüfen, gegebenenfalls Keilrippenriemen ersetzen.
	Zu viele Verbraucher angeschlossen.	■ Stärkere Batterie einbauen; eventuell auch leistungsstärkeren Generator verwenden.
Batterie gast kurz nach Abstellen des Motors sehr stark. Es kann nach faulen Eiern riechen.	Spannungsregler am Generator defekt. Batterie wird zu stark geladen und beginnt zu gasen. Dabei bildet sich Schwefelwasserstoff (H_2S).	■ Ladespannung bzw. Spannungsregler des Generators prüfen, ggf. Spannungsregler ersetzen.
Säurestand zu niedrig.	Überladung oder Verdunstung,	■ Batterie ersetzen.

Generator-Ladespannung prüfen

Das Fahrzeug ist mit einem Drehstromgenerator ausgerüstet. Je nach Modell und Ausstattung können Generatoren mit unterschiedlichen Leistungen eingebaut sein. **Achtung:** Wenn nachträglich elektrisches Zubehör mit hohem Stromverbrauch in das Fahrzeug eingebaut wird, sollte überprüft werden, ob die bisherige Generatorleistung noch ausreicht; gegebenenfalls stärkeren Generator einbauen.

Ladespannung prüfen

Wenn die Batterie nicht ausreichend geladen wird, Generatorspannung prüfen:

- Voltmeter zwischen Plus- und Minuspol der Batterie anschließen.
- Motor starten. Die Spannung darf beim Startvorgang bis etwa 8 Volt (bei +20° C Außentemperatur) absinken.
- Motordrehzahl auf 3.500/min erhöhen. Die Spannung soll dann 14,1 bis 15,1 Volt betragen. Dies ist ein Beweis, dass Generator und Regler arbeiten. Die Generatorspannung (Bordspannung) muss höher als die Batteriespannung sein, damit die Batterie im Fahrbetrieb wieder aufgeladen wird.
- Regelstabilität prüfen. Dazu bei Leerlaufdrehzahl das Fernlicht und, falls vorhanden, die Klimalage einschalten. Gebläsemotor auf höchste Stufe stellen. Motordrehzahl auf 2.000/min anheben. Die gemessene Spannung muss um mindestens 0,5 Volt gegenüber der Spannung bei Leerlaufdrehzahl steigen, dann funktioniert das Ladesystem korrekt.
- Liegen die gemessenen Werte außerhalb der Sollwerte, Generator und Regler von Fachwerkstatt überprüfen lassen.

Sicherheitshinweise

Bei Arbeiten an der elektrischen Anlage im Motorraum grundsätzlich die Batterie abklemmen. **Achtung:** Dadurch werden elektronische Speicher gelöscht, wie zum Beispiel die Daten im Motor-Fehlerspeicher. Vor dem Abklemmen der Batterie bitte Hinweise im Kapitel »Batterie aus- und einbauen« beachten.

- Batterie oder Spannungsregler **nicht** bei laufendem Motor abklemmen.
- Generator **nicht** bei angeschlossener Batterie ausbauen.
- Vor Arbeiten mit einem Elektroschweißgerät Batterie grundsätzlich vom Bordnetz abklemmen.

Generator aus- und einbauen

1,25-/1,4-/1,6-l-Benzinmotor 44-88 kW

Ausbau

- Batterie abklemmen. **Achtung:** Hinweise im Kapitel »Batterie aus- und einbauen« beachten.
- Keilrippenriemen ausbauen, siehe Seite 29.

- Abdeckkappe –1– abdrücken.
- Mutter –2– abschrauben.
- Batterie-Plus-Leitung –4– abziehen und zur Seite legen.
- Stecker –3– der D+-Leitung abziehen.

- Mutter –1– abschrauben, dabei mit Außentorxschlüssel an der Stiftschraube –2– gegenhalten.
- Stiftschraube –2– herausdrehen.
- Schrauben –3– und –4– herausdrehen und Generator –5– abnehmen.

Einbau

- Generator ansetzen.
- Stiftschraube –2– einschrauben und mit **10 Nm** festziehen.

- Schrauben –1– und –2– sowie Mutter –3– anschrauben und zunächst handfest anziehen. Anschließend Schrauben und Mutter mit **48 Nm** festziehen.
- D+-Kabel aufstecken.
- B+-Kabel mit der Öse auf die Halteschraube aufschieben. Mutter anschrauben und mit **15 Nm** festziehen. Abdeckkappe aufdrücken.
- Keilrippenriemen einbauen, siehe Seite 29.
- Batterie anklemmen. **Achtung:** Hinweise im Kapitel »Batterie aus- und einbauen« beachten.

1,4-l-Dieselmotor 51 kW
1,6-l-Dieselmotor 55/66 kW, Abgasnorm IV

Ausbau

- Batterie abklemmen. **Achtung:** Hinweise im Kapitel »Batterie aus- und einbauen« beachten.
- Keilrippenriemen ausbauen, siehe Seite 29.

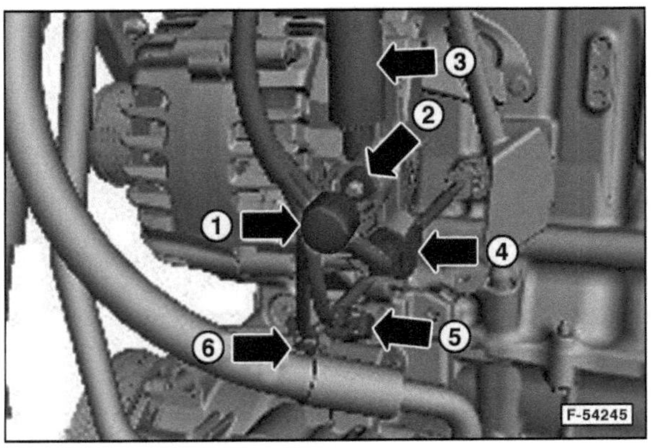

- Abdeckkappe –1– abdrücken.
- Mutter –2– abschrauben.
- Batterie-Plus-Leitung –3– abziehen und zur Seite legen.
- Stecker –4/5/6– abziehen und Kabelstrang –7– zur Seite legen.

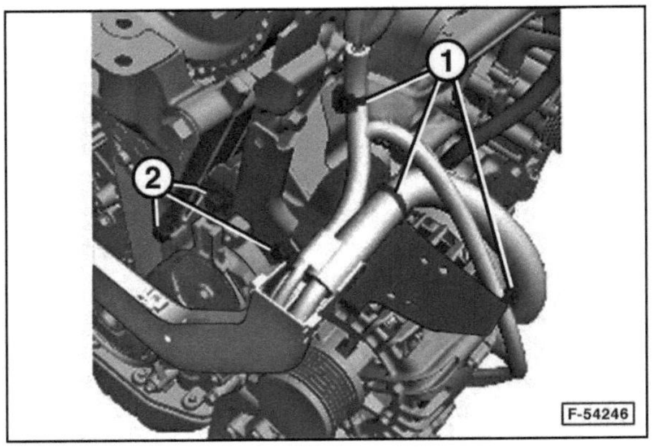

- 3 Kabelbinder –1– durchschneiden.
- 3 Schrauben –2– herausdrehen.

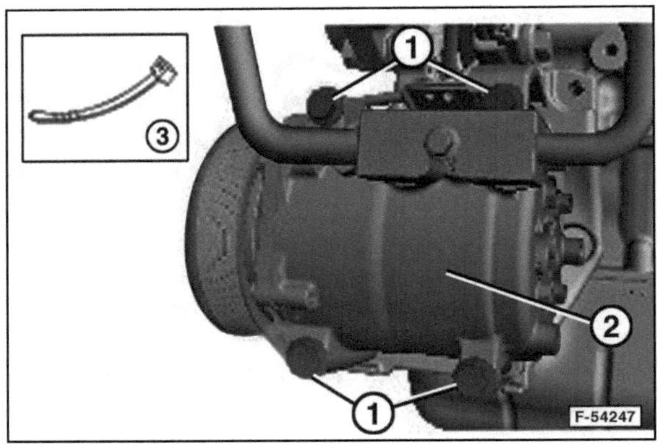

- 4 Schrauben –1– herausdrehen und Klimakompressor –2– mit Draht oder Kabelbinder –3– am Motor aufhängen. **Achtung:** Kältemittelkreislauf der Klimaanlage **nicht** öffnen.

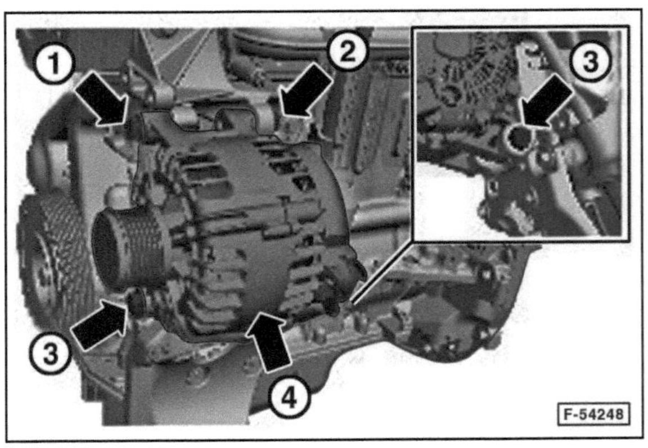

- 3 Schrauben in der Reihenfolge von –1– bis –3– lösen und herausdrehen.
- Generator –4– abnehmen.

Einbau

- Generator ansetzen und handfest anschrauben.
- Befestigungsschrauben in der Reihenfolge von –1– bis –3– festziehen.
  Anzugsdrehmomente:
  Schraube –1– . . . . **45 Nm**
  Schraube –2– . . . . **39 Nm**
  Schraube –3– . . . . **45 Nm**
- Klimakompressor mit **25 Nm** anschrauben.
- Elektrische Leitungen anklemmen. Mutter für Batterie-Plus-Leitung mit **25 Nm** festziehen.
- Keilrippenriemen einbauen, siehe Seite 29.
- Batterie anklemmen. **Achtung:** Hinweise im Kapitel »Batterie aus- und einbauen« beachten.

1,6-l-Dieselmotor 55/70 kW, Abgasnorm V

Ausbau

- Batterie abklemmen. **Achtung:** Hinweise im Kapitel »Batterie aus- und einbauen« beachten.
- Obere Motorabdeckung abziehen und zur Seite legen.

- Schlauchschellen –Pfeile– öffnen und zurückschieben.
- Schläuche –1– und –2– abziehen.

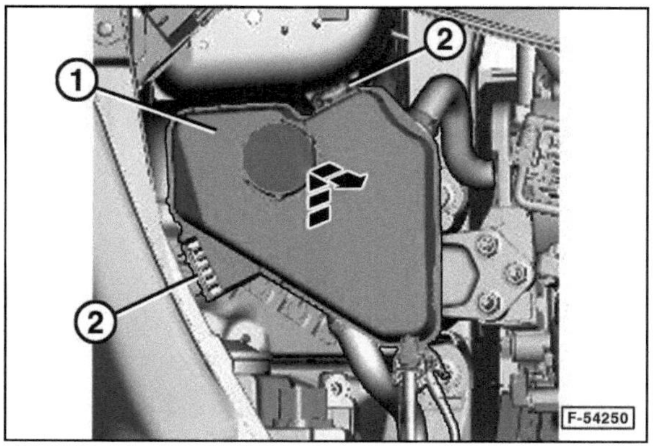

- Kühlmittel-Ausgleichbehälter –1– aus den Halterungen –2– herausziehen –Pfeil– und mit angeschlossenen Schläuchen zur Seite legen.

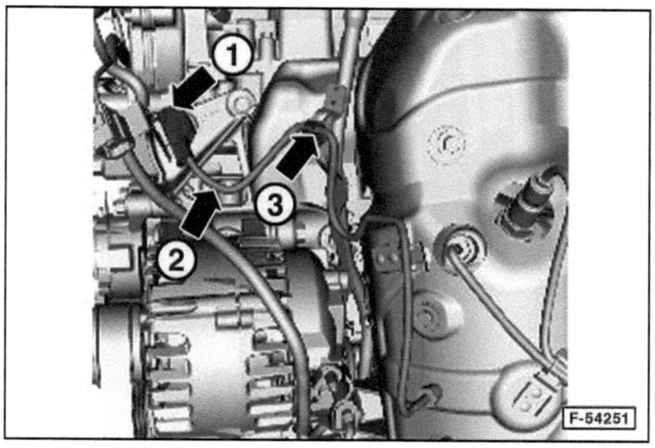

- Steckverbindung –1– trennen und Leitung –2– am Halter –3– aushängen.
- Keilrippenriemen ausbauen, siehe Seite 29.

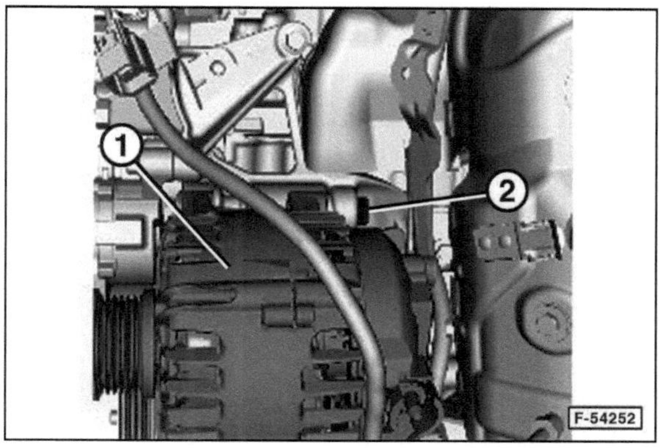

- Hinten am Generator –1– die Schraube –2– herausdrehen.
- 3 Kabelbinder –1– durchschneiden und 3 Schrauben –2– herausdrehen, siehe Abbildung F-54246.

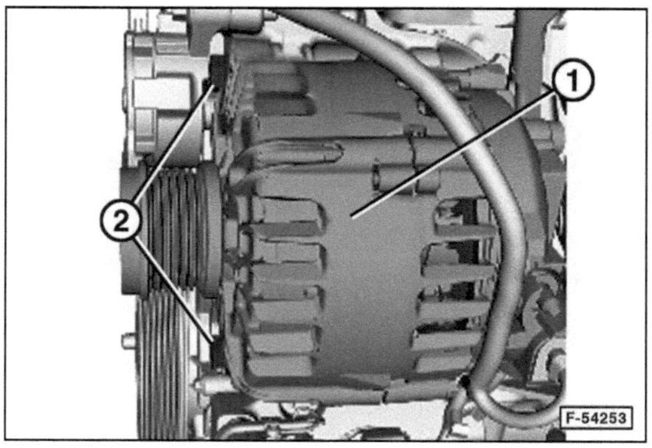

- Vorn am Generator –1– die Schrauben –2– herausdrehen.
- 4 Schrauben –1– herausdrehen und Klimakompressor –2– mit Draht oder Kabelbinder –3– am Motor aufhängen, siehe Abbildung F-54247.

Achtung: Kältemittelkreislauf der Klimaanlage **nicht** öffnen.

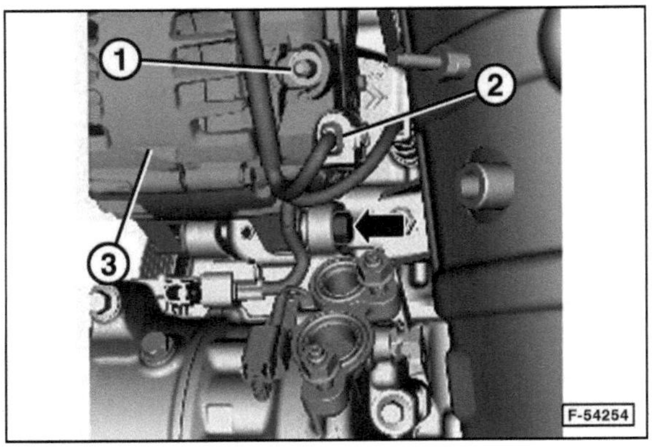

- Batterie-Plus-Leitung vom Anschluss –1– abschrauben.
- Stecker –2– abziehen und Kabelstrang zur Seite legen.
- Schraube –Pfeil– herausdrehen.
- Generator –3– abnehmen.

Einbau

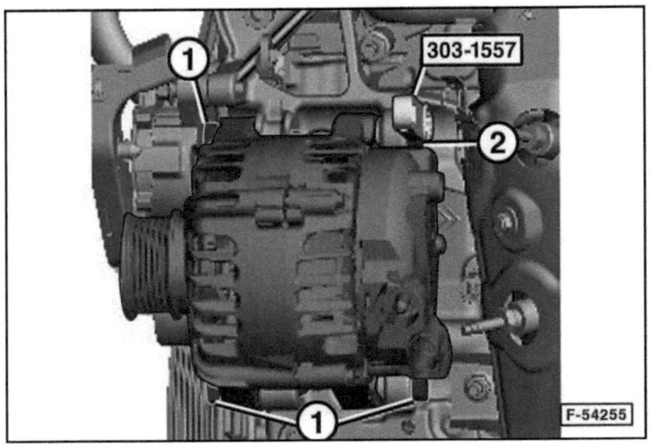

- Der Einbau erfolgt in umgekehrter Ausbaureihenfolge. Dabei Schrauben –1– mit **45 Nm** und Schraube –2– mit **39 Nm** festziehen. 303-1557 = Ford-4-kant-/Vielzahn-Schlüssel.

Generator aus- und einbauen

1,0-l-Benzinmotor

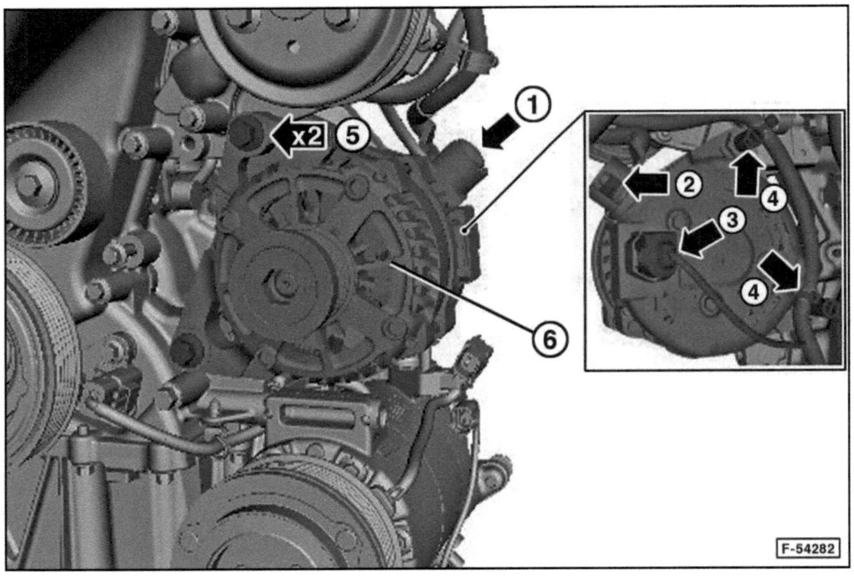

Ausbau

- Batterie-Massekabel abklemmen, siehe Seite 59.
- Keilrippenriemen ausbauen, siehe Seite 29.
- Batterie-Pluskabel am Anschluss –1– abklemmen, dazu Mutter –2– abschrauben.
- Stecker –3– abziehen.
- Elektrische Leitung aus den Kabelhaltern –4– aushängen.
- Schrauben –5– herausdrehen und Generator –6– abnehmen.

Einbau

- Der Einbau erfolgt in umgekehrter Ausbaureihenfolge. Schrauben –5– mit **25 Nm** und Mutter –2– mit **15 Nm** festziehen.

Störungsdiagnose Generator

Störung	Ursache	Abhilfe
Ladekontrolllampe brennt nicht bei eingeschalteter Zündung.	Batterie leer.	■ Laden.
	Anschlusskabel an der Batterie locker oder korrodiert.	■ Kabel auf festen Sitz prüfen, Anschlüsse reinigen.
	Kabel am Generator locker oder korrodiert.	■ Kabel auf einwandfreien Kontakt prüfen, Mutter festziehen.
	Kontrolllampe defekt.	■ Kombiinstrument ersetzen.
	Regler defekt.	■ Regler prüfen, gegebenenfalls austauschen.
	Unterbrechung in der Leitungsführung zwischen Generator, Zündschloss und Kontrolllampe.	■ Mit Ohmmeter nach Schaltplan untersuchen. Leitung gegebenenfalls reparieren beziehungsweise ersetzen.
Ladekontrolllampe erlischt nicht bei Drehzahlsteigerung.	Keilrippenriemen locker, Riemen rutscht durch.	■ Keilrippenriemen prüfen, Spannvorrichtung prüfen, gegebenenfalls ersetzen.
	Verkabelung schadhaft oder locker.	■ Verkabelung überprüfen, gegebenenfalls instand setzen.
Batterie gast kurz nach Abstellen des Motors sehr stark. Es kann nach faulen Eiern riechen.	Spannungsregler am Generator defekt. Batterie wird zu stark geladen und beginnt zu gasen. Dabei bildet sich Schwefelwasserstoff (H_2S).	■ Ladespannung bzw. Spannungsregler des Generators prüfen, ggf. Spannungsregler ersetzen.

Anlasser aus- und einbauen

Zum Starten des Verbrennungsmotors ist ein elektrischer Motor erforderlich, der Anlasser. Damit der Motor überhaupt anspringen kann, muss der Anlasser den Verbrennungsmotor auf eine Drehzahl von mindestens 300 Umdrehungen in der Minute beschleunigen. Das funktioniert aber nur, wenn der Anlasser einwandfrei arbeitet und die Batterie hinreichend geladen ist.

Da zum Starten eine hohe Stromaufnahme erforderlich ist, ist im Rahmen der Wartung auf eine einwandfreie Kabelverbindung zu achten. Korrodierte Anschlüsse säubern und mit Polschutzfett einstreichen.

1,25-/1,4-/1,6-l-Benzinmotor 44 – 99 kW

Ausbau

- Batterie abklemmen. **Achtung:** Hinweise im Kapitel »Batterie aus- und einbauen« beachten.
- Fahrzeug vorne aufbocken.

Sicherheitshinweis
Beim Aufbocken des Fahrzeugs besteht Unfallgefahr! Hinweise im Kapitel »Fahrzeug aufbocken« beachten.

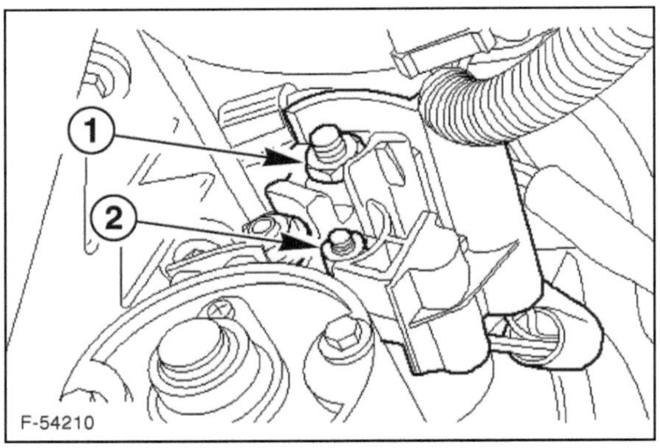

F-54210

- Mutter –1– abschrauben und Kabel von der Batterie zum Magnetschalter abnehmen.
- Mutter –2– abschrauben und Kabel vom Zündschalter zum Magnetschalter abnehmen.

Hinweis: In der Abbildung ist zur besseren Übersicht der Ölfilter ausgebaut.

F-54256

- Schrauben –2– für Anlasser –1– herausdrehen. Dabei auch das Massekabel –3– abnehmen.
- Anlasser –1– vom Getriebeflansch abziehen und aus dem Motorraum herausnehmen.

Einbau

- Der Einbau erfolgt in umgekehrter Ausbaureihenfolge.
  Anzugsdrehmomente:
  Schrauben für Anlasser . . . . **35 Nm**
  Mutter –1– (Abbildung F-54210) . . . . **12 Nm**
  Mutter –2– (Abbildung F-54210) . . . . **6 Nm**

Dieselmotor

Ausbau

- Batterie abklemmen. **Achtung:** Hinweise im Kapitel »Batterie aus- und einbauen« beachten.
- Batterie ausbauen, siehe Seite 59.
- Batteriekasten ausbauen, siehe Seite 60.

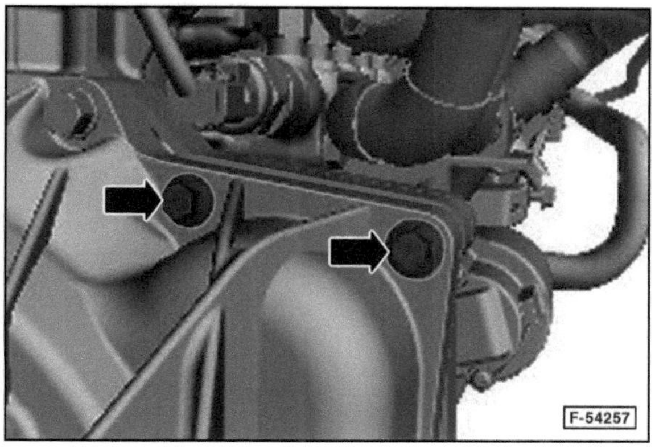

- Obere Schrauben –Pfeile– für Anlasser herausdrehen.
- Fahrzeug vorne aufbocken.

Sicherheitshinweis
Beim Aufbocken des Fahrzeugs besteht Unfallgefahr! Hinweise im Kapitel »Fahrzeug aufbocken« beachten.

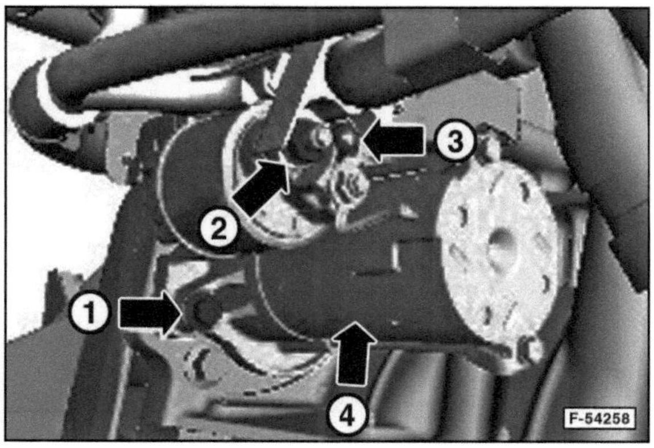

- Untere Schraube –1– für Anlasser herausdrehen und Anlasser abstützen.
- Mutter –2– abschrauben und Kabel von der Batterie zum Magnetschalter abnehmen.
- Mutter –3– abschrauben und Kabel vom Zündschalter zum Magnetschalter abnehmen.
- Anlasser –4– vom Getriebeflansch abziehen und aus dem Motorraum herausnehmen.

Einbau

- Der Einbau erfolgt in umgekehrter Ausbaureihenfolge.
  Anzugsdrehmomente:
  Schrauben für Anlasser . . . . **25 Nm**
  Mutter für Batterieleitung . . . . **12 Nm**
  Mutter für Zündleitung . . . . **6 Nm**

Störungsdiagnose Anlasser

Störung	Ursache	Abhilfe
Anlasser dreht sich nicht beim Betätigen des Zündanlassschalters.	Batterie entladen.	■ Batterie laden.
	Kabel oder Masseanschluss ist unterbrochen, oder die Batterie ist entladen.	■ Batteriekabel und Anschlüsse prüfen. Batteriespannung messen, ggf. laden.
	Ungenügender Stromdurchgang infolge lockerer oder oxydierter Anschlüsse.	■ Batteriepole und -klemmen reinigen. Stromsichere Verbindungen zwischen Batterie, Anlasser und Masse herstellen.
	Keine Spannung an Klemme 50.	■ Leitung unterbrochen, Zündanlassschalter defekt.
Anlasserwelle dreht sich zu langsam und zieht den Motor nicht durch.	Batterie teilentladen.	■ Batterie laden.
	Ungenügender Stromdurchgang infolge lockerer oder oxydierter Anschlüsse.	■ Batteriepole und -klemmen und Anschlüsse am Anlasser reinigen, Anschlüsse festziehen.
	Anlasser-Kollektor riefig oder verbrannt und verschmutzt.	■ Anlasser ersetzen.
	Spannung an Klemme 50 zu niedrig (weniger als 10 Volt).	■ Zündanlassschalter oder Magnetschalter überprüfen.
	Magnetschalter defekt.	■ Magnetschalter auswechseln.
Anlasserritzel spurt ein und zieht an, Motor dreht nicht oder nur ruckweise.	Ritzelgetriebe defekt.	■ Anlasser ersetzen.
	Ritzel verschmutzt.	■ Ritzel reinigen.
	Zahnkranz am Schwungrad defekt.	■ Schwungrad erneuern.
Ritzelgetriebe spurt nicht aus.	Ritzelgetriebe oder Steilgewinde verschmutzt beziehungsweise beschädigt.	■ Anlasser ersetzen.
	Magnetschalter defekt.	■ Magnetschalter ersetzen.
	Rückzugfeder schwach oder gebrochen.	■ Magnetschalter ersetzen.
Anlasserwelle läuft weiter, nachdem der Zündschlüssel losgelassen wurde.	Magnetschalter hängt, schaltet nicht ab.	■ Zündung sofort ausschalten, Magnetschalter ersetzen.
	Zündanlassschalter schaltet nicht ab.	■ Sofort Batterie abklemmen, Zündanlassschalter ersetzen.

Scheibenwischeranlage

Wischerblatt aus- und einbauen

Ausbau

- Zündung ausschalten. Zündschlüssel abziehen.

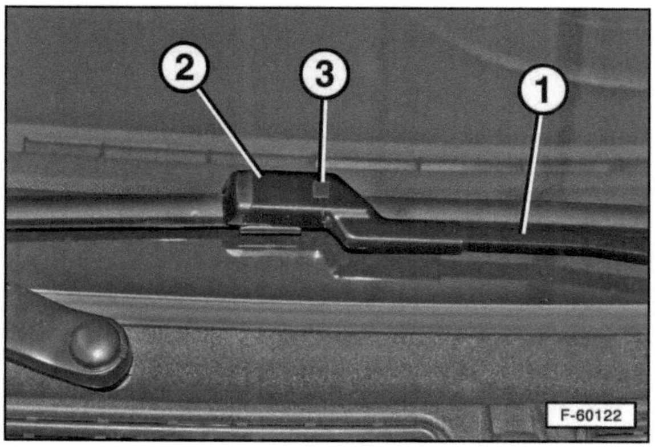

- Wischerarm –1– hochklappen. Dabei nur den Wischerarm oder das Wischerblatt im Bereich der Befestigung –2– anfassen.
- Verriegelungstaste –3– drücken.

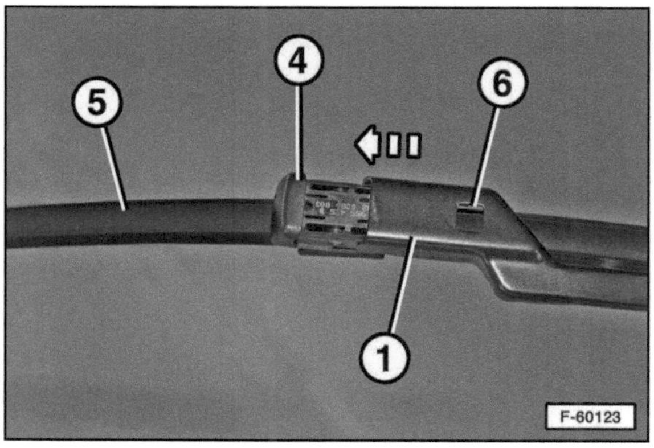

- Aufnahme –4– am Wischerblatt –5– in Pfeilrichtung vom Wischerarm –1– abziehen.

Einbau

- Aufnahme –4– am Wischerblatt entgegen der Pfeilrichtung bis zum Anschlag in den Wischerarm –1– einschieben. Die Verriegelungstaste muss dabei sicher in die Öffnung –6– einrasten.
- Wischerarm vorsichtig zurückklappen.

Achtung: Das **längere Wischerblatt** wird auf der Fahrerseite eingesetzt.

Heckscheibenwischer

Ausbau

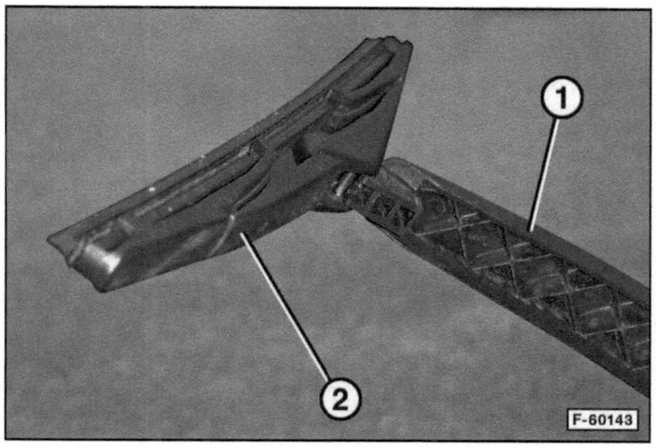

- Wischerarm –1– hochklappen.
- Wischerblatt –2– ca. 90° zum Wischerarm abwinkeln.

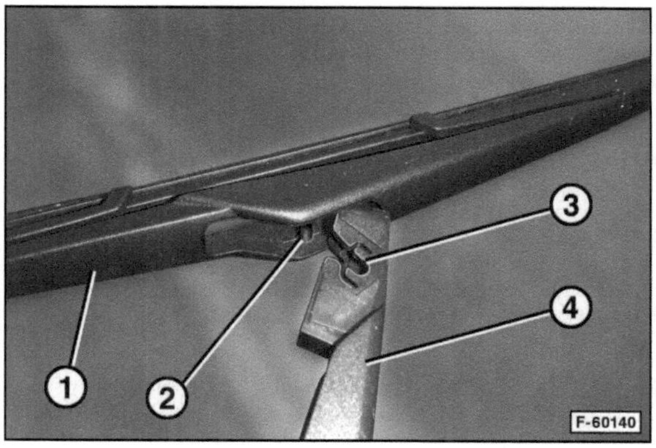

- Wischerblatt –1– mit der Achse –2– aus der Aufnahme –3– des Wischerarms –4– herausziehen.

Einbau

- Wischerblatt –1– mit der Achse –2– in die Aufnahme –3– des Wischerarms –4– hineindrücken.
- Wischerblatt parallel zum Wischerarm zurückschwenken.
- Wischerarm mit Wischerblatt vorsichtig auf die Heckscheibe zurückklappen.

Wischerarme an der Frontscheibe aus- und einbauen

Ausbau

- Scheibe mit Wasser benetzen, Scheibenwischer kurze Zeit laufen lassen und über den Wischerschalter abschalten. Dadurch laufen die Wischer in die Endstellung.
- Zündung ausschalten und Zündschlüssel abziehen.
- Stellung der Wischergummis auf der Frontscheibe markieren. Dazu Klebeband neben den Wischergummis auf die Scheibe kleben.
- Motorhaube öffnen.

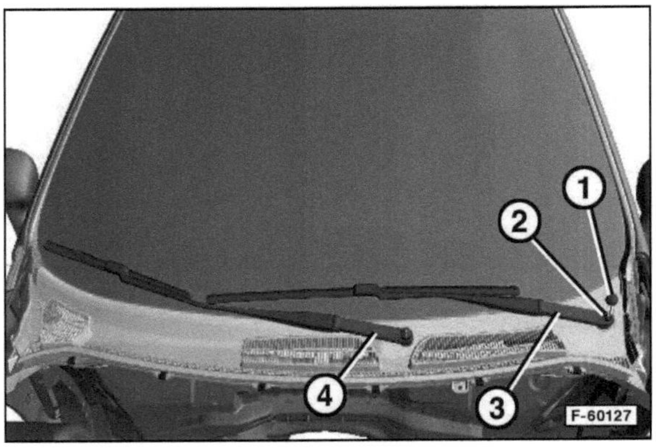

- Abdeckkappe –1– mit kleinem Schraubendreher abhebeln.
- Mutter –2– ca. 2 Umdrehungen lockern, noch nicht ganz abschrauben.
- Wischerarm –3– leicht hin und her bewegen, bis er sich von der Welle löst.
- Mutter ganz abschrauben und Wischerarm von der Welle abziehen.

Hinweis: Falls der Wischerarm schwer abzuziehen ist, geeignetes Abziehwerkzeug verwenden, zum Beispiel Abziehspindel 4855-8 mit Abziehkopf 4855-1 von HAZET.

- Zweiten Wischerarm –4– auf die gleiche Weise abbauen.

Einbau

Der Einbau erfolgt in umgekehrter Ausbaureihenfolge. Dabei ist Folgendes zu beachten:

- Falls der Wischermotor ausgebaut war, vor Einbau der Wischerarme den Wischermotor in Endstellung bringen. Dazu Zündung einschalten, Motor kurz laufen lassen und anschließend mit Wischerschalter ausschalten.
- Zündung ausschalten und Zündschlüssel abziehen.
- Wischerarme auf die Wischerwellen aufsetzen und dabei anhand der beim Ausbau angebrachten Klebeband-Markierungen ausrichten.
- Muttern für Wischerarme aufschrauben und handfest anziehen.
- Endstellung der Wischerarme überprüfen. Dazu Motorhaube schließen, Scheibe mit Wasser benetzen und Scheibenwischer kurz laufen lassen. Die Wischerarme müssen in die eingestellte Endstellung zurückkehren und dürfen sich beim Wischen nicht über den Scheibenrand hinausbewegen. Gegebenenfalls Mutter lösen und Einstellung erneut vornehmen.
- Muttern für Wischerarme mit **24 Nm** festziehen.

Wischermotor an der Frontscheibe aus- und einbauen

Ausbau

- Scheibe mit Wasser benetzen, Scheibenwischer kurze Zeit laufen lassen und über den Wischerschalter abschalten. Dadurch laufen die Wischer in die Endstellung.
- Batterie abklemmen. **Achtung:** Hinweise im Kapitel »Batterie aus- und einbauen« beachten.
- Wischerarme ausbauen, siehe entsprechendes Kapitel.
- Windlaufabdeckung ausbauen, siehe Seite 202.

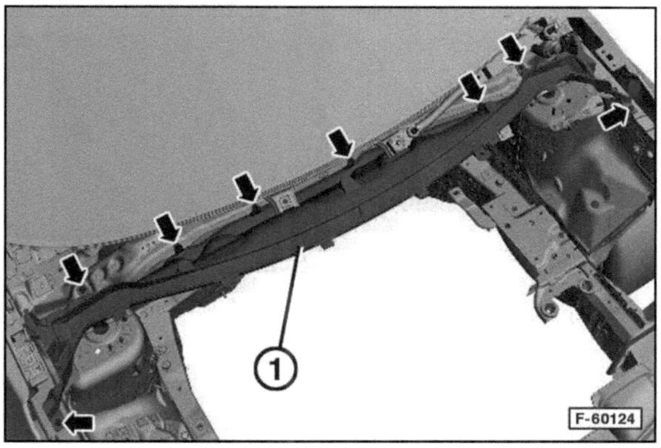

- 8 Clips –Pfeile– herausdrücken und Abdeckung –1– abnehmen.

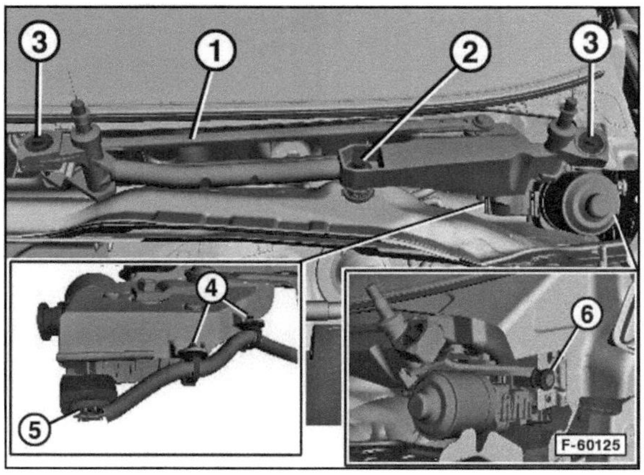

- Scheibenwischergestänge –1– abschrauben. Dazu Schraube –2– und Schrauben –3– herausdrehen.
- Kabelbinder –4– öffnen.
- Mehrfachstecker –5– abziehen.
- Wischergestänge mit Motor aus der Halterung –6– herausziehen und herausnehmen.

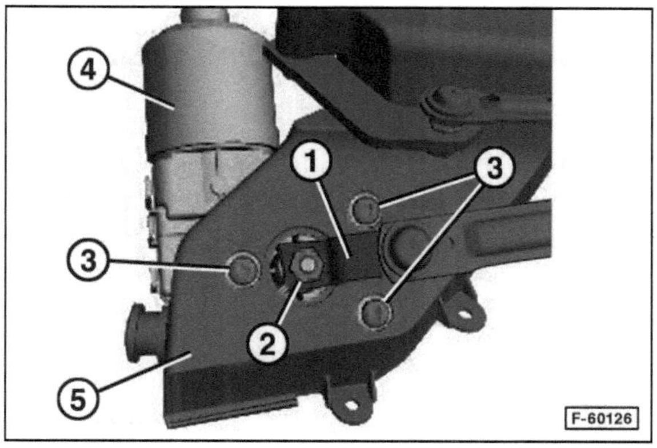

- Stellung der Kurbelstange –1– mit Filzstift markieren.
- Mutter –2– abschrauben und Kurbelstange von der Wischerwelle abheben.
- 3 Schrauben –3– herausdrehen und Wischermotor –4– von der Trägerplatte –5– abnehmen.

Einbau

- Der Einbau erfolgt in umgekehrter Ausbaureihenfolge. Dabei Kurbelstange vor dem Einbau entsprechend den angebrachten Markierungen ausrichten.
  Anzugsdrehmomente:
  Schrauben für Wischermotor. . . . . **9 Nm**
  Mutter für Kurbelstange . . . . **18 Nm**
  Schrauben –2– für Wischergestänge (F-60125) . . **8 Nm**
  Schraube –1– für Wischergestänge (F-60125) . . **10 Nm**
  Schrauben für Querstrebe . . . . **20 Nm**

Wischerarm/Wischermotor an der Heckscheibe aus- und einbauen

Ausbau

- Scheibenwischer in Endstellung bringen, siehe Kapitel »Wischerarm an der Frontscheibe aus- und einbauen«.
- Zündung ausschalten, Zündschlüssel abziehen. Gegebenenfalls Batterie-Massekabel abklemmen, siehe Seite 59.
- Stellung des Wischergummis auf der Heckscheibe markieren. Dazu Klebeband neben dem Wischergummi auf die Scheibe kleben.

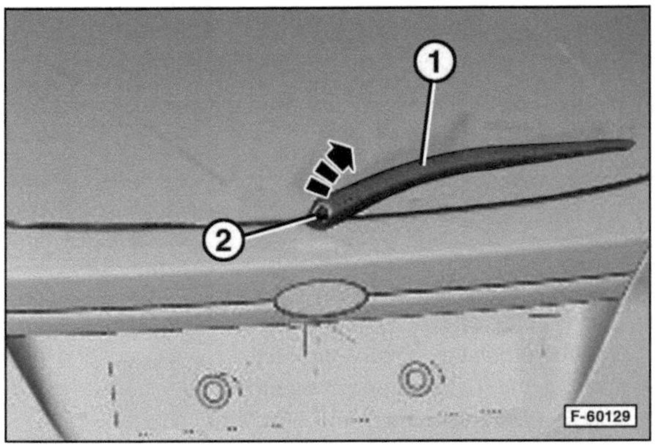

- Abdeckkappe am Wischerarm –1– hochklappen und Mutter –2– lockern.
- Wischerarm hochklappen und leicht hin und her bewegen, bis er sich von der Welle löst.

Hinweis: Falls der Wischerarm schwer abzuziehen ist, mit einem Gabelschlüssel unter den Wischerarm greifen und diesen vorsichtig abhebeln. **Achtung:** Zum Schutz vor Lackbeschädigungen einen dicken Lappen unterlegen. Stattdessen kann auch ein handelsüblicher Abzieher verwendet werden.

- Mutter abschrauben, Abdeckkappe zurückklappen und Wischerarm von der Welle abnehmen.
- Heckklappenverkleidung ausbauen, siehe Seite 214.

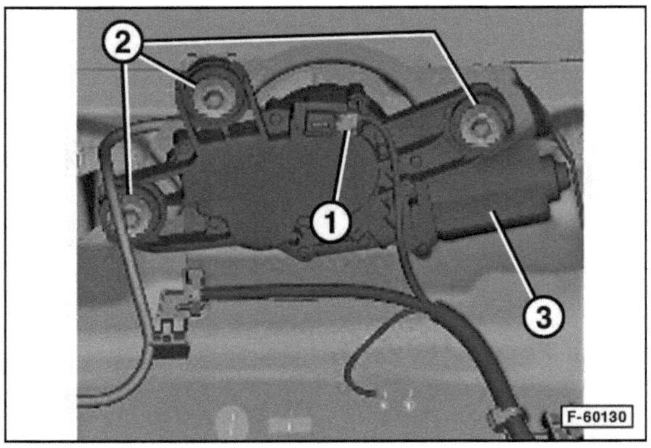

- Stecker –1– vom Wischermotor abziehen.
- Schrauben –2– herausdrehen und Wischermotor –3– vorsichtig aus der Heckklappe herausziehen.

Einbau

Der Einbau erfolgt in umgekehrter Ausbaureihenfolge. Dabei ist Folgendes zu beachten:

- Vor Einbau des Wischerarms Wischermotor in Endstellung bringen. Dazu Anschlussstecker aufschieben und Batterie anklemmen. Motor kurz laufen lassen und anschließend mit Wischerschalter ausschalten.
- Wischerarm anhand der beim Ausbau angebrachten Klebeband-Markierung ausrichten.
- Endstellung des Wischerarms überprüfen, siehe Kapitel »Wischerarm an der Frontscheibe aus- und einbauen«.

Anzugsdrehmomente:

Schrauben für Wischermotor . . . . **8 Nm**
Mutter für Wischerarm . . . . **9 Nm**

Scheibenwaschdüsen an der Frontscheibe aus- und einbauen

Ausbau

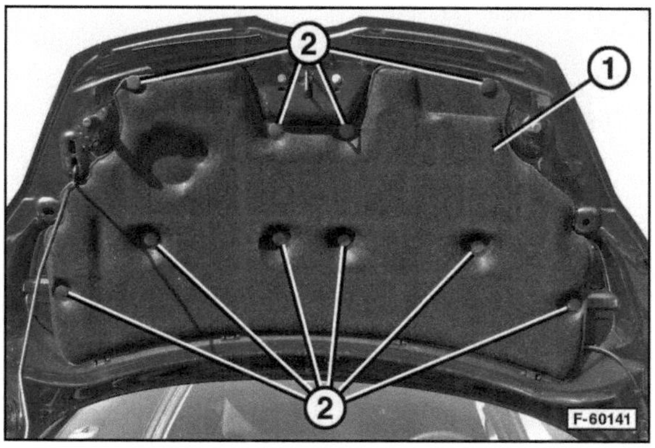

- **Dieselmotor:** Motorhaubenverkleidung –1– ausbauen. Dazu die Clips –2– heraushebeln, zum Beispiel mit HAZET 799-3. Verkleidung unten aus den 4 Aufnahmen aushängen und abnehmen.

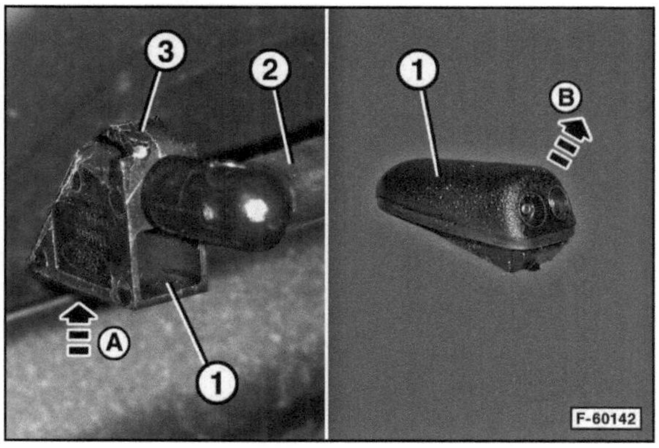

- An der Motorhaubenrückseite Wasserschlauch –2– von der Waschdüse –1– abziehen.
- Schraubendreher an der unteren Schmalseite ansetzen und Waschdüse –1– gegen die obere Haltefeder –3– drücken –Pfeil A–.
- Waschdüse nach außen drücken und aus der Motorhaube herausziehen –Pfeil B–.

Einbau

- Der Einbau erfolgt in umgekehrter Ausbaureihenfolge. Dabei auf korrekten Sitz der Dichtung an der Motorhaube achten.

Scheibenwaschdüsen einstellen

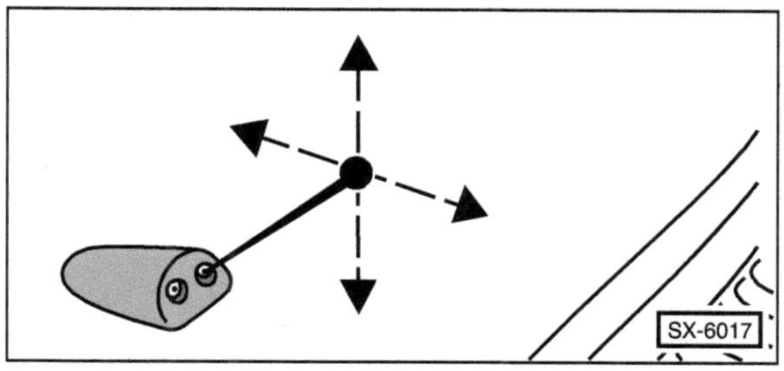

- Die Spritzrichtungen der vorderen Scheibenwaschdüsen können mit einem feinen Dorn, zum Beispiel HAZET-4850-1, eingestellt werden. Dorn in die Düse einsetzen und Zielpunkt auf der Scheibe anpeilen.

Pumpe für Scheibenwaschanlage aus- und einbauen

Ausbau

- Zündung ausschalten und Zündschlüssel abziehen.
- Fahrzeug aufbocken.

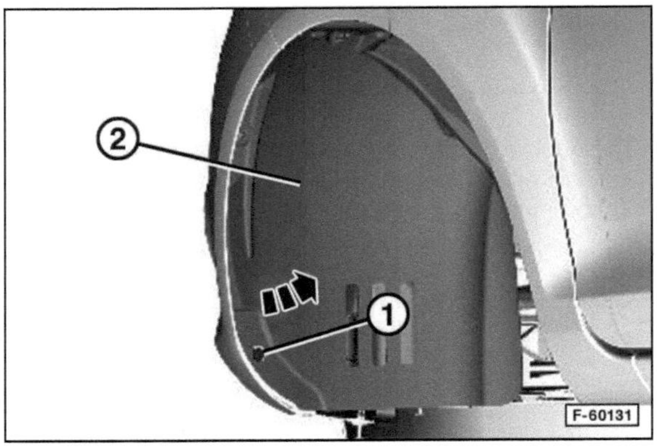

- Schraube –1– herausdrehen und Innenkotflügel –2– vorn links in Pfeilrichtung zurückklappen.

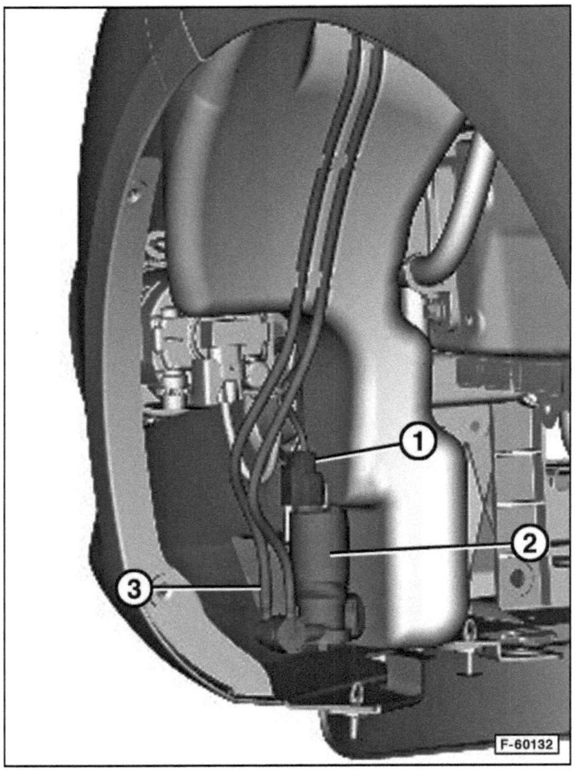

- Stecker –1– von der Pumpe –2– für Scheibenwaschanlage abziehen.
- Auffangbehälter für ausfließende Flüssigkeit unterstellen.
- Wasserschläuche –3– abziehen.

Achtung: Soll die Pumpe ersetzt werden, an der neuen Pumpe die Gummitülle mit Seifenlauge bestreichen und die Pumpe bereitlegen.

- Pumpe –2– für Scheibenwaschanlage aus der Halterung am Scheibenwaschbehälter herausziehen und gegebenenfalls neue Pumpe sofort einstecken. Soll die bisherige Pumpe wieder eingebaut werden, Scheibenwaschflüssigkeit aus dem Vorratsbehälter vollständig in das Auffanggefäß ablaufen lassen.

Einbau

- Der Einbau erfolgt in umgekehrter Ausbaureihenfolge.

Scheibenwaschbehälter aus- und einbauen

Ausbau

- Zündung ausschalten und Zündschlüssel abziehen.
- Radmuttern lösen. Fahrzeug aufbocken und Rad vorn links abnehmen. **Achtung:** Unbedingt Hinweise im Kapitel »Rad aus- und einbauen« beachten.
- Innenkotflügel vorn links ausbauen, siehe Seite 208.

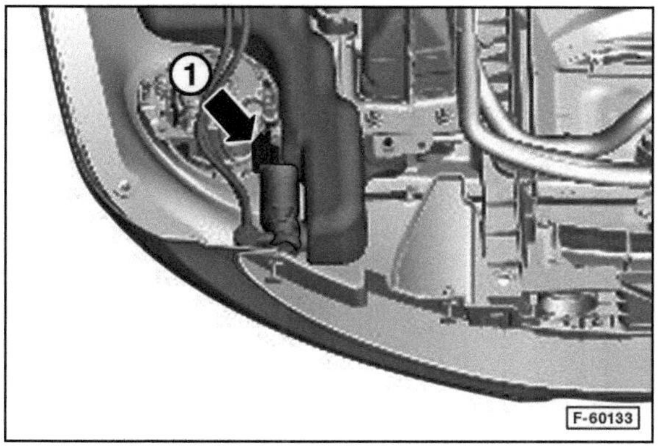

- Stecker –1– von der Pumpe für Scheibenwaschanlage abziehen.

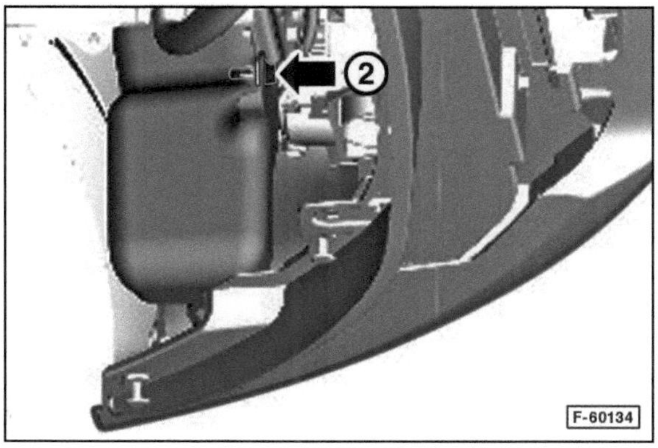

- Schraube –2– herausdrehen.

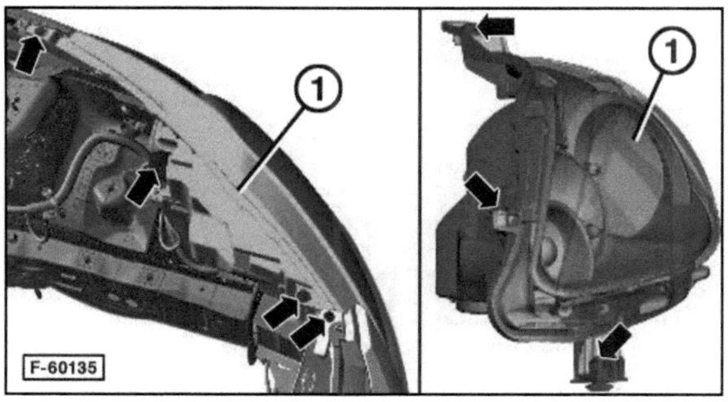

- Scheinwerfer –1– vorn links ausbauen –Pfeile–, siehe Seite 84.

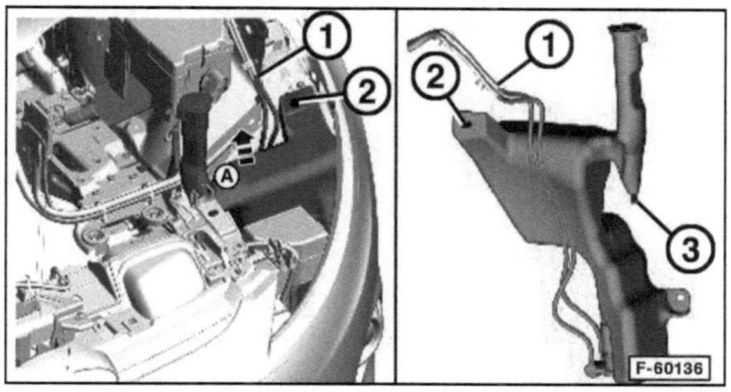

- Schlauchverbindungen –1– zu den Düsen trennen. Schlauchenden am Scheibenwaschbehälter oberhalb des Flüssigkeitsspiegels befestigen, zum Beispiel mit Klebeband.
- Schraube oben –2– herausdrehen.
- Scheibenwaschbehälter aus der Führung –3– herausheben und aus dem Motorraum herausnehmen –Pfeil A–.

Einbau

- Der Einbau erfolgt in umgekehrter Ausbaureihenfolge.
- Rad anschrauben, dabei Reifen-Laufrichtung beachten. Fahrzeug ablassen, erst dann Radmuttern über Kreuz mit **135 Nm** festziehen. **Achtung:** Unbedingt Hinweise im Kapitel »Rad aus- und einbauen« beachten.

Regensensor aus- und einbauen

Ausbau

- Zündung ausschalten und Zündschlüssel abziehen.

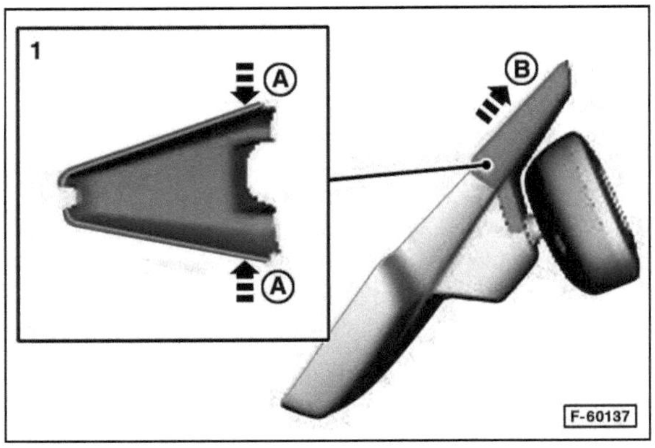

- Obere Verkleidung –1– in Pfeilrichtung –A– zusammendrücken und in Pfeilrichtung –B– abziehen.

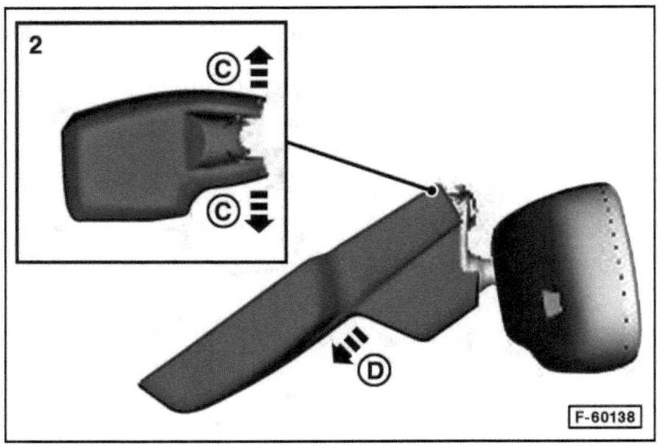

- Untere Verkleidung –2– in Pfeilrichtung –C– auseinanderziehen und in Pfeilrichtung –D– abziehen.

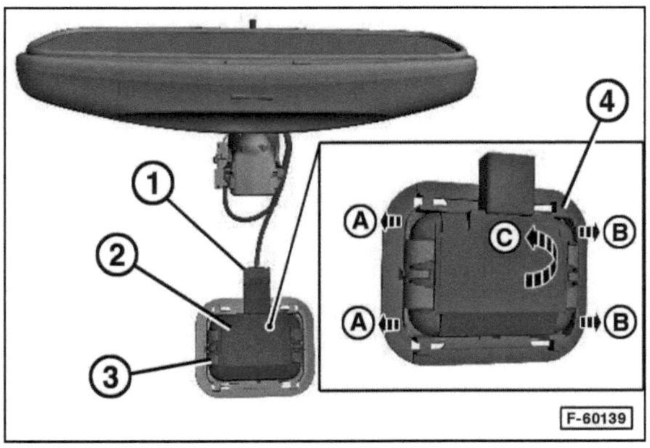

- Stecker –1– vom Regensensor –2– abziehen.
- Stahlfederbügel –3– links und rechts am Sensor nach außen in Pfeilrichtung –A– und –B– ziehen und Regensensor in Pfeilrichtung –C– aus dem Halter –4– an der Frontscheibe herausschwenken.

Einbau

- Der Einbau erfolgt in umgekehrter Ausbaureihenfolge. **Achtung:** Die Auflageflächen müssen sauber und frei von Fremdstoffen sein.

Lampentabelle

12-V-Glühlampe für	Typ	Leistung (Watt)
Abblendlicht	H7	55 W
Fernlicht (ohne Tagfahrlicht)	H1	55 W
Fernlicht/Tagfahrlicht	H15	55/15 W
Standlicht	W5W	5 W
Vordere Blinkleuchte	PY21W	21 W
Seitliche Blinkleuchte	WY5W	5 W
Nebelscheinwerfer	H11	55 W
Brems- und Rückleuchte	P21/5W	21/5 W
Blinkleuchte hinten	PY21W	21 W
Nebelschlussleuchte	P21W	21 W
Rückfahrscheinwerfer	W16W	16 W
Kennzeichenleuchte	W5W	5 W
Innenleuchte	W6W	6 W
Leseleuchte	W5W	5 W
Gepäckraumleuchte	W5W	5 W

H1/H7/H11/H15: Halogenlampen; P: Bajonett-Sockel; W: Glassockel; Y: Leuchtenfarbe orange.

Hinweis: Glühlampen grundsätzlich nur durch solche gleicher Ausführung ersetzen. Vor einem Lampenwechsel sicherstellen, dass der betreffende Schalter ausgeschaltet ist.

Achtung: Den Glaskolben einer leistungsstarken Glühlampe nicht mit bloßen Fingern berühren. Am besten ein sauberes Stofftuch dazwischen legen oder Baumwollhandschuhe tragen. Verdampft der durch die Berührung verursachte Fingerabdruck, setzen sich Rückstände auf dem Reflektor ab, die den Scheinwerfer matt werden lassen. Dies gilt insbesondere für die Haupt- und Nebelscheinwerfer. Versehentlich entstandene Berührungsflecken auf dem Glaskolben mit einem sauberen, nicht fasernden Tuch und etwas Spiritus abwischen.

Achtung: Die mit einem Schutzlack beschichteten Kunststoffscheiben der Hauptscheinwerfer dürfen auf keinen Fall mit einem trockenen oder gar scheuernden Lappen gesäubert werden. Es dürfen auch keine Reinigungs- oder Lösungsmittel benutzt werden. Die Scheiben nur mit einem weichen, feuchten Tuch reinigen.

Glühlampen für Halogen-Scheinwerfer auswechseln

Achtung: Halogen-Lampen stehen unter Druck und können platzen. Deshalb beim Lampenwechsel Schutzbrille und Handschuhe tragen.

- Schalter des Scheinwerfers ausschalten.
- Zündung ausschalten, Zündschlüssel abziehen.
- **Zum Wechsel der Scheinwerfer-Lampen muss aus Platzgründen der Scheinwerfer ausgebaut werden**, siehe entsprechendes Kapitel.
- Glühlampen vor dem Ausbau abkühlen lassen.
- Beim Einbau durch einen Blick vorne in den Scheinwerfer die korrekte Einbauposition der Glühlampe überprüfen.
- Nach dem Einbau neue Glühlampe auf Funktion überprüfen. Gegebenenfalls Scheinwerfer-Einstellung von einer Werkstatt kontrollieren und einstellen lassen.
- Nach dem Einbau darauf achten, dass der Deckel an der Scheinwerfer-Rückseite richtig sitzt, sonst kann im späteren Betrieb Wasser eintreten und der Scheinwerfer beschädigt werden.

Abblendlicht

Ausbau

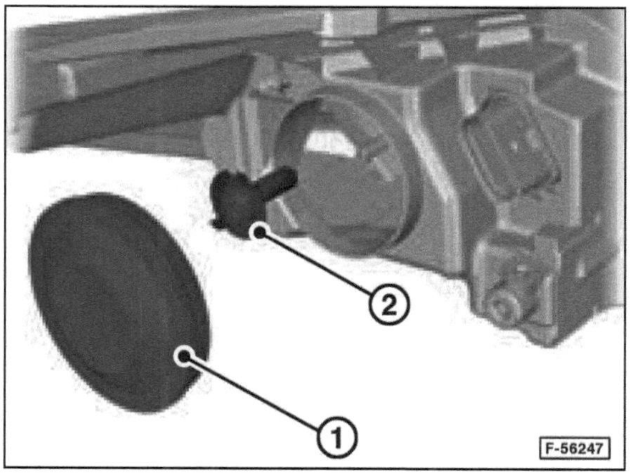

- Deckel –1– an der Rückseite des Scheinwerfers abziehen.
- Lampenfassung gegen den Uhrzeigersinn drehen und mit Lampe herausziehen.
- Glühlampe –2– aus der Fassung herausziehen.

Einbau

- Neue Glühlampe in die Fassung einsetzen.
- Lampenfassung in den Reflektor einsetzen, im Uhrzeigersinn drehen und einrasten.
- Deckel an der Rückseite des Scheinwerfers aufsetzen.

Fernlicht

Ausbau

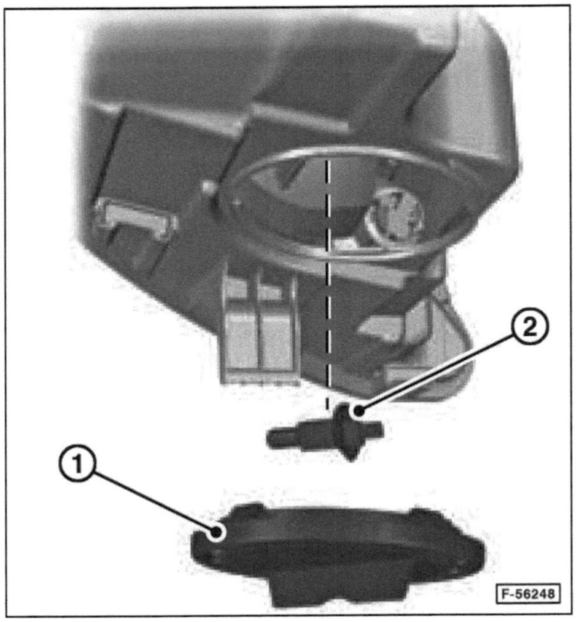

- Deckel –1– an der Rückseite des Scheinwerfers abnehmen.
- Clip lösen. Lampenfassung gegen den Uhrzeigersinn drehen und mit Lampe herausziehen.
- Glühlampe –2– aus der Fassung herausziehen.

Einbau

- Neue Glühlampe in die Fassung einsetzen.
- Lampenfassung in den Reflektor einsetzen, im Uhrzeigersinn drehen und mit Clip sichern.
- Deckel an der Rückseite des Scheinwerfers aufsetzen.

Standlicht

Ausbau

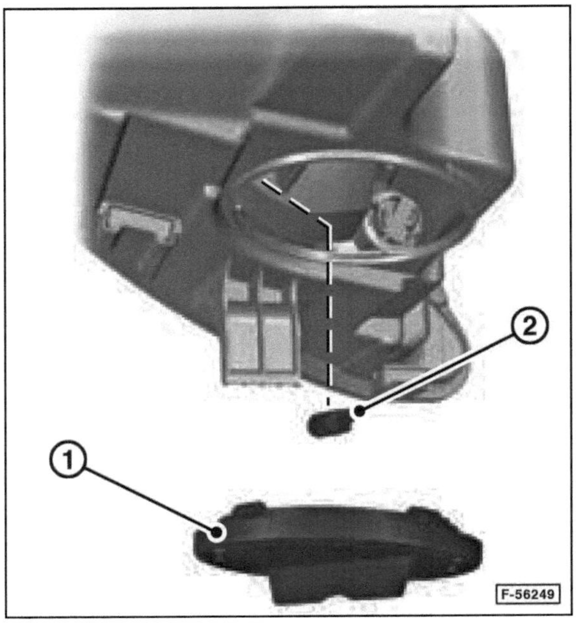

- Deckel –1– an der Rückseite des Scheinwerfers abnehmen.
- Lampenfassung aus dem Reflektor herausziehen.
- Glühlampe –2– vorsichtig aus der Fassung herausziehen.

Einbau

- Neue Glühlampe in die Fassung eindrücken, Fassung mit Glühlampe in den Reflektor einsetzen und einrasten.
- Deckel an der Rückseite des Scheinwerfers aufsetzen.

Blinklicht

Ausbau

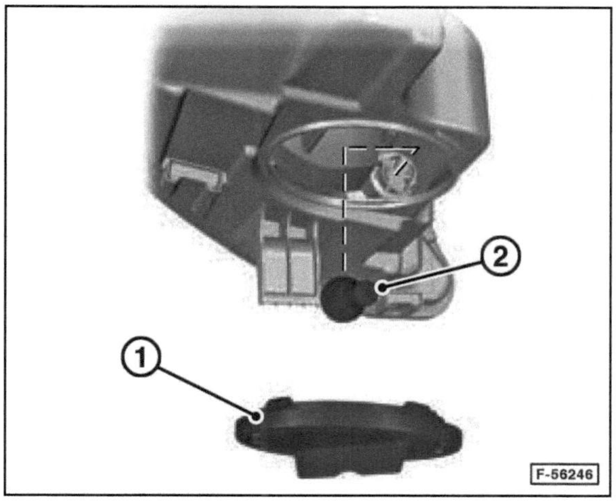

- Deckel –1– an der Rückseite des Scheinwerfers abnehmen.
- Lampenfassung gegen den Uhrzeigersinn drehen und mit Lampe herausziehen.
- Glühlampe –2– vorsichtig in die Fassung eindrücken, gegen den Uhrzeigersinn drehen und dann herausnehmen.

Einbau

- Neue Glühlampe in die Fassung eindrücken, im Uhrzeigersinn drehen und einrasten.
- Deckel an der Rückseite des Scheinwerfers aufsetzen.

Seitliches Blinklicht

Ausbau

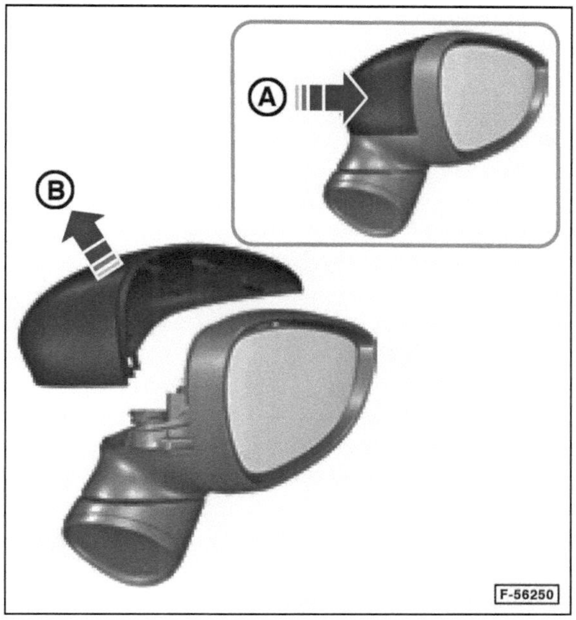

- Die obere Spiegelabdeckung an beiden Seiten etwas eindrücken –A– und nach oben abnehmen –B–.

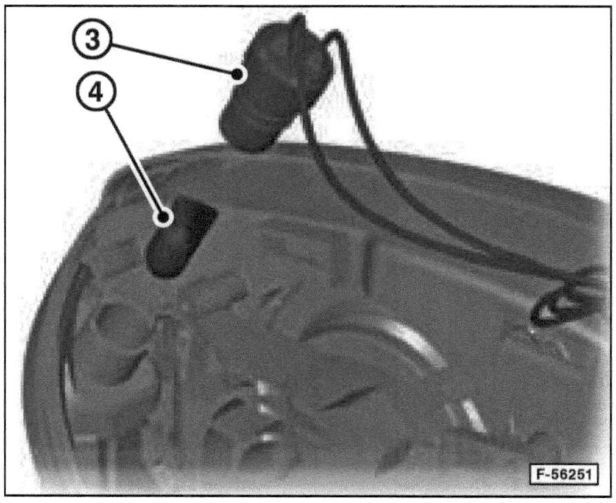

- Lampenfassung –3– mit Lampe –4– aus dem Reflektor herausziehen.
- Glühlampe –4– vorsichtig aus der Fassung –3– herausziehen.

Einbau

- Neue Glühlampe in die Fassung eindrücken, Fassung mit Glühlampe in den Reflektor einsetzen und einrasten.
- Obere Spiegelabdeckung aufdrücken und einrasten.

Scheinwerfer aus- und einbauen

Ausbau

- Motorhaube öffnen.
- Lichtschalter ausschalten, Zündung ausschalten, Zündschlüssel abziehen.

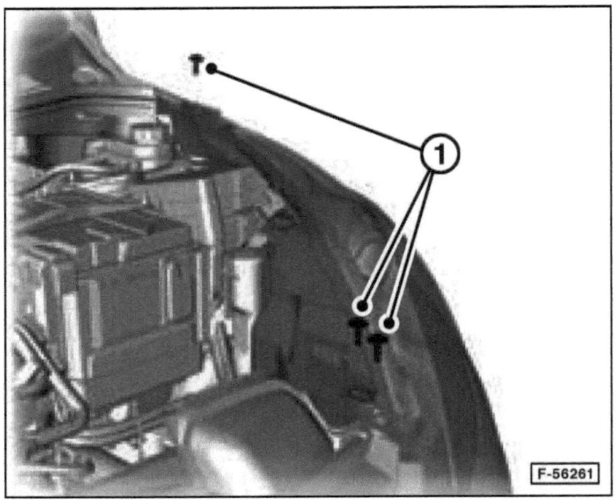

- Schrauben –1– herausdrehen.

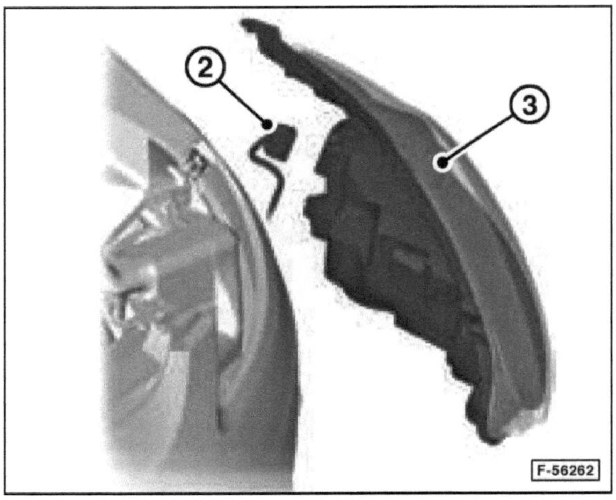

- Mehrfachstecker –2– abziehen.
- Scheinwerfer –3– herausnehmen.

Einbau

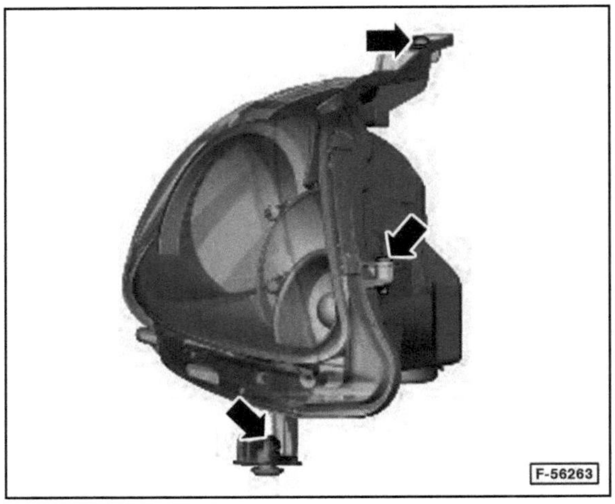

- Der Einbau erfolgt in umgekehrter Ausbaureihenfolge. Dabei sicherstellen, dass der Scheinwerfer vollständig in die Halteklammern –Pfeile– eingesetzt ist. Schrauben mit **4,8 Nm** anziehen.

Nebelscheinwerfer aus- und einbauen/ Glühlampe wechseln

Glühlampe wechseln

- Zündung und Schalter der Leuchte ausschalten, Zündschlüssel abziehen.
- Fahrzeug vorne aufbocken.

Sicherheitshinweis
Beim Aufbocken des Fahrzeugs besteht Unfallgefahr! Hinweise im Kapitel »Fahrzeug aufbocken« beachten.

- 2 Torxschrauben vorn am Innenkotflügel herausdrehen und Innenkotflügel zur Seite drücken.

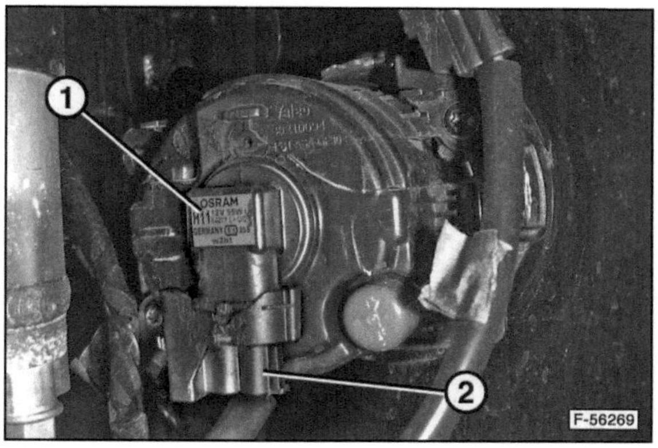

- Lampenfassung –1– ca. 45° gegen den Uhrzeigersinn drehen und mit Glühlampe aus dem Nebelscheinwerfer herausziehen. **Hinweis:** Die Glühlampe kann nicht aus der Fassung herausgezogen werden.
- Stecker –2– von der Fassung abziehen.
- Stecker auf die neue Fassung der Lampe aufschieben.
- Neue Glühlampe mit Fassung so einsetzen, dass die Nasen der Fassung in die Aussparungen am Reflektor eingreifen. Fassung bis zum Anschlag im Uhrzeigersinn drehen.
- Neue Glühlampe auf Funktion prüfen.

Ausbau

- Zündung und Schalter der Leuchte ausschalten, Zündschlüssel abziehen.
- Fahrzeug vorne aufbocken.

Sicherheitshinweis
Beim Aufbocken des Fahrzeugs besteht Unfallgefahr! Hinweise im Kapitel »Fahrzeug aufbocken« beachten.

- Innenkotflügel ausbauen, siehe Seite 208.

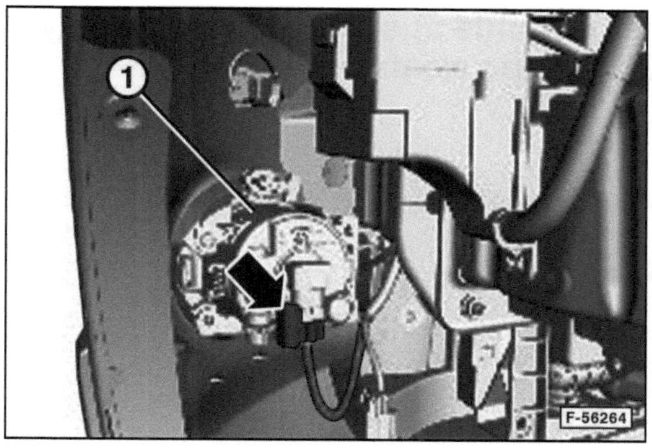

- An der Rückseite der Stoßfängerabdeckung Stecker –Pfeil– vom Nebelscheinwerfer –1– abziehen.

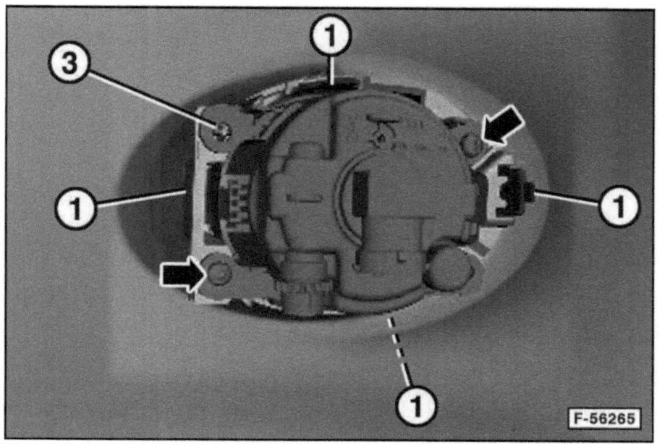

- 2 Schrauben –Pfeile– herausdrehen.
- 4 Klammern –1– zurückdrücken, dadurch Nebelscheinwerfer –2– ausclipsen. **Hinweis:** Die untere Klammer ist in der Abbildung nicht sichtbar.
- Nebelscheinwerfer am Fixierstift –3– herausziehen und von der Stoßfängerabdeckung abnehmen.

Einbau

- Der Einbau erfolgt in umgekehrter Ausbaureihenfolge.
- Scheinwerfer-Einstellung von einer Werkstatt kontrollieren und einstellen lassen.

Heckleuchte aus- und einbauen/ Glühlampe wechseln

Ausbau

- Zündung und Schalter der Leuchte ausschalten, Zündschlüssel abziehen.
- Heckklappe öffnen.

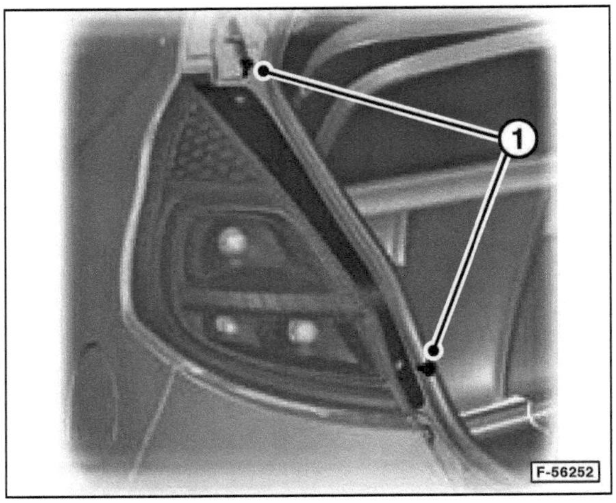

- Schrauben –1– herausdrehen.

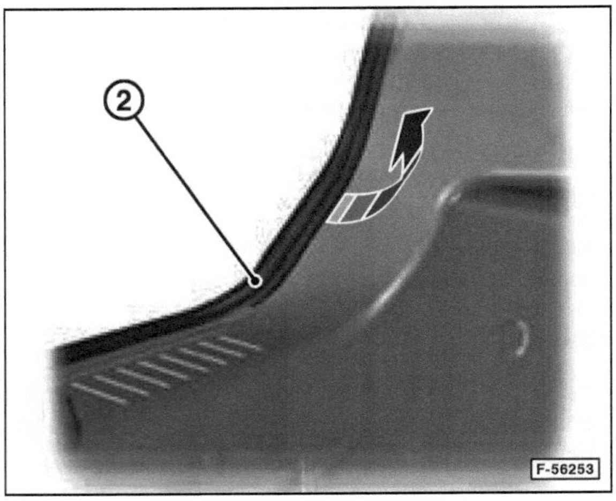

- Dichtung –2– anheben –Pfeil–.

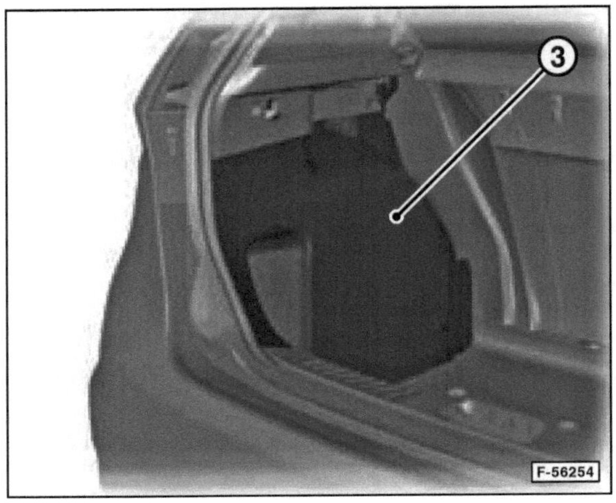

- Seitliche Kofferraumabdeckung –3– herausnehmen.

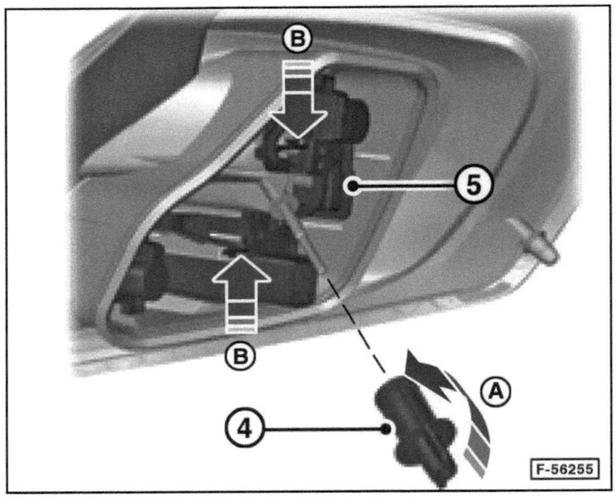

- Flügelmutter –4– abschrauben –A– und Heckleuchte herausnehmen.
- Lampenträger –5– abnehmen, dazu die beiden Haltenasen ausrasten –Pfeile B–.

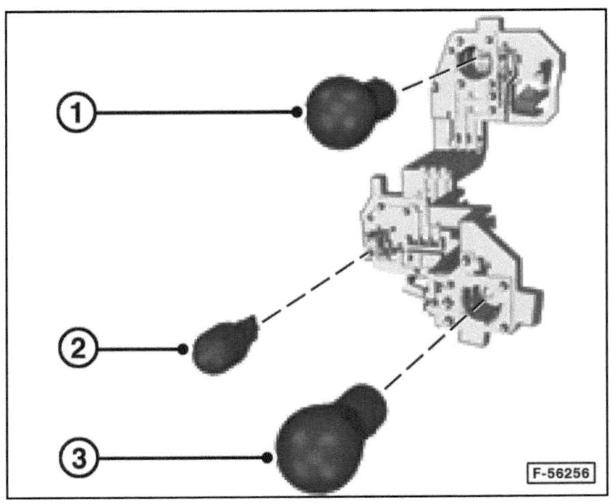

- Lampe –1– für Brems-/Rücklicht in die Fassung drücken, gegen den Uhrzeigersinn drehen und herausnehmen.

- Lampe –2– für Rückfahrleuchte aus der Fassung herausziehen.
- Lampe –3– für Blinklicht in die Fassung drücken, gegen den Uhrzeigersinn drehen und herausnehmen.

Einbau

- Lampe –1– beziehungsweise –3– in die Fassung eindrücken, im Uhrzeigersinn drehen und einrasten.
- Lampe –2– in die Fassung stecken.
- Der weitere Einbau der Heckleuchte erfolgt in umgekehrter Ausbaureihenfolge.

Nebelschlussleuchte/Blende aus- und einbauen

Nebelschlussleuchte

Ausbau

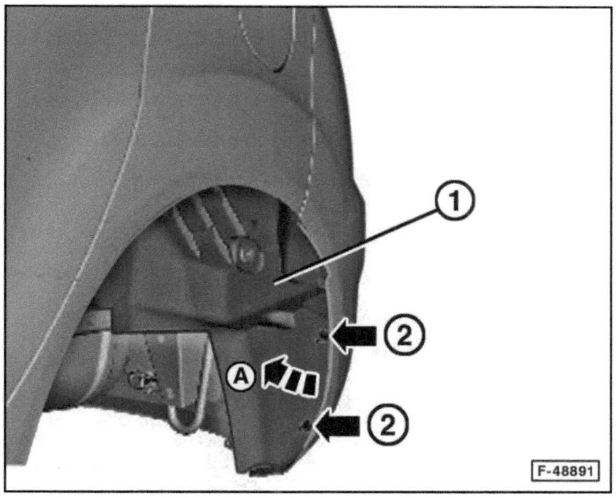

- Linken, hinteren Innenkotflügel –1– im hinteren Bereich lösen –2– und zur Seite schwenken –Pfeil A–. Dazu die Stifte an den Spreizclips herausziehen und anschließend die Clips herausdrücken.

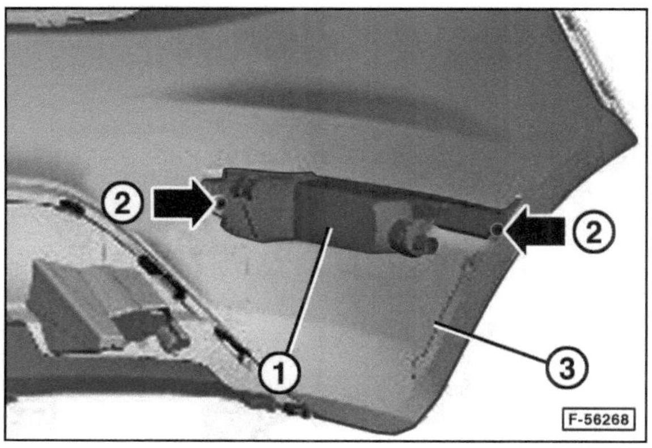

- Stecker von der Nebelschlussleuchte –1– abziehen.
- Schrauben –2– herausdrehen und Nebelschlussleuchte abnehmen. 3 – Hintere Stoßfängerabdeckung.

Einbau

- Der Einbau erfolgt in umgekehrter Ausbaureihenfolge.

Blende

Ausbau

- Rechten, hinteren Innenkotflügel im hinteren Bereich lösen. Dazu die Stifte an den Spreizclips herausziehen und anschließend die Clips herausdrücken.

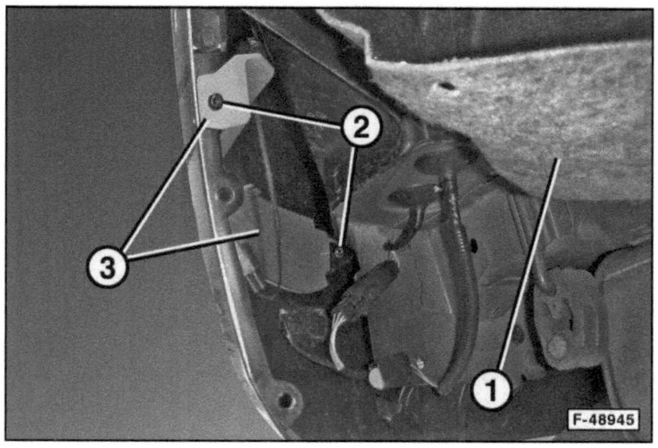

- Innenkotflügel –1– zur Seite schwenken.
- 2 Torxschrauben –2– herausdrehen und Blende –3– abnehmen.

Einbau

- Der Einbau erfolgt in umgekehrter Ausbaureihenfolge.

Zusatzbremsleuchte aus- und einbauen

Hinweis: Die LED-Zusatzbremsleuchte muss bei einem Defekt einzelner Leuchtdioden komplett ersetzt werden.

Ausbau

- Zündung ausschalten, Zündschlüssel abziehen..

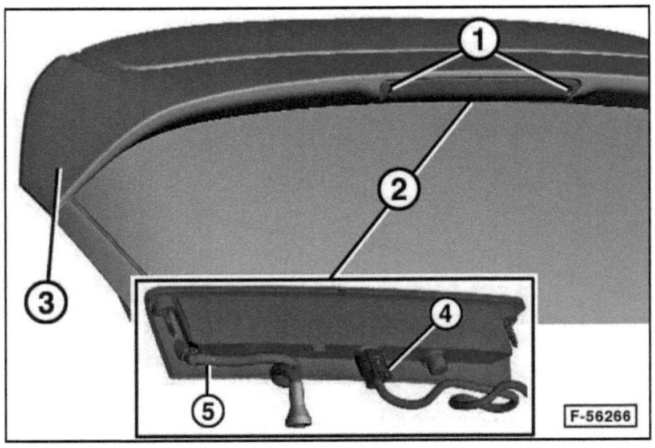

- 2 Schrauben –1– herausdrehen und Zusatzbremsleuchte –2– aus dem Heckspoiler –3– herausziehen.
- Steckersicherung –4– eindrücken und Stecker abziehen.
- Waschwasserschlauch –5– abziehen und mit einem Klebstreifen am Fahrzeug befestigen oder mit einem geeigneten Stopfen verschließen.

Einbau

- Der Einbau erfolgt in umgekehrter Ausbaureihenfolge
- Leuchte und hintere Scheibenwaschanlage auf Funktion prüfen.

Kennzeichenleuchte aus- und einbauen/ Glühlampe wechseln

Ausbau

- Zündung und Lichtschalter ausschalten, Zündschlüssel abziehen.

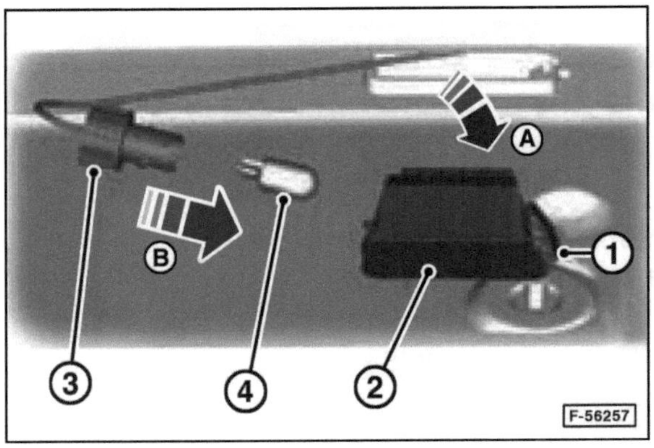

- Mit einem kleinen Schlitzschraubendreher die Federklammer –1– eindrücken und Kennzeichenleuchte –2– in Pfeilrichtung –A– aus der Aufnahme herausschwenken.
- Lampenfassung –3– aus der Leuchte herausziehen.
- Lampe –4– aus der Fassung herausziehen –Pfeil B–.

Einbau

- Lampe in die Fassung einstecken.
- Lampenfassung in die Leuchte einsetzen.
- Leuchte gegenüber der Federklammer in die Aufnahme einsetzen und in die Öffnung schwenken, bis die Federklammer einrastet.

Glühlampen für Innenleuchten auswechseln

Innenleuchte/Leseleuchten

Ausbau

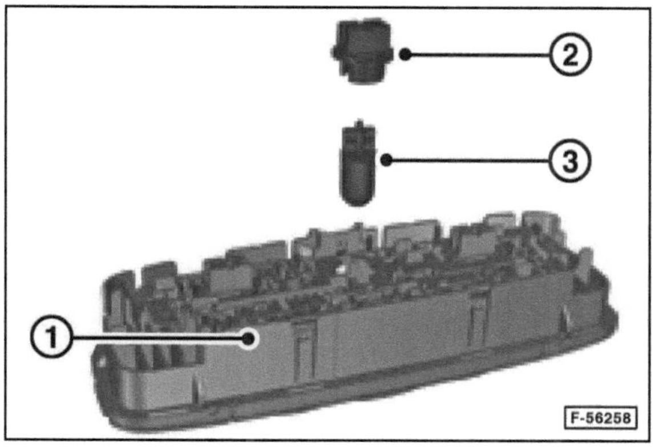

- Innenleuchte –1– mit einem Schraubendreher vorsichtig heraushebeln.
- Lampenfassung –2– entgegen dem Uhrzeigersinn drehen und mit Lampe herausnehmen.
- Glühlampe –3– aus der Fassung herausziehen.

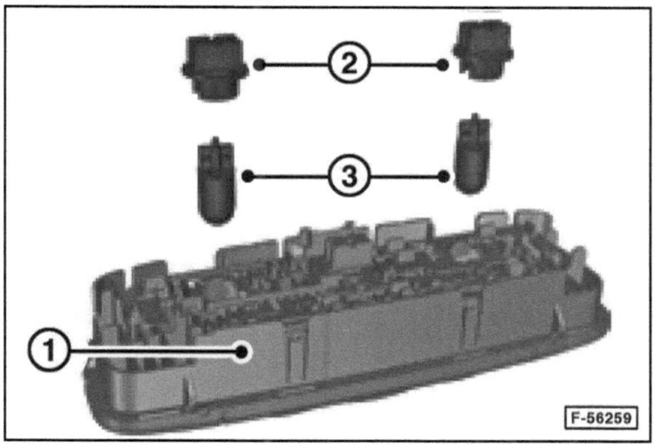

- Lampenfassung –2– entgegen dem Uhrzeigersinn drehen und mit Lampe herausnehmen.
- Glühlampe –3– aus der Fassung herausziehen.

Einbau

- Der Einbau erfolgt in umgekehrter Ausbaureihenfolge.

Laderaumleuchte

Ausbau

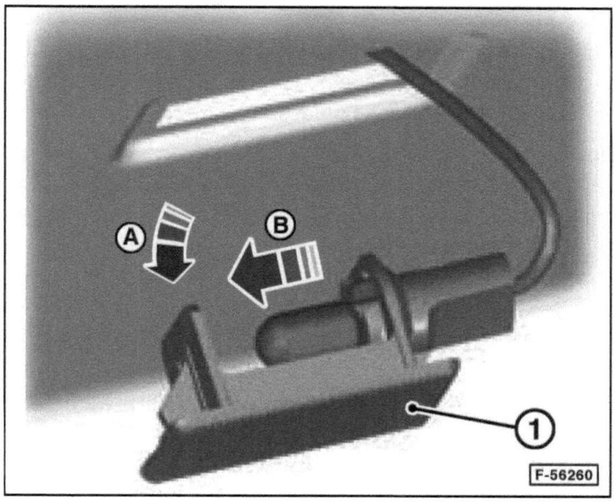

- Mit einem flachen Schraubendreher Leuchte –1– vorsichtig aus der Einbauöffnung heraushebeln –Pfeil A–.
- Glühlampe aus der Fassung herausziehen –Pfeil B–.

Einbau

- Der Einbau erfolgt in umgekehrter Ausbaureihenfolge.

Achtung: Vor dem Trennen der Steckverbindungen elektrostatische Aufladung abbauen, dazu kurz den Schließbügel der Tür oder die Karosserie anfassen.

Hinweis: Zum Abhebeln von Verkleidungen und Blenden Kunststoffkeil verwenden, zum Beispiel HAZET 1965-20. Angrenzende Bereiche zum Schutz vor Beschädigungen gegebenenfalls mit Klebeband abdecken.

Kombiinstrument aus- und einbauen

Hinweis: In den Kontrollleuchten des Kombiinstrumentes sind Leuchtdioden eingesetzt. Bei einem Defekt einer Leuchte muss das Kombiinstrument komplett ausgetauscht werden.

Ausbau

- Wird das Kombiinstrument ausgetauscht, vor dem Ausbau Kilometerstand notieren und gespeicherte Konfigurationsdaten, zum Beispiel für den Bordcomputer und das Antiblockierbremssystem, mit einem Diagnosegerät auslesen lassen (Werkstattarbeit). Außerdem müssen später sämtliche Fahrzeugschlüssel neu angelernt werden.
- Zündung ausschalten und Zündschlüssel abziehen.

- Lenkradverstellhebel öffnen –Pfeil A–.
- Lenkrad ganz herausziehen und ganz nach unten stellen –Pfeil B–.

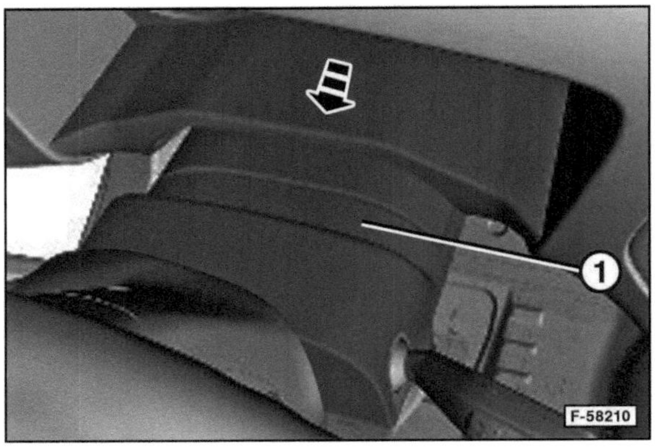

- Obere Lenksäulenverkleidung –1– ausclipsen und herausziehen –Pfeil–.

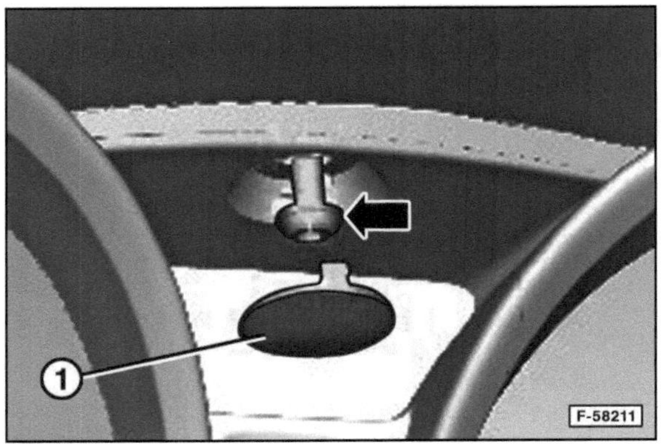

- Abdeckkappe –1– mit kleinem Schraubendreher ausclipsen.
- Schraube –Pfeil– herausdrehen.

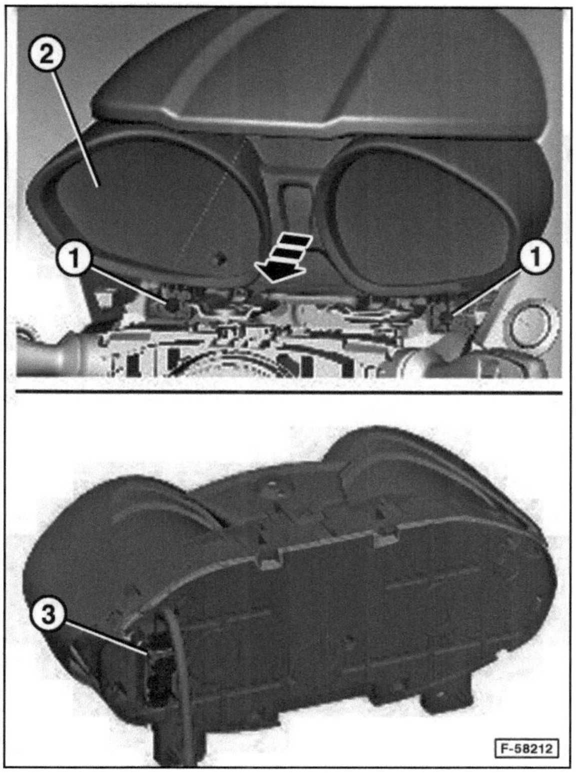

- Schrauben –1– herausdrehen.
- Kombiinstrument –2– etwas herausziehen –Pfeil– und an der Rückseite die Steckerverriegelung –3– öffnen und Mehrfachstecker abziehen.

Einbau

Der Einbau erfolgt in umgekehrter Ausbaureihenfolge. Dabei ist Folgendes zu beachten:

- Wurde das Kombiinstrument ausgetauscht, Kilometerstand eingeben und spezifische Daten mit einem Diagnosegerät übertragen, zum Beispiel für ABS, Servolenkung, Motortyp und Zentralverriegelung (Werkstattarbeit). Sämtliche Schlüssel neu anlernen.
- Zündung einschalten und Kontrollleuchten sowie Anzeigeinstrumente im Kombiinstrument auf Funktion prüfen.

Lichtschalter aus- und einbauen

Ausbau

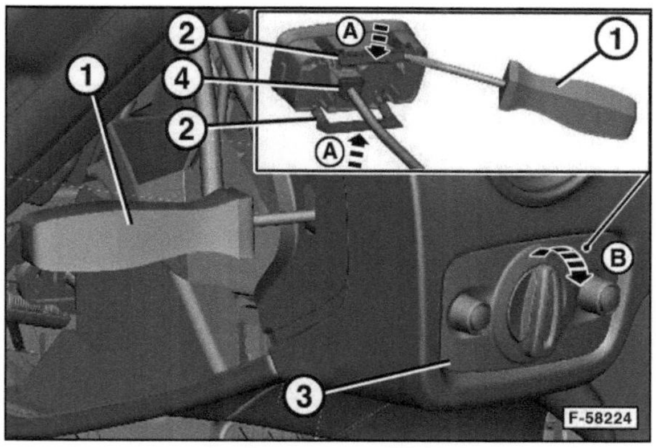

- Mit einem Schraubendreher –1– durch die seitliche Öffnung in der Armaturentafel-Verkleidung die beiden Halteklammern –2– in Pfeilrichtung –A– drücken und Lichtschalter –3– in Pfeilrichtung –B– aus der Aufnahme herausschwenken.
- Stecker –4– abziehen und Lichtschalter herausnehmen.

Einbau

- Der Einbau erfolgt in umgekehrter Ausbaureihenfolge.

Radio/Navigationsgerät aus- und einbauen

Ausbau

- Zündung ausschalten und Zündschlüssel abziehen.

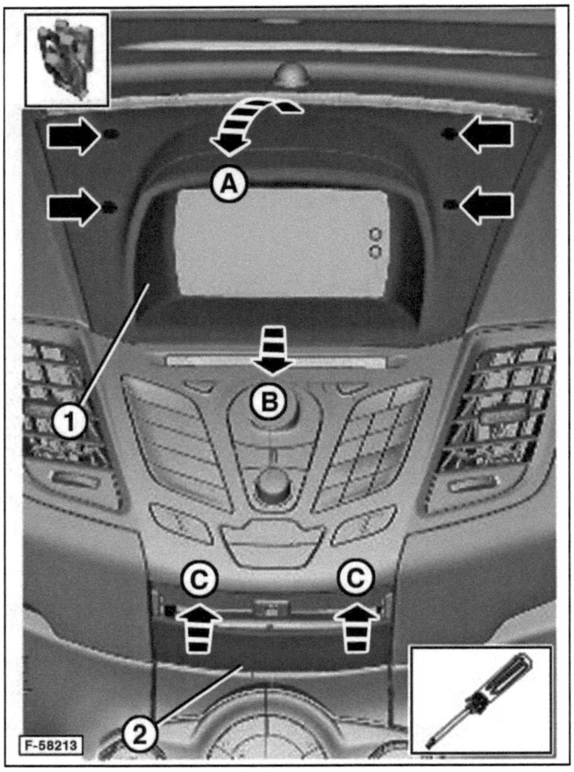

- Display –1– oben nach vorn schwenken –Pfeil A– und dadurch aus den Blechklammern –Pfeile– ausrasten.
- Display herausziehen –Pfeil B– und elektrische Leitungen von der Rückseite abziehen.
- Ablagefach (Aschenbecher) –2– abziehen –Pfeile C–.

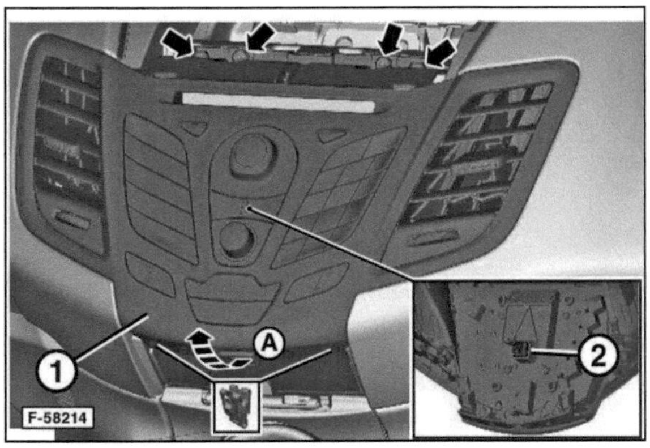

- 4 Schrauben oben herausdrehen –Pfeile–.
- Bedieneinheit –1– unten herausschwenken –Pfeil A– und aus den beiden unteren Blechklammern ausclipsen.
- Bedieneinheit etwas herausnehmen und auf der Rückseite den Mehrfachstecker –2– entriegeln und abziehen.

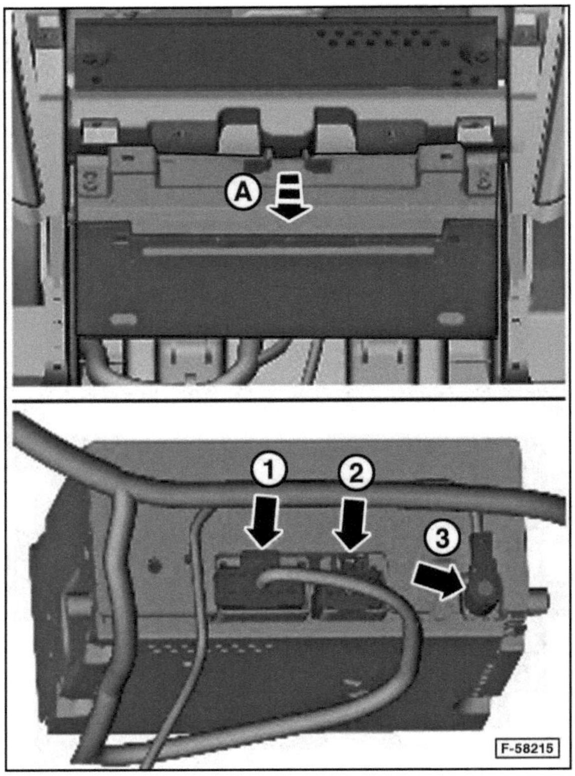

- Radio/Navigationsgerät herausziehen –Pfeil A–.
- An der Rückseite die Mehrfachstecker –1– und –2– entriegeln und abziehen.
- Antennenstecker –3– abziehen.

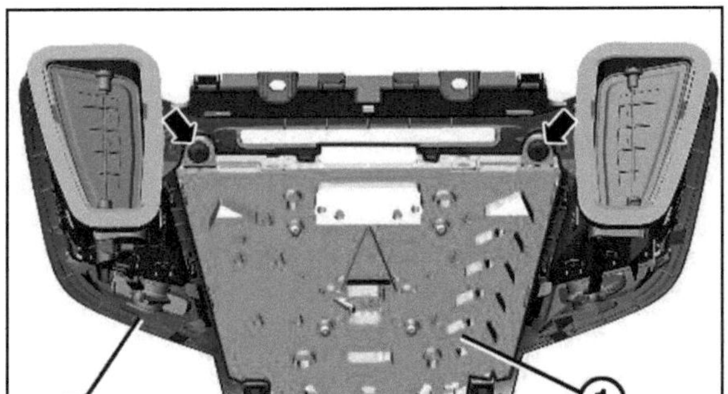

- Bedieneinheit –1– von der Blende –2– abschrauben –Pfeile–.

Fahrzeuge mit Sony-System

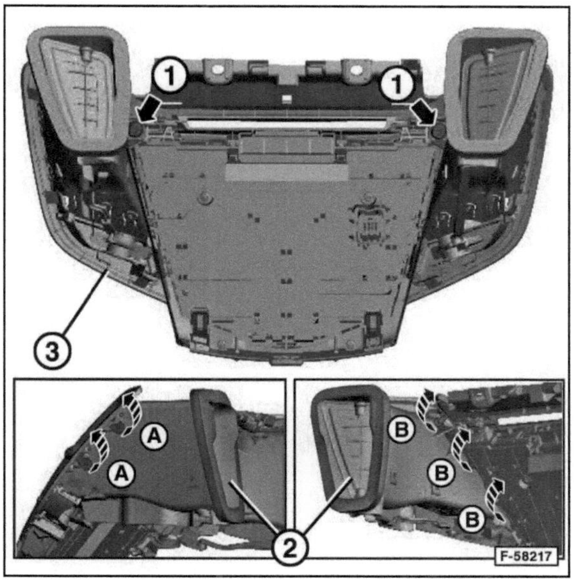

- Schrauben –Pfeile 1– herausdrehen.
- Luftausströmer –2– aus der Blende –3– ausclipsen –Pfeile A– und –Pfeile B–.

Einbau

- Der Einbau erfolgt in umgekehrter Ausbaureihenfolge.

Antenne/Antennenkabel aus- und einbauen

Radioantenne

Ausbau

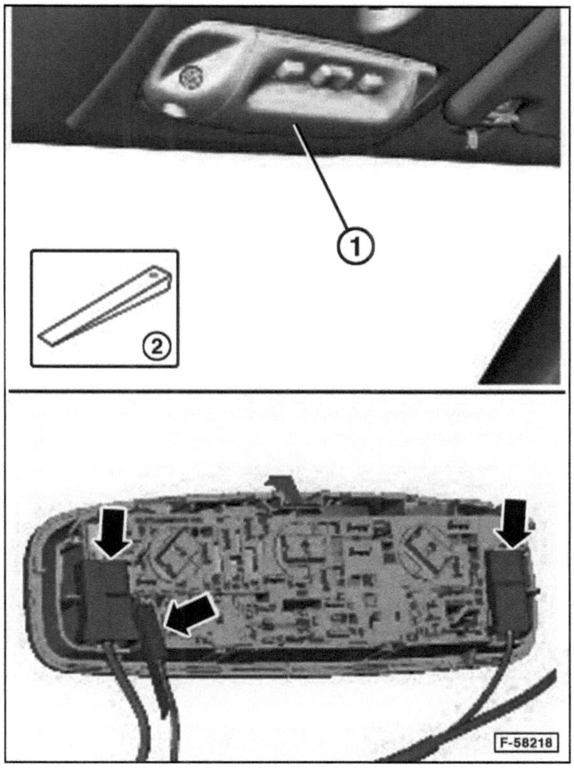

- Dachkonsole –1– mit einem Kunststoffkeil –2– vorsichtig abhebeln.
- Auf der Rückseite die Stecker –Pfeile– entriegeln und abziehen.

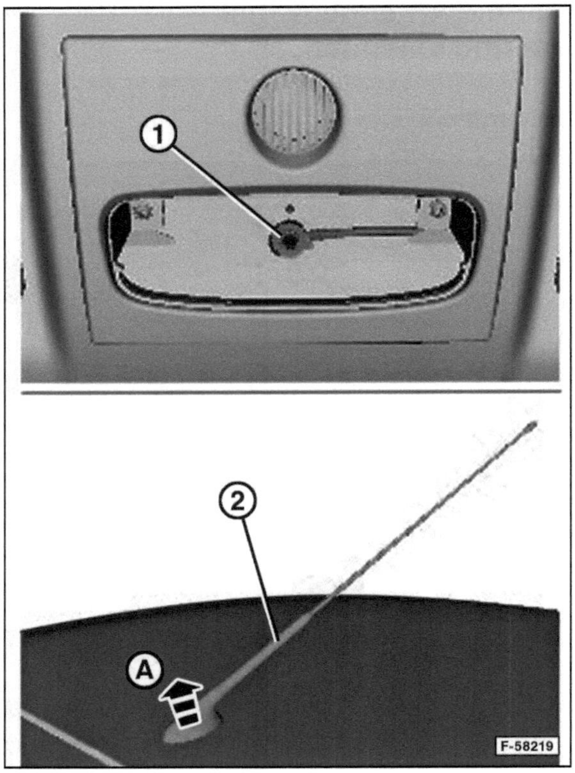

- Halteschraube –1– herausdrehen.
- Antennenstab –2– nach außen abnehmen –Pfeil A–.

Einbau

- Der Einbau erfolgt in umgekehrter Ausbaureihenfolge. Dabei Antenne mit **3 Nm** anschrauben.

Antennenkabel für Radioantenne

Ausbau

- Handschuhfach ausbauen, siehe Seite 193.
- Rechte A-Säulenverkleidung ausbauen, siehe Seite 194.
- Dachkonsole ausbauen, siehe Abbildung F-58218.
- Rechte Sonnenblende ausbauen, siehe Seite 192.
- Linken Halter der rechten Sonnenblende abschrauben.

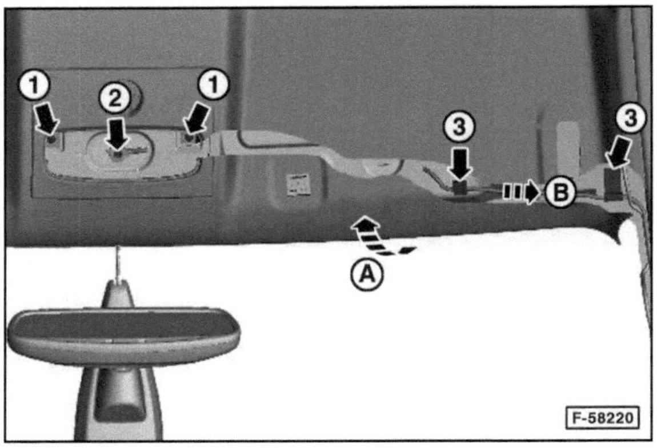

- 2 Schrauben –1– herausdrehen.
- Antennenkabel –2– von der Antenne abschrauben.
- Zur Erleichterung für den späteren Einbau am Antennenkabel eine Hilfsschnur anbinden.
- Dachhimmel etwas nach unten absenken –Pfeil A–.
- 2 Halter –3– für Antennenkabel lösen.
- Antennenkabel in Pfeilrichtung –B– herausziehen. **Achtung:** Die Zugschnur verbleibt für den späteren Einbau im Fahrzeug.

Einbau

- Der Einbau erfolgt in umgekehrter Ausbaureihenfolge. Dabei Antennenkabel mithilfe der Zugschnur bis zur Öffnung im Dachhimmel einziehen.

Tür-Lautsprecher aus- und einbauen

Ausbau

- Türverkleidung ausbauen, siehe Seite 218.

- Stecker –1– am Lautsprecher entriegeln und abziehen.
- 3 Schrauben –2– herausdrehen und Lautsprecher –3– abnehmen.

Einbau

- Der Einbau erfolgt in umgekehrter Ausbaureihenfolge.

Hochton-Lautsprecher aus- und einbauen

Ausbau

- Türverkleidung ausbauen, siehe Seite 218.

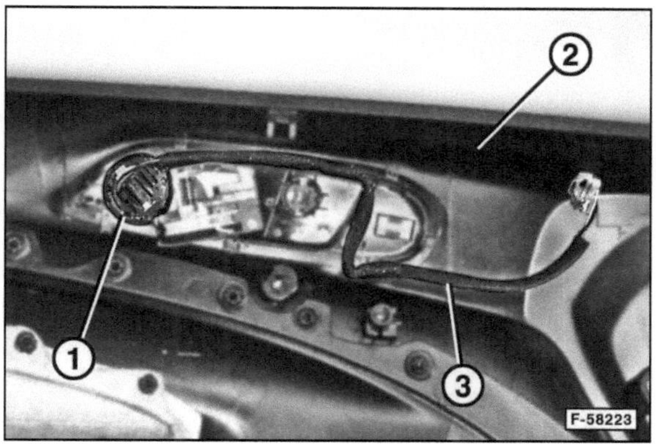

- Hochtonlaufsprecher –1– aus der Türverkleidung ausclipsen.

Einbau

- Der Einbau erfolgt in umgekehrter Ausbaureihenfolge. Dabei darauf achten, dass das Kabel –3– wie in der Abbildung gezeigt, verlegt wird.

Heizung/Klimatisierung

Aus dem Inhalt:

- **Klimaanlage**
- **Außentemperaturfühler**
- **Gebläsemotor**
- **Gebläsewiderstand**
- **Stellmotoren**
- **Heizungsbedieneinheit**

Beim FIESTA wird die Frischluft für die Heizungs- und Belüftungsanlage von einem elektrischen Gebläse angesaugt. Bevor die Luft in den Innenraum gelangt, wird sie von einem Staub- und Pollenfilter gereinigt.

Erwärmt wird die Luft für den Fahrzeuginnenraum über den Wärmetauscher oder sie wird im Verdampfer der Klimaanlage abgekühlt und dann auf die Luftaustrittsdüsen im Fahrzeuginnenraum verteilt.

Der Wärmetauscher wird ständig von der heißen Motorkühlflüssigkeit durchströmt, sodass er die Wärme für den Fahrzeuginnenraum schnell an die vorbeiströmende Frischluft abgibt. Um den Luftdurchsatz im Fahrzeuginnenraum zu erhöhen, kann das integrierte Frischluftgebläse in mehreren Leistungsstufen betrieben werden.

Soll keine Frischluft von außen angesaugt werden, zum Beispiel bei schlechter Außenluft, kann bei Modellen mit Klimaanlage auf Umluftbetrieb umgeschaltet werden. In dieser Betriebsart wird nur die im Fahrzeug befindliche Luft umgewälzt. Geschieht das über einen längeren Zeitraum, können die Scheiben innen beschlagen.

Je nach Ausführung ist im FIESTA ein **elektrischer Zuheizer** vorhanden, um bei tiefen Außentemperaturen das Heizungsdefizit zu verbessern. Nach dem Start des Motors erwärmt sich die vorbeiströmende kalte Luft direkt an den elektrisch beheizbaren Heizsträngen der Zusatzheizung. In Abhängig-

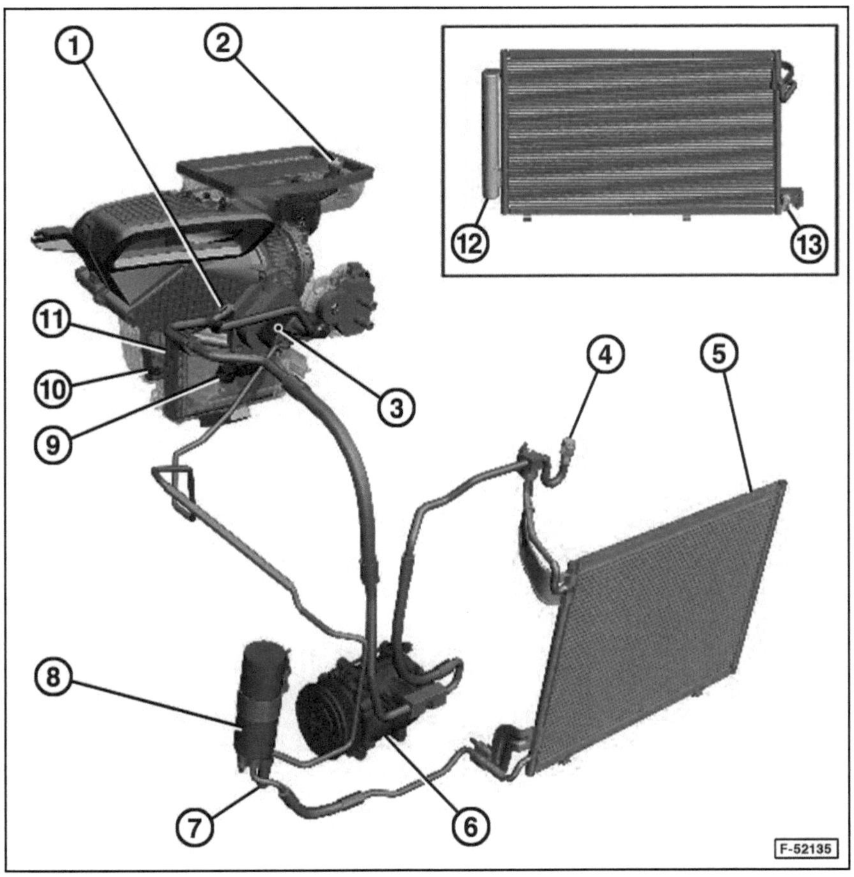

Klimaanlage

1 – **Niederdruckanschluss**
2 – **Sonnensensor**
3 – **Expansionsventil**
4 – **Hochdruckanschluss**
5 – **Kondensator**
6 – **Kompressor**
7 – **Drucksensor**
Anordnung beim 1,6-l-Dieselmotor.
8 – **Kältemittel-Trockner**
Anordnung beim 1,6-l-Dieselmotor.
9 – **Vorwiderstand**
Für Gebläsemotor.
10 – **Temperatursensor**
Am Verdampfer.
11 – **Verdampfer**
12 – **Kältemittel-Trockner**
Alle, außer 1,6-l-Dieselmotor.
13 – **Drucksensor**
Alle, außer 1,6-l-Dieselmotor.

keit von der Außentemperatur wird die warme Luft in den Fahrzeuginnenraum geleitet. Die Zusatzheizung funktioniert im Prinzip wie ein elektrischer Heizkörper. Die Zusatzheizung sitzt hinten am Wärmetauscher.

Tritt ein Fehler in der Heizungs- oder Klimaanlage auf, wird er in einem elektronischen Speicher abgelegt. Über ein Fehlerauslesegerät kann der entsprechende Speicher ausgelesen werden. Eine exakte Fehlerdiagnose ohne Auslesegerät ist nicht möglich.

Klimaanlage

Auf Wunsch ist der FIESTA mit einer Klimaanlage ausgestattet. Die Klimaanlage ist eine kombinierte Kühl- und Heizanlage. Im Kühlbetrieb arbeitet die Klimaanlage im Prinzip wie ein Kühlschrank. Der Kompressor verdichtet das dampfförmige FCKW-freie Kältemittel R134A. Dieses erhitzt sich dabei und wird in den Kondensator geleitet. Dort wird das Kältemittel abgekühlt und verflüssigt sich. Über das Expansionsventil wird das Kältemittel entspannt und in den Verdampfer eingespritzt, wo es auf Grund seines niedrigen Druckes verdampft. Dadurch kühlt es stark ab.

Durch diesen Verdampfungs- und Abkühlungsprozess wird der von außen vorbeistreichenden Luft Wärme entzogen. Die Luft kühlt sich ab und mitgeführte Luftfeuchtigkeit wird zu Kondenswasser, das ins Freie geleitet wird. Die Intensität der Kühlung ist abhängig von der eingestellten Temperatur und von der Gebläseschalterstellung.

Nach Abschalten der Klimaanlage wird der Klimakompressor ausgekoppelt und läuft nicht mehr mit. Dadurch kann Kraftstoff eingespart werden.

Sicherheitshinweis
Der Kältemittelkreislauf der Klimaanlage darf nicht geöffnet werden, da das Kältemittel bei Hautberührung Erfrierungen hervorrufen kann. Bei versehentlichem Hautkontakt ist die betroffene Stelle sofort mindestens 15 Minuten lang mit kaltem Wasser zu spülen. Kältemittel ist farb- und geruchlos sowie schwerer als Luft. Bei austretendem Kältemittel besteht am Boden beziehungsweise in unteren Räumen (Gruben) Erstickungsgefahr. Das Kältemittelgas ist nicht wahrnehmbar.

Hinweis: Die Klimaanlage sollte, vor allem in der kalten Jahreszeit, einmal im Monat für einige Zeit bei höchster Gebläsestufe eingeschaltet werden, und zwar bei normaler und gleichmäßiger Fahrzeuggeschwindigkeit und bei betriebswarmem Motor. Dadurch wird sichergestellt, dass das im Kältemittel enthaltene Schmieröl in Umlauf gebracht wird, die beweglichen Teile der Klimaanlage regelmäßig geschmiert werden und die Dichtungen nicht porös werden.

Achtung: Arbeiten an der Klimaanlage dürfen nur von einer Fachwerkstatt durchgeführt werden. Deshalb werden Reparaturen an der Klimaanlage nicht beschrieben.

Optional gibt es für den FIESTA eine **elektronisch gesteuerte Klimaanlage**. Der Automatikmodus sorgt für konstante Temperaturen im Innenraum und entfeuchtet die Luft im Fahrzeuginnern, so dass die Scheiben nicht beschlagen. Außerdem werden Lufttemperatur, Luftmenge und Luftverteilung automatisch geregelt und Schwankungen der Außentemperatur ausgeglichen. Nach Ausschalten der Kühlfunktion wird die Heizungs- und Belüftungsanlage dennoch automatisch geregelt.

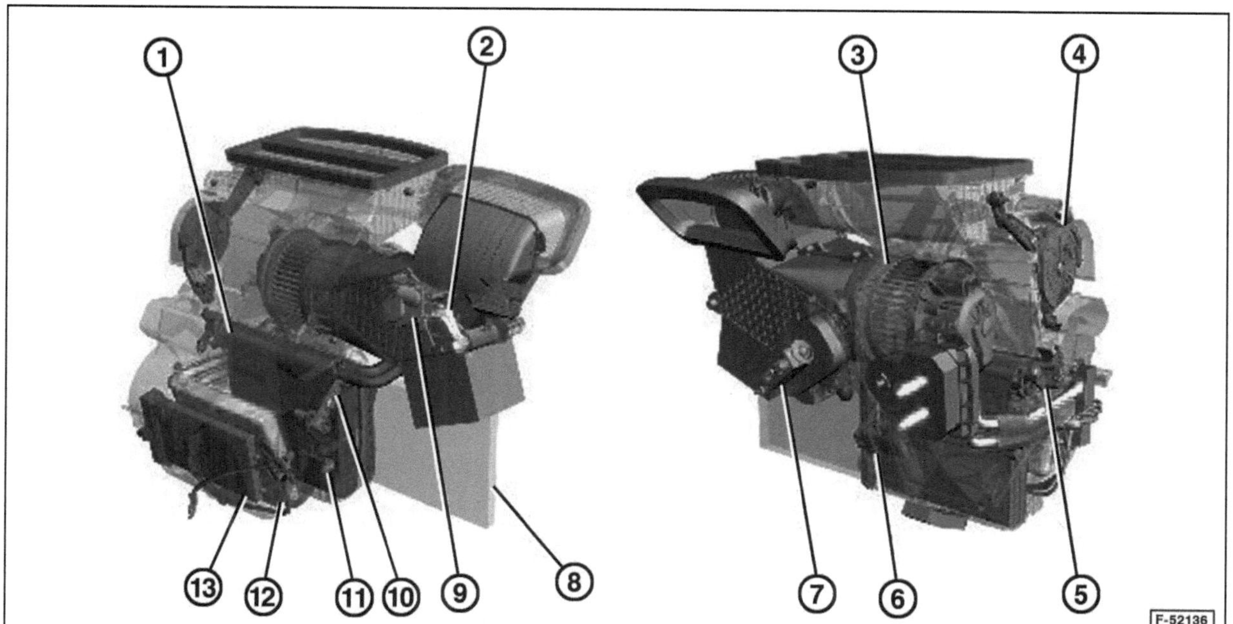

Luftverteilung bei manueller Klimaanlage
1 – Verdampfer
2 – Mechanik Umluftklappe
3 – Gebläsemotor
4 – Mechanik Luftverteilungsklappen
5 – Verstellhebel Luftverteilungsklappen*
6 – Vorwiderstand Gebläsemotor
7 – Expansionsventil
8 – Reinluftfilter/Aktivkohlefilter
9 – Stellmotor Umluftklappe
10 – Verstellhebel Temperaturklappe*
11 – Temperatursensor Verdampfer
12 – Wärmetauscher
13 – Elektrischer Zuheizer

*) Betätigung über Seilzug.

Bei Fahrzeugen mit manueller Klimaanlage wird der Gebläsemotor über einen dreistufigen Vorwiderstand angesteuert. Die vierte Stufe ist direkt durchgeschaltet. Wenn die Thermo-Sicherung im Widerstand ausgelöst hat, läuft der Gebläsemotor nur noch in der vierten Stufe.

Bei Fahrzeugen mit automatischer Klimaanlage wird der Gebläsemotor stufenlos über ein Gebläsemotor-Modul angesteuert.

Der Vorwiderstand beziehungsweise das Gebläsemotor-Modul befindet sich im Frischluftkanal vor dem Verdampfer und ist somit vor Überhitzung geschützt.

Etwa 5 Minuten nach jedem Ausschalten der Zündung werden sämtliche Schrittmotoren auf- und zugefahren und somit stets neu initialisiert.

Nach Austausch des Moduls für die automatische Klimaanlage muss für etwa 30 Sekunden die Zündung eingeschaltet werden. In dieser Zeit kalibriert sich das Modul mit den Schrittmotoren.

Klimaanlagen-Bedieneinheit aus- und einbauen

Ausbau

Manuelle Klimaanlage:

- Handschuhfach ausbauen, siehe Seite 193.

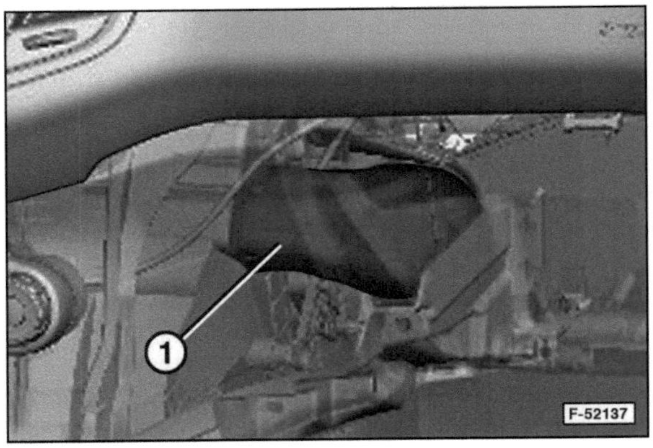

- Auf beiden Seiten die Verkleidungen –1– ausclipsen.

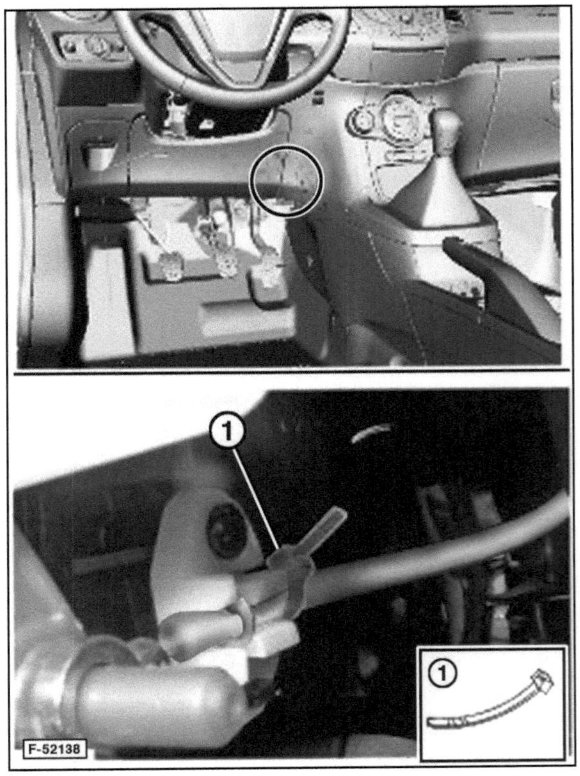

- Kabelbinder –1– durchschneiden.

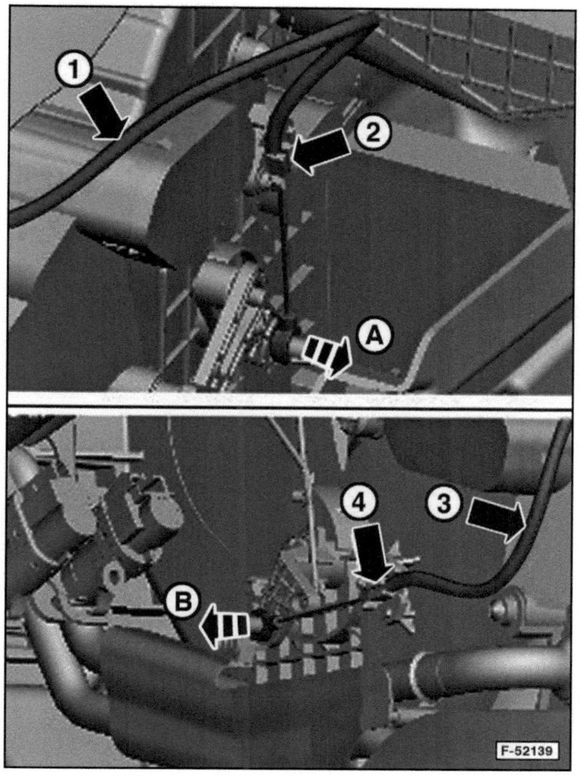

- Seilzug –1– am Widerlager –2– aushängen.
- Seilzug am Betätigungshebel in Pfeilrichtung –A– abziehen.
- Seilzug –3– am Widerlager –4– aushängen.
- Seilzug am Betätigungshebel in Pfeilrichtung –B– abziehen.

Manuelle und automatische Klimaanlage

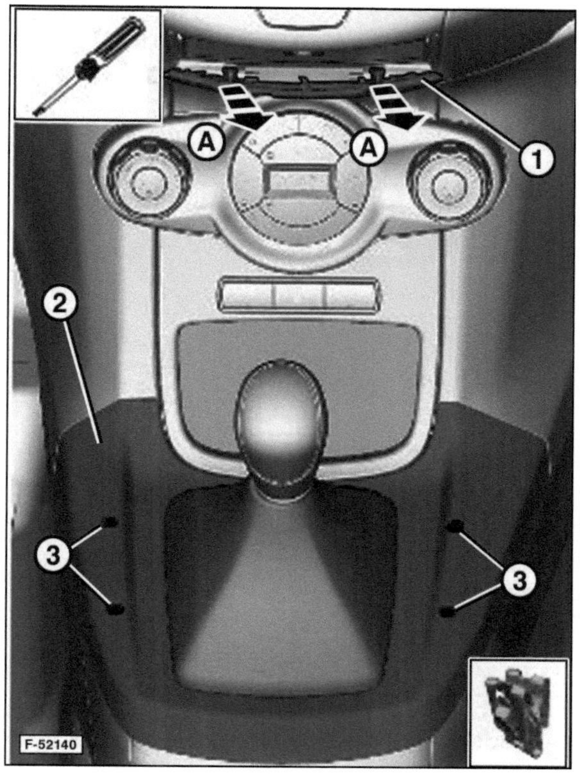

- Blende –1– mit kleinem Schraubendreher in Pfeilrichtung –A– abhebeln.
- Abdeckung –2– der vorderen Mittelkonsole mit einem Montagekeil vorsichtig nach oben abdrücken und dabei aus den Federklammern –3– ausclipsen.

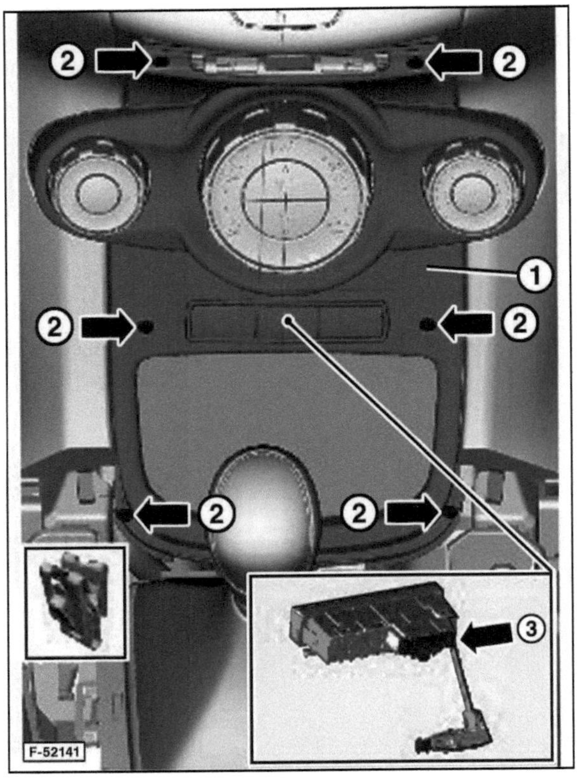

- Abdeckung –1– mit einem Montagekeil vorsichtig nach hinten abdrücken und dabei aus den Federklammern –2– ausclipsen.
- Stecker –3– abziehen.

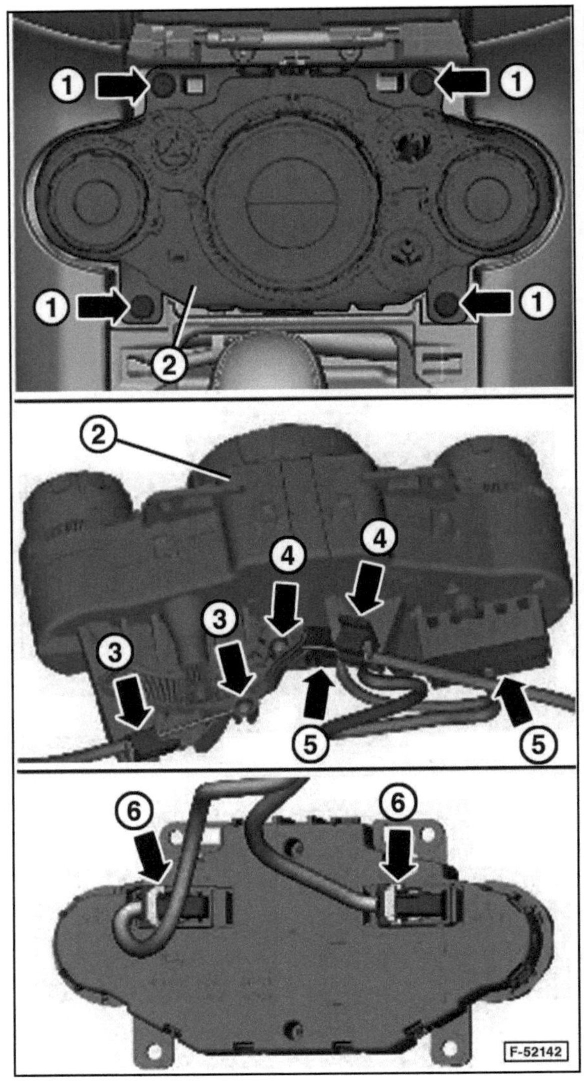

- Schrauben –1– herausdrehen und Bedieneinheit –2– abnehmen.
- **Manuelle Klimaanlage:** An der Rückseite der Bedieneinheit die Seilzüge –3– und –4– aushängen sowie den Mehrfachstecker –5– entriegeln und abziehen.
- **Automatische Klimaanlage:** An der Rückseite der Bedieneinheit die beiden Mehrfachstecker –6– entriegeln und abziehen.

Einbau

- Der Einbau erfolgt in umgekehrter Ausbaureihenfolge.

Gebläsemotor aus- und einbauen

Ausbau

Achtung: Bei einigen Modellen muss das Bremspedal mit Halter ausgebaut werden, damit der Gebläsemotor zugänglich wird. Dabei müssen auch Schrauben an der Lenkung gelöst werden. Deshalb wird der Vorgang in diesem Band nicht beschrieben.

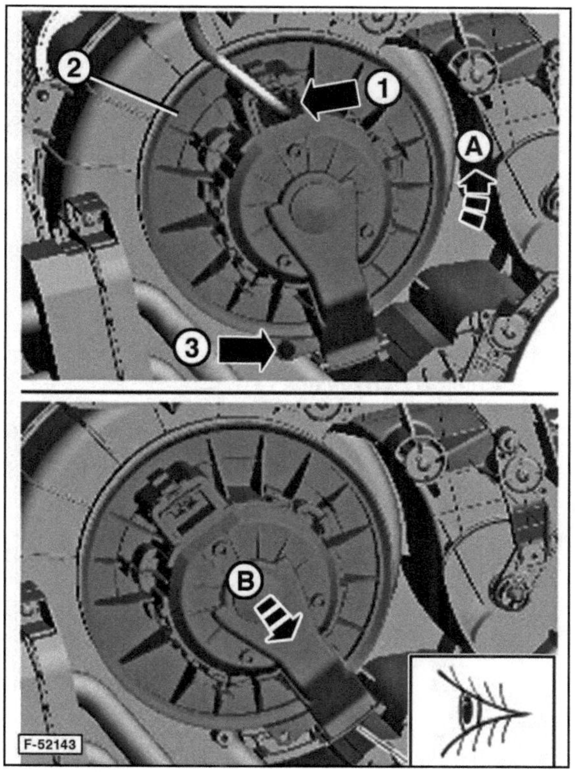

- Stecker –1– am Gebläsemotor –2– abziehen.
- Schraube –3– herausdrehen.
- Gebläsemotor in Pfeilrichtung –A– drehen und herausnehmen –Pfeil B–.

Einbau

- Der Einbau erfolgt in umgekehrter Ausbaureihenfolge.

Vorwiderstand aus- und einbauen

Ausbau

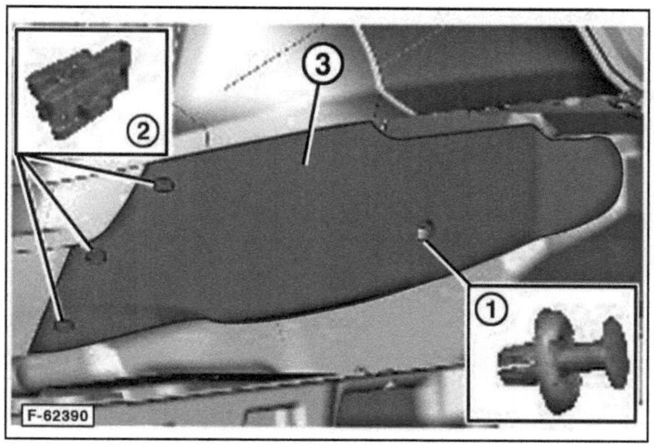

- Spreizclip –1– ausbauen. Dazu Spreizstift mit einem kleinen Schraubendreher heraushebeln, anschließend Clip heraushebeln.
- Abdeckung –3– mit einem Kunststoffkeil abdrücken und die 3 Clips –2– lösen. Abdeckung abnehmen.

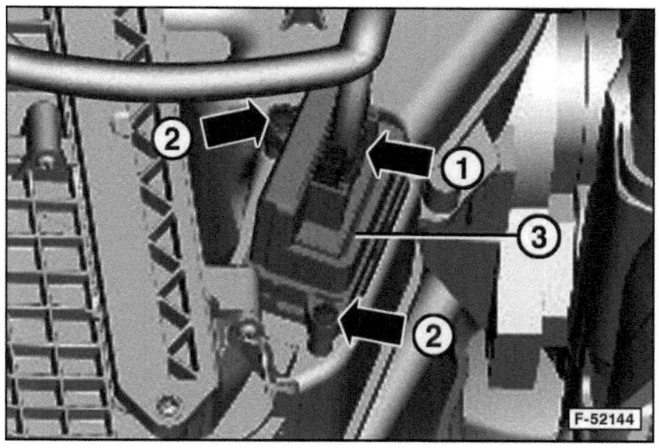

- Stecker –1– entriegeln und abziehen.
- Schrauben –2– herausdrehen und Vorwiderstand –3– abnehmen.

Einbau

- Der Einbau erfolgt in umgekehrter Ausbaureihenfolge.

Stellglied aus- und einbauen

Stellglieder für Lufteinlass- und Temperaturklappe

Ausbau

- Handschuhfach ausbauen, siehe Seite 193.

Stellglied für Lufteinlassklappe, manuelle Klimaanlage

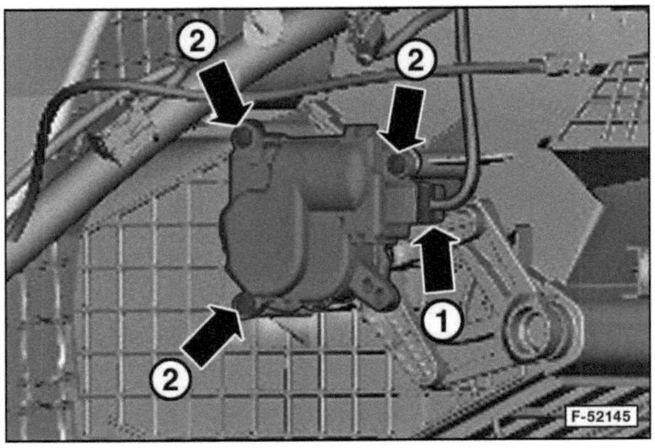

Stellglied für Lufteinlassklappe, automatische Klimaanlage

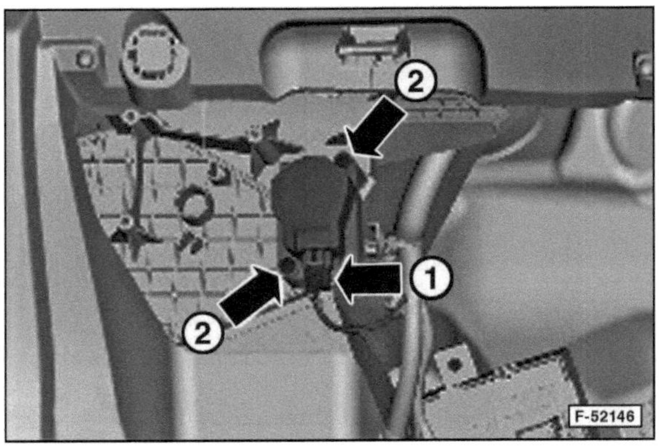

Stellglied für Temperaturklappe

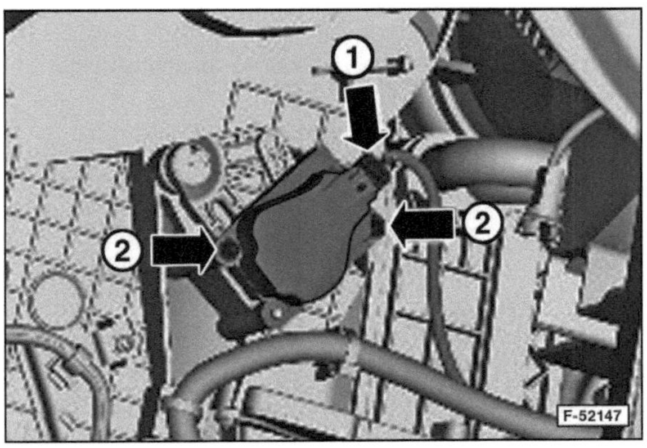

- Stecker –1– abziehen.
- Schrauben –2– herausdrehen.
- Stellglied abnehmen.

Stellglied/Betätigungshebel für Luftklappe

Ausbau

- Knieairbag ausbauen, siehe Seite 129.

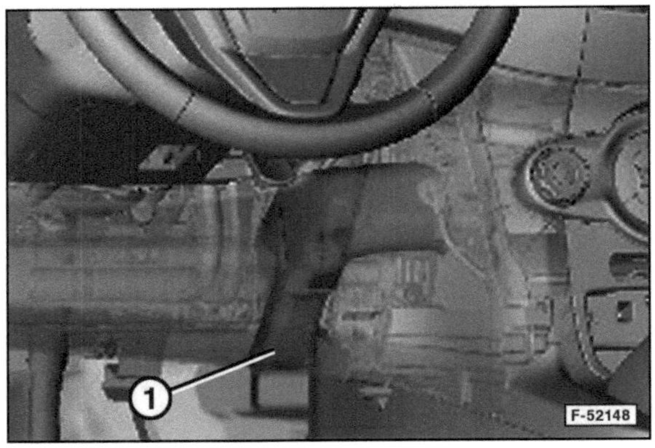

- Luftführung –1– ausclipsen.

Manuelle Temperaturregelung

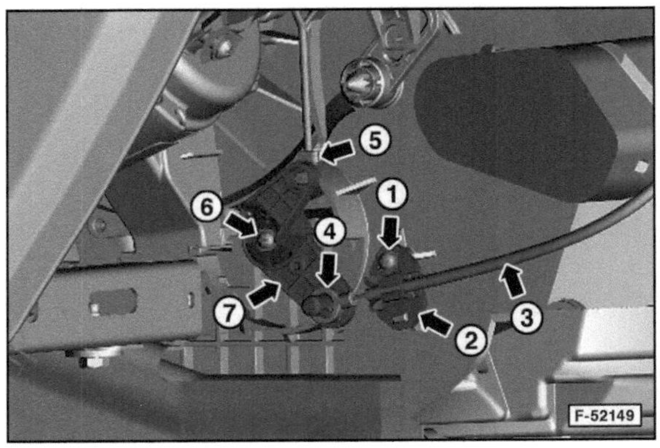

- Schraube –1– herausdrehen und Halter –2– abnehmen.
- Seilzug –3– aushängen.
- Sicherung –4– zur Seite schwenken und Betätigungstange aushängen.
- Schraube –5– herausdrehen und mit Unterlegscheibe abnehmen.
- Schraube –6– herausdrehen und mit Unterlegscheibe abnehmen.
- Betätigungshebel –7– abnehmen.

Automatische Temperaturregelung

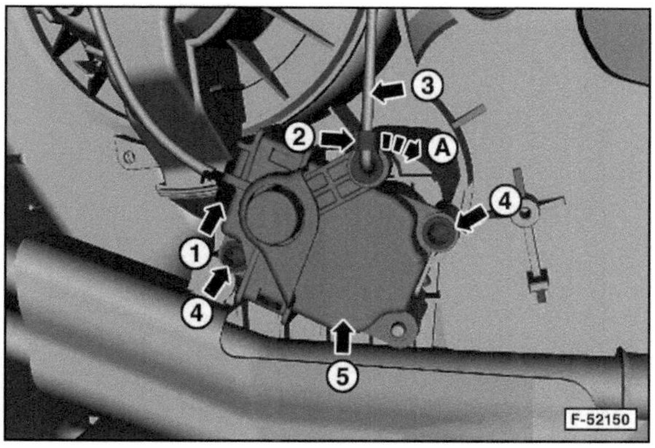

- Stecker –1– entriegeln und abziehen.
- Sicherung –2– zur Seite schwenken –Pfeil A– und Betätigungsstange aushängen.
- Schrauben –3– herausdrehen.
- Stellglied –4– abnehmen.

Falls das Stellglied und/oder der Betätigungshebel erneuert werden:

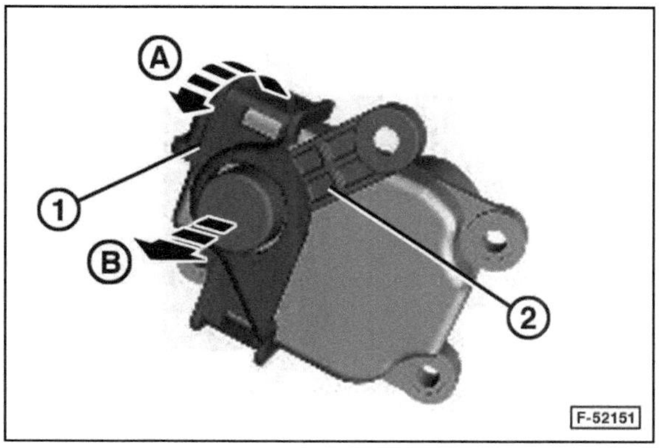

- Sicherungsbügel –1– ausclipsen –Pfeil A–.
- Betätigungshebel –2– vom Stellglied –3– abziehen –Pfeil B–.

Betätigungsscheibe

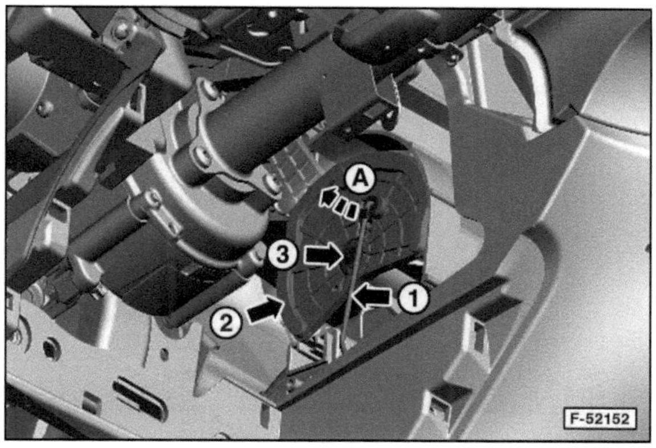

- Sicherungsbügel zur Seite schwenken –Pfeil A– und Betätigungsstange –1– herausziehen.
- Clip aus der Betätigungsscheibe –2– herausziehen.
- Schraube –3– herausdrehen und mit Unterlegscheibe abnehmen.
- Betätigungsscheibe –2– abnehmen.

Betätigungshebel

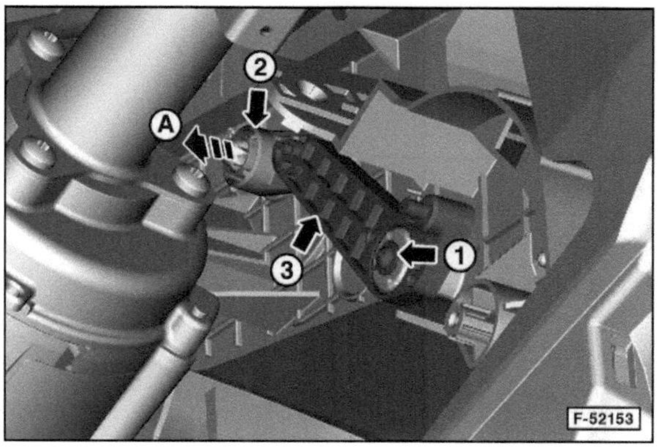

- Schraube –1– herausdrehen und mit Unterlegscheibe abnehmen
- Betätigungshebel –2– abziehen –Pfeil A– und mit Hebel –3– abnehmen.

Einbau

- Der Einbau erfolgt in umgekehrter Ausbaureihenfolge.

Achtung: Betätigungsscheibe –2– in den Abbildung F-52152 und Betätigungshebel –2– und –3– in Abbildung F-52153 vor dem Einbau an den Anlageflächen mit Lithiumfett, zum Beispiel FORD-WSD-M1C234-A, bestreichen.

Außentemperatursensor aus- und einbauen

Ausbau

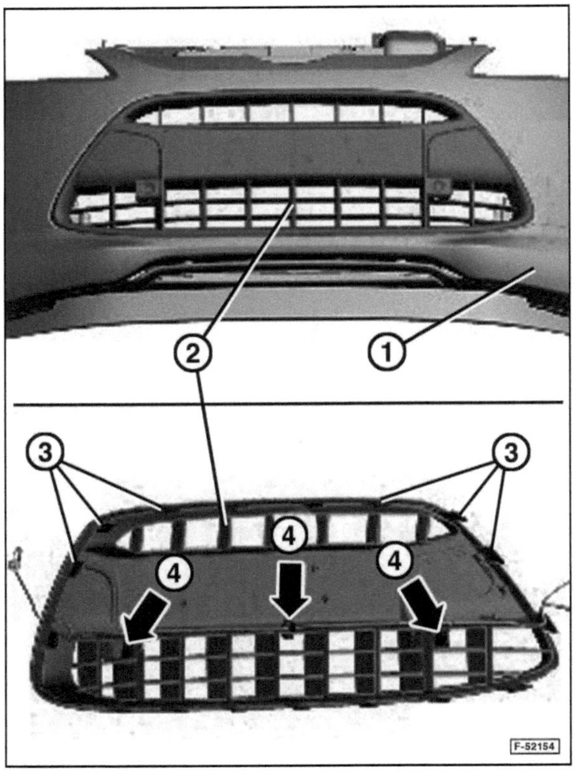

- Vordere Stoßfängerabdeckung –1– ausbauen, siehe Seite 203.
- Lüftungsgitter –2– ausclipsen, dazu ringsum 18 Clips –3– lösen. **Hinweis:** In der Abbildung sind nicht alle Clips markiert.
- Zuleitung ausclipsen –2–.

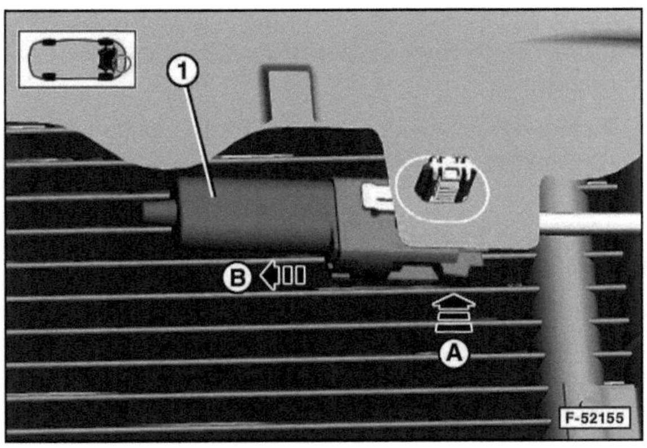

- Haltefeder drücken –Pfeil A– und Temperatursensor –1– herausziehen –Pfeil B–.

Einbau

- Der Einbau erfolgt in umgekehrter Ausbaureihenfolge.

Fahrwerk

Aus dem Inhalt:

- Vorderachse
- Hinterachse
- Federbein
- Stoßdämpfer
- Schraubenfeder
- Achswellen
- Lenkung/Airbag
- Räder und Reifen

Das Fahrwerk des FIESTA besteht aus einer McPherson-Vorderachse mit L-förmigen Querlenkern sowie einer Verbundlenker-Hinterachse mit voneinander getrennt angeordneten Stoßdämpfern und Schraubenfedern. Die Vorderachse ist an einem Hilfsrahmen befestigt.

Optimale Fahreigenschaften und geringster Reifenverschleiß sind nur dann zu erzielen, wenn die Stellung der Räder einwandfrei ist. Bei unnormaler Reifenabnutzung sowie mangelhafter Straßenlage sollte die Werkstatt aufgesucht werden, um den Wagen optisch vermessen zu lassen. Die Fahrwerkvermessung kann ohne eine entsprechende Messanlage nicht durchgeführt werden.

Sicherheitshinweis
Schweiß- und Richtarbeiten an tragenden und radführenden Bauteilen der Vorder- und Hinterradaufhängung **sind nicht zulässig. Selbstsichernde Schrauben/Muttern** sowie korrodierte Schrauben/Muttern sind im Reparaturfall **immer zu ersetzen.**

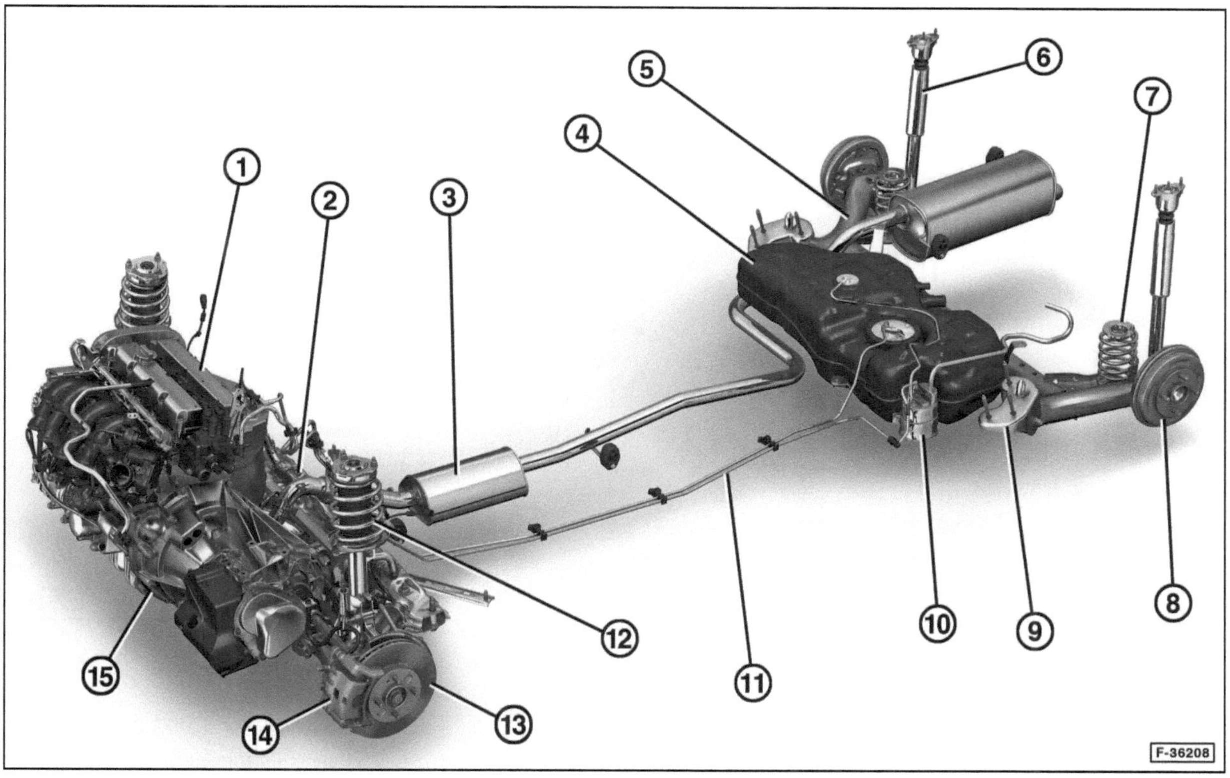

1 – Motor
2 – Vorderachsträger
3 – Abgasanlage
4 – Kraftstoffvorratsbehälter (Tank
5 – Hinterachsträger
6 – Stoßdämpfer hinten
7 – Schraubenfeder hinten
8 – Bremstrommel
9 – Karossserieaufnahme
10 – Aktivkohlebehälter
11 – Kraftstoffleitungen
12 – Federbein vorn
13 – Bremsscheibe
14 – Bremssattel
15 – Getriebe

Vorderachse

Tragendes Element der McPherson-Vorderachse ist der mit der Bodengruppe des Fahrzeugs verschraubte Vorderachsträger.

Schraubenfeder und Stoßdämpfer sind zu platzsparenden Federbeinen zusammengefasst. Die Federbeine sind oben mit der Karosserie und unten mit den Achsschenkeln verschraubt.

Die Achsschenkel werden über Achsgelenke von den Querlenkern geführt. Die Querlenker sind über wartungsfreie Buchsen mit dem Vorderachsträger verbunden.

Der quer liegende und über 2 Koppelstangen mit den Federbeinen verbundene Stabilisator wirkt bei Kurvenfahrt der Karosserieneigung entgegen und sorgt für bessere Bodenhaftung der Vorderräder.

Die Radlager sind in die Achsschenkel eingepresst. Das Lagerspiel muss nicht eingestellt werden.

Die Antriebskraft des Motors wird über zwei Antriebswellen auf die Vorderräder übertragen. Die Vorderachse ist wartungsfrei.

Achseinstellwert für die Gesamtspur der Vorderachse
Prüfwert: . . . . 0°9' ± 21"
Einstellwert: . . . . 0°9' ± 12"

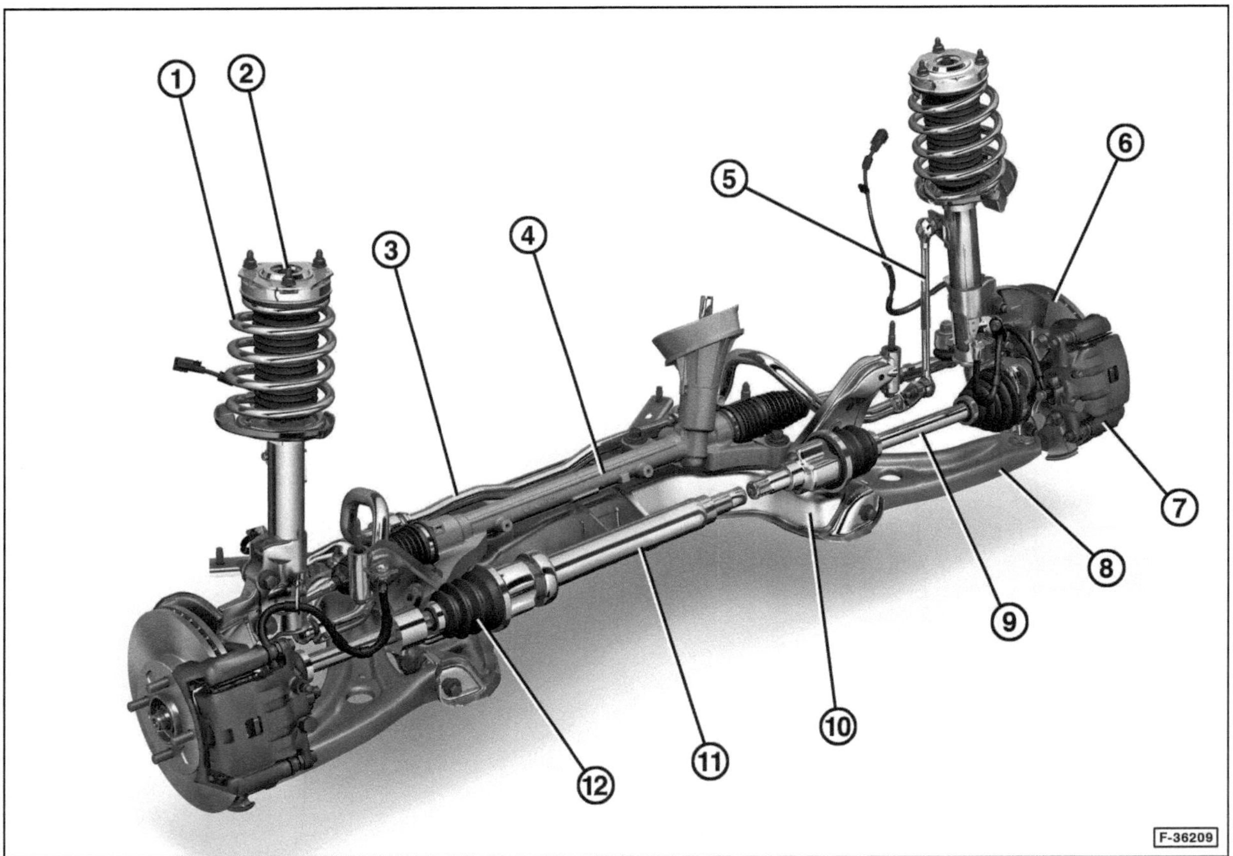

1 – **Federbein, bestehend aus Gasdruck-Stoßdämpfer und Schraubenfeder**
2 – **Federbeinlager**
3 – **Stabilisator**
4 – **Lenkgetriebe**
5 – **Koppelstange**
6 – **Bremsscheibe**
7 – **Bremssattel**
8 – **Querlenker**
9 – **Gelenkwelle**
10 – **Vorderachsträger**
11 – **Zwischenwelle**
12 – **Gelenkwellenmanschette**

Federbein aus- und einbauen

Ausbau

Hinweis: Wenn auf der linken Seite das Federbein ersetzt werden soll, Nachfülleinheit des zweigeteilten Bremsflüssigkeitsbehälters abschrauben und mit angeschlossenem Schlauch zur Seite legen. Windlaufgrill links vorn abschrauben sowie Scheinwerfer ausbauen, siehe Seite 84.

- Radmuttern lösen. Fahrzeug aufbocken und Rad abnehmen. **Achtung:** Unbedingt Hinweise im Kapitel »Rad aus- und einbauen« beachten.

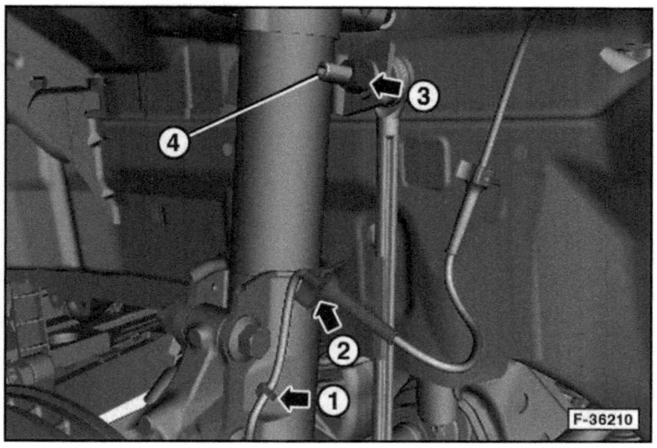

- Kabelbinder –1– öffnen und Kabelhalter –2– am Federbein aushängen.
- Mutter –3– abschrauben, dabei am Gelenkzapfen –4– mit einem Innensechskantschlüssel gegenhalten.

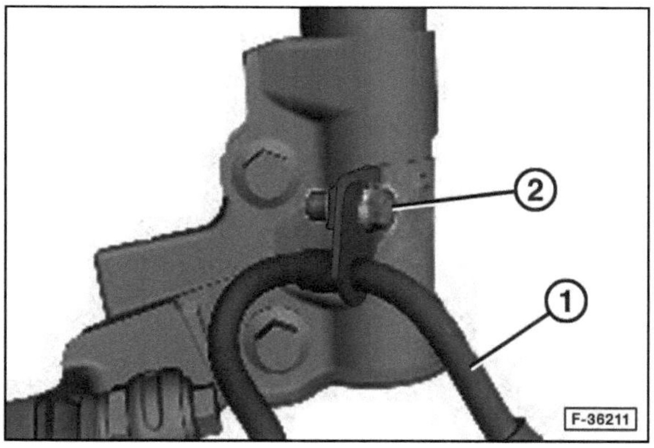

- Halter für Bremsschlauch –1– abschrauben –2–.

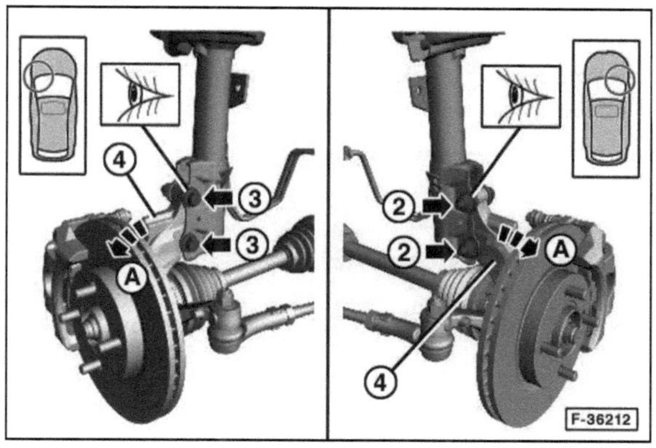

- Muttern –2– abschrauben und Schrauben –3– herausziehen. **Achtung:** Einbaulage der Schrauben notieren.
- Achsschenkel –4– in Pfeilrichtung –A– vom Federbein wegschwenken und entweder mit einem Wagenheber abstützen oder mit Draht festbinden. **Achtung:** Der Achsschenkel darf nicht nach unten hängen, sonst kann das innere Gleichlaufgelenk überbeansprucht werden.

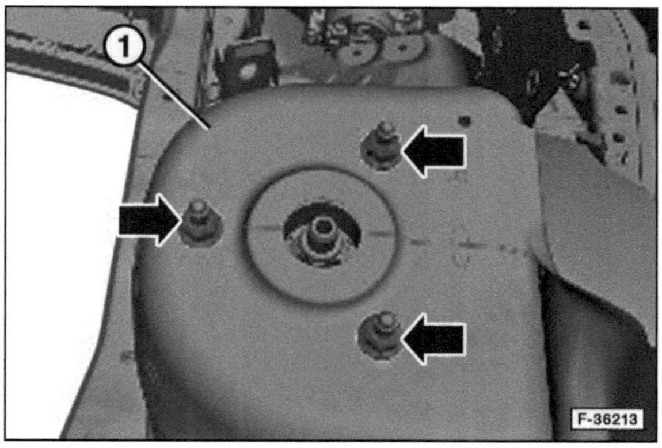

- Einbaulage der 3 Muttern –Pfeile– am Federbeindom –1– mit Filzstift kennzeichnen.
- Federbein von einem Helfer abstützen lassen und Muttern –Pfeile– abschrauben.
- Federbein nach unten aus dem Radkasten herausziehen.

Einbau

Der Einbau erfolgt in umgekehrter Ausbaureihenfolge. Dabei ist Folgendes zu beachten:

- Federbein in den Federbeindom einsetzen und lose anschrauben.
- Federbein entsprechend den angebrachten Markierungen ausrichten und Muttern mit **30 Nm** festziehen.
- Achsschenkel am Federbein ansetzen und neue Schrauben durch die Bohrungen schieben. Dabei darauf achten, dass die Schraubenköpfe auf der linken Seite nach hinten und auf der rechten Seite nach vorn zeigen, siehe Abbildung F-36212.

- Muttern aufschrauben und mit **82 Nm** festziehen, dabei jeweils an den Schraubenköpfen gegenhalten. In einem **2. Durchgang** die Muttern mit einem starren Schlüssel um **90°** (1/4 Umdrehung) weiterdrehen.
- Der weitere Einbau erfolgt in umgekehrter Ausbaureihenfolge.

Anzugsdrehmomente:

Schraube für Bremsschlauchhalter . . . . **26 Nm**
Mutter für Koppelstange . . . . **48 Nm**
Schraube für Windlaufgrill . . . . **15 Nm**
Muttern für Bremsflüssigkeitsbehälter . . . . **25 Nm**

- Rad anschrauben, dabei Reifen-Laufrichtung beachten. Fahrzeug ablassen, erst dann Radmuttern über Kreuz mit **135 Nm** festziehen. **Achtung:** Unbedingt Hinweise im Kapitel »Rad aus- und einbauen« beachten.

Federbein zerlegen/Stoßdämpfer/ Schraubenfeder aus- und einbauen

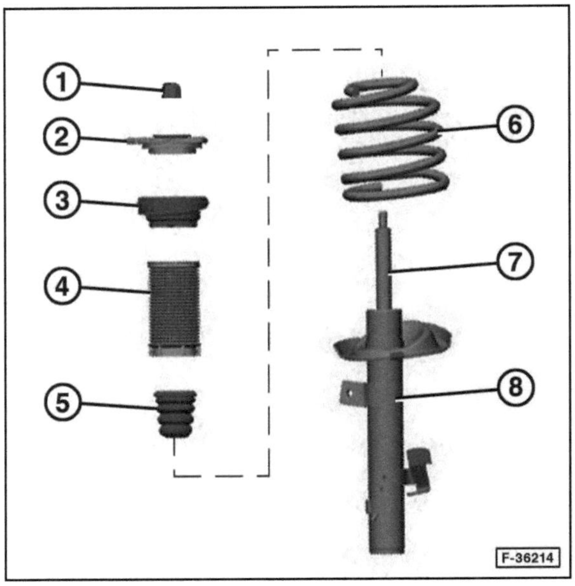

1 – Mutter, **48 Nm**. Selbstsichernd, nach jeder Demontage ersetzen.
2 – Oberes Stützlager
3 – Drucklager mit oberer Federaufnahme
4 – Staubmanschette
5 – Anschlagpuffer
6 – Schraubenfeder. Beim Austausch auf Farbkennzeichnung achten und nur achsweise ersetzen. Pro Achse nur Schraubenfedern **eines** Herstellers verwenden. Die Oberfläche der Federwindungen darf nicht beschädigt sein.
7 – Kolbenstange
8 – Stoßdämpfer mit integrierter, unterer Federauflage. Bei hoher Kilometerleistung beide Stoßdämpfer gemeinsam austauschen.

Ausbau

- Federbein ausbauen, siehe entsprechendes Kapitel.

Achtung: Die Schraubenfeder steht unter hoher Spannung. Um den Stoßdämpfer ausbauen zu können, **muss die Schraubenfeder mit einem geeigneten Federspanner zusammengedrückt werden**.

Sicherheitshinweis
Auf keinen Fall Stoßdämpfermutter lösen, wenn die Feder nicht einwandfrei und sicher gespannt ist. Darauf achten, dass die Federwindungen sicher von den Spannplatten umfasst werden und der Federspanner nicht abrutschen kann. Nur stabiles Werkzeug verwenden. Keinesfalls Schraubenfeder mit Draht zusammenbinden. Unfallgefahr!

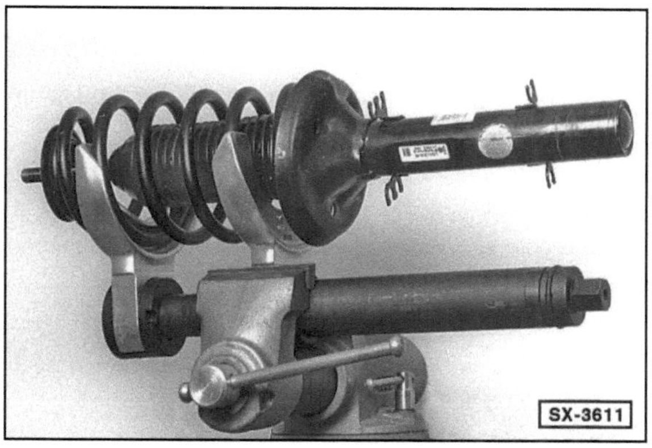

- Geeignete Spannvorrichtung in einen Schraubstock einspannen, zum Beispiel Federspanner HAZET 4900-2A mit Spannplattenpaar HAZET 4900-11.

Hinweis: Die Abbildung zeigt nicht das Federbein des FIESTA.

- Federbein mit den Windungen der Schraubenfeder so in den Federspanner einsetzen, dass mindestens 3 Windungen der Feder gespannt werden.

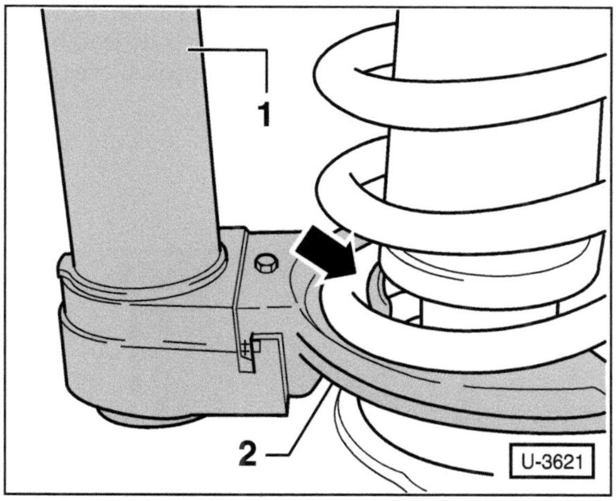

- Auf richtigen Sitz der Schraubenfeder in den Spannplatten –2– achten –Pfeil–. 1 – Federspanner.
- Schraubenfeder so weit vorspannen, bis das obere Stützlager entlastet ist.

Achtung: Die obere Mutter darf nur dann gelöst werden, wenn die Feder sicher gespannt ist.

- Mutter am Federbein mit einem offenen Steckschlüsseleinsatz –1– von der Kolbenstange abschrauben, dabei Kolbenstange mit einem abgewinkelten Inbusschlüssel –2– gegenhalten –Pfeil–. **Hinweis:** Es können auch die entsprechenden Steckschlüsseleinsätze aus dem HAZET-Werkzeugsatz 4910 verwendet werden.

Achtung: Die obere Mutter darf nur dann gelöst werden, wenn die Feder sicher gespannt ist.

Hinweis: Die Abbildung zeigt nicht das Federbein des FIESTA.

- Stützlager und Drucklager von der Kolbenstange des Stoßdämpfers abziehen.
- Staubmanschette und Anschlagpuffer von der Kolbenstange des Stoßdämpfers abziehen.
- Stoßdämpfer aus der gespannten Schraubenfeder herausziehen.
- Stoßdämpfer prüfen, siehe entsprechendes Kapitel.
- Alle Einzelteile des Federbeins auf Risse, Verschleiß, Korrosion und Alterungserscheinungen sichtprüfen. Beschädigte beziehungsweise verschlissene Teile erneuern.
- Falls die Schraubenfeder ausgewechselt werden soll, **Federspanner langsam entspannen** und Schraubenfeder herausnehmen.

Einbau

Beim Einbau neuer Federn darauf achten, dass je nach Motorisierung und Fahrzeugausstattung unterschiedliche Federn eingebaut sein können. Nur gleiche Federn an einer Achse verwenden. Die Kennzeichnung der Federn erfolgt durch eine Farbmarkierung an einer Windung.

Hinweis: Neue Schraubenfedern sind gegen Korrosion mit einem Schutzlack versehen. Die Oberfläche darf nicht beschädigt sein.

- Wenn die Schraubenfeder ausgebaut war, Schraubenfeder in den Federspanner einsetzen und zusammendrücken.
- Stoßdämpfer in die gespannte Schraubenfeder einführen.
- Anschlagpuffer und Staubmanschette auf die Kolbenstange des Stoßdämpfers schieben.

- Drucklager und Stützlager auf die Kolbenstange schieben.

Hinweis: Darauf achten, dass die Enden der Schraubenfeder formschlüssig in den Aufnahmen oben und unten sitzen. Sicherstellen, dass das Drucklager mit der Federaufnahme korrekt auf der Staubmanschette sitzt.

- **Neue selbstsichernde Mutter** so weit wie möglich auf die Kolbenstange aufschrauben.
- Schraubenfeder ein wenig entspannen, dabei auf richtigen Sitz der Feder in den Aufnahmen achten.
- Mutter mit **48 Nm** anziehen. Kolbenstange dabei gegenhalten.
- Schraubenfeder langsam komplett entspannen und Federbein aus der Spannvorrichtung herausziehen.
- Auf richtigen Sitz der Staubmanschette achten.
- Federbein einbauen, siehe entsprechendes Kapitel.

Stoßdämpfer prüfen

Folgende Fahreigenschaften weisen auf defekte Stoßdämpfer hin:

- Langes Nachschwingen der Karosserie bei Bodenunebenheiten.
- Aufschaukeln der Karosserie bei aufeinander folgenden Bodenunebenheiten.
- Springen der Räder auch auf normaler Fahrbahn.
- Ausbrechen des Fahrzeuges beim Bremsen (kann auch andere Ursachen haben).
- Kurvenunsicherheit durch mangelnde Spurhaltung, Schleudern des Fahrzeuges.
- Abnorme Reifenabnutzung mit Abflachungen (Auswaschungen) am Reifenprofil.
- Polter- und Knackgeräusche während der Fahrt. Allerdings haben diese Geräusche häufig auch andere Ursachen, zum Beispiel lockere Fahrwerksschrauben und Muttern, defektes Radlager, Antriebsgelenk und Achsgelenk. Daher Dämpfer vor dem Ersetzen immer prüfen, gegebenenfalls auf Stoßdämpferprüfstand prüfen lassen.

Der Stoßdämpfer kann von Hand geprüft werden. Eine genaue Überprüfung der Stoßdämpferleistung ist jedoch nur mit einem Shock-Tester (Stoßdämpfer eingebaut) oder einer Stoßdämpfer-Prüfmaschine möglich.

Prüfung von Hand

- Stoßdämpfer ausbauen.

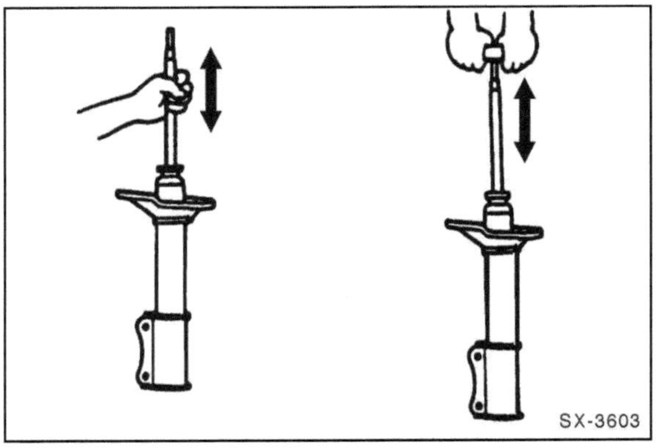

- Stoßdämpfer in Einbaulage halten, Stoßdämpfer auseinanderziehen und zusammendrücken. Der Stoßdämpfer muss sich über den gesamten Hub gleichmäßig schwer und ruckfrei bewegen lassen.
- Kolbenstange auf Oberflächen-Beschädigung, Verbiegung und auf klemmfreien Lauf in der Führungsbuchse prüfen.
- Gummilager im Gehäuseauge sichtprüfen. Die Gummilager müssen fest im Gehäuse sitzen und dürfen nicht gerissen oder beschädigt sein. Defekte Gummilager können im Fahrbetrieb Poltergeräusche verursachen.

- Bei Gasdruck-Stoßdämpfern geht die Kolbenstange bei ausreichendem Gasfülldruck von selbst wieder in die Ausgangslage zurück. Ist dies nicht der Fall, braucht der Dämpfer nicht unbedingt ersetzt werden. Die Wirkungsweise entspricht, solange kein größerer Ölverlust eingetreten ist, der Wirkungsweise eines konventionellen Dämpfers. Die dämpfende Funktion ist auch ohne Gasdruck vollständig vorhanden. Allerdings kann sich das Geräuschverhalten verschlechtern.
- Bei einwandfreier Funktion sind geringe Spuren von Stoßdämpferöl kein Grund zum Austausch. Als Faustregel gilt: Wenn ein Ölfleck sichtbar ist und sich nicht weiter ausbreitet als vom oberen Stoßdämpferverschluss (Kolbenstangendichtring) bis zum unteren Federteller, gilt der Dämpfer als in Ordnung. Voraussetzung ist, dass der Ölfleck stumpf, matt beziehungsweise durch Staub getrocknet ist. Ein geringfügiger Ölaustritt ist sogar von Vorteil, weil dadurch der Dichtring geschmiert wird und sich somit die Lebensdauer erhöht.
- Bei starkem Ölverlust Stoßdämpfer austauschen.

Stoßdämpfer verschrotten

Damit ein defekter Stoßdämpfer entsorgt werden kann, muss das Hydrauliköl aus dem Stoßdämpfer abgelassen werden. Der entleerte Stoßdämpfer kann dann wie normaler Eisenschrott behandelt werden.

Achtung: Hydrauliköl ist ein Problemstoff und darf auf keinen Fall einfach weggeschüttet oder dem Hausmüll mitgegeben werden. Gemeinde- und Stadtverwaltungen informieren darüber, wo sich die nächste Problemstoff-Sammelstelle befindet.

Sicherheitshinweis
Der Gasdruck eines neuen Stoßdämpfer beträgt bis zu 25 bar. Deshalb beim Öffnen des Dämpfers Arbeitsstelle abdecken und **unbedingt Schutzbrille tragen.**

Stoßdämpfer können auf 2 Arten entleert werden, entweder durch Anbohren oder durch Aufsägen der Außenwand.

Stoßdämpfer anbohren

- Ausgebauten Stoßdämpfer senkrecht, mit der Kolbenstange nach unten, in den Schraubstock einspannen.

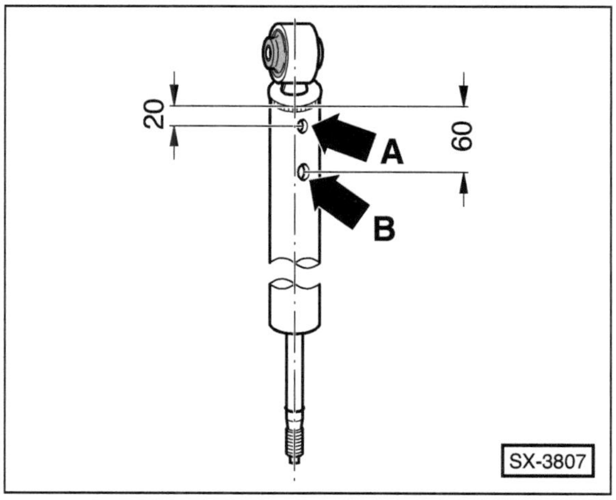

- An der Stelle –A– ein Loch mit 3 mm ∅ in das Außenrohr bohren.

Achtung: Bei Gasdruckstoßdämpfern entweicht nach dem Durchbohren der ersten Rohrwandung Gas. Öffnung während des Entgasens mit Lappen abdecken. Anschließend weiterbohren, bis das innenliegende Rohr (ca. 25 mm) durchbohrt ist.

- An der Stelle –B– eine zweite Bohrung mit 6-mm-Bohrer bis durch das innenliegende Rohr bohren.
- Dämpfer über eine Ölauffangwanne halten und Hydrauliköl durch Hin- und Herbewegen der Kolbenstange über den gesamten Hub herausdrücken.
- Dämpfer abtropfen lassen, bis kein Hydrauliköl mehr austritt.
- Hydrauliköl bei einer Problemstoff-Sammelstelle entsorgen.
- Entleerten Stoßdämpfer als Eisenschrott entsorgen.

Stoßdämpfer aufsägen

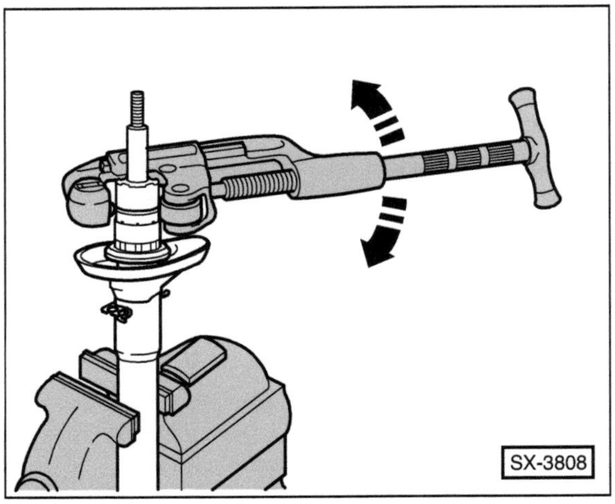

- Federbein in Schraubstock spannen.
- Rohrschneider, zum Beispiel Stahlwille Express 150, ansetzen und Außenrohr durchtrennen. **Achtung:** Bei Gasdruck-Stoßdämpfern entweicht dabei das Gas; Schutzbrille tragen.
- Kolbenstange hochziehen, dabei das Innenrohr mit einer Wasserrohrzange festhalten und nach unten drücken, sodass dieses beim langsamen Hochziehen der Kolbenstange im Außenrohr verbleibt.
- Kolbenstange vom Innenrohr abziehen.
- Dämpfer über eine Ölauffangwanne halten und Hydrauliköl ablaufen lassen, bis kein Hydrauliköl mehr austritt.
- Hydrauliköl bei einer Problemstoff-Sammelstelle entsorgen.
- Entleerten Stoßdämpfer als Eisenschrott entsorgen.

Nabenmutter aus- und einbauen

Ausbau

- Schaltgetriebe in Leerlaufstellung bringen; Automatikgetriebe auf Stellung »N«. Handbremse anziehen.

Achtung: Hohes Löse- und Anzugsdrehmoment der Nabenmutter! Ich empfehle, die Nabenmutter nur zu lockern, wenn das Fahrzeug auf dem Boden steht. Zum Gegenhalten Bremspedal durch Helfer betätigen lassen.

- **Fahrzeug mit Stahlfelge:** Radkappe vom Rad abziehen, siehe Seite 137.
- **Fahrzeug mit Leichtmetallfelge:** Radmuttern lösen, Fahrzeug aufbocken und Rad abnehmen. Abdeckkappe im Mittelpunkt der Felge vorsichtig herausdrücken. Rad wieder anschrauben, Fahrzeug ablassen und Radmuttern festziehen.
- Bremse durch Helfer betätigen lassen. Gegebenenfalls den Motor anlassen, damit der Bremskraftverstärker in Betrieb ist.

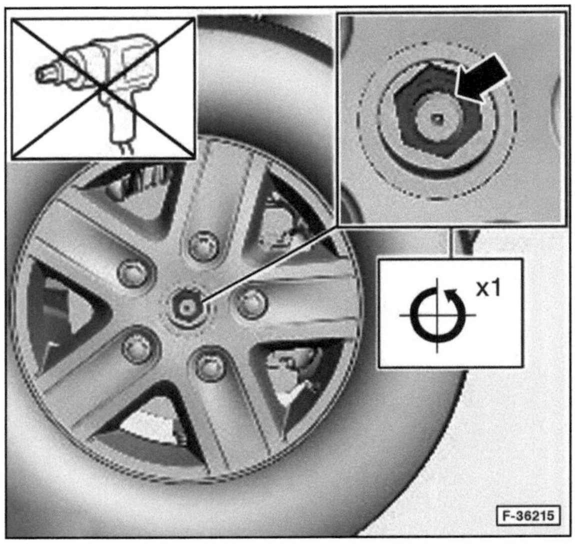

- Nabenmutter –Pfeil– **um höchstens 1 Umdrehung** losdrehen. **Achtung: Nabenmutter nicht ganz abschrauben.**
- Radmuttern lösen. Fahrzeug aufbocken und Rad abnehmen. **Achtung:** Unbedingt Hinweise im Kapitel »Rad aus- und einbauen« beachten.

Sicherheitshinweis
Beim Aufbocken des Fahrzeugs besteht Unfallgefahr! Hinweise im Kapitel »Fahrzeug aufbocken« beachten.

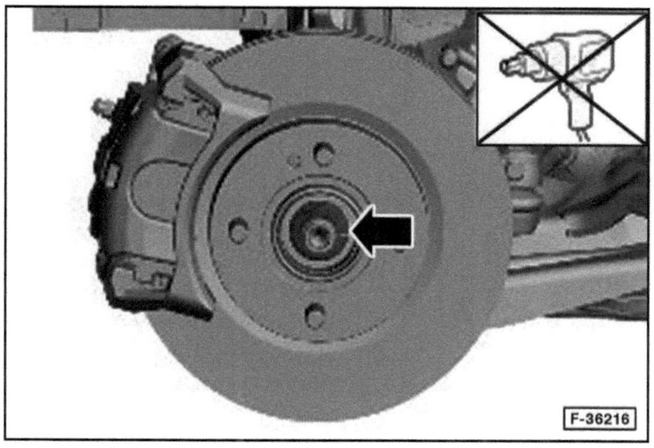

- Nabenmutter –Pfeil– von der Antriebswelle abschrauben.

Achtung: Keinen Schlagschrauber verwenden. Wird die Antriebswelle aus dem Radlager herausgezogen, darf das Fahrzeug nicht mit angeschraubten Rädern abgelassen und bewegt (geschoben) werden, da sonst das Radlager beschädigt wird.

Hinweis: Soll das Fahrzeug dennoch bewegt werden, ein altes Außengelenk ins Radlager einsetzen und mit **100 Nm** festschrauben.

Einbau

Achtung: Hohes Anzugsdrehmoment! Ich empfehle, die Nabenmutter nur festzuziehen, wenn das Fahrzeug auf dem Boden steht.

- **Neue selbstsichernde Nabenmutter** aufschrauben und zunächst mit **100 Nm** voranziehen, dabei die Fußbremse durch Helfer betätigen lassen. Beim Festziehen darauf achten, dass der Schlüsselarm annähernd waagerecht steht und senkrecht nach unten bewegt wird. Andernfalls kann das Fahrzeug von den Böcken rutschen. **Achtung:** Beim ersten Anziehen der Nabenmutter darf das Rad den Boden noch nicht berühren.
- Rad anschrauben, dabei Reifen-Laufrichtung beachten. Fahrzeug ablassen, erst dann Radmuttern über Kreuz mit **135 Nm** festziehen. **Achtung:** Unbedingt Hinweise im Kapitel »Rad aus- und einbauen« beachten.
- Nabenmutter mit **255 Nm** festziehen, dabei Fußbremse durch Helfer betätigen lassen.
- **Fahrzeug mit Leichtmetallfelge:** Abdeckkappe vorsichtig in die Felge drücken.
- **Fahrzeug mit Stahlfelge:** Radkappe aufdrücken, siehe Seite 137.

Vorderradantriebswellen/Manschetten – Übersicht

Benzinmotor

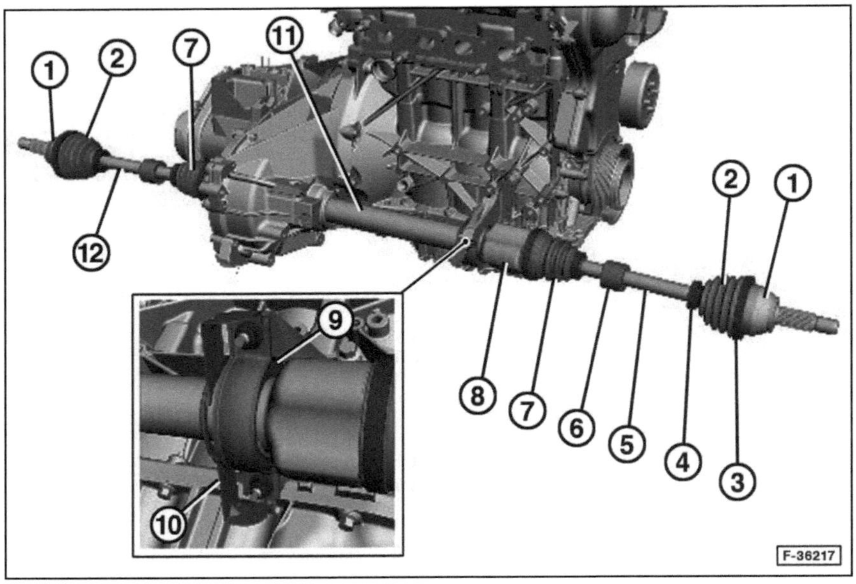

1 – Äußeres Gleichlaufgelenk
2 – Äußere Manschette
3 – Spannband mit großem Durchmesser
4 – Spannband mit kleinem Durchmesser
5 – Rechte Antriebswelle
6 – Schwingungstilger
Vor dem Ausbau die Einbauposition markieren.
7 – Innere Manschette
8 – Inneres Tripodegelenk
9 – Zwischenwellenlager
10 – Hitzeschild für Zwischenwellenlager
11 – Zwischenwelle
12 – Linke Antriebswelle

Dieselmotor

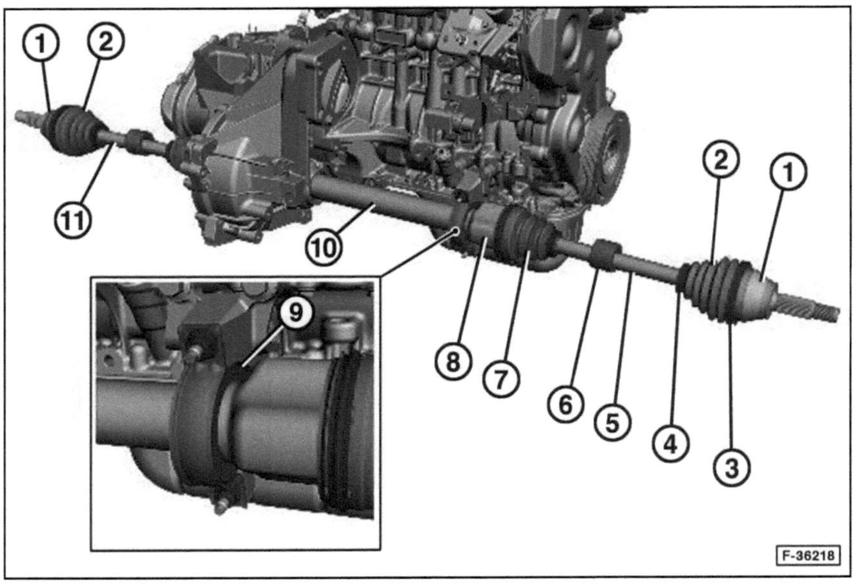

1 – Äußeres Gleichlaufgelenk
2 – Äußere Manschette
3 – Spannband mit großem Durchmesser
4 – Spannband mit kleinem Durchmesser
5 – Rechte Antriebswelle
6 – Schwingungstilger
Vor dem Ausbau die Einbauposition markieren.
7 – Innere Manschette
8 – Inneres Tripodegelenk
9 – Zwischenwellenlager
10 – Zwischenwelle
11 – Linke Antriebswelle

Antriebswelle aus- und einbauen

Achtung: Bei allen Arbeiten, die es erfordern, dass die Antriebswelle aus dem Radlager beziehungsweise aus dem Getriebe ausgebaut wird, ist immer darauf zu achten, dass **stets nur am Gelenk** und **nicht an der Welle** gezogen wird.

Achtung: Bei demontierter Antriebswelle darf das Fahrzeug nicht mit vollem Gewicht auf den Rädern stehen und nicht geschoben werden, da bei fehlender axialer Vorspannung die Wälzkörper des Radlagers beschädigt werden.

Hinweis: Soll das Fahrzeug nach dem Ausbau der Antriebswelle geschoben werden, muss stattdessen ein Antriebswellenstummel oder ein Außengelenk für den Gegendruck in das Radlager eingeschoben werden. Nabenmutter mit **100 Nm** anziehen.

Antriebswelle links

Ausbau

- Nabenmutter lockern, siehe entsprechendes Kapitel.
- Radmuttern lösen. Fahrzeug aufbocken und Rad abnehmen. **Achtung:** Unbedingt Hinweise im Kapitel »Rad aus- und einbauen« beachten.
- Halter für Bremsschlauch am Federbein abschrauben.
- Koppelstange am Federbein abschrauben, siehe Kapitel »Federbein aus- und einbauen«.

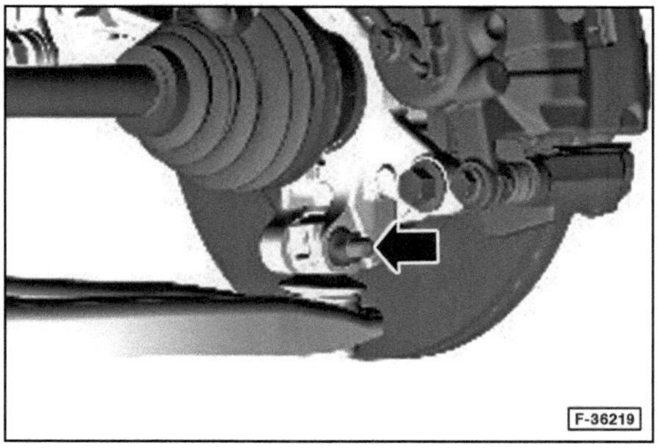

- Mutter für Achsgelenk abschrauben –Pfeil– und Schraube herausziehen.

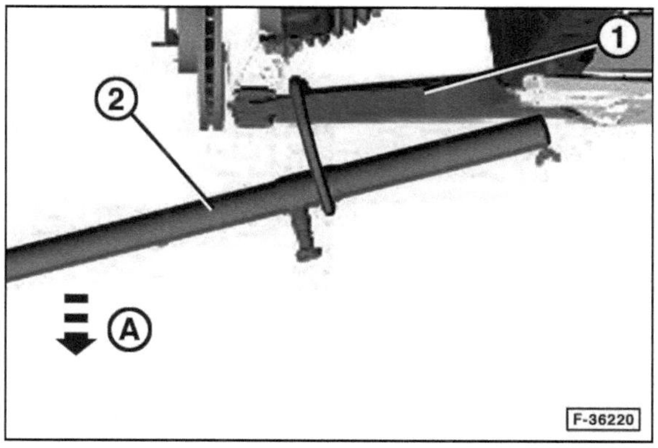

- Querlenker –1– mit einem geeigneten Werkzeug –2–, zum Beispiel HAZET 654-1, nach unten drücken –Pfeil A– und dadurch das Achsgelenk aus dem Achsschenkel herausziehen.

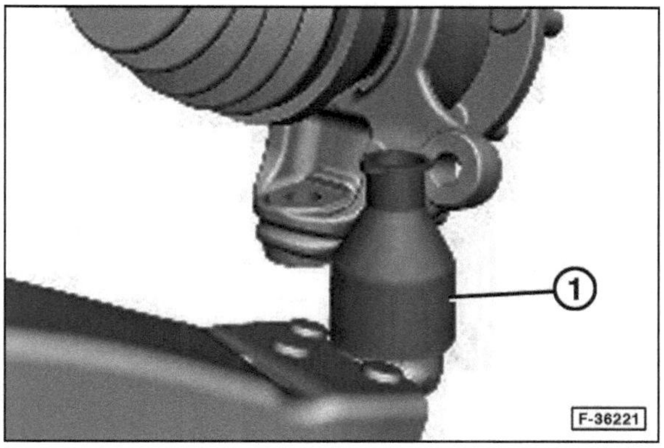

- Achsgelenk mit einer geeigneten Schutzkappe –1–, zum Beispiel FORD-204-609, vor Beschädigungen schützen.
- Nabenmutter abschrauben.

● Antriebswelle mit einer geeigneten Abdrückvorrichtung, zum Beispiel HAZET 1781-5 oder FORD-205-072-01, aus der Radnabe herausdrücken.

Achtung: Beim Herausdrücken des Gelenkwellenstummels sowie beim Herausziehen der Gelenkwelle aus dem Getriebe darauf achten, dass das Federbein nur soweit wie nötig bewegt wird, um das obere Federbeinlager nicht zu beschädigen.

● Antriebswelle mit Draht aufhängen, damit das Innengelenk beim Ausbau nicht zu stark gebeugt wird. Gegebenenfalls Arbeiten mit einem Helfer durchführen.

● Achsschenkel nach außen ziehen und Antriebswelle aus der Radnabe herausziehen.

Achtung: Antriebswelle nicht zu stark beugen, um die Achsgelenke nicht zu beschädigen. Das Außengelenk darf maximal um 45°, das Innengelenk um 18° gebeugt werden.

Hinweis: Beim Ausbau der Antriebswelle aus dem Getriebe läuft Getriebeöl aus. Auffanggefäß unterstellen.

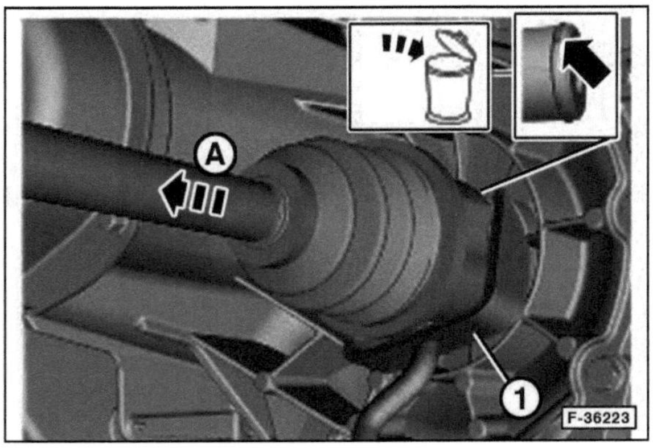

● **Schaltgetriebe:** Ausbauwerkzeug –1– zwischen Getriebegehäuse und Innengelenk ansetzen. Gelenk in Pfeilrichtung –A– aus dem Getriebe herausdrücken. **Hinweis:** 1 – Ausbauwerkzeug FORD 308-256.

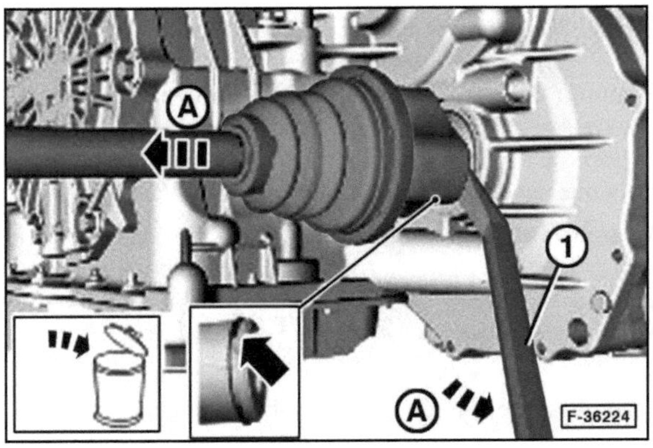

● **Automatikgetriebe:** Innengelenk mit geeignetem Reifenmontierhebel –1– aus dem Getriebe herausdrücken –A–. **Hinweis:** Holzstück zwischenlegen, um Beschädigungen am Getriebe zu vermeiden.

Achtung: Nicht an der Antriebswelle ziehen. Antriebswelle nicht zu stark beugen. Wellendichtring nicht beschädigen.

● Antriebswelle aus dem Getriebe herausziehen.

● Getriebeöffnung mit geeignetem Stopfen verschließen.

Einbau

- Wellendichtring auf Verschleiß überprüfen.

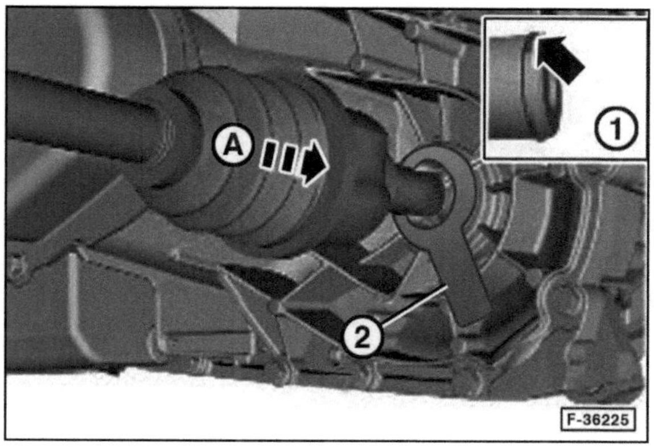

- **Neuen Sicherungsring** –1– auf die Antriebswelle aufdrücken.
- Montagehülse »FORD 205-775« –2– in die Getriebeöffnung einsetzen.
- Antriebswelle in die Getriebeöffnung einführen –Pfeil A–.
- Montagehülse bei eingesetzter Antriebswelle entfernen. **Hinweis:** Die Hülse ist geschlitzt und kann dadurch über die Welle abgezogen werden.
- Antriebswelle eindrücken, bis der Sicherungsring –1– einrastet. Durch leichtes Ziehen und Drücken am Innengelenk prüfen, ob die Antriebswelle einwandfrei sitzt.

Achtung: Wellendichtring nicht beschädigen. Das Innengelenk darf um maximal 18° gebeugt werden.

- Achsschenkel nach außen ziehen und Antriebswelle in die Radnabe einführen. **Achtung:** Das Außengelenk darf um maximal 45° gebeugt werden.
- Bisherige Nabenmutter ansetzen und durch Anschrauben der Mutter die Radnabe auf den Antriebswellenstumpf aufziehen. Nabenmutter nicht festziehen. Anschließend Nabenmutter abschrauben und ersetzen.

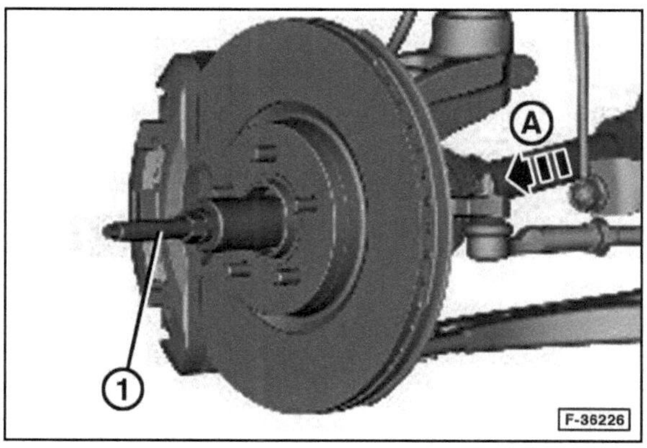

Achtung: Falls sich die Mutter nicht ansetzen lässt, Nabe mit Einziehwerkzeug –1– bis zum Anschlag auf die Welle ziehen –Pfeil A–. Radnabe während dieses Vorgangs drehen, damit sich das Radlager gleichmäßig setzt. **Hinweis:** Werkzeug –1– FORD 204-161.

- **Neue selbstsichernde Nabenmutter** aufschrauben und zunächst nur handfest anziehen, siehe entsprechendes Kapitel.

Achtung: Beim ersten Anziehen der Nabenmutter darf das Rad den Boden noch nicht berühren.

- Achsgelenk in den Achsschenkel einsetzen. **Neue** Schraube von hinten durchschieben und **neue** Mutter aufschrauben. Mutter mit **52 Nm** festziehen.
- Koppelstange mit **63 Nm** festziehen, dabei mit Innensechskantschlüssel am Gelenkzapfen gegenhalten.
- Halter für Bremsschlauch mit **25 Nm** anschrauben.
- Nabenmutter mit **100 Nm** voranziehen.
- Rad anschrauben, dabei Reifen-Laufrichtung beachten. Fahrzeug ablassen, erst dann Radmuttern über Kreuz mit **135 Nm** festziehen. **Achtung:** Unbedingt Hinweise im Kapitel »Rad aus- und einbauen« beachten.
- Nabenmutter endgültig festziehen, siehe entsprechendes Kapitel.
- Fahrzeug auf ebener Fläche abstellen und Getriebeölstand kontrollieren.
- **Schaltgetriebe:** Getriebeöl SAE 75W90 oder Getriebeöl der FORD-Spezifikation WSD-M2C200-C auffüllen, bis der Füllstand zur Unterkante der Einfüllöffnung reicht.
- **Fahrzeuge mit Automatikgetriebe:** Getriebeölstand prüfen, gegebenenfalls Getriebeöl auffüllen, siehe Abschnitt am Ende des Kapitels.

Antriebswelle rechts

Ausbau

Hinweis: Der Aus- und Einbau erfolgt im Prinzip wie bei der linken Antriebswelle. Die Antriebswelle ist nicht direkt mit dem Getriebe verbunden, sondern steckt in einer Zwischenwelle. Hier werden nur die Unterschiede beschrieben.

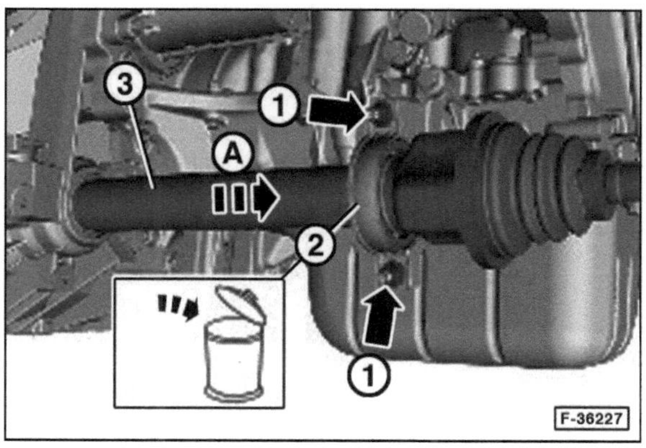

- Muttern –1– am Zwischenwellenlager abschrauben.
- **Dieselmotor:** Haltebügel –2– abnehmen. **Hinweis:** Beim Benzinmotor wird der Haltebügel mit dem Hitzeschutzblech nach dem Ausbau der Welle abgenommen.
- Antriebswelle zusammen mit Zwischenwelle –3– am Getriebe herausziehen –Pfeil A–.

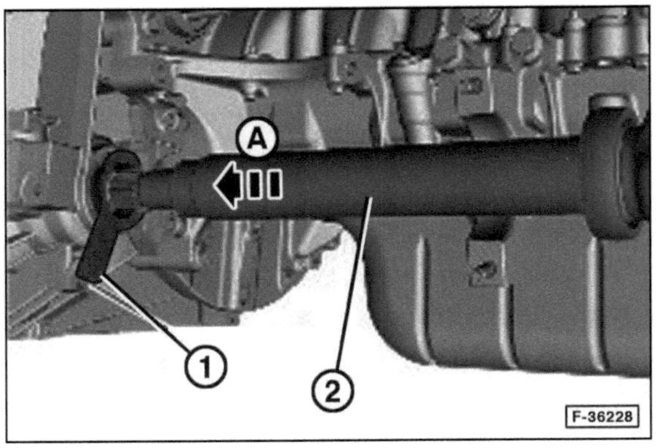

- Montagehülse –1– »FORD 205-775« in die Getriebeöffnung einsetzen.
- Antriebswelle mit Zwischenwelle –2– am Getriebe einschieben –A–.

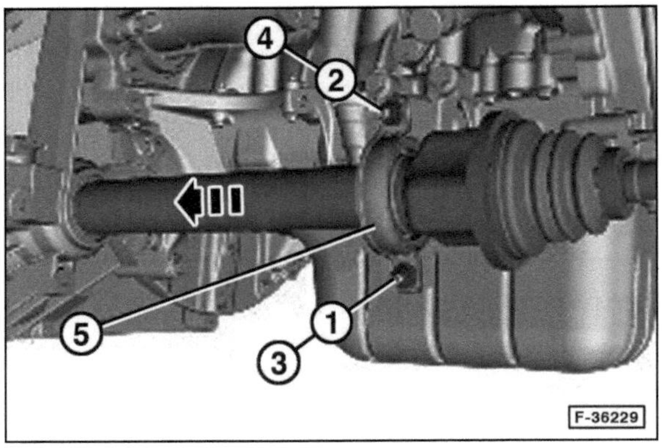

- Zwischenwellenlager mit neuem Haltebügel –1– sowie beim Benzinmotor mit neuem Hitzeschutzblech anschrauben. Dazu Muttern in 4 Durchgängen festziehen.
- Zunächst untere Mutter –1– mit **6 Nm**, dann obere Mutter –2– mit **6 Nm** anziehen. Anschließend die untere Mutter –3– mit **25 Nm** und schließlich die obere Mutter –4– mit **25 Nm** festziehen.

Getriebeölstand prüfen/nachfüllen

Automatikgetriebe 4F27E

Achtung: Die Getriebeöltemperatur muss bei der Prüfung zwischen +50° und +60° C liegen. Die Fachwerkstatt schließt zur Temperaturüberwachung ein Diagnosegerät am Fahrzeug an.

- Motor starten und im Leerlauf laufen lassen.
- Bremse durchtreten, dabei alle Wählhebelstellungen durchschalten.
- Wählhebel auf Stellung »P« stellen, Handbremse anziehen.

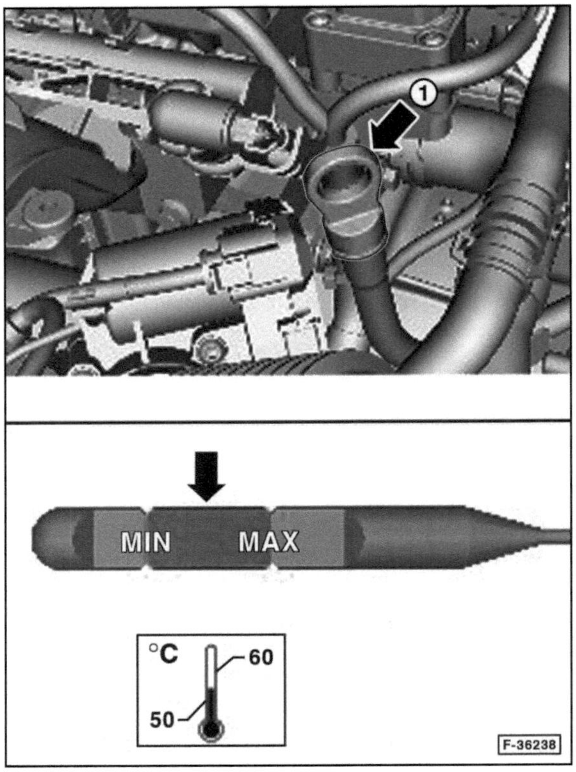

- Ölmessstab –1– aus dem Getriebe herausziehen.
- Ölstand am Ölmessstab prüfen. Der Ölstand muss bei +55° C zwischen der MIN- und MAX-Markierung liegen.
- Gegebenenfalls Automatik-Getriebeöl der FORD-Spezifikation WSS-M2C938-A durch das Führungsrohr nachfüllen.

Gelenkmanschetten erneuern

Defekte Gelenkmanschetten sofort erneuern. Falls Schmutz in das Fett eingedrungen ist, Fett herausnehmen, Gelenk säubern und mit neuem Molybdän-Disulfin-Schmierfett für Gleichlaufgelenke befüllen. In der Fachwerkstatt wird hierzu das FORD-Schmierfett WSS-M1C259-A1 verwendet.

Achtung: Gelenkwelle nicht zu stark beugen, um die Achsgelenke nicht zu beschädigen. Das Außengelenk darf maximal um 45°, das Innengelenk maximal um 18° gebeugt werden.

Innengelenk

Ausbau

- Gelenkwelle ausbauen, siehe entsprechendes Kapitel.
- Gelenkwelle in einen Schraubstock mit Schutzbacken einspannen.

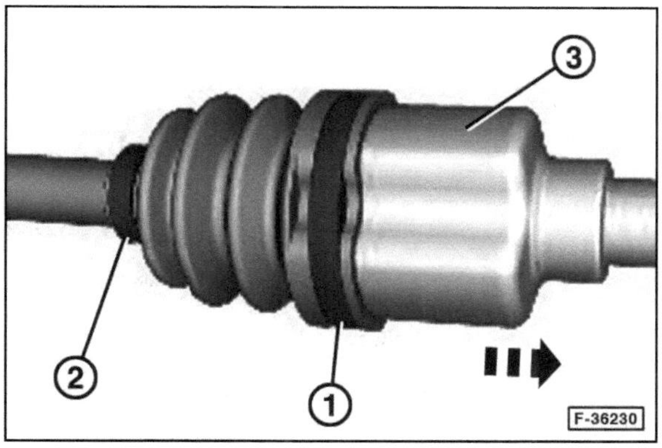

- Großes Spannband –1– am Innengelenk mit einem Seitenschneider durchtrennen. Gehäuse –3– für Innengelenk abziehen –Pfeil– und Fettfüllung aus dem Gelenk herausnehmen.
- Einbauposition der Manschette auf der Gelenkwelle markieren.
- Kleines Spannband –2– an der Gelenkwelle durchtrennen.

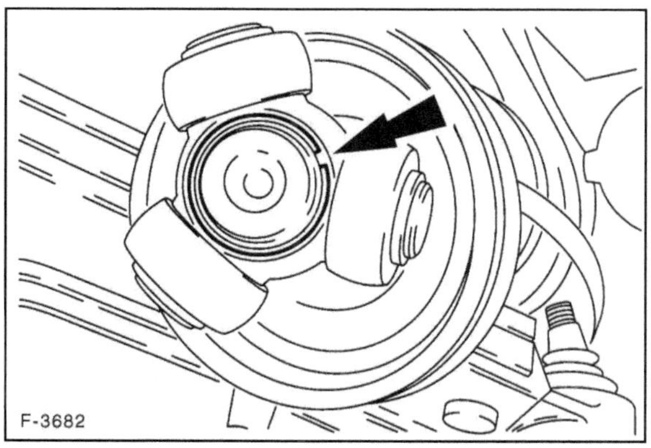

- Sicherungsring für Tripodestern mit geeigneter Zange spreizen und abnehmen.

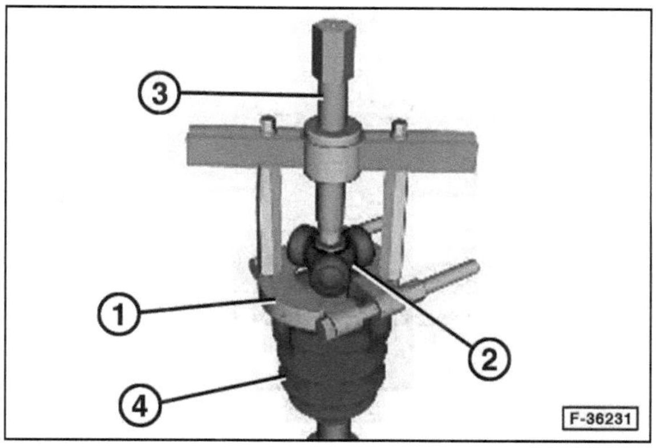

- Manschette etwas zurückdrücken und Trennwerkzeug –1– hinter dem Tripodestern –2– an der Gelenkwelle anbringen.
- Abziehwerkzeug –3– anschrauben und Tripodestern von der Gelenkwelle abziehen. 4 – Manschette.
- Manschette von der Gelenkwelle herunterziehen.

Einbau

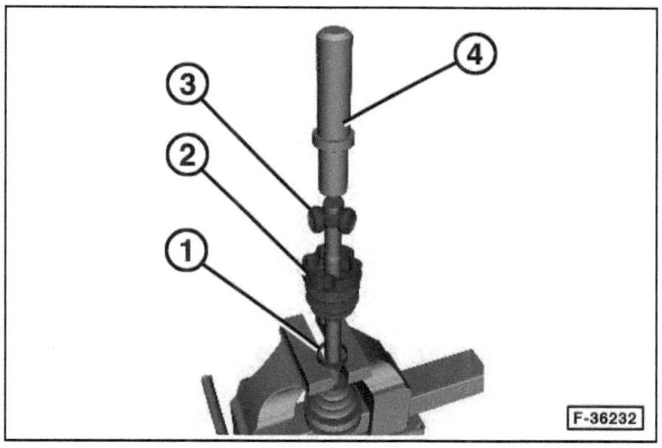

- Neues, kleines Spannband –1– sowie **neue Manschette** –2– über die Gelenkwelle ziehen.
- Tripodestern –3– auf die Kerbverzahnung der Gelenkwelle schieben.
- Tripodestern mit geeignetem Dorn –4– bis zum Anschlag auf die Kerbverzahnung der Welle treiben. **Hinweis:** Dorn –4– entspricht FORD 308-046.

Achtung: Gleichlaufrollen des Tripodesterns nicht beschädigen.

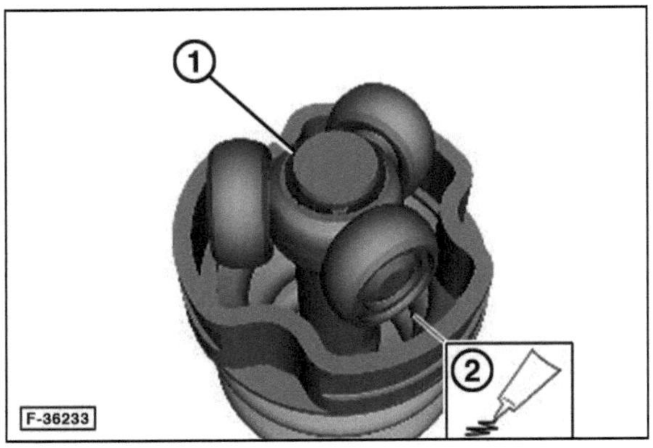

- **Neuen Sicherungsring** –1– einrasten.

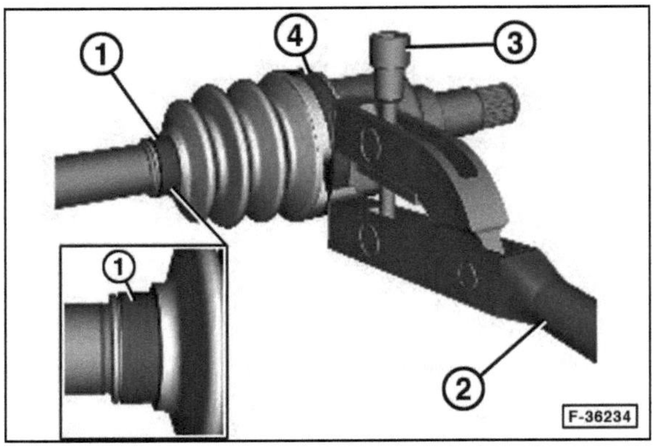

- **Neues** kleines Spannband –1– in die Ringnut der Manschette einlegen und mit Klemmzange –2– spannen.

Hinweis: Geeignete Klemmzange, zum Beispiel HAZET 1847.

- Schraube –3– mit Drehmomentschlüssel und **21 Nm** anziehen. 4 – großes Spannband.
- Innengelenk fetten. Dazu Spezialfett für Gleichlaufgelenke in das Innengelenk füllen auf der Innenseite der Manschette auftragen. Fett-Spezifkation: FORD-WSS-M1C259-A1. Das Fett liegt in der Regel in richtiger Menge dem Manschetten-Reparatursatz bei.
- Gehäuse über das Innengelenk schieben beziehungsweise an der Zwischenwelle anbauen.
- **Neues großes Spannband** in die Ringnut der Manschette einlegen und mit Klemmzange, zum Beispiel HAZET 1847, und **21 Nm** spannen, siehe Abbildung F-36234.

Achtung: Die Position des Gelenkgehäuses darf beim Anbringen und Spannen der Spannbandes nicht verändert werden.

Außengelenk

Ausbau

Hinweis: Das äußere Gleichlaufgelenk ist auf der Gelenkwelle aufgepresst und kann nicht zerlegt werden. Ein beschädigtes Außengelenk muss komplett mit der Gelenkwelle ersetzt werden.

- Gelenkwelle ausbauen, siehe entsprechendes Kapitel.
- Gelenkwelle in einen Schraubstock mit Schutzbacken einspannen.
- Manschette des Innengelenks ausbauen, siehe entsprechenden Abschnitt.
- Einbauposition des Schwingungstilgers, falls vorhanden, sowie der Manschette des Außengelenks auf der Gelenkwelle markieren.

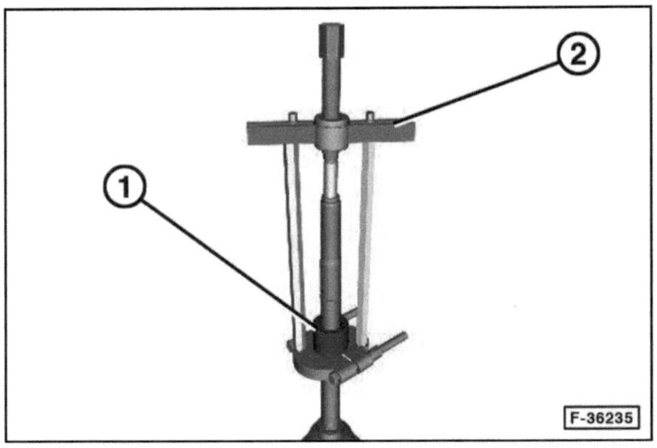

- Schwingungstilger mit handelsüblichem Abzieher abziehen.

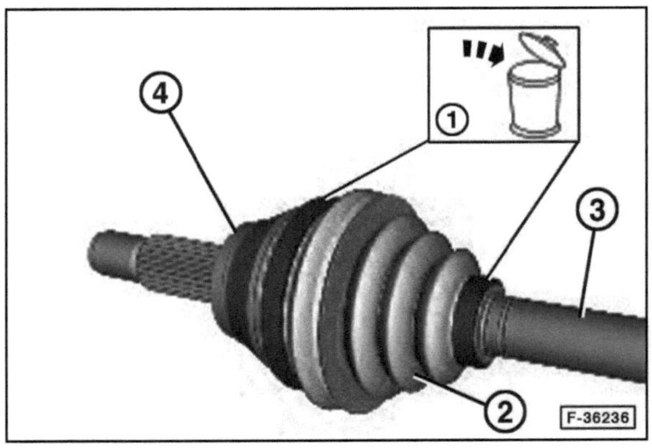

- Spannbänder –1– durchschneiden und abnehmen.
- Manschette –2– über die Gelenkwelle –3– abziehen –Pfeil A–.
- Fettfüllung aus dem Außengelenk –4– herausnehmen.

Einbau

- Lagerkugeln des Außengelenks mit Spezialfett FORD-WSS-M1C259-A1 fetten.

- **Neue Manschette** für Außengelenk über die Gelenkwelle ziehen. Fett für Gleichlaufgelenke auf der Innenseite der Manschette auftragen.
- Gelenkwelle in einen Schraubstock mit Schutzbacken einspannen.
- Manschette über das Außengelenk ziehen und in die Ringnut des Gelenks drücken.
- Zur Entlüftung einen kleinen Schraubendreher vorsichtig unter die Manschette schieben und diese etwas anheben.
- Manschette entsprechend der Markierungen auf der Gelenkwelle ausrichten.
- Manschette mit **neuen Spannbändern** befestigen.

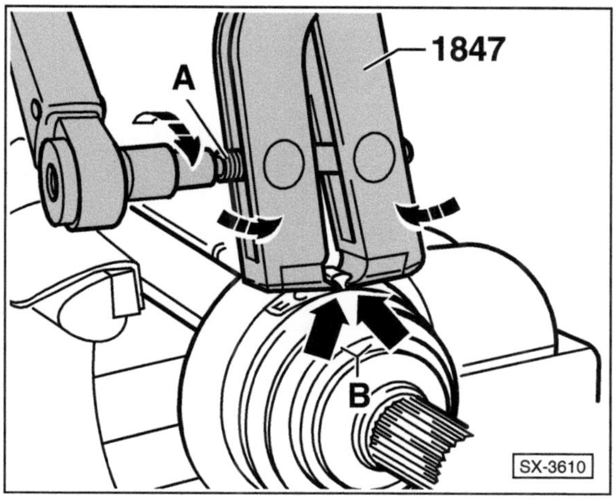

- Spannbänder in die Ringnut der Manschette einlegen und mit Klemmzange, zum Beispiel HAZET 1847, spannen. Zange wie in der Abbildung gezeigt ansetzen, die Schneiden der Zange müssen in den Ecken –B– anliegen. In dieser Stellung Schraube –A– mit Drehmomentschlüssel und **21 Nm** festziehen.

Achtung: Das Gewinde der Zange muss leichtgängig sein, gegebenenfalls vorher mit MoS_2-Fett schmieren.

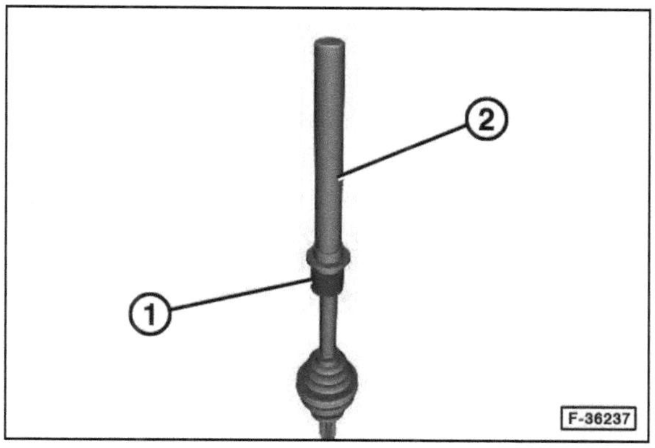

- Schwingungstilger –1– mit einem geeigneten Rohr –2–, zum Beispiel FORD-308-098, bis zur angebrachten Markierung auftreiben. **Hinweis:** Der Schwingungstilger muss für einen sicheren Sitz mit Sicherungsmittel montiert werden.
- Manschette des Innengelenks einbauen, siehe entsprechenden Abschnitt.
- Gelenkwelle einbauen, siehe entsprechendes Kapitel.

Hinterachse

Die Verbundlenker-Hinterachse besteht aus einem Querträger mit angeschweißten Längslenkern und Achwellenflanschen. Der Querträger wirkt als Stabilisator, der bei Kurvenfahrt die Neigung der Karosserie vermindert.

Die Längslenker der Hinterachse sind über Gummilager mit der Karosserie verschraubt. Die Hinterräder sind einzeln an den Achswellenflanschen aufgehängt.

Abgefedert wird die Hinterachse durch Schraubenfedern und Stoßdämpfer.

Die Radlager sind durch jeweils 4 Schrauben mit den Achswellenflanschen verschraubt.

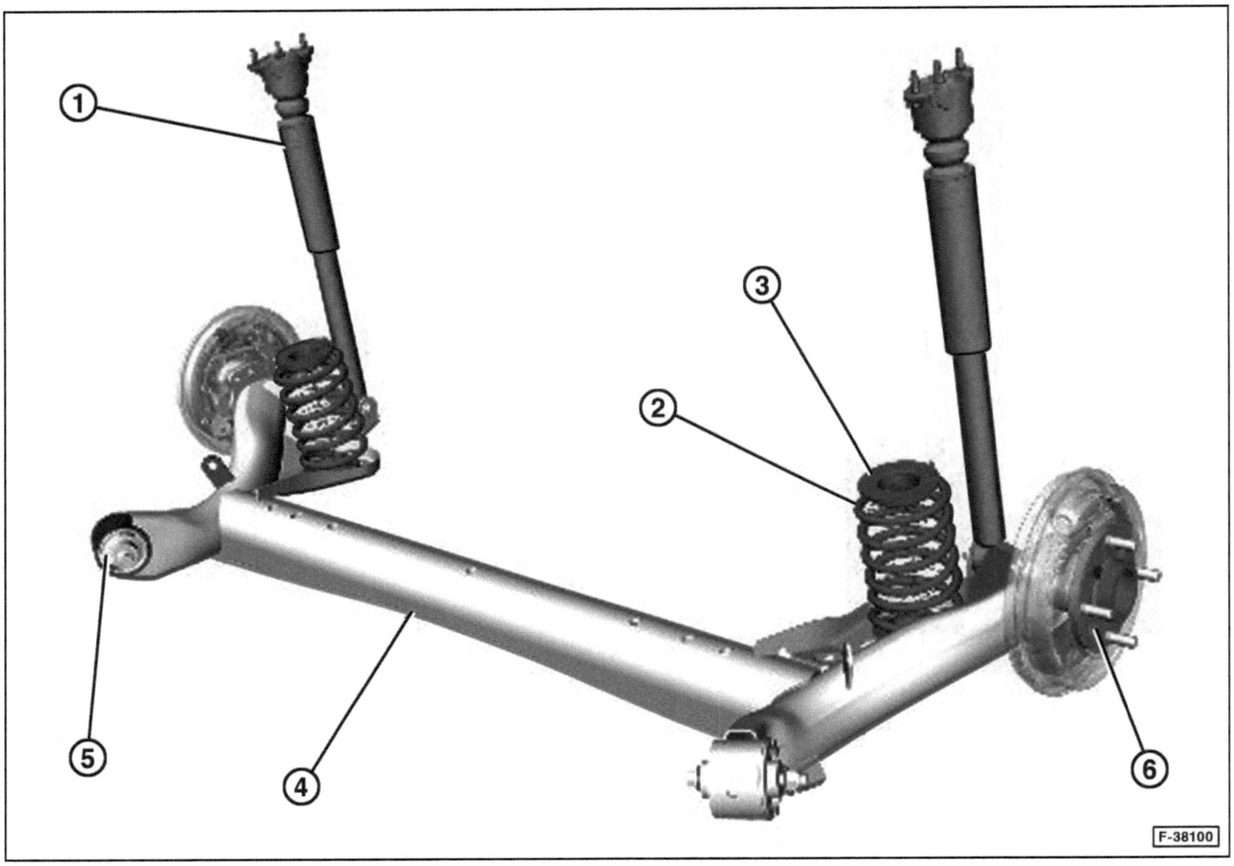

1 – Stoßdämpfer
2 – Schraubenfeder
3 – Obere Federauflage
4 – Querträger der Hinterachse
5 – Aufnahmelager
6 – Radnabe

Schraubenfeder an der Hinterachse aus- und einbauen

Ausbau

- Radmuttern lösen. Fahrzeug aufbocken und Rad abnehmen. **Achtung:** Unbedingt Hinweise im Kapitel »Rad aus- und einbauen« beachten.

Achtung: Die Schraubenfeder steht unter hoher Spannung. Zum Ausbau **muss die Schraubenfeder mit einem geeigneten Federspanner zusammengedrückt werden**.

Sicherheitshinweis
Darauf achten, dass die Federwindungen sicher von den Spannplatten umfasst werden und der Federspanner nicht abrutschen kann. Nur stabiles Werkzeug verwenden. Keinesfalls Schraubenfeder mit Draht zusammenbinden. Unfallgefahr!

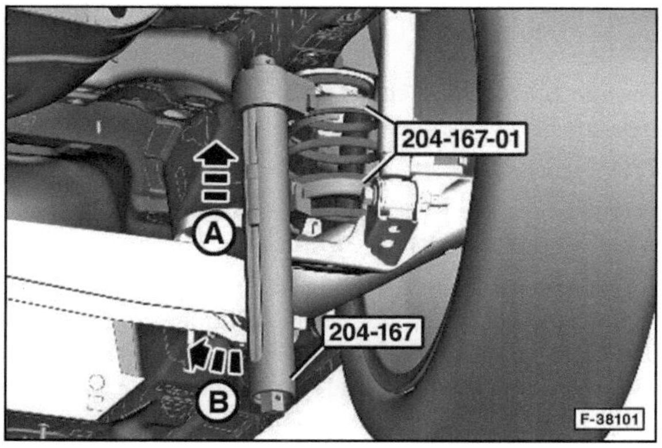

- FORD-Federspanner 204-167 mit FORD-Spannplatten 204-167-01 von hinten an der Schraubenfeder ansetzen und möglichst nah an den Federwindungen anlegen, dabei mindestens 3 Windungen umgreifen.

Hinweis: Es kann auch der HAZET-Federspanner 4900-2A mit entsprechenden Spannplatten verwendet werden.

- Schraubenfeder spannen –A– und mit Federspanner herausnehmen –B–.
- **Federspanner langsam entspannen** und Schraubenfeder aus dem Federspanner herausnehmen.

Einbau

Hinweis: Schraubenfedern nur achsweise erneuern und auf Farbkennzeichnung achten. An einer Achse nur Schraubenfedern gleicher Hersteller verwenden.

- Schraubenfeder in den Federspanner einsetzen und zusammendrücken.
- Gespannte Schraubenfeder an der Hinterachse einsetzen. Dabei darauf achten, dass die obere Federaufnahme eingebaut ist und die Schraubenfeder korrekt in den oberen und unteren Federtellern sitzt.
- Schraubenfeder langsam entspannen und Federspanner herausnehmen. Dabei darauf achten, dass der Oberflächenschutz der Schraubenfeder nicht beschädigt wird.
- Rad anschrauben, dabei Reifen-Laufrichtung beachten. Fahrzeug ablassen, erst dann Radmuttern über Kreuz mit **135 Nm** festziehen. **Achtung:** Unbedingt Hinweise im Kapitel »Rad aus- und einbauen« beachten.

Stoßdämpfer an der Hinterachse aus- und einbauen

Ausbau

- Radmuttern lösen. Fahrzeug aufbocken und Rad abnehmen. **Achtung:** Unbedingt Hinweise im Kapitel »Rad aus- und einbauen« beachten.
- Innenkotflügel hinten ausbauen, siehe Seite 208.

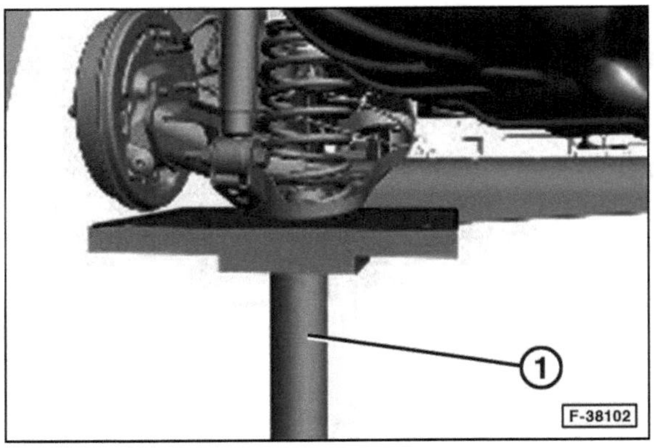

- Achsschenkel mit einem Werkstattwagenheber abstützen. **Hinweis:** Anstelle eines Werkstattwagenhebers ist in der Abbildung ein Getriebeheber –1– dargestellt.

- Obere Schrauben –Pfeile– für Stoßdämpfer herausdrehen.

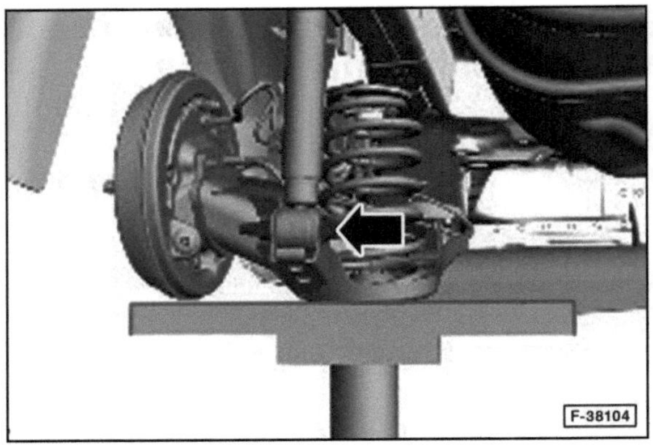

Achtung: Hohes Lösedrehmoment der unteren Stoßdämpferschraube –Pfeil–! Darauf achten, dass das Fahrzeug sicher aufgebockt ist. Schraube nicht ruckweise lockern, sondern Schlüssel mit langem Hebel verwenden.

- Stoßdämpfer unten vom Achsschenkel abschrauben –Pfeil– und aus dem Radkasten herausnehmen.

Einbau

Hinweis: Stoßdämpfer immer paarweise austauschen, also an beiden Fahrzeugseiten.

- Stoßdämpfer in den Radkasten einführen.
- Stoßdämpfer im Radkasten anschrauben. Obere Schrauben für Stoßdämpfer mit **25 Nm** festziehen.
- Stoßdämpfer am Achsschenkel anschrauben. Untere Schraube noch nicht festziehen. **Achtung:** Um das Gummilager nicht zu beschädigen, Schraube nur bei auf den Rädern stehendem Fahrzeug festziehen.
- Werkstattwagenheber langsam absenken und entfernen.
- Innenkotflügel einbauen, siehe Seite 208.
- Rad anschrauben, dabei Reifen-Laufrichtung beachten. Fahrzeug ablassen, erst dann Radmuttern über Kreuz mit **135 Nm** festziehen. **Achtung:** Unbedingt Hinweise im Kapitel »Rad aus- und einbauen« beachten.
- Untere Schraube für Stoßdämpfer mit **115 Nm** festziehen. **Achtung: Hohes Anzugsdrehmoment der Schraube!**

Radnaben-/Radlagereinheit aus- und einbauen

Trommelbremse hinten

Ausbau

- Bremsbacken ausbauen, siehe Seite 146.

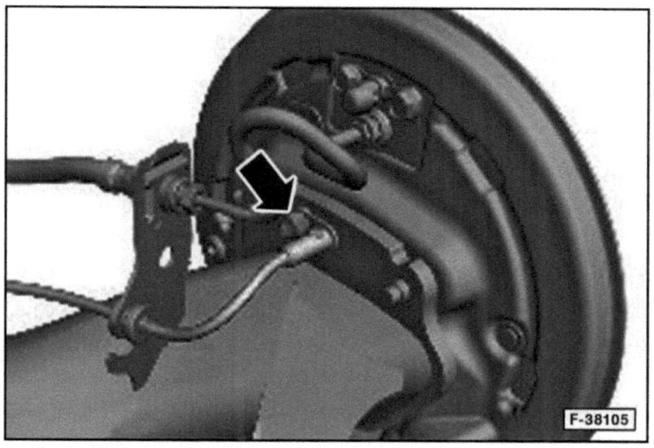

- Drehzahlsensor abschrauben –Pfeil–.

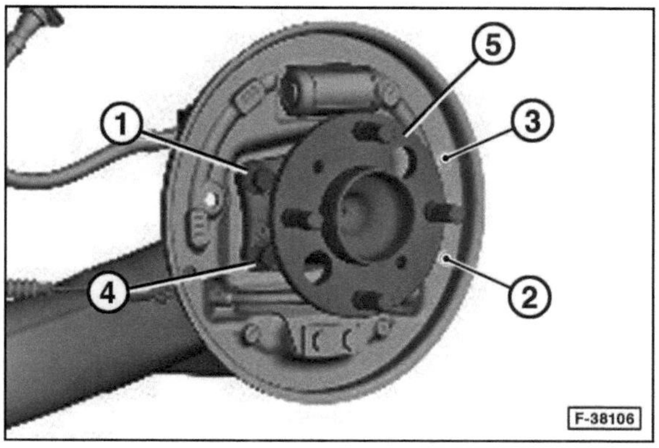

- Schrauben –1– bis –4– herausdrehen und Radnaben-/Radlagereinheit –5– abnehmen. **Hinweis:** Die Schrauben –3– und –4– werden in der Abbildung von der Radnabe verdeckt.

Einbau

- Radnaben-/Radlagereinheit ansetzen und handfest anschrauben.
- Schrauben in der Reihenfolge von –1– bis –4– mit **65 Nm** festziehen.
- Anschließend alle Schrauben nacheinander um **90°** (¼ Umdrehung) lösen und nochmals mit **65 Nm** anziehen.
- Bremsbacken einbauen, siehe Seite 146.
- Drehzahlsensor mit **10 Nm** anschrauben.

Lenkung/Airbag

Die Lenkung besteht im Wesentlichen aus dem Lenkrad mit der Lenksäule, dem Zahnstangen-Lenkgetriebe und den Spurstangen. Die Lenksäule überträgt die Lenkbewegungen über ein Zahnrad auf das Lenkgetriebe. Die Zahnstange wird entsprechend dem Lenkradeinschlag nach links oder rechts bewegt. Spurstangen übertragen die Lenkkräfte über Spurstangengelenke und die Achsschenkel auf die Räder. Der Kraftaufwand beim Einschlagen der Räder, insbesondere bei stehendem Fahrzeug, wird durch eine Servolenkung verringert.

Die Zahnstangenlenkung ist spielfrei von Anschlag zu Anschlag sowie wartungsfrei. Nur die Lenkmanschetten und Staubkappen der Spurstangenköpfe müssen im Rahmen der Wartung auf einwandfreien Zustand geprüft werden.

Um die erforderliche Lenkkraft zu verringern, wird eine **elektrische Lenkhilfe** verwendet. Die elektrische Servolenkung ist in die Lenksäule integriert. Sobald das Lenkrad bewegt wird, unterstützt ein Elektromotor die Lenkbewegung. Über ein Schneckengetriebe wird die Drehbewegung des Motors direkt auf die Lenkwelle übertragen.

Die Servolenkung besteht aus folgenden Komponenten: Elektromotor, Untersetzungsgetriebe, Lenkungsdrehmoment-Sensor, Lenkungssteuergerät.

Sicherheitshinweis
Schweiß- und Richtarbeiten an Bauteilen der Lenkung **sind nicht zulässig. Selbstsichernde Schrauben/Muttern** sowie korrodierte Schrauben/Muttern im Reparaturfall **immer ersetzen.**

Achtung: Die angegebenen Anzugsdrehmomente sind unbedingt einzuhalten. Bei mangelnder Erfahrung sollten Arbeiten an der Lenkung von einer Fachwerkstatt durchgeführt werden.

Im Lenkrad ist der Fahrer-**Airbag** untergebracht. Der Airbag ist ein zusammengefalteter Luftsack, der im Fall einer Frontalkollision aufgeblasen wird und dadurch Oberkörper und Kopf des Fahrers vor einem Aufprall auf das Lenkrad schützt. Bei einer entsprechend starken Frontalkollision wird über ein Steuergerät eine kleine Sprengladung im Gasgenerator der Airbag-Einheit gezündet. Es entstehen Explosionsgase, die den Luftsack innerhalb weniger Millisekunden aufblasen. Diese Zeit reicht aus, um den Aufprall des nach vorn schnellenden Fahrer-Oberkörpers zu dämpfen. Der Airbag fällt anschließend innerhalb weniger Sekunden wieder in sich zusammen, da die Gase durch Austrittsöffnungen entweichen.

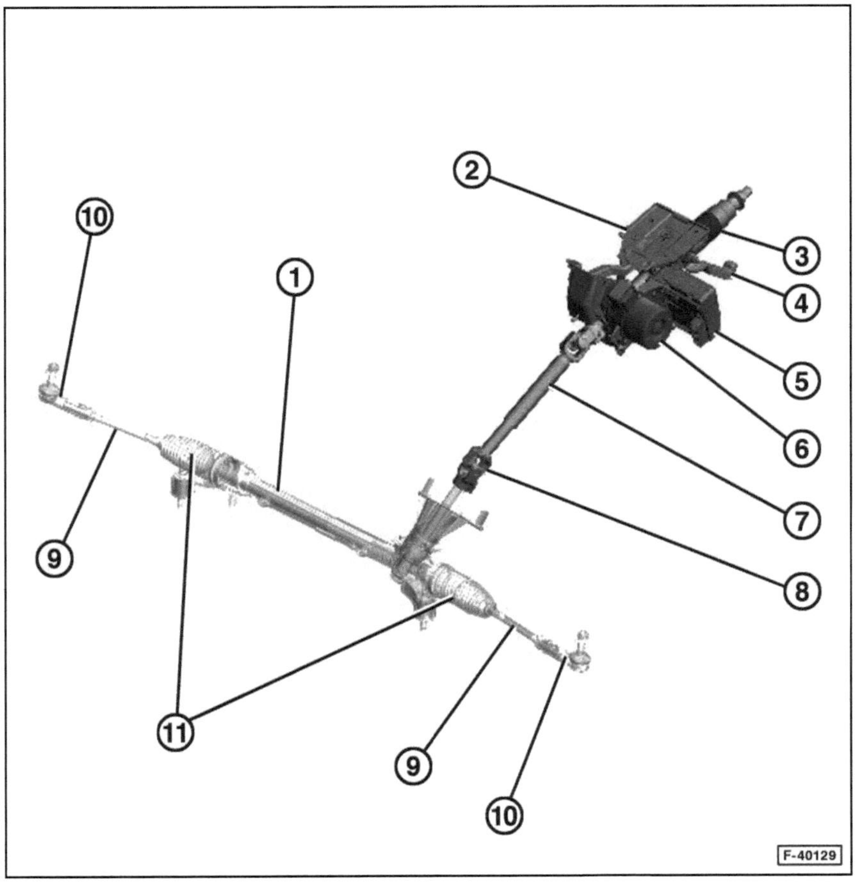

1 – Lenkgetriebe

2 – Lenksäule

3 – Lenkwelle

4 – Hebel
Für Höhen- und Längsverstellung der Lenksäule.

5 – Steuergerät
Für die Regelung der Servolenkung.
Überhitzungsschutz: Ein Temperatursensor kontrolliert die Arbeitstemperatur des Elektromotors.
Bis +65° C: Die Servolenkung arbeitet bei Bedarf mit voller Leistung.
+65 – +85° C: Die Lenkunterstützung wird kontinuierlich reduziert.
Über +85° C: Die Lenkunterstützung wird abgeschaltet.
Eine Überhitzung kann beispielsweise vorkommen, wenn die Lenkung bei stehendem Fahrzeug mehrmals von Anschlag zu Anschlag bewegt wird. Der Motor wird dann mit maximaler Leistung angesteuert, der Spitzenstrom kann dabei bis zu 78 A betragen.

6 – Elektromotor
Für elektrische Servounterstützung.

7 – Zwischenwelle

8 – Kreuzgelenk

9 – Spurstange

10 – Spurstangenkopf/Spurstangengelenk

11 – Lenkmanschette

Airbag-Sicherheitshinweise

Das Airbag-System besteht aus Aufprallsensor, Gasgenerator, Steuergerät und Airbag. Das Aufblasen des Airbags wird elektrisch ausgelöst.

Das Fahrzeug ist serienmäßig mit Front-, Seiten- und einem Fahrer-Knie-Airbag sowie Gurtstraffern ausgestattet. Optional können Kopf-Airbags vorhanden sein.

Auf dem Beifahrersitz darf kein gegen die Fahrtrichtung angeordneter Babysitz montiert werden, wenn der Beifahrer-Airbag aktiviert ist.

Achtung: Aus Sicherheitsgründen keine Arbeiten an Teilen des Airbag- oder Gurtstraffer-Systems durchführen.

Achtung: Bei Arbeiten an Airbags und Gurtstraffern nie ein Ruhestrom-Erhaltungsgerät anschließen.

Folgende Hinweise unbedingt beachten:

- Zündschlüssel abziehen.
- Batterie abklemmen. **Achtung:** Hinweise im Kapitel »Batterie aus- und einbauen« beachten.
- Batterieminuspol isolieren, um einen versehentlichen Kontakt zu vermeiden.

Achtung: Beim Anklemmen der Batterie darf sich keine Person im Innenraum des Fahrzeuges aufhalten.

- Nach dem Abklemmen der Batterie noch mindestens 3 Minuten warten, bis weitere Arbeiten begonnen werden.
- Sicherstellen, dass die Fahrzeug-Elektrik vollständig ohne Strom ist und keine anderen Stromquellen angeschlossen sind.
- Bei Arbeiten an mit Airbags ausgestatteten Fahrzeugen sowie am Airbag immer eine Schutzbrille tragen.

Speziell beim Fahrer-Airbag ist Folgendes zu beachten:

- Räder in Geradeausstellung, Lenkrad in Mittelstellung bringen.
- Vor dem Abnehmen (Berühren) der Airbag-Einheit elektrostatische Aufladung abbauen. Dazu kurz den Schließkeil der Tür oder die Karosserie anfassen.

Allgemeine Hinweise:

- Niemals Airbag-Komponenten eines anderen Fahrzeugs oder ein anderes Lenkrad einbauen. Beim Austausch stets neue Teile verwenden.
- Selbst nach einem leichten Unfall, der nicht zum Auslösen des Airbags führte, Airbag- und Gurtstraffer-System von einer Fachwerkstatt überprüfen lassen.
- **Das Airbag-System darf nur in der Fachwerkstatt geprüft werden. Keinesfalls mit Prüflampe, Voltmeter oder Ohmmeter prüfen.**
- Airbag-Komponenten, die aus einer Höhe von mehr als 0,5 m fallen gelassen wurden, müssen grundsätzlich ersetzt werden.
- Airbag-Komponenten vor großer Hitze und direkter Flammeneinwirkung schützen und keinen Temperaturen über +100° C aussetzen, auch nicht kurzfristig.
- Airbag-Komponenten vor Kontakt mit Wasser, Fett oder Öl schützen. Sofort mit einem trockenen Lappen abwischen.
- Die Airbag-Einheit ist im ausgebauten Zustand immer so abzulegen, dass das Lenkradpolster nach oben zeigt. Bei umgekehrter Lagerung besteht die Gefahr, dass bei eventueller Zündung der Gasgenerator nach oben geschleudert wird. Dadurch erhöht sich die Verletzungsgefahr.
- Bei Arbeitsunterbrechung die Airbag-Einheit nicht unbeaufsichtigt liegen lassen.
- Die Airbag-Einheit darf nicht zerlegt werden, bei einem Defekt ist sie immer komplett zu ersetzen. Da die Airbag-Einheit Explosivstoffe enthält, ist sie unter Verschluss oder geeigneter Aufsicht aufzubewahren.
- Vor Verschrotten des Fahrzeugs müssen die Airbag-Einheiten entsorgt werden. Die Entsorgung erfolgt nur durch eine Fachwerkstatt.
- Zwischen Airbag und Insassen dürfen sich keine Gegenstände befinden. Genügend großen Abstand zum Airbag einhalten, damit sich der Airbag-Luftsack beim Auslösen entfalten kann.
- Lenkrad, Armaturentafel und Vordersitzlehnen im Bereich der Airbag-Einheit nicht bekleben und von Gegenständen freihalten.
- An den Haken der Handgriffe nur leichte Kleidungsstücke ohne Kleiderbügel aufhängen. Keine Gegenstände in den Taschen der Kleidungsstücke belassen.
- Die Airbag-Kontrolllampe im Kombiinstrument muss beim Einschalten der Zündung aufleuchten und nach etwa 4 Sekunden erlöschen. Andernfalls liegt eine Störung vor.
- Bei Schweißarbeiten mit einem Elektroschweißgerät grundsätzlich die Batterie abklemmen und Batterieminuspol (–) mit Klebeband isolieren.

Speziell beim Seitenairbag ist Folgendes zu beachten:

- Es dürfen nur originale Sitzbezüge und Rücksitzbezüge verbaut werden, die für Seitenairbags freigegeben sind (erkennbar am Airbag-Annäher auf dem Bezug).
- Die Rückenlehnen dürfen nicht mit Schonbezügen überzogen werden, da dadurch die Funktion des Seitenairbags beeinflusst wird.
- Sitzplatzauflagen, -matten oder Ähnliches, die die Funktion der Sitzbelegungserkennung und der Airbags beeinträchtigen, sind nicht zulässig.
- Bei Beschädigung des Bezuges (durch Risse, Brandlöcher usw.) im Bereich des Seitenairbags ist aus Sicherheitsgründen immer der Bezug zu wechseln, da sich sonst der Seitenairbag nicht richtig entfaltet.
- Nicht mit der Polsternadel oder ähnlich spitzen Gegenständen im Bereich Airbag und Sensormatte in den Bezug stechen.

Speziell beim Kopfairbag ist Folgendes zu beachten:

- Kopfairbag nicht knicken oder verdrehen.
- Beschädigte Verkleidungen an den Fahrzeugsäulen immer ersetzen, nie reparieren.

Fahrer-Airbag-Einheit aus- und einbauen

Ausbau

- Fahrersitz ganz nach hinten schieben.
- Zündung ausschalten Zündschlüssel abziehen.
- **Airbag-Sicherheitshinweise durchlesen und befolgen.**
- **Batterie abklemmen. Achtung: Hinweise im Kapitel »Batterie aus- und einbauen« beachten.**
- **Batterieminuspol isolieren.**
- Nach dem Abklemmen der Batterie mindestens 3 Minuten warten.
- Schutzbrille aufsetzen.

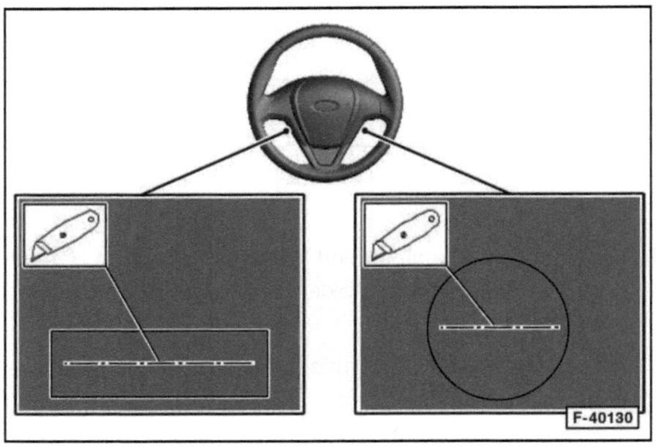

- Seitlich am Lenkrad die perforierten Linien mit einem scharfen Messer aufschneiden. **Hinweis:** Je nach Fahrzeugvariante können unterschiedliche Schnittlinien vorhanden sein.

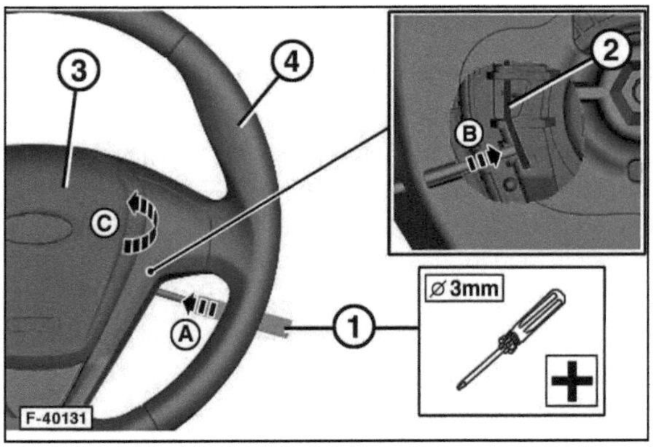

- Durch die seitlichen Öffnungen im Lenkrad einem Kreuzschlitzschraubendreher –1– mit 3 mm Durchmesser einführen –Pfeil A–.
- Schraubendreher gegen die Federklammer –2– drücken –Pfeil B– und dadurch Airbag ausclipsen.
- Airbag –3– etwas vom Lenkrad –4– wegziehen –Pfeil C–.
- Airbag auf der gegenüberliegenden Seite auf die gleiche Weise ausclipsen.

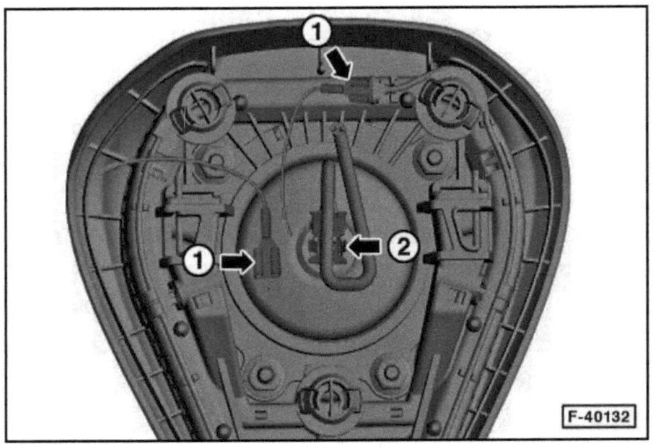

Achtung: Vor dem Abziehen der Airbag-Leitungen kurz den Schließkeil der Tür oder die Karosserie anfassen und dadurch eventuelle elektrostatische Aufladungen abbauen.

- Airbag etwas abheben und auf der Rückseite elektrische Leitungen –1– abziehen beziehungsweise Stecker –2– entriegeln und abziehen.
- Airbag vom Lenkrad abnehmen.

Einbau

Achtung: Vor dem Aufstecken der Airbag-Leitungen kurz den Schließkeil der Tür oder die Karosserie anfassen und dadurch eventuelle elektrostatische Aufladungen abbauen.

- Airbag-Einheit am Lenkrad ansetzen. Elektrische Leitungen aufschieben, Stecker anschließen und hörbar einrasten.
- Der weitere Einbau erfolgt in umgekehrter Ausbaureihenfolge. Dabei auf korrekte Verlegung der Leitungen achten.
- Isolierband am Minuspol der Batterie entfernen und Batterie anklemmen. **Achtung:** Hinweise im Kapitel »Batterie aus- und einbauen« beachten.

Achtung: Beim Anklemmen der Batterie darf sich keine Person im Fahrzeug-Innenraum befinden!

Knieairbag aus- und einbauen

Ausbau

- Zündung ausschalten, Zündschlüssel abziehen.
- **Airbag-Sicherheitshinweise durchlesen und befolgen.**
- **Batterie abklemmen. Achtung: Hinweise im Kapitel »Batterie aus- und einbauen« beachten.**
- **Batterieminuspol isolieren.**
- Sicherstellen, dass die Elektrik des Fahrzeugs vollständig ohne Strom ist und keine anderen Stromquellen, zum Beispiel ein Strom-Erhaltungsgerät, angeschlossen sind.
- Nach dem Abklemmen der Batterie 3 Minute warten, bis sich der Kondensator entladen hat.

Achtung: Schutzbrille tragen.

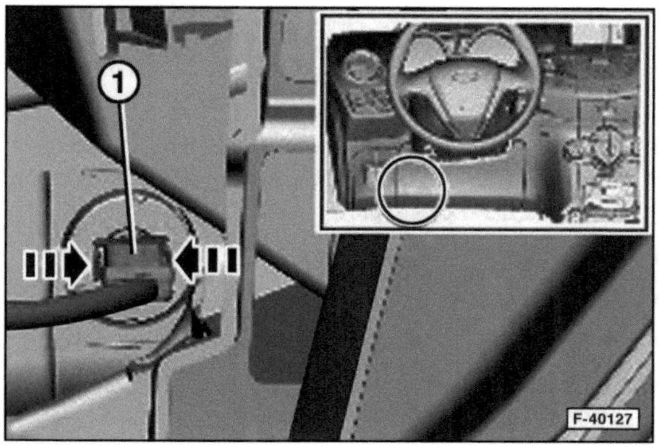

- Stecker –1– entriegeln –Pfeile– und abziehen.

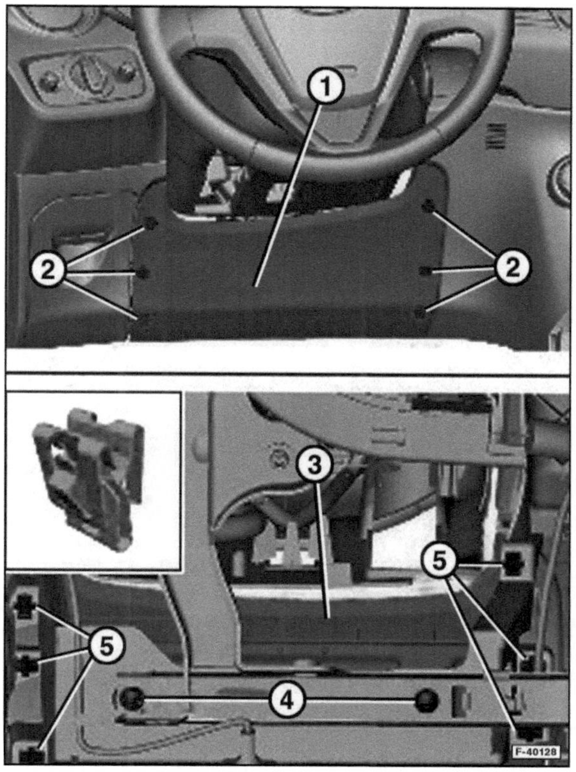

- Obere Fußraumabdeckung –1– abschrauben –2–.
- Knie-Airbag –3– abschrauben –4–, aus den 6 Blech-Halteklammern –5– lösen und herausnehmen.

Einbau

- Der Einbau erfolgt in umgekehrter Ausbaureihenfolge.

Achtung: Unbedingt Sicherheits-Vorschriften beim Einbau des Airbags beachten, siehe Seite 127.

Lenkrad aus- und einbauen

Ausbau

- Fahrer-Airbag ausbauen, dabei Sicherheitshinweise befolgen, siehe entsprechendes Kapitel.

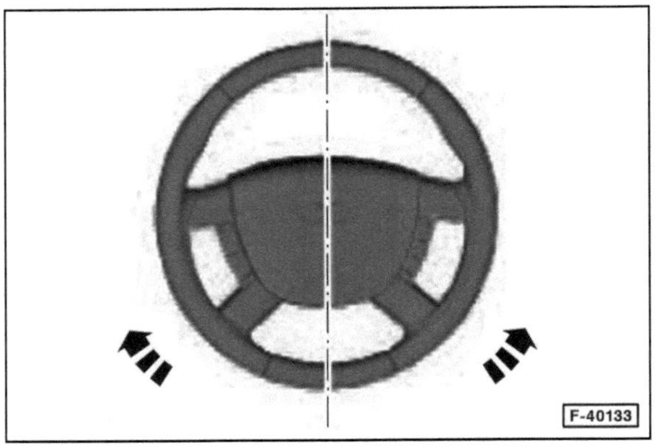

- Räder in Geradeausstellung bringen und Lenkradschloss einrasten lassen. Dazu den Schlüssel aus dem Zündschloss herausziehen und das Lenkrad etwas drehen.

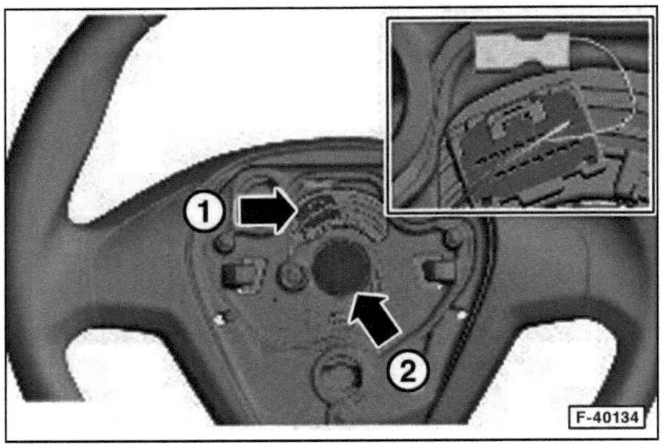

- Gegebenenfalls Stecker für Schalter am Lenkrad abziehen.
- Schraube –2– herausdrehen.
- Einbauposition des Lenkrades kennzeichnen. Dazu mit einer Reißnadel Markierungen auf dem Lenkrad sowie der Lenksäule anbringen.
- Lenkrad vorsichtig von der Lenksäule abziehen. Dabei darauf achten, dass sich die Wickelfeder nicht verdreht.

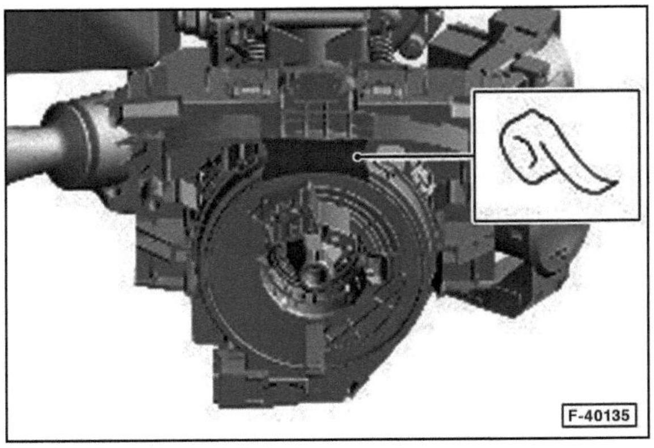

- Nach dem Abziehen des Lenkrades Wickelfeder mit einem Klebeband gegen Verdrehen sichern.

Einbau

- Räder in Geradeausstellung bringen. Darauf achten, dass die Wickelfeder in Mittelstellung steht.
- Lenkrad so auf die Verzahnung der Lenksäule aufschieben, dass die beiden Markierungen an Lenkrad und Lenksäule übereinstimmen.
- Schraube mit **48 Nm** festziehen.
- Stecker am Lenkrad aufschieben.
- Airbag-Einheit einbauen, siehe entsprechendes Kapitel.
- Auf ebener Straße kontrollieren, ob das Lenkrad in Mittelstellung steht, gegebenenfalls Lenkrad erneut ausbauen und umsetzen.

Spurstangenkopf aus- und einbauen

Spurstangenspiel prüfen

- Fahrzeug vorn aufbocken, die Räder müssen frei hängen.
- Räder und Spurstangen bewegen. Dabei darf kein Spiel auftreten.

Ausbau

- Räder in Geradeausstellung bringen.
- Radmuttern lösen. Fahrzeug aufbocken und Rad abnehmen. **Achtung:** Unbedingt Hinweise im Kapitel »Rad aus- und einbauen« beachten.

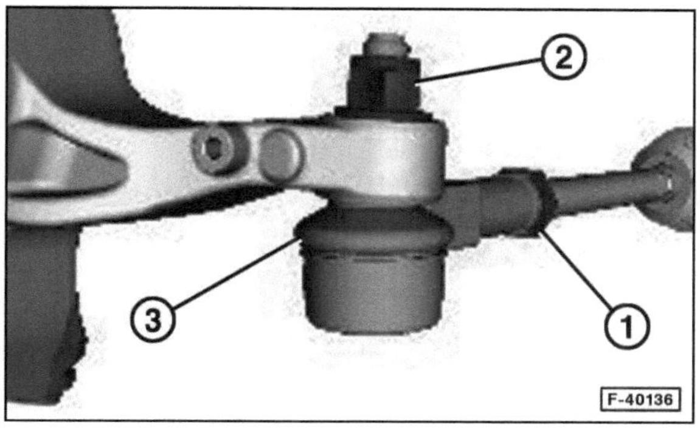

- Staubkappe –3– auf Beschädigungen, Risse und richtigen Sitz prüfen, gegebenenfalls Gelenk austauschen.
- Markierung über Spurstange und Spurstangenkopf anbringen, damit die Kontermutter –1– beim späteren Einbau an derselben Position festgezogen werden kann.
- Kontermutter –1– lockern, dabei Spurstangenkopf am Sechskant mit einem Maulschlüssel gegenhalten.
- Mutter –2– für Spurstangenkopf lösen, dabei Gelenkbolzen mit Inbusschlüssel gegenhalten. Mutter soweit abschrauben, bis sie mit dem Ende des Gelenkzapfens bündig ist.
- Staubkappe –3– zum Schutz mit einem weichen Lappen umwickeln.

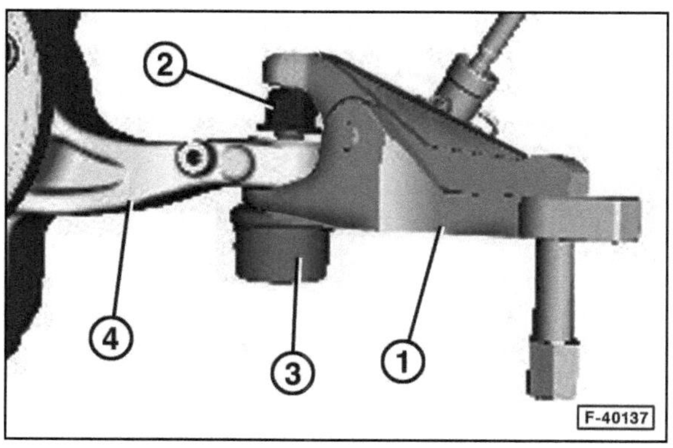

- Spurstangenkopf mit handelsüblichem Ausdrücker –1–, zum Beispiel HAZET 1779-1 oder FORD 211-020, aus dem Achsschenkel herausdrücken. Dabei Werkzeug an der Mutter –2– ansetzen. **Achtung:** Staubkappe beim Abdrücken nicht beschädigen.
- Spurstangenkopf –3– aus dem Achsschenkel –4– herausziehen.

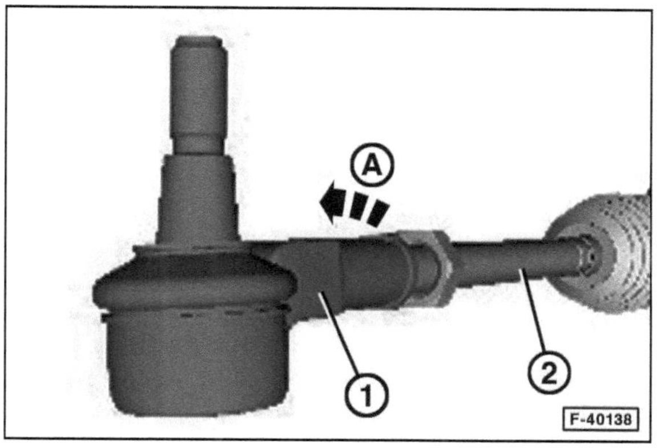

- Spurstangenkopf –1– von der Spurstange –2– abschrauben –A–. Dabei die Anzahl der Umdrehungen für den späteren Einbau notieren.

Einbau

- Kegelschaft des Spurstangenkopfes entfetten.
- Spurstangenkopf mit der gleichen Anzahl an Umdrehungen wie beim Ausbau auf die Spurstange aufschrauben. Dabei auf die angebrachte Markierung achten.
- Kontermutter handfest anziehen.
- Spurstange so ausrichten, dass der Gelenkbolzen des Spurstangenkopfes in Einbaulage steht. Spurstangenkopf bis zum Anschlag in den Achsschenkel einsetzen.
- **Neue selbstsichernde Mutter** auf den Spurstangenkopf aufschrauben und mit **53 Nm** anziehen. **Hinweis:** Dabei Gelenkbolzen mit Inbusschlüssel gegenhalten.
- Kontermutter mit **79 Nm** festziehen. Beim Festziehen am Sechskant des Spurstangenkopfs gegenhalten.
- Rad anschrauben, dabei Reifen-Laufrichtung beachten. Fahrzeug ablassen, erst dann Radmuttern über Kreuz mit **135 Nm** festziehen. **Achtung:** Unbedingt Hinweise im Kapitel »Rad aus- und einbauen« beachten.
- Fahrzeugvermessung durchführen lassen (Werkstattarbeit).

Manschette für Lenkung aus- und einbauen

Bei einer gerissenen oder porösen Manschette dringt Feuchtigkeit und Schmutz in das Lenkgetriebe. Defekte Manschette umgehend ersetzen. Die Schmierung der Verzahnung muss gewährleistet sein, sonst kann das Lenkgetriebe beschädigt werden.

Ausbau

- Räder in Geradeausstellung bringen.
- Radmuttern lösen. Fahrzeug aufbocken und Rad abnehmen. **Achtung:** Unbedingt Hinweise im Kapitel »Rad aus- und einbauen« beachten.
- Lenkgetriebe und Spurstange im Bereich der Manschette säubern, dabei darf kein Schmutz durch Risse in das Innere gelangen.
- Spurstangenkopf ausbauen, siehe entsprechendes Kapitel.
- Kontermutter von der Spurstange abschrauben.

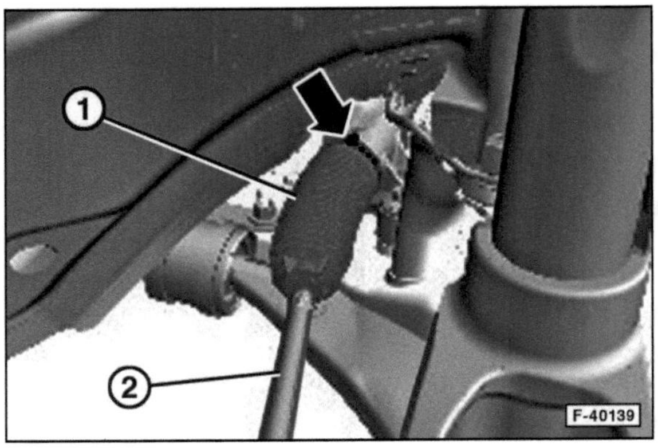

- Klemmschelle –Pfeil– mit Seitenschneider durchkneifen und abnehmen.
- Manschette –1– von der Spurstange –2– abziehen.

Einbau

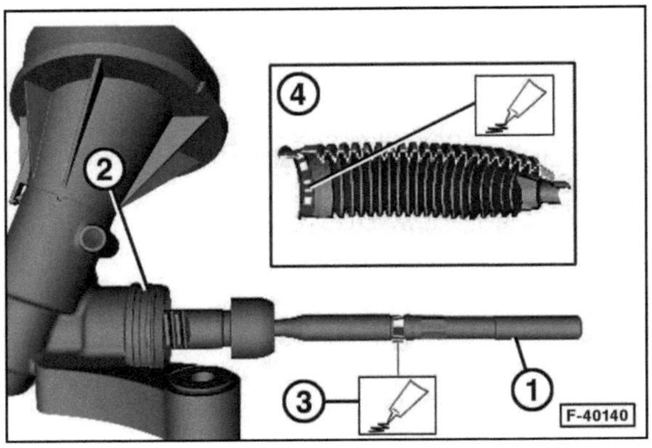

- Spurstange –1– reinigen und leicht einfetten.
- Anlagefläche am Lenkgetriebe –2– reinigen.
- Lenkrad in Geradeausstellung bringen.
- Gewinde der Spurstange abkleben, damit die Manschette beim Aufziehen nicht beschädigt wird.
- **Neue** Manschette über die Spurstange aufziehen und an den Stellen –3– und –4– mit Silikonfett, zum Beispiel FORD-ESE-M1C171-A, fetten.

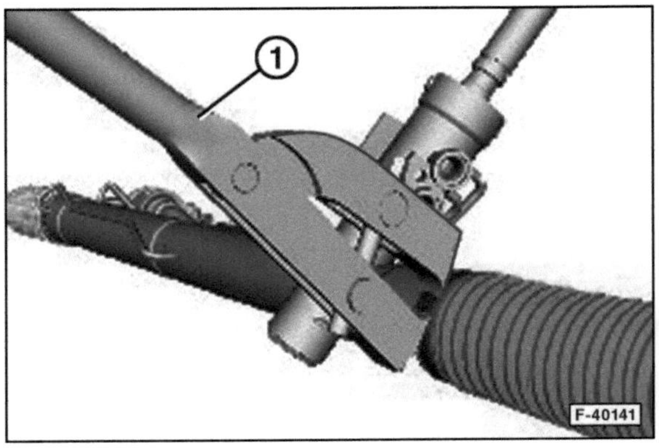

- **Neue** Klemmschelle über die Manschette legen und mit einer geeigneten Zange –1– spannen, zum Beispiel HAZET 1847.

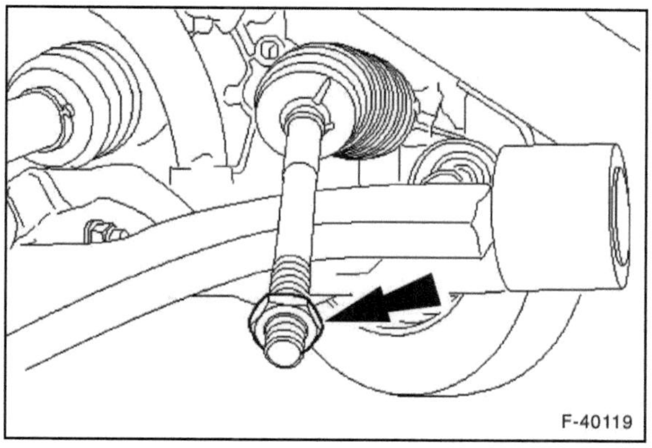

- Kontermutter –Pfeil– auf die Spurstange aufschrauben.
- Spurstangenkopf einbauen, siehe entsprechendes Kapitel.
- Rad anschrauben, dabei Reifen-Laufrichtung beachten. Fahrzeug ablassen, erst dann Radmuttern über Kreuz mit **135 Nm** festziehen. **Achtung:** Unbedingt Hinweise im Kapitel »Rad aus- und einbauen« beachten.
- Fahrzeugvermessung durchführen lassen (Werkstattarbeit).

Räder und Reifen

Der FIESTA ist je nach Modell und Ausstattung mit Rädern unterschiedlicher Größe ausgerüstet. Sofern Reifen montiert werden, die nicht in den Fahrzeugpapieren vermerkt sind, müssen sie in der EU-Übereinstimmungsbescheinigung (CoC = EU **C**ertification **of** **C**onformity) zum Fahrzeug stehen. Die Bescheinigung oder eine Kopie davon ist dann grundsätzlich im Fahrzeug mitzuführen.

Neben der Felgenbreite und dem Felgendurchmesser sind bei einem Wechsel der Felge auch die **Einpresstiefe** und der Lochkreisdurchmesser zu beachten. Die Einpresstiefe ist das Maß von der Felgenmitte (= Mitte der Reifenspur) bis zur Anlagefläche der Radschüssel an die Radnabe/Bremstrommel. Der **Lochkreisdurchmesser** gibt den Durchmesser des Kreises an, an dem die Radmuttern angeordnet sind.

Alle Scheibenräder sind als Hump-Felgen ausgelegt. Der **Hump** ist ein in die Felgenschulter eingepresster Wulst, der auch bei extrem scharfer Kurvenfahrt nicht zulässt, dass der schlauchlose Reifen von der Felge gedrückt wird. **Achtung:** In schlauchlose Reifen darf kein Schlauch eingezogen werden.

Reifenfülldruck

Der Reifenfülldruck wird vom Automobilhersteller in Abhängigkeit verschiedener Parameter festgelegt. Dazu zählen unter anderem die Zuladung und die Höchstgeschwindigkeit des Fahrzeugs. Vom Werk sind unterschiedliche Reifendimensionen und Felgengrößen zugelassen. Die vorliegende **Reifentabelle** listet nur einen Querschnitt möglicher Reifen auf.

Hinweis: Eine komplette Liste aller zugelassenen Reifen und Felgen hat jede FORD-Fachwerkstatt.

Es ist wichtig, dass der für den jeweiligen Reifen festgelegte Reifenfülldruck eingehalten wird. Die Reifenfülldruckwerte stehen auf einem Aufkleber auf der Anschlagsäule der Fahrertür. Für die Lebensdauer der Reifen und die Fahrzeugsicherheit ist das Einhalten des Reifenfülldrucks von großer Wichtigkeit. Reifenfülldruck deshalb alle 4 Wochen und vor jeder längeren Fahrt prüfen (auch Reserverad).

- Reifenfülldruckangaben beziehen sich auf **kalte** Reifen. Der sich bei längerer Fahrt einstellende und um ca. 0,2 bis 0,4 bar höhere Überdruck darf nicht reduziert werden. **Winterreifen** können mit einem um **0,2 bar höheren Überdruck** als Sommerreifen gefahren werden. Auf jeden Fall müssen die Reifenfülldrücke bei Winterreifen entsprechend den Vorgaben des Reifenherstellers eingehalten werden. Unterliegen die Winterreifen einer Geschwindigkeitsbeschränkung, muss ein Hinweis im Blickfeld des Fahrers angebracht werden (§ 36, Absatz 1 StVZO).
- Bei **Anhängerbetrieb** Reifenfülldruck auf den unter »volle Zuladung« angegebenen Wert erhöhen. Reifenfülldruck der Anhängerbereifung ebenfalls kontrollieren.
- Der Reifenfülldruck für das **Reserverad** entspricht dem höchsten für das Fahrzeug vorgesehenen Fülldruck.
- Der Reifenfülldruck für das **Notrad** ist auf der Reifenflanke angegeben und liegt bei 4,2 bar.

Reifenfülldruck für eine Auswahl von Reifenkombinationen

Motor	Reifengröße	Reifenfülldruck (Überdruck) in bar			
		halbe Zuladung		volle Zuladung	
		vorn	hinten	vorn	hinten
Alle außer 1,6-l-Diesel	175/65 R14*	2,1	1,8	2,6	3,2
	195/60 R15	2,1	2,1	2,6	2,6
	195/50 R15	2,1	1,8	2,6	3,2
	195/45 R16	2,1	1,8	2,6	3,2
	205/40 R17	2,1	1,8	2,6	2,8
1,6-l-Dieselmotor	175/65 R14*	2,3	1,8	2,6	3,2
	195/60 R15	2,1	2,1	2,6	2,6
	195/50 R15	2,3	1,8	2,6	3,2
	195/45 R16	2,3	1,8	2,6	3,2
	205/40 R17	2,3	1,8	2,6	2,8

*) Schneeketten sind nur auf Stahlfelgen und Reifen der Größe 175/65 R14 zulässig.

Hinweis: Die Angaben in der Tabelle sind Anhaltswerte. Die aktuelle Fülldruck steht auf dem Aufkeber an der B-Säule.

Reifen- und Scheibenrad-Bezeichnungen/Herstellungsdatum

Achtung: Nur vom Fahrzeughersteller freigegebene Reifen und Felgen verwenden.

Reifen-Bezeichnungen

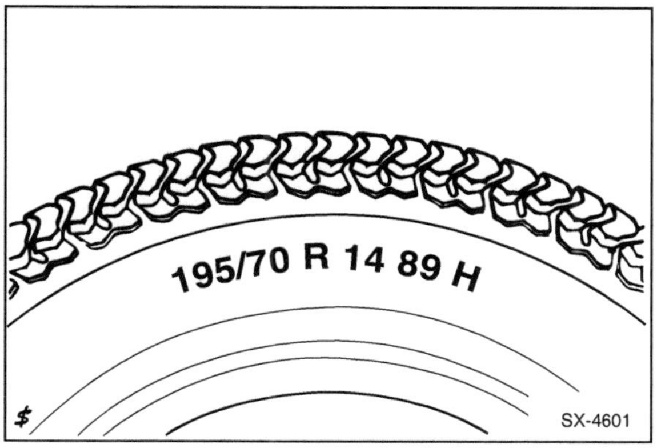

195 = Reifenbreite in mm.
/70 = Verhältnis Höhe zu Breite (die Höhe des Reifenquerschnitts beträgt 70 % von der Breite).
Fehlt eine Angabe des Querschnittverhältnisses (zum Beispiel 155 R 13), so handelt es sich um das »normale« Höhen-Breiten-Verhältnis. Es beträgt bei Gürtelreifen 82 %.
R = Radial-Bauart (= Gürtelreifen).
14 = Felgendurchmesser in Zoll.
89 = Tragfähigkeits-Kennzahl.
Achtung: Steht zwischen den Angaben 14 und 89 die Bezeichnung **M+S**, dann handelt es sich um einen Reifen mit größerem Profil (Winter- und Ganzjahresreifen).
H = Kennbuchstabe für zulässige Höchstgeschwindigkeit, H: bis 210 km/h.
Hinweis: Der Geschwindigkeits-Kennbuchstabe steht hinter der Reifengröße. Er gilt sowohl für Sommer- als auch für Winterreifen.

Geschwindigkeits-Kennbuchstabe

Kennbuchstabe	Zulässige Höchstgeschwindigkeit
Q	160 km/h
S	180 km/h
T	190 km/h
H	210 km/h
V	240 km/h
ZR	über 240 km/h

Achtung: Steht hinter der Reifenbezeichnung das Wort »reinforced«, handelt es sich um einen Reifen in verstärkter Ausführung, beispielsweise für Vans und Transporter.

Reifen-Herstellungsdatum

Das Herstellungsdatum steht auf dem Reifen im Hersteller-Code. **Beispiel:** DOT CUL2 UM8 4512 TUBELESS.

DOT = Department of Transportation (US-Verkehrsministerium).
CU = Kürzel für Reifenhersteller.
L2 = Reifengröße.
UM8 = Reifenausführung.
4512 = Herstellungsdatum = 45. Produktionswoche 2012.
Hinweis: Falls anstelle der 4-stelligen Ziffer eine 3-stellige Ziffer gefolgt von einem ◁-Symbol aufgeführt ist, dann wurde der Reifen im vergangenen Jahrzehnt produziert. Die Bezeichnung 509◁ bedeutet beispielsweise: 50. Produktionswoche 1999.
TUBELESS = schlauchlos (TUBETYPE = Schlauchreifen).

Achtung: Neureifen müssen dem ECE-Standard entsprechen. Neureifen **ohne** ECE-Prüfnummer an der Reifenflanke haben keine Allgemeine Betriebserlaubnis (ABE).

Scheibenrad-Bezeichnungen

Beispiel : 5½J x 15 H2, ET 38, LK 5/100.

5½ = Maulweite (Innenbreite) der Felge in Zoll.
J = Kennbuchstabe für Höhe und Kontur des Felgenhorns (B = niedrigere Hornform).
x = Kennzeichen für einteilige Tiefbettfelge.
15 = Felgen-Durchmesser in Zoll.
H2 = Felgenprofil an Außen- und Innenseite mit Hump-Schulter (Hump = Sicherheitswulst, damit der Reifen nicht von der Felge rutscht).
ET 38 = Einpresstiefe: 38 mm. Das Maß gibt in mm an, wie weit die Felgenanschraubfläche von der Felgenmitte entfernt ist.
LK 5 = Die Felge ist in diesem Beispiel mit 5 Muttern befestigt.
/100 = Der Lochkreisdurchmesser, auf dem die Radmuttern angeordnet sind, beträgt 100 mm.

Winterreifen

Die bei Winterreifen übliche Bezeichnung »M+S« wird mittlerweile auch für Ganzjahresreifen mit eingeschränkter Wintertauglichkeit verwendet. Bei Reifen, die einem zusätzlichen Traktionstest auf schneebedeckter Fläche unterzogen wurden, befindet sich ein Schneeflocken-Symbol auf der Reifenflanke.

Schneeketten

Schneeketten sind nur an den **Vorderrädern** zulässig. Aus technischen Gründen ist die Verwendung von Schneeketten nur mit bestimmten Reifen-/Felgenkombinationen zulässig, siehe Bedienungsanleitung. Auf dem Notrad keine Schneeketten auflegen. Um Beschädigungen an den Radvollblenden zu vermeiden, sollten diese bei Schneekettenbetrieb abgenommen werden. Nach Entfernen der Schneeketten, Radvollblenden wieder montieren.

Achtung: Nur feingliedrige Schneeketten aufziehen, die an der Lauffläche und an den Reifeninnenseiten inklusive Schloss maximal 10 mm auftragen.

Mit Schneeketten darf in Deutschland nicht schneller als **50 km/h** gefahren werden. Auf schnee- und eisfreien Straßen Schneeketten abnehmen.

Reifenpflegetipps

Reifen haben ein »Gedächtnis«. Unsachgemäße Behandlung – und dazu zählt beispielsweise auch schon schnelles oder häufiges Überfahren von Bordstein- oder Schienenkanten – führt deshalb zu Reifenpannen, mitunter sogar erst nach längerer Laufleistung.

Reifen reinigen

- Reifen generell **nicht** mit einem Dampfstrahlgerät reinigen. Wird die Düse des Dampfstrahlers zu nahe an den Reifen gehalten, dann wird die Gummischicht innerhalb weniger Sekunden irreparabel zerstört, selbst bei Verwendung von kaltem Wasser. Ein auf diese Weise gereinigter Reifen sollte sicherheitshalber ersetzt werden.
- Ersetzt werden sollte auch ein Reifen, der über längere Zeit mit Öl, Fett oder Kraftstoff in Berührung kam. Der Reifen quillt an den betreffenden Stellen zunächst auf, nimmt jedoch später wieder seine normale Form an und sieht äußerlich unbeschädigt aus. Die Belastungsfähigkeit des Reifens nimmt aber ab.

Reifen lagern

- Reifen sollten kühl, dunkel und trocken aufbewahrt werden. Sie dürfen nicht mit Fett, Öl oder Kraftstoff in Berührung kommen.
- Räder liegend oder an den Felgen aufgehängt in der Garage oder im Keller lagern. Reifen, die nicht auf einer Felge montiert sind, sollten stehend aufbewahrt werden.
- Bevor die Räder abmontiert werden, Reifenfülldruck etwas erhöhen (ca. 0,3 – 0,5 bar).

Hinweis: Für Winterreifen eigene Felgen verwenden; das Ummontieren der Reifen lohnt sich aus Kostengründen nicht.

Reifen einfahren

Neue Reifen haben vom Produktionsprozess her eine besonders glatte Oberfläche. Deshalb müssen neue Reifen – das gilt auch für das neue Ersatzrad – etwa **300 Kilometer** mit mäßiger Geschwindigkeit und vorsichtiger Fahrweise eingefahren werden; speziell auf regennasser Fahrbahn muss vorsichtig gefahren werden. Bei diesem Einfahren raut sich durch die beginnende Abnutzung die glatte Oberfläche auf, das Haftvermögen des Reifens verbessert sich.

Profiltiefe messen

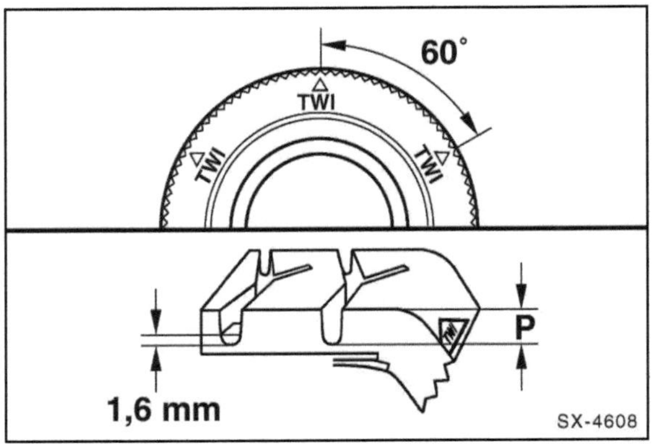

Reifen dürfen aufgrund gesetzlicher Vorschriften bis zu einer Profiltiefe von 1,6 mm abgefahren werden. Aus Sicherheitsgründen empfiehlt es sich, die Reifen bereits früher auszutauschen. **Sicherheitsgrenzwert der Profiltiefe:**

Sommerreifen . . . . **2 bis 3 mm**
Winterreifen . . . . **4 mm**

Die Tiefe des Reifenprofils an den Hauptprofilrillen mit dem stärksten Verschleiß messen. Im Profilgrund der Originalbereifung sind Abnutzungsindikatoren vorhanden. An den Reifenflanken kennzeichnen Buchstaben (TWI = **T**read **W**ear **I**ndicator) oder Dreiecksymbole die Lage der Verschleißanzeiger. Die Flächen der Abnutzungsindikatoren haben eine Höhe von 1,6 mm. Sie dürfen nicht in die Messung mit einbezogen werden. Für die Messwerte entscheidend ist das Maß an der Stelle mit der geringsten Profiltiefe –P–. **Hinweis:** Zum Ermitteln der Profiltiefe werden im Handel spezielle Messlehren angeboten, zum Beispiel HAZET 666-5.

Auswuchten von Rädern

Das Auswuchten der Räder ist notwendig, um unterschiedliche Gewichtsverteilung und Materialungenauigkeiten auszugleichen. Im Fahrbetrieb macht sich die Unwucht durch Trampel- und Flattererscheinungen bemerkbar. Das Lenkrad beginnt dann bei höherem Tempo zu zittern. In der Regel tritt dieses Zittern nur in einem bestimmten Geschwindigkeitsbereich auf und verschwindet wieder bei niedrigerer oder höherer Geschwindigkeit. Solche Unwuchterscheinungen können mit der Zeit zu Schäden an Achsgelenken, Lenkgetriebe und Stoßdämpfern sowie am Reifenprofil führen.

Räder nach jeder Reifenreparatur und nach jeder Montage eines neuen Reifens auswuchten lassen, da sich durch Abnutzung und Reparatur die Gewichts- und Materialverteilung am Reifen ändert.

Rad aus- und einbauen

Ausbau

Hinweis: Leichtmetallfelgen sind durch einen Klarlacküberzug gegen Korrosion geschützt. Beim Radwechsel darauf achten, dass die Schutzschicht nicht beschädigt wird, andernfalls mit Klarlack ausbessern.

- **Reifen-Laufrichtung mit Kreide durch einen Pfeil am Reifen markieren.**
- Fahrzeug gegen Wegrollen sichern. Dazu Handbremse anziehen, Rückwärtsgang oder 1. Gang einlegen. Bei Fahrzeugen mit Automatikgetriebe Wählhebel in Stellung »P« legen. Außerdem einen Keil hinter das diagonal gegenüberliegende Rad legen. Dabei Keil immer an der von der Aufbockstelle weg zeigenden Seite unterlegen.
- **Stahlfelge mit Radvollblende:** Radmutternschlüssel aus dem Bordwerkzeug mit der abgeflachten Seite zwischen Felge und Radvollblende schieben und Radvollblende abhebeln.
- **Rad mit Mittenabdeckung:** Radmutternschlüssel aus dem Bordwerkzeug mit der abgeflachten Seite zwischen Felge und Mittenabdeckung schieben. Radmutternschlüssel drehen und Mittenabdeckung abdrücken. **Hinweis:** Es kann auch ein breiter Schraubendreher verwendet werden.
- **Rad mit Felgenschloss:** Felgenschlüssel aus dem Bordwerkzeug auf das Felgenschloss aufsetzen.
- **Radmuttern ½ Umdrehung** lockern, nicht abschrauben. **Achtung:** Dabei muss das Fahrzeug auf dem Boden stehen, ein Gang eingelegt und die Handbremse angezogen sein. Zum Lösen der Radmuttern keinen Drehmomentschlüssel verwenden. Festgefressene Radmuttern nicht durch Wärmezufuhr lockern.

> **Sicherheitshinweis**
> Beim Aufbocken des Fahrzeugs besteht Unfallgefahr! Hinweise im Kapitel »Fahrzeug aufbocken« beachten.

- Fahrzeug mit einem Wagenheber so weit anheben, bis das Rad vom Boden abgehoben hat, siehe Seite 53.
- Radmuttern abschrauben und Rad abnehmen.

Hinweis: Werden mehrere Räder gleichzeitig abgebaut, Einbauort der einzelnen Räder mit Kreide auf den Reifen kennzeichnen.

Einbau

- Anlageflächen des Rades an der Radnabe und auf der Felge reinigen und entfetten.
- Verschmutzte Muttern und Gewinde reinigen. Gewinde und Konus der Radmuttern müssen öl- und fettfrei sein.

Achtung: Korrodierte oder schwergängige Muttern umgehend erneuern. Bis dahin vorsichtshalber nur mit mäßiger Geschwindigkeit fahren. Radmuttern **nicht** einölen.

- Zum Schutz gegen das Festrosten des Rades Zentriersitz der Felge an der Radnabe vor jeder Montage des jeweiligen Rades dünn mit Wälzlagerfett einfetten.
- Rad entsprechend der beim Ausbau angebrachten Markierungen (Einbauposition, Laufrichtung) ansetzen.
- Radmuttern mit der konischen Seite zum Rad anschrauben.

Achtung: Felgen und Radmuttern sind aufeinander abgestimmt. Leichtmetallfelgen dürfen nie mit Radmuttern für Stahlfelgen befestigt werden, zum Beispiel beim Wechsel von Winterbereifung mit Stahlfelgen auf Sommerbereifung mit Leichtmetallfelgen.

Hinweis: Reserverad mit Stahlfelge nur für höchstens 2 Wochen mit Radmuttern für Leichtmetallfelgen anschrauben.

- **Rad mit Felgenschloss:** Felgenschlüssel aus dem Bordwerkzeug auf das Felgenschloss aufsetzen.
- Radmuttern leicht mit etwa **50 Nm** über Kreuz voranziehen.
- Fahrzeug absenken und Wagenheber entfernen.

- Radmuttern über Kreuz in der Reihenfolge **1-2-3-4** in mehreren Durchgängen anziehen. Zum Festziehen der Radmuttern sollte stets ein Drehmomentschlüssel verwendet werden. Dadurch wird sichergestellt, dass die Radmuttern gleichmäßig und fest angezogen sind.
Anzugsdrehmoment für die Radmuttern: 135 Nm.

Achtung: Wurden die Radmuttern nicht mit einem Drehmomentschlüssel festgezogen, **ist es zwingend erforderlich**, umgehend das Anzugsdrehmoment in einer Werkstatt kontrollieren zu lassen. Durch einseitiges oder unterschiedlich starkes Anziehen der Radmuttern können das Rad und/oder die Radnabe verspannt werden.

- **Stahlfelge mit Radvollblende:** Radvollblende zuerst im Bereich des Ventilausschnittes aufdrücken und anschließend gesamte Blende vollständig einrasten lassen. Blende gegebenenfalls mit dem Handballen aufschlagen.
- **Rad mit Mittenabdeckung:** Mittenabdeckung so auf der Felge ansetzen, dass alle Kunststoffkrallen gleichmäßig auf dem inneren Felgenring sitzen. Dabei muss der Passstift auf der Rückseite der Mittenabdeckung in die Aussparung im Felgenring greifen. Mittenabdeckung mit dem Handballen aufschlagen.
- Nach dem Reifenwechsel unbedingt Reifenfülldruck prüfen und gegebenenfalls korrigieren.

Austauschen der Räder/Laufrichtung

Sicherheitshinweise
Reifen nicht einzeln, sondern mindestens achsweise ersetzen. Reifen mit der größeren Profiltiefe **vorn** montieren. Am Fahrzeug dürfen nur Reifen gleicher Bauart verwendet werden. An einer Achse dürfen nur Reifen desselben Herstellers und mit der selben Profilausführung eingebaut werden. Reifen, die älter als 6 Jahre sind, nur im Notfall und bei vorsichtiger Fahrweise verwenden. Keine gebrauchten Reifen verwenden, deren Ursprung nicht bekannt ist. Beim Erneuern von Felge oder Reifen grundsätzlich das Gummiventil ersetzen.

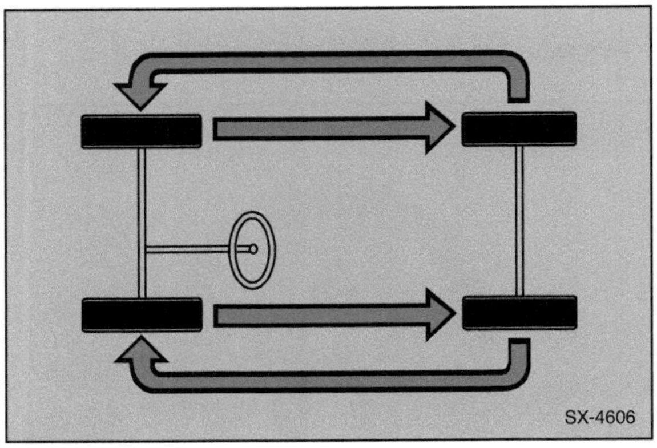
SX-4606

- Bei größerem Verschleiß der vorderen Reifen, die Vorderräder gegen die Hinterräder tauschen. Dadurch haben alle 4 Reifen etwa die gleiche Lebensdauer.

Es ist nicht zweckmäßig, bei einem Austausch der Räder die Drehrichtung der Reifen zu ändern, da sich die Reifen nur unter vorübergehend stärkerem Verschleiß der veränderten Drehrichtung anpassen.

SX-4609

- Bei Reifen **mit laufrichtungsgebundenem Profil,** erkennbar an Pfeilen auf der Reifenflanke in Laufrichtung, **muss** die Laufrichtung des Reifens **unbedingt** eingehalten werden. Dadurch werden optimale Laufeigenschaften bezüglich Aquaplaning, Haftvermögen, Geräusch und Abrieb sichergestellt.

Hinweis: Laufrichtungsgebundenes Reserverad bei einer Reifenpanne nur vorübergehend entgegen der Laufrichtung montieren. Insbesondere bei Nässe empfiehlt es sich, die Geschwindigkeit den Fahrbahnverhältnissen anpassen.

Fehlerhafte Reifenabnutzung

- In erster Linie ist auf vorschriftsmäßigen Reifenfülldruck zu achten, wobei alle 4 Wochen und vor jeder längeren Fahrt sowie bei hoher Zuladung eine Prüfung vorgenommen werden sollte.
- Reifenfülldruck nur bei kühlen Reifen prüfen. Der Reifenfülldruck steigt nämlich mit zunehmender Erhitzung bei schneller Fahrt an. Dennoch ist es völlig falsch, aus erhitzten Reifen Luft abzulassen.

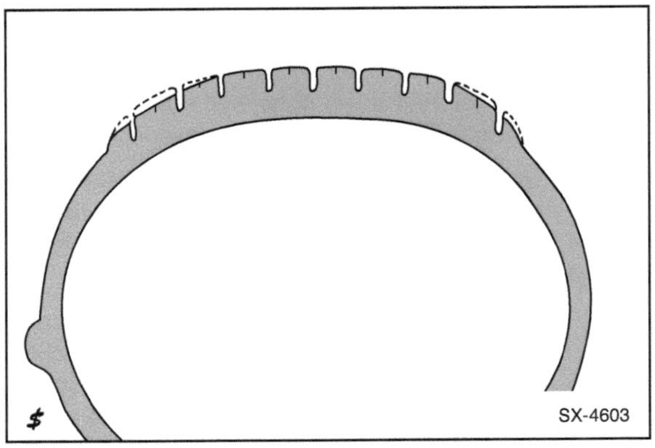
SX-4603

- An den Vorderrädern ist eine etwas größere Abnutzung der Reifenschultern gegenüber der Laufflächenmitte normal, wobei aufgrund der Straßenneigung die Abnutzung der zur Straßenmitte zeigenden Reifenschulter (linkes Rad: außen, rechtes Rad: innen) deutlicher ausgeprägt sein kann.
- Ungleichmäßiger Reifenverschleiß ist zumeist die Folge zu geringen oder zu hohen Reifenfülldrucks. Er kann auch auf Fehler in der Radeinstellung oder der Radauswuchtung sowie auf mangelhafte Stoßdämpfer oder Felgen zurückzuführen sein.
- Bei zu hohem Reifenfülldruck wird die Laufflächenmitte mehr abgenutzt, da der Reifen an der Lauffläche durch den hohen Innendruck mehr gewölbt ist.
- Bei zu niedrigem Reifenfülldruck liegt die Lauffläche an den Reifenschultern stärker auf, und die Laufflächenmitte wölbt sich nach innen durch. Dadurch ergibt sich ein stärkerer Reifenverschleiß der Reifenschultern.

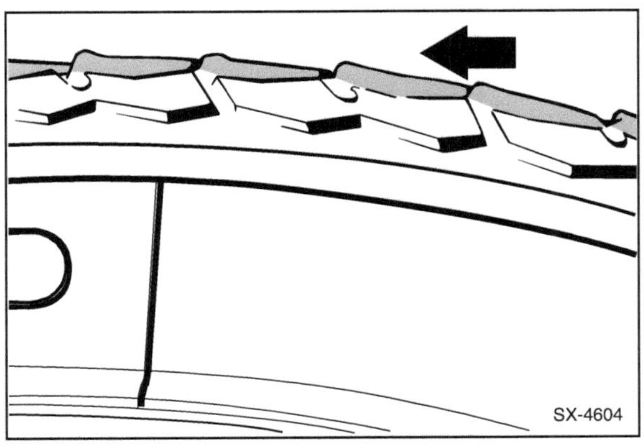
SX-4604

- Sägezahnförmige Abnutzung des Profils ist in der Regel auf eine Überbelastung des Fahrzeugs zurückzuführen.

Bremsanlage

Aus dem Inhalt:

- **ABS/EBD/ASR/EBA/ESP**
- **Bremsbeläge wechseln**
- **Bremsscheibe prüfen**
- **Bremsscheibe wechseln**
- **Trommelbremse**
- **Bremse entlüften**
- **Handbremse einstellen**
- **Handbremsseil**

Das Arbeiten an der Bremsanlage erfordert peinliche Sauberkeit und exakte Arbeitsweise. Falls die nötige Arbeitserfahrung fehlt, sollten Reparaturarbeiten an der Bremsanlage von einer Fachwerkstatt durchgeführt werden.

Das Bremssystem besteht aus dem Hauptbremszylinder mit dem Bremskraftverstärker, den **Scheibenbremsen** für die Vorderräder und den **Trommelbremsen** für die Hinterräder. Das hydraulische Bremssystem ist in zwei Kreise aufgeteilt, die diagonal wirken. Ein Bremskreis ist mit den Bremssätteln vorn rechts/hinten links verbunden, der zweite mit den Bremssätteln vorn links/hinten rechts. Dadurch kann bei Ausfall eines Bremskreises, zum Beispiel durch ein Leck, das Fahrzeug über den anderen Bremskreis zum Stehen gebracht werden. Der Druck für beide Bremskreise wird im Tandem-Hauptbremszylinder über das Bremspedal aufgebaut.

Der **Bremsflüssigkeitsbehälter** befindet sich auf der linken Seite im Motorraum hinter der Batterie und über dem Hauptbremszylinder. Er versorgt das Bremssystem wie auch das hydraulische Kupplungssystem mit Bremsflüssigkeit.

Der **Bremskraftverstärker** speichert beim Benzinmotor einen Teil des vom Motor erzeugten Ansaugunterdruckes. Beim Betätigen des Bremspedals wird dann die Pedalkraft durch den Unterdruck verstärkt.

Da beim Dieselmotor der Ansaugunterdruck nicht vorhanden ist, erzeugt eine **Vakuumpumpe** den Unterdruck für den Bremskraftverstärker. Die Vakuumpumpe sitzt am Zylinderkopf und wird über die Nockenwelle angetrieben.

Die **Bremsbeläge** sind Bestandteil der Allgemeinen Betriebserlaubnis (ABE) und vom Werk auf das jeweilige Fahrzeugmodell abgestimmt. Es dürfen deshalb nur die vom Automobilhersteller beziehungsweise vom Kraftfahrtbundesamt (KBA) freigegebenen Bremsbeläge verwendet werden. Diese Bremsbeläge haben eine KBA-Freigabenummer.

Sicherheitshinweis
Beim Aufbocken des Fahrzeugs besteht Unfallgefahr! Hinweise im Kapitel »Fahrzeug aufbocken« beachten.

Hinweis: Beim Fahren auf stark regennassen Fahrbahnen ist es sinnvoll, die Fußbremse von Zeit zu Zeit zu betätigen, um die Bremsscheiben von Rückständen zu befreien. Während der Fahrt wird zwar durch die Zentrifugalkraft das Wasser von den Bremsscheiben geschleudert, doch bleibt teilweise ein dünner Film von Fett und Verschmutzungen zurück, der das Ansprechen der Bremse vermindert.

Eingebrannter Schmutz auf den Bremsbelägen und zugesetzte Regennuten in den Bremsbelägen führen zur Riefenbildung auf den Bremsscheiben. Dadurch kann eine verminderte Bremswirkung eintreten.

Achtung: Selbstsichernde Schrauben/Muttern immer ersetzen. Gewindebohrungen für selbstsichernde Schrauben vorher nachschneiden und säubern.

Sicherheitshinweis
Beim Reinigen der Bremsanlage fällt Bremsstaub an, der zu gesundheitlichen Schäden führen kann. Beim Reinigen der Bremsanlage Bremsstaub nicht einatmen.

ABS/EBD/ASR/EBA/ESP

Grundsätzlich dürfen Arbeiten an den elektronisch gesteuerten Brems- und Fahrwerkskomponenten nur in der Fachwerkstatt ausgeführt werden.

ABS: Das **A**nti-**B**lockier-**S**ystem verhindert bei scharfem Abbremsen das Blockieren der Räder, dadurch bleibt das Fahrzeug lenkbar.

EBD (**E**lectronic **B**rakeforce **D**istribution)**:** Die elektronische Bremskraftverteilung verteilt mittels ABS-Hydraulik die Bremskraft an die Hinterräder. Bei Geradeausfahrt wird die Hinterradbremse voll an der Bremsleistung beteiligt. Über die ABS-Drehzahlsensoren erkennt die EBD, ob das Fahrzeug geradeaus oder durch eine Kurve fährt. Bei Kurvenfahrt wird der Bremsdruck für die Hinterräder reduziert. Dadurch können die Hinterräder die maximale Seitenführungskraft aufbringen und ein Schleudern des Fahrzeugs beim Bremsen in der Kurve wird verhindert.

EBA: Der **E**lektronische-**B**rems-**A**ssistent erkennt aufgrund der Geschwindigkeit und der Kraft, mit der das Bremspedal heruntergedrückt wird, ob eine Notbremssituation gegeben ist. In diesem Fall erhöht EBA automatisch den Bremsdruck über den vom Fahrer vorgegebenen Wert, bis die ABS-Regelung einsetzt. Dadurch wird der Bremsweg verkürzt.

ASR: Die elektronische **A**ntriebs-**S**chlupf-**R**egelung verhindert beim Beschleunigen den Schlupf der zum Durchdrehen neigenden Räder. Dies wird durch das Abbremsen der Räder und die Reduzierung der Motorleistung erreicht.

ESP: Über die ABS-Funktionen hinaus verringert ESP (**E**lektronisches **S**tabilitäts-**P**rogramm) das Schleuderrisiko des Fahrzeugs. In dem umfassenden Fahrstabilitätsregelsystem ESP sind unter anderem die Funktionen der Traktionskontrolle integriert. In schnell durchfahrenen Kurven oder bei abrupten Ausweichmanövern erkennt ESP, ob das Fahrzeug auszubrechen droht. Über Sensoren erfasst ESP den Lenkwinkel und die Drehgeschwindigkeit des Fahrzeugs um die Hochachse. Durch das Abbremsen einzelner Räder und die Regulierung der Motorleistung wird das Fahrzeug bestmöglichst auf dem gewünschten Kurs gehalten.

Ist die ESP-Regelung aktiv, wird dies durch Blinken der ESP-Warnleuchte im Kombiinstrument signalisiert. Die Fahrweise sollte dann den Straßenverhältnissen angepasst werden, sonst besteht Unfallgefahr. Die ESP-Warnleuchte leuchtet bei eingeschalteter Zündung auf und erlischt nach dem Anlassvorgang bei laufendem Motor.

Hinweis: Bei Fahrbahnen mit Sand, Kies oder im Tiefschnee sowie bei Schneekettenbetrieb kann es von Vorteil sein, ESP abzuschalten, um mit höherem Antriebsschlupf und ohne elektronischen Motoreingriff fahren zu können. ESP lässt sich über das Informations-Display abschalten, dann leuchtet die Warnleuchte im Kombiinstrument.

Hinweise zum ABS/ESP/EBD/EBA

Eine Sicherheitsschaltung im elektronischen Steuergerät sorgt dafür, dass sich die Anlage bei einem Defekt (zum Beispiel Kabelbruch) oder bei zu niedriger Betriebsspannung (Batteriespannung unter 10 Volt) selbst abschaltet. Angezeigt wird dies durch das Aufleuchten der Kontrolllampen im Kombiinstrument. Die herkömmliche Bremsanlage bleibt dabei in Betrieb. Das Fahrzeug verhält sich dann beispielsweise beim Bremsen so, als ob keine ABS/ESP/EBD/EBA-Anlage eingebaut wäre.

Sicherheitshinweis
Wenn während der Fahrt die Kontrollleuchten für ABS/ESP/EBD und für die Bremsanlage leuchten, können bei starkem Abbremsen die Hinterräder blockieren, da die Bremskraftverteilung ausgefallen ist.

Leuchten eine oder mehrere **Kontrolllampen** im Kombiinstrument während der Fahrt auf, folgende Punkte beachten:

- Fahrzeug kurz anhalten, Motor abstellen und wieder starten.
- Batteriespannung prüfen. Wenn die Spannung unter 10,5 Volt liegt, Batterie laden.

Achtung: Wenn die Kontrolllampen am Anfang einer Fahrt aufleuchten und nach einiger Zeit wieder erlöschen, deutet das darauf hin, dass die Batteriespannung zunächst zu gering war, bis sie sich während der Fahrt durch Ladung über den Generator wieder erhöht hat.

- Prüfen, ob die Batterieklemmen richtig festgezogen sind und einwandfreien Kontakt haben.
- Fahrzeug aufbocken, Räder abnehmen, elektrische Leitungen zu den ABS-Drehzahlsensoren auf äußere Beschädigungen (Scheuerstellen) prüfen. Weitere Prüfungen der ESP/EBD-Anlage sollten von einer Fachwerkstatt durchgeführt werden.

Technische Daten Bremsanlage

Modell	Alle außer ST
Bremsscheibendicke – neu	23 mm
Bremsscheibendicke – Verschleißgrenze	21 mm
Maximaler Scheibenschlag (eingebaut)	0,025 mm
Bremsscheibe – Maximale Dickenabweichung	0,05 mm
Bremsbelagdicke – Verschleißgrenze	1,5 mm
Bremstrommel-Durchmesser – Verschleißgrenze	201,5 mm
Bremsbackenbelag – Verschleißgrenze	1,0 mm

Bremsbeläge vorn aus- und einbauen

Ausbau

Hinweis: Beim Einkauf neuer Bremsbeläge kann der Preis für den Komplettsatz – Bremsbeläge plus Bremsscheiben – günstiger sein als die jeweiligen Einzelpreise. Daher vor dem Kauf der Bremsbeläge die Bremsscheiben auf Verschleiß prüfen.

Achtung: Bremsbeläge sind Bestandteil der Allgemeinen Betriebserlaubnis (ABE) und vom Werk auf das jeweilige Modell abgestimmt. Es dürfen deshalb nur die vom Automobilhersteller freigegebenen Bremsbeläge verwendet werden.

Achtung: Sollen die Bremsbeläge wieder verwendet werden, müssen sie beim Ausbau gekennzeichnet werden. Ein Wechsel der Beläge von der Außen- zur Innenseite oder vom rechten zum linken Rad ist nicht zulässig.

Achtung: Grundsätzlich alle Scheibenbremsbeläge einer Achse gleichzeitig ersetzen, auch wenn nur ein Belag die Verschleißgrenze erreicht hat.

Hinweis: Falls alle 4 Bremsbeläge gewechselt werden, empfiehlt es sich zuerst die Bremsbeläge an einem Rad komplett aus- und einzubauen und anschließend mit den Arbeiten am anderen Rad zu beginnen.

- Radmuttern lösen. Fahrzeug aufbocken und Rad abnehmen. **Achtung:** Unbedingt Hinweise im Kapitel »Rad aus- und einbauen« beachten.

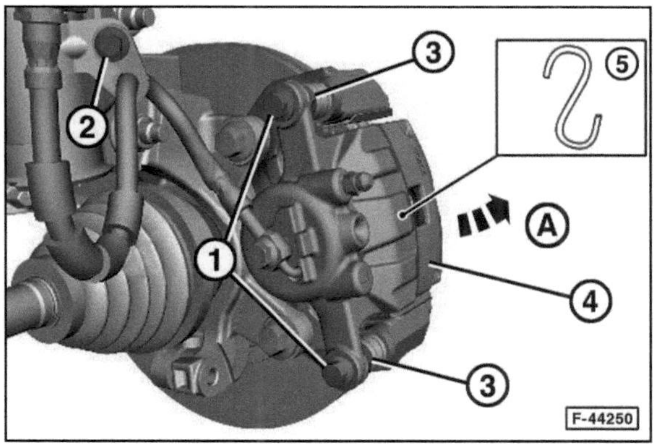

- Halter für Bremsschlauch am Federbein abschrauben –2–.
- Falls vorhanden, Abdeckkappen von den Führungsbolzen abdrücken.
- Führungsbolzen –1– herausdrehen, dabei am Sechskant –3– der Führungsstifte gegenhalten.
- Bremssattel –4– in Pfeilrichtung –A– vom Bremssattelträger abnehmen und mit Draht –5– am Aufbau aufhängen. **Achtung:** Bremssattel nicht einfach nach unten hängen lassen; der Bremsschlauch darf nicht auf Zug beansprucht oder verdreht werden.

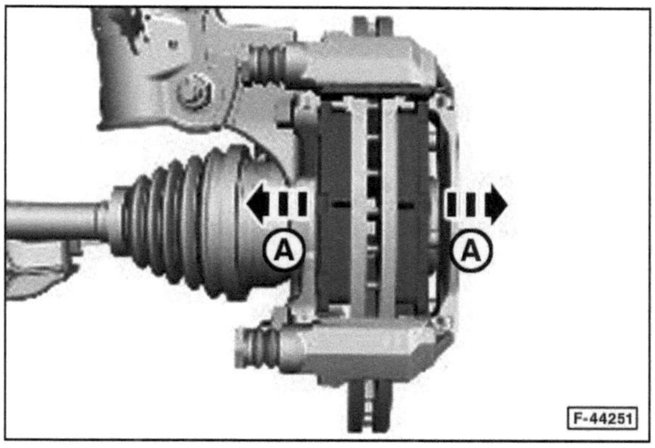

- Bremsbeläge herausnehmen –Pfeile A–.

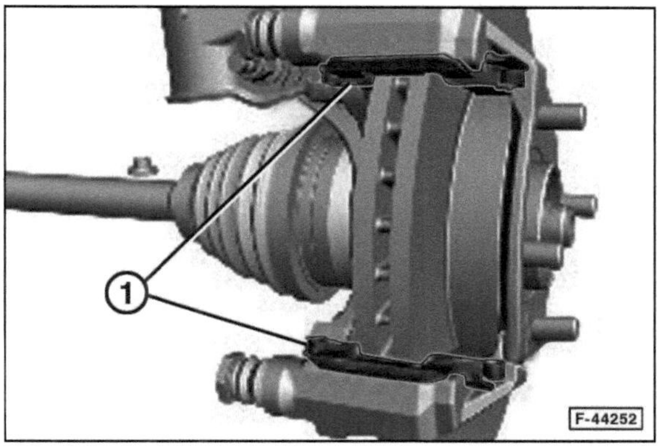

- Einbaulage der Haltefedern –1– für den Einbau notieren. Haltefedern herausnehmen.

Einbau

Achtung: Bei ausgebauten Bremsbelägen nicht auf das Bremspedal treten, sonst wird der Kolben aus dem Gehäuse des Bremssattels herausgedrückt. Um ein Herausgleiten des Bremskolbens zu verhindern, Holzstück zwischen Bremskolben und Bremssattel klemmen.

- Vor Einbau der Beläge ist die Bremsscheibe durch Abtasten mit den Fingern auf Riefen zu untersuchen. Riefige Bremsscheiben erneuern.
- Bremsscheibendicke messen. Ist die Verschleißgrenze erreicht oder sind Einrisse vorhanden, Bremsscheibe wechseln, siehe entsprechendes Kapitel.
- Vor dem Einsetzen neuer Bremsbeläge Bremssattel gründlich reinigen.

Achtung: Nicht die Rückenplatten der Bremsbeläge schmieren.

- Bremssattelträger reinigen.

Achtung: Zum Reinigen der Bremse **ausschließlich** Spiritus verwenden. Führungsfläche beziehungsweise Sitz der Beläge im Gehäuseschacht mit einem Lappen reinigen. Keine scharfkantigen Werkzeuge verwenden.

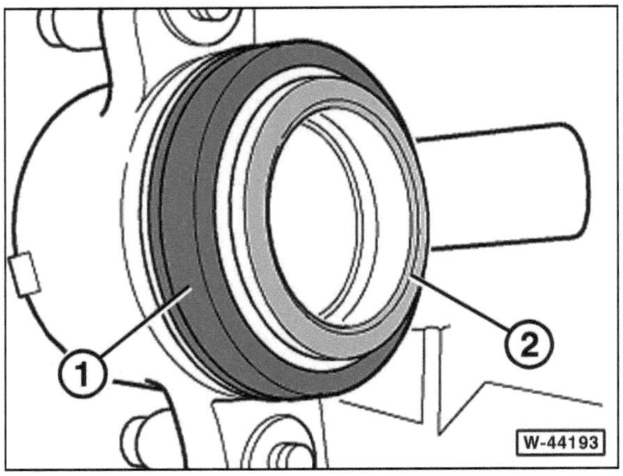

- Staubmanschette -1- für Bremskolben auf Anrisse prüfen. Eine beschädigte Staubmanschette umgehend ersetzen lassen, da eingedrungener Schmutz schnell zu Undichtigkeiten des Bremssattels führt. Der Bremssattel muss dazu zerlegt werden (Werkstattarbeit).
- Vor dem Einsetzen der Bremsbeläge Anlagefläche -2- des Bremskolbens reinigen.
- Deckel des Bremsflüssigkeitsbehälters abschrauben.
- Bei hohem Bremsbelagverschleiß Leichtgängigkeit des Kolbens prüfen. Dazu einen Holzklotz in den Bremssattel einsetzen und durch Helfer langsam auf das Bremspedal treten lassen. Der Bremskolben muss sich leicht heraus- und hineindrücken lassen. Zur Prüfung muss der andere Bremssattel eingebaut sein. Darauf achten, dass der Bremskolben nicht ganz herausgedrückt wird. Angerosteten Bremskolben nur mit Bremsflüssigkeit oder Spiritus reinigen. Bei schwergängigem Kolben Bremssattel ersetzen.

Achtung: Beim Zurückdrücken des Kolbens wird Bremsflüssigkeit aus dem Bremszylinder in den Vorratsbehälter gedrückt. Flüssigkeit im Behälter beobachten, eventuell Bremsflüssigkeit mit einem Saugheber absaugen.

Sicherheitshinweis
Zum Absaugen eine Entlüfter- oder Plastikflasche verwenden, die nur mit Bremsflüssigkeit in Berührung kommt. Keine Trinkflaschen verwenden! **Bremsflüssigkeit ist giftig und darf auf gar keinen Fall mit dem Mund über einen Schlauch abgesaugt werden. Saugheber verwenden.** Auch nach dem Belagwechsel darf die MAX-Marke am Bremsflüssigkeitsbehälter nicht überschritten werden, da sich die Flüssigkeit bei Erwärmung ausdehnt. Ausgelaufene Bremsflüssigkeit läuft am Hauptbremszylinder herunter, zerstört den Lack und führt zur Rostbildung.

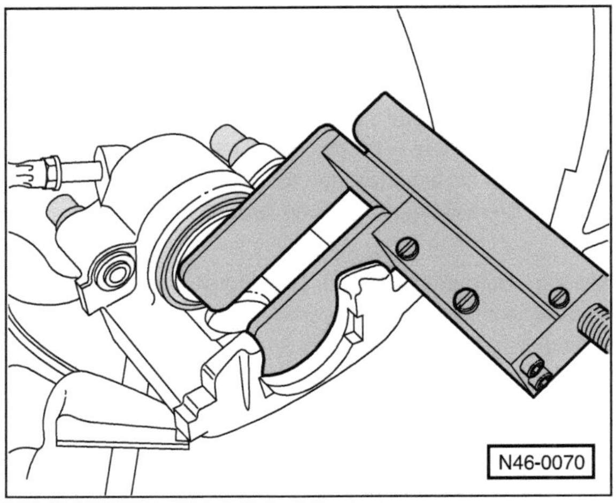

- Bremskolben mit Rücksetzwerkzeug, zum Beispiel HAZET 4971-1 oder einem Hartholzstab, zurückdrücken.

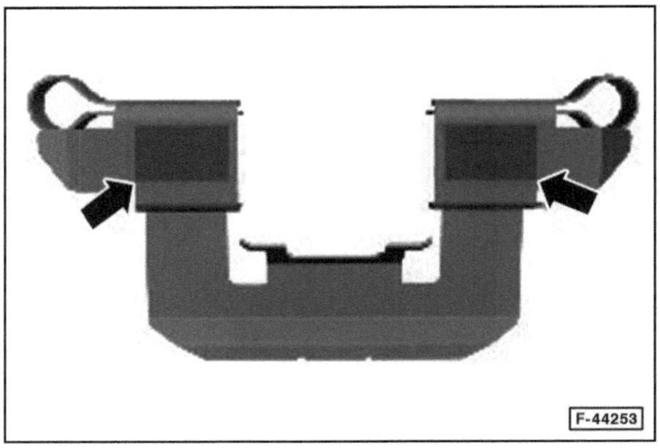

- Sicherstellen, dass die Anlageflächen -Pfeile- auf den Haltefedern sauber sind.

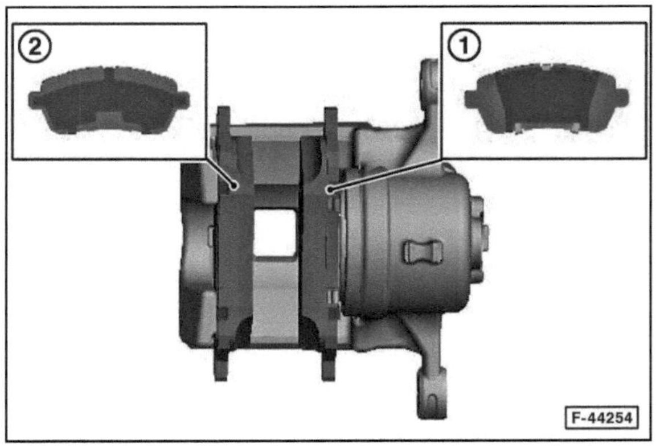

- Inneren -1- und äußeren Bremsbelag -2- in den Bremssattel einsetzen.

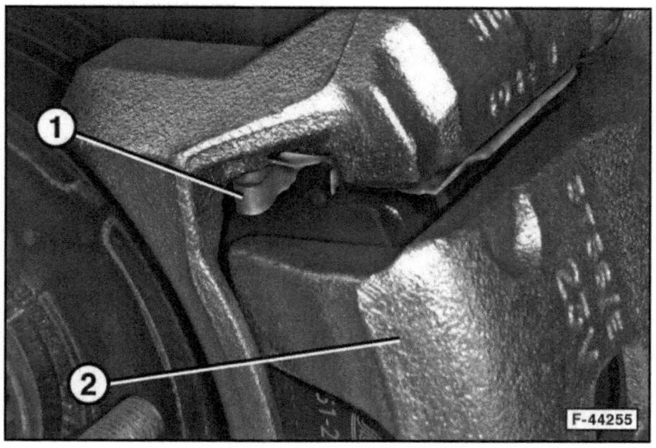

- Haltefedern –1– am Bremssattel –2– in gleicher Position wie vor dem Ausbau einsetzen. **Hinweis:** Auf korrekten Sitz der Haltefedern achten. Gegebenenfalls Einbaulage mit derjenigen am anderen Bremssattel vergleichen.
- Bremssattel mit Bremsbelägen und Haltefedern am Bremssattelträger aufsetzen.
- Neue Führungsbolzen in den Bremssattel einschrauben. Darauf achten, dass die Führungsbolzen gerade eingeschraubt werden. Führungsbolzen mit **28 Nm** festziehen. **Hinweis:** Wenn die bisherigen Führungsbolzen verwendet werden, diese vor dem Einbau reinigen. Gewinde prüfen, Reste von Sicherungsmittel gegebenenfalls mit einem Messer aus den Gewinderillen ausschaben. Führungsbolzen mit Sicherungsmittel bestreichen.
- Falls vorhanden, Abdeckkappen einsetzen.
- Bremsschlauchhalter am Federbein-Stützrohr mit **28 Nm** anschrauben.
- Rad anschrauben, dabei Reifen-Laufrichtung beachten. Fahrzeug ablassen, erst dann Radmuttern über Kreuz mit **135 Nm** festziehen. **Achtung:** Unbedingt Hinweise im Kapitel »Rad aus- und einbauen« beachten.

Achtung: Bremspedal im Stand mehrmals kräftig niedertreten, bis fester Widerstand spürbar ist. Dadurch legen sich die Bremsbeläge an die Bremsscheiben an und nehmen einen dem Betriebszustand entsprechenden Sitz ein.

- Bremsflüssigkeit im Vorratsbehälter prüfen, gegebenenfalls bis zur MAX-Marke auffüllen. Deckel des Behälters festschrauben.

Bremssattel aus- und einbauen

Ausbau

- Radmuttern lösen. Fahrzeug aufbocken und Rad abnehmen. **Achtung:** Unbedingt Hinweise im Kapitel »Rad aus- und einbauen« beachten.

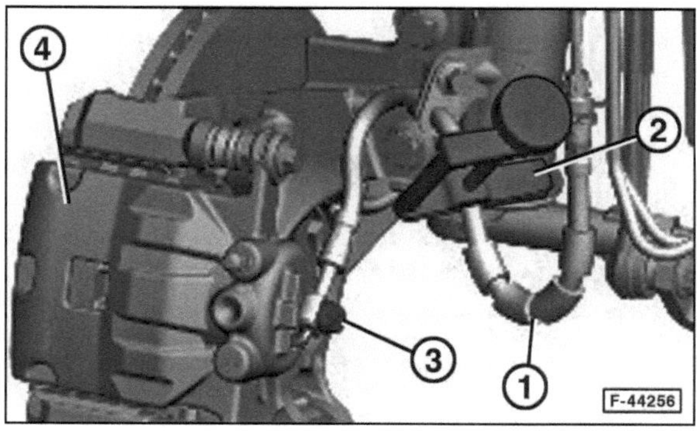

- Bremsschlauch –1– mit einer geeigneten Schlauchklemme –2– abklemmen.
- Hohlschraube –3– herausdrehen und Bremsschlauch vom Bremssattel –4– abnehmen.

Sicherheitshinweis
Beim Öffnen vom Bremskreis läuft etwas Bremsflüssigkeit aus. Bremsflüssigkeit mit einem saugfähigen Papiertuch auffangen.

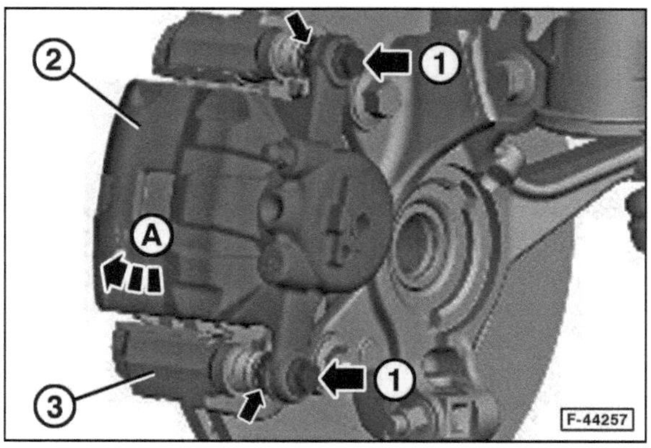

- Falls vorhanden, Abdeckkappen von den Führungsbolzen abdrücken.
- Führungsbolzen –1– herausdrehen, dabei jeweils am Sechskant der Führungsstifte –Pfeile– gegenhalten.
- Bremssattel –2– in Pfeilrichtung –A– vom Bremssattelträger –3– abnehmen.

Einbau

- Bremssattel am Bremssattelträger ansetzen.
- Neue Führungsbolzen in den Bremssattel einschrauben. Darauf achten, dass die Führungsbolzen gerade eingeschraubt werden. Führungsbolzen mit **28 Nm** festziehen. **Hinweis:** Wenn die bisherigen Führungsbolzen verwendet werden, diese vor dem Einbau reinigen. Gewinde prüfen, Reste von Sicherungsmittel gegebenenfalls mit einem Messer aus den Gewinderillen ausschaben. Führungsbolzen mit Sicherungsmittel bestreichen.
- Falls vorhanden, Abdeckkappen auf die Führungsbolzen aufdrücken.
- Bremsschlauch am Bremssattel ansetzen und Hohlschraube mit **26 Nm** festziehen.
- Schlauchklemme entfernen.
- **Bremsanlage entlüften, siehe entsprechendes Kapitel.**
- Rad anschrauben, dabei Reifen-Laufrichtung beachten. Fahrzeug ablassen, erst dann Radmuttern über Kreuz mit **135 Nm** festziehen. **Achtung:** Unbedingt Hinweise im Kapitel »Rad aus- und einbauen« beachten.
- Lenkung nach links und rechts bis zum Anschlag einschlagen und prüfen, ob der Bremsschlauch bei auf den Rädern stehendem Fahrzeug allen Radbewegungen folgt, ohne irgendwo anzuscheuern.

Achtung: Bremspedal im Stand mehrmals kräftig niedertreten, bis fester Widerstand spürbar ist. Dadurch legen sich die Bremsbeläge an die Bremsscheiben an und nehmen einen dem Betriebszustand entsprechenden Sitz ein.

- Bremsflüssigkeit im Vorratsbehälter prüfen, gegebenenfalls bis zur MAX-Marke auffüllen. Deckel des Behälters festschrauben.

Achtung, Sicherheitskontrolle durchführen:

- Sind die Bremsschläuche festgezogen?
- Befindet sich der Bremsschlauch in der Halterung?
- Sind die Entlüftungsschrauben angezogen?
- Ist genügend Bremsflüssigkeit eingefüllt?
- Bei laufendem Motor Dichtheitskontrolle durchführen. Hierzu Bremspedal mit 200 bis 300 N (entspricht 20 bis 30 kg) etwa 30 Sekunden betätigen. Das Bremspedal darf nicht nachgeben. Sämtliche Anschlüsse auf Dichtheit kontrollieren.
- Anschließend einige Sicherheitsbremsungen auf einer Straße ohne Verkehr durchführen.

Bremssattelträger/Bremsscheibe aus- und einbauen

Ausbau

Achtung: Werden die Bremsscheiben ersetzt, müssen gleichzeitig auch neue Bremsbeläge eingebaut werden.

- Radmuttern lösen. Fahrzeug aufbocken und Rad abnehmen. **Achtung:** Unbedingt Hinweise im Kapitel »Rad aus- und einbauen« beachten.
- Bremsbeläge ausbauen, siehe entsprechendes Kapitel.

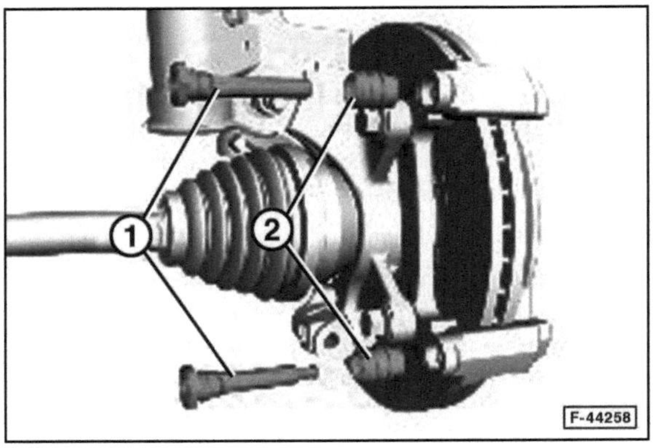

- Führungsstifte –1– und Führungen –2– aus dem Bremssattelträger herausnehmen.

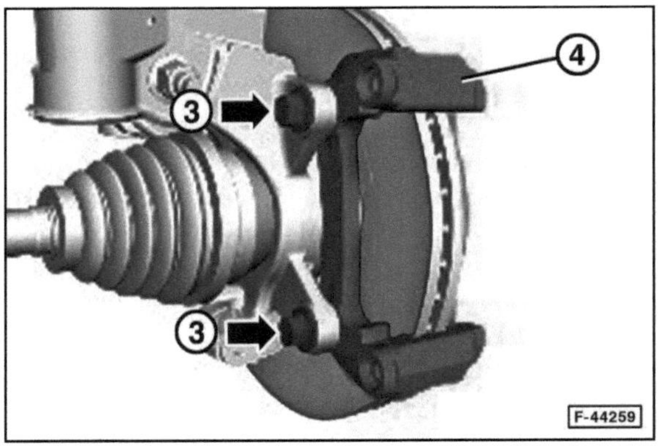

- Schrauben –3– herausdrehen und Bremssattelträger –4– abnehmen.

Achtung: Hohes Löse- und Anzugsdrehmoment der Schrauben für den Bremssattelträger! Darauf achten, dass das Fahrzeug sicher aufgebockt ist. Schraubenschlüssel waagerecht ansetzen.

Achtung: Nicht auf das Bremspedal treten, sonst wird der Kolben aus dem Gehäuse des Bremssattels herausgedrückt. Um ein Herausgleiten des Bremskolbens zu verhindern, Holzstück zwischen Kolben und Bremssattel klemmen.

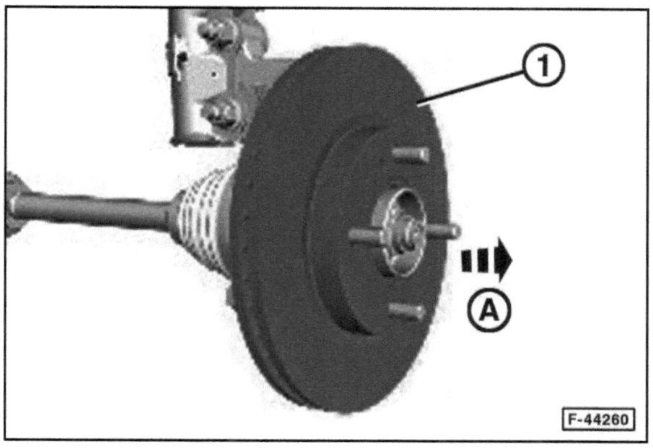

- Bremsscheibe –1– von der Radnabe abziehen –Pfeil A–.

Einbau

Bremsscheiben erneuern, wenn sie korrodiert sind oder die Verschleißgrenze erreicht haben.

Um beidseitig eine gleichmäßige Verzögerung sicherzustellen, müssen alle Bremsscheiben die gleiche Oberfläche bezüglich Schliffbild und Rautiefe aufweisen. Deshalb **grundsätzlich beide** Bremsscheiben einer Achse ersetzen.

Korrodierte Bremsscheiben erzeugen beim Abbremsen einen Rubbeleffekt, der sich auch durch längeres Bremsen nicht beseitigen lässt. In diesem Fall müssen die Bremsscheiben erneuert werden.

Hinweis: Beim Einkauf kann der Preis für den **Komplettsatz** – Bremsbeläge plus Bremsscheiben – günstiger sein als die jeweiligen Einzelpreise.

- Falls vorhanden, Rost am Flansch der Bremsscheibe und der Radnabe entfernen. Anlageflächen säubern.
- Neue Bremsscheibe mit Verdünnung vom Schutzlack reinigen.
- Anlagefläche der Bremsscheibe mit Langzeitfett einschmieren. **Achtung:** Es darf kein Fett an die Laufflächen der Bremsscheibe gelangen.
- Bremsscheibe auf Radnabe aufsetzen.
- Gewindebohrungen am Achsschenkel nachschneiden und säubern. Bremssattelträger am Achsschenkel mit **70 Nm** festschrauben.
- Führungsstifte und Führungen am Bremssattelträger einsetzen.
- Bremsbeläge einbauen, siehe entsprechendes Kapitel.
- Rad anschrauben, dabei Reifen-Laufrichtung beachten. Fahrzeug ablassen, erst dann Radmuttern über Kreuz mit **135 Nm** festziehen. **Achtung:** Unbedingt Hinweise im Kapitel »Rad aus- und einbauen« beachten.
- Lenkung nach links und rechts bis zum Anschlag einschlagen und prüfen, ob der Bremsschlauch bei auf den Rädern stehendem Fahrzeug allen Radbewegungen folgt, ohne irgendwo anzuscheuern.

Achtung: Bremspedal im Stand mehrmals kräftig niedertreten, bis fester Widerstand spürbar ist. Dadurch legen sich die Bremsbeläge an die Bremsscheiben an und nehmen einen dem Betriebszustand entsprechenden Sitz ein.

- Bremsflüssigkeit im Vorratsbehälter prüfen, gegebenenfalls bis zur MAX-Marke auffüllen. Deckel des Behälters festschrauben.

Achtung, Sicherheitskontrolle durchführen:

- Sind die Bremsschläuche festgezogen?
- Befindet sich der Bremsschlauch in der Halterung?
- Sind die Entlüftungsschrauben angezogen?
- Ist genügend Bremsflüssigkeit eingefüllt?
- Bei laufendem Motor Dichtheitskontrolle durchführen. Hierzu Bremspedal mit 200 bis 300 N (entspricht 20 bis 30 kg) etwa 30 Sekunden betätigen. Das Bremspedal darf nicht nachgeben. Sämtliche Anschlüsse auf Dichtheit kontrollieren.
- Anschließend einige Sicherheitsbremsungen auf einer Straße ohne Verkehr durchführen.

- Neue Bremsscheiben vorsichtig einbremsen, dazu Fahrzeug mehrmals von ca. 80 km/h auf 40 km/h mit geringem Pedaldruck abbremsen. Dazwischen Bremse etwas abkühlen lassen.

Bremsscheibendicke prüfen

Prüfen

- Radmuttern lösen. Fahrzeug aufbocken und Rad abnehmen. **Achtung:** Unbedingt Hinweise im Kapitel »Rad aus- und einbauen« beachten.

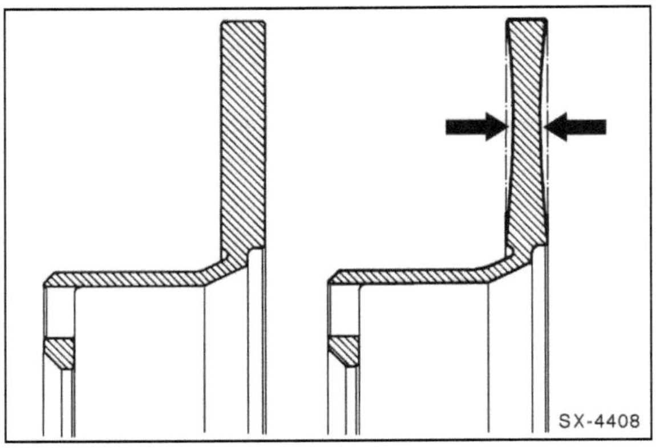

- Bremsscheibendicke immer an der dünnsten Stelle –Pfeile– messen. Die Werkstatt benutzt dazu einen speziellen Messschieber oder eine Mikrometer-Bügelmessschraube, da sich durch die Abnutzung der Bremsscheibe ein Rand bildet. Man kann die Bremsscheibendicke auch mit einer normalen Schieblehre messen, allerdings muss dann auf jeder Seite der Bremsscheibe eine entsprechend starke Unterlage zwischengelegt werden (beispielsweise 2 Münzen). Um das exakte Maß der Bremsscheibendicke zu ermitteln, müssen von dem gemessenen Wert die Dicke der Münzen beziehungsweise der Unterlage abgezogen werden.

Achtung: Messung an mehreren Punkten der Bremsscheibe vornehmen. Verschleißwerte für Bremsscheibe, siehe »Technische Daten Bremsanlage«.

- Wird die Verschleißgrenze erreicht, Bremsscheibe erneuern, siehe entsprechendes Kapitel.
- Innenbelüftete Bremsscheiben mit Haarrissen bis 25 mm Länge brauchen nicht ausgetauscht zu werden. Bei größeren Rissen oder bei Riefen, die tiefer als 0,5 mm sind, Bremsscheibe erneuern, siehe entsprechendes Kapitel.
- Rad anschrauben, dabei Reifen-Laufrichtung beachten. Fahrzeug ablassen, erst dann Radmuttern über Kreuz mit **135 Nm** festziehen. **Achtung:** Unbedingt Hinweise im Kapitel »Rad aus- und einbauen« beachten.

Bremsbacken der Trommelbremse aus- und einbauen

Ausbau

Achtung: Bremsbeläge sind Bestandteil der Allgemeinen Betriebserlaubnis (ABE) und vom Werk auf das jeweilige Modell abgestimmt. Es dürfen deshalb nur die vom Automobilhersteller freigegebenen Bremsbeläge verwendet werden.

Achtung: Sollen die Bremsbeläge wieder verwendet werden, müssen sie beim Ausbau gekennzeichnet werden. Ein Wechsel der Beläge vom rechten zum linken Rad ist nicht zulässig.

Hinweis: Einbaulage von Bremsbacken, Rückholfedern und Nachstelleinheit merken, beziehungsweise Foto machen. Bremsbacken immer nur an einer Fahrzeugseite ausbauen, damit die andere Seite beim Zusammenbau eventuell als Vorlage dienen kann.

- Handbremse ganz lösen.
- Bremstrommel ausbauen, siehe entsprechendes Kapitel.

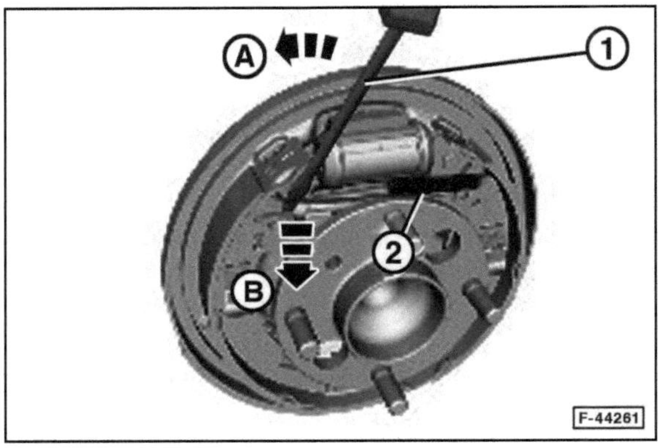

- Mit einem Schlitzschraubendreher –1– die obere Rückzugfeder –2– zuerst in Pfeilrichtung –A–, dann in Pfeilrichtung –B– aushängen.

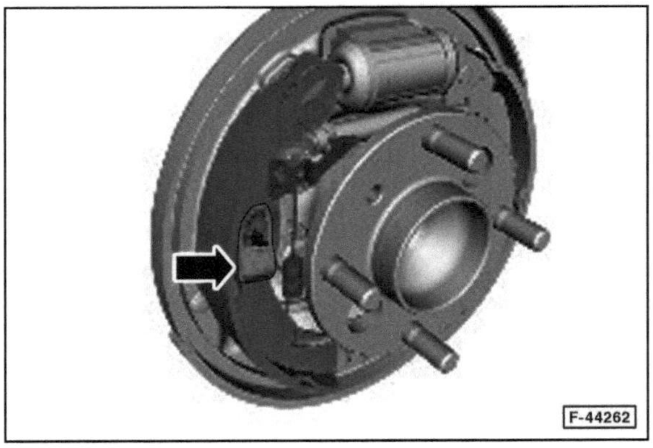

- Mit einem Schraubendreher die linke Klemmfeder –Pfeil– vom Haltestift abdrücken.

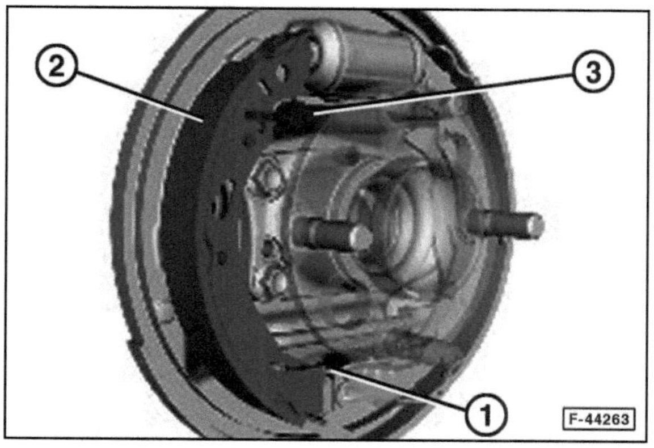

- Untere Rückzugfeder –1– aushängen und linke Bremsbacke –2– mit Verstelleinheit –3– abnehmen.

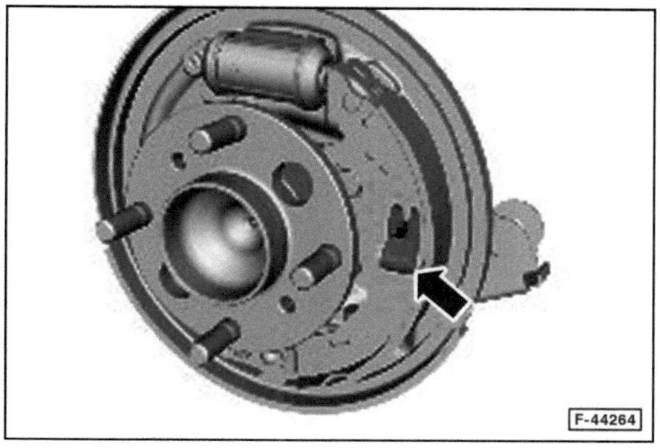

- Rechte Klemmfeder –Pfeil– vom Haltestift abdrücken.

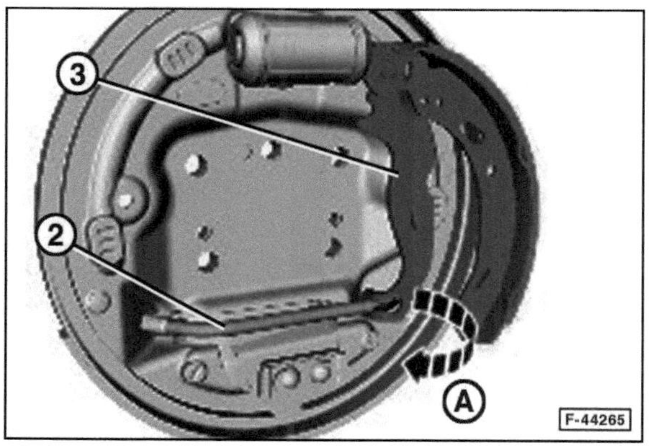

- Rechte Bremsbacke –1– in Pfeilrichtung –A– drehen und Seilzug –2– aus dem Handbremshebel –3– aushängen.

Einbau

Der Einbau erfolgt in umgekehrter Ausbaureihenfolge. Dabei ist Folgendes zu beachten:

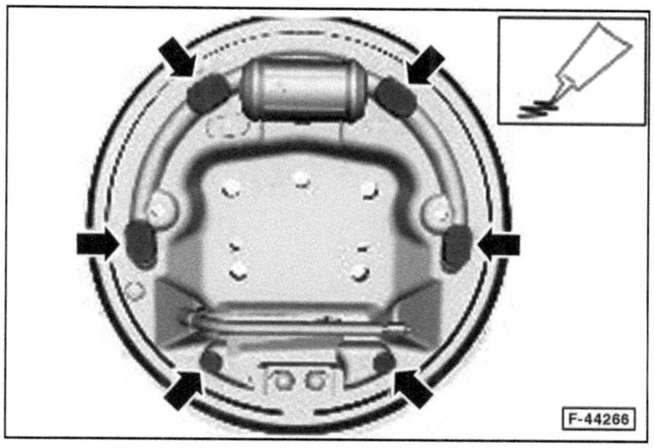

- Bremsträgerplatte reinigen und Silikonfett, zum Beispiel FORD ESE-M1C171-A, dünn auf den Anlageflächen für die Bremsbacken –Pfeile– auftragen.
- Nachstelleinheit ganz zurückdrehen und leicht einfetten.
- Sicherungsring für Handbremszug ersetzen.
- Haltestifte für Bremsbacken von hinten durchschieben und Klemmfedern aufsetzen. Feder zusammendrücken und Stift drehen. Haltestift gleichzeitig von hinten gegenhalten. Feder lösen, sodass der Haltestift einrastet.
- Handbremse einstellen, siehe entsprechendes Kapitel.

Bremstrommeln aus- und einbauen/ prüfen/Handbremse einstellen

Ausbau

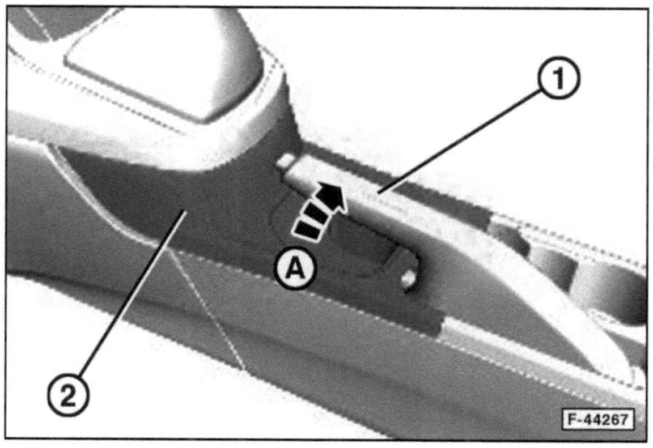

- Handbremshebel –1– anziehen –Pfeil A–.
- Abdeckung –2– ausclipsen und abnehmen.

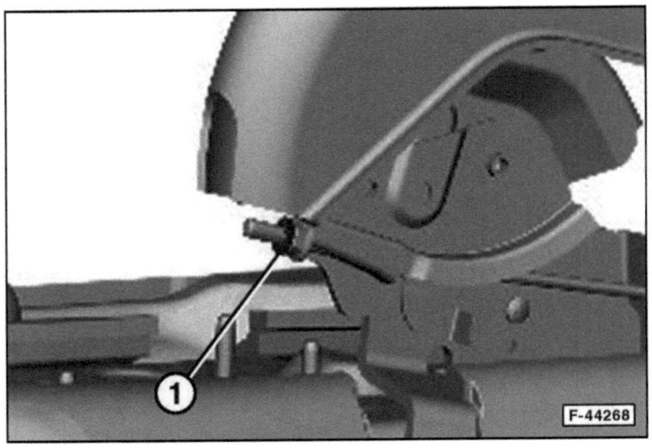

- Kontermutter –1– lösen.
- Handbremshebel ganz lösen.

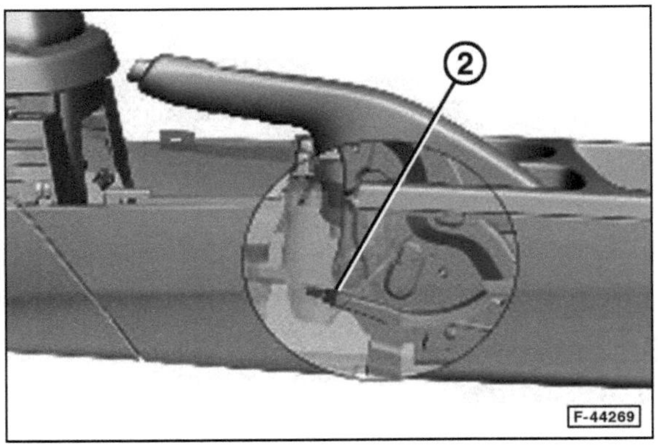

- Einstellmutter –2– 6 Umdrehungen losdrehen.
- Radmuttern lösen. Fahrzeug aufbocken und beide Hinterräder abnehmen. **Achtung:** Unbedingt Hinweise im Kapitel »Rad aus- und einbauen« beachten.

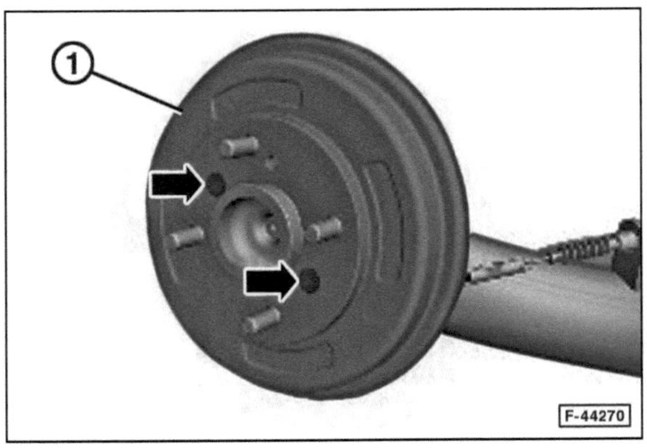

- Auf beiden Seiten die 2 Fixierschrauben –Pfeile– herausdrehen.
- Beide Bremstrommeln –1– abnehmen.

Einbau

- Bremsfläche der Trommel mit dem Finger auf Riefen prüfen. Riefige Bremstrommel ersetzen, dabei grundsätzlich beide Bremstrommeln ersetzen.

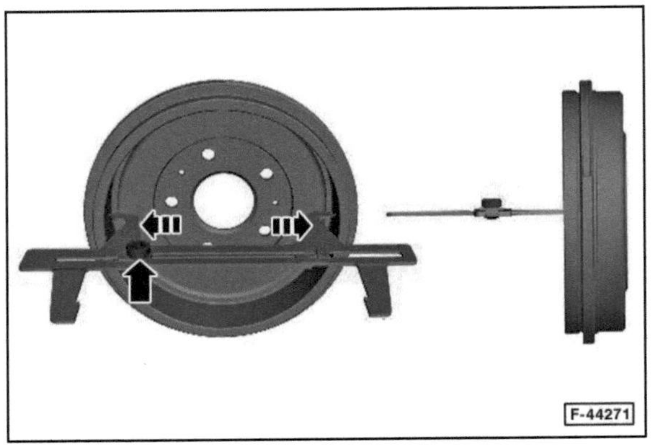

- Innendurchmesser der Bremstrommeln prüfen. Wenn eine Trommel die Verschleißgrenze erreicht hat, grundsätzlich beide Trommeln ersetzen.

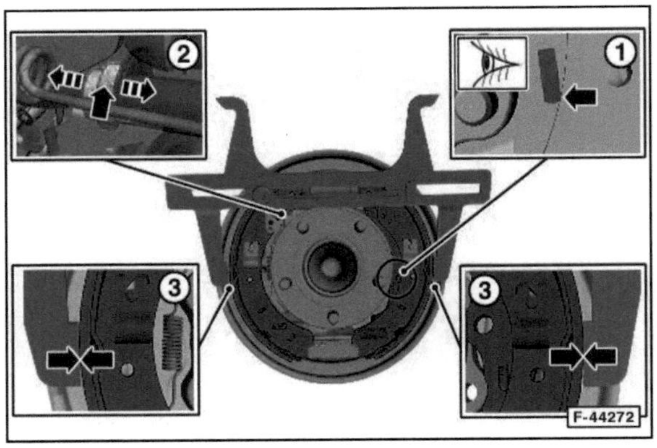

- Verstellbereich der Bremsbacken prüfen.

Handbremse einstellen

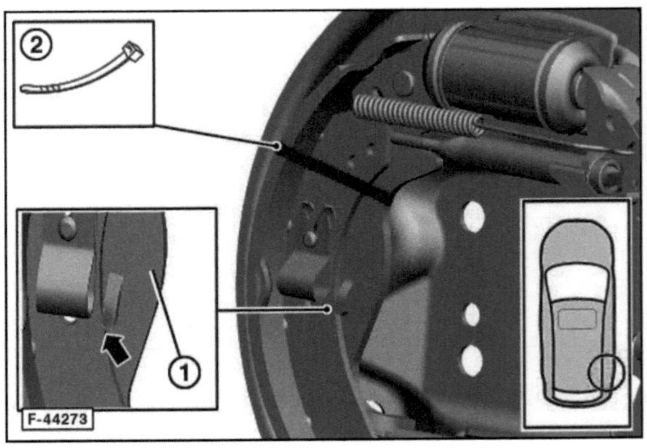

- An der rechten Bremse den Handbremshebel –1– bis zum Anschlag –Pfeil– nach hinten drücken und in dieser Stellung mit einem Kabelbinder –2– fixieren.

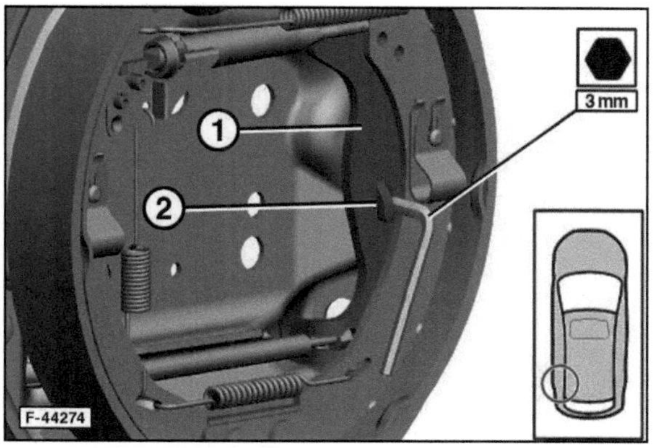

- An der linken Bremse den Handbremshebel –1– nach hinten drücken und zwischen Anschlag –2– und Bremsbacke ein 3-mm-Innensechskantschlüssel klemmen.

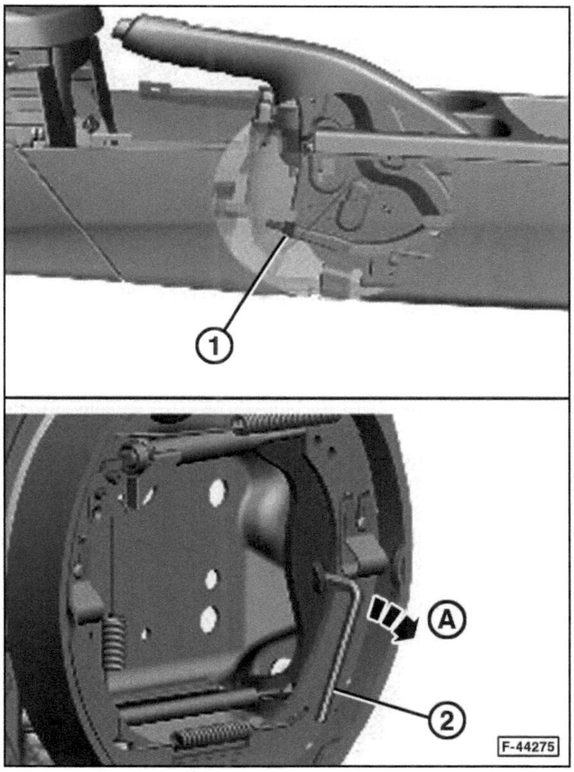

- Einstellmutter –1– am Handbremshebel anziehen, bis der Innensechskantschlüssel –2– herausfällt –Pfeil A–.

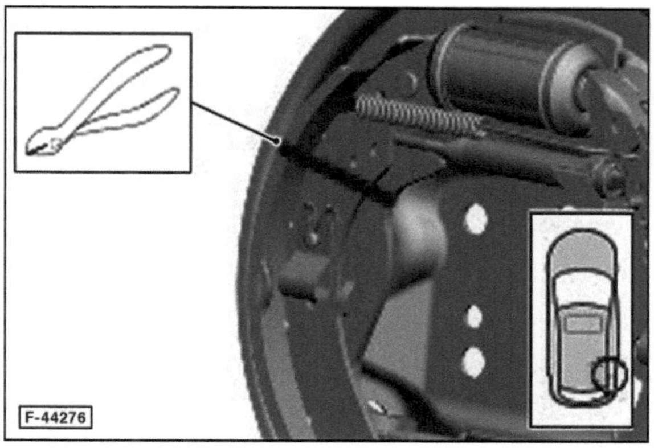

- Kabelbinder mit einem Seitenschneider durchtrennen.

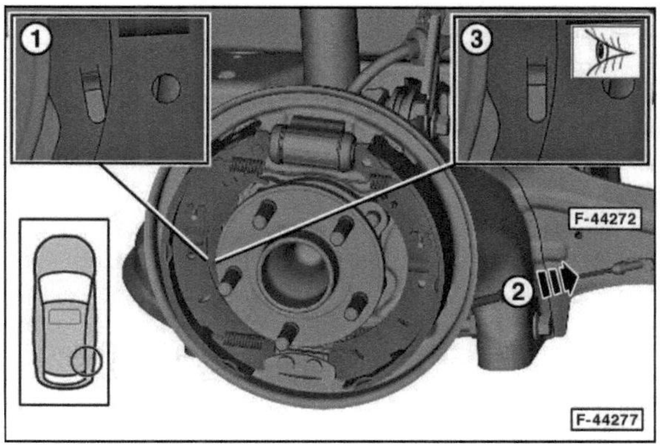

- An der rechten Bremse liegt der Anschlag –1– des Handbremshebels an der Bremsbacke an.
- Seilzug in Pfeilrichtung –2– ziehen, bis der Anschlag etwas abhebt –3–.
- Bremstrommeln aufschieben und Fixierschrauben mit **15 Nm** anziehen.
- Einstellmutter am Handbremshebel mit Kontermutter sichern.
- Räder anschrauben, dabei Reifen-Laufrichtung beachten. Fahrzeug ablassen, erst dann Radmuttern über Kreuz mit **135 Nm** festziehen. **Achtung:** Unbedingt Hinweise im Kapitel »Rad aus- und einbauen« beachten.
- Motor starten und Bremspedal 10 Mal kräftig niedertreten.

Handbremszug aus- und einbauen

Der Handbremszug besteht aus 3 Teilen.

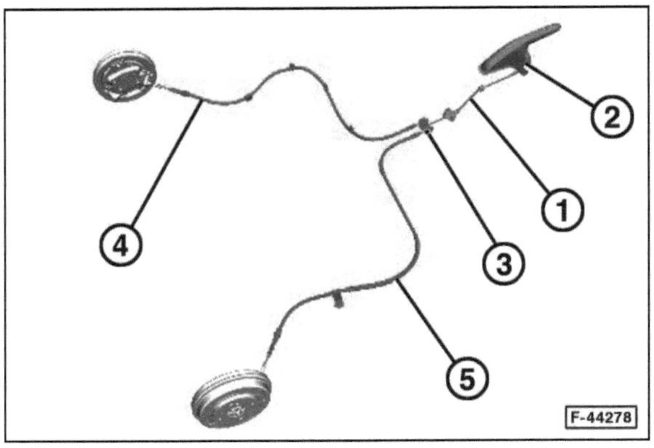

Der vordere Handbremszug –1– ist über ein Gewindestück und eine Mutter mit dem Handbremshebel –2– verbunden. Die Mutter dient zum Einstellen des Handbremszugs. Die beiden Handbremszüge –4– und –5– unter dem Fahrzeug sind am Ausgleichbügel –3– befestigt. Beim Betätigen des Handbremshebels wirkt der vordere Handbremszug über den Ausgleichsbügel auf die beiden hinteren Handbremszüge. Die Handbremszüge führen zu beiden Bremsen. **Hinweis:** Die Seilzüge –4– und –5– sind nicht einzeln erhältlich.

Hinweis: Hier wird der Aus- und Einbau bei Fahrzeugen mit Trommelbremsen hinten beschrieben.

Ausbau

Hinweis: Einige Arbeitsschritte sind im Kapitel »Bremstrommel aus- und einbauen« genauer beschrieben.

- Handbremshebel anziehen und obere Abdeckung der Mittelkonsole ausclipsen.
- Kontermutter lösen.
- Handbremshebel ganz lösen.
- Einstellmutter 5 Umdrehungen losdrehen.
- Radmuttern lösen. Fahrzeug waagerecht aufbocken und beide Hinterräder abnehmen. **Achtung:** Unbedingt Hinweise im Kapitel »Rad aus- und einbauen« beachten.

Achtung: Die folgenden 3 Arbeitsschritte auf beiden Fahrzeugseiten durchführen.

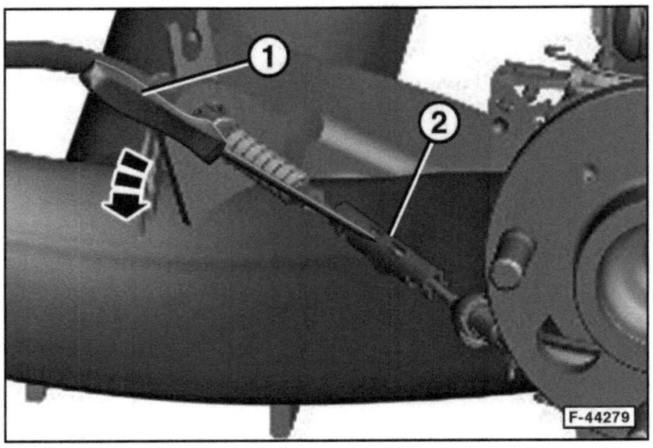

- Mit einem Schlitzschraubendreher –1– am Seilzug-Verbindungsstück die Federklammer –2– zurückdrücken.

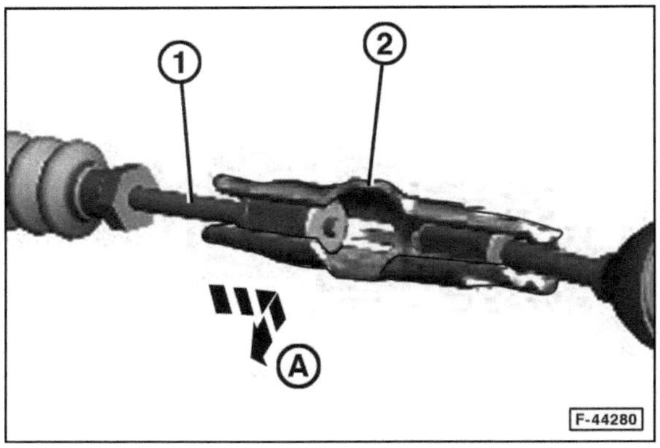

- Seilzug –1– aus dem Verbindungsstück –2– aushängen –Pfeil A–.

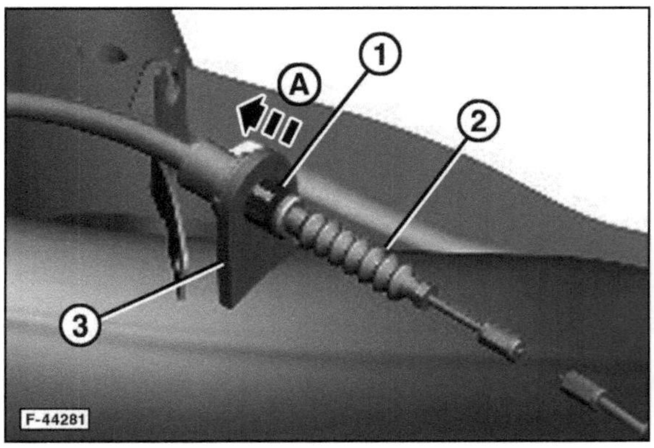

- Clipnasen zusammendrücken –1– und Seilzug –2– am Halter –3– herausziehen –Pfeil A–.

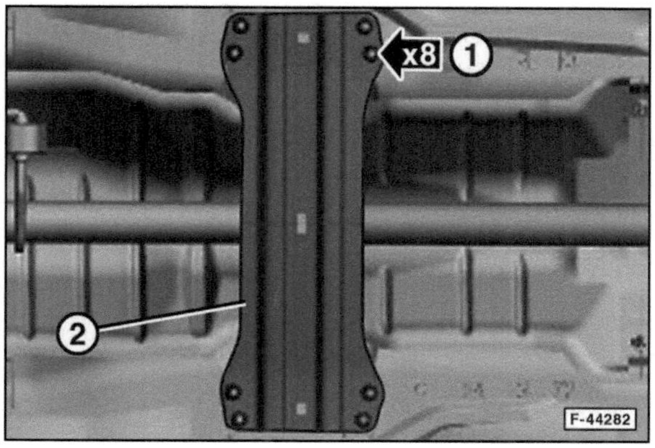

- 8 Muttern –1– abschrauben und Traverse –2– abnehmen.

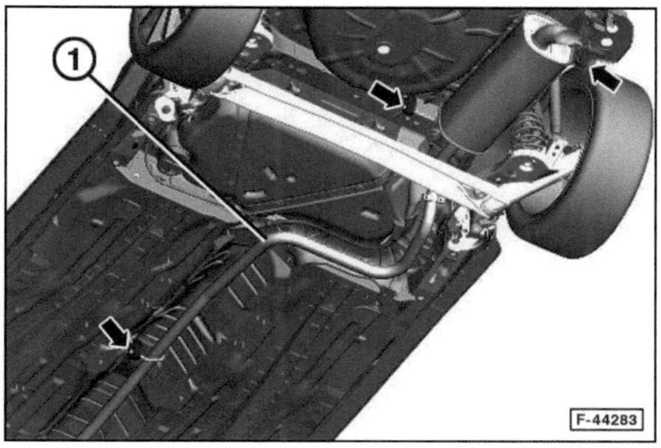

- Abgasanlage –1– hinten aushängen –Pfeile– und etwas absenken.

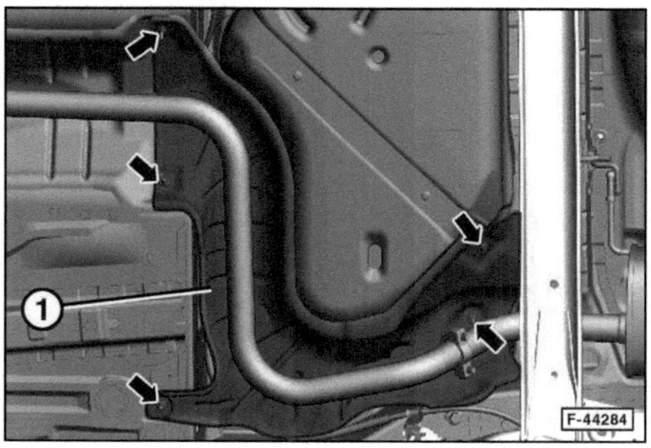

- Hitzeschutzblech –1– abschrauben –Pfeile– und herausnehmen.

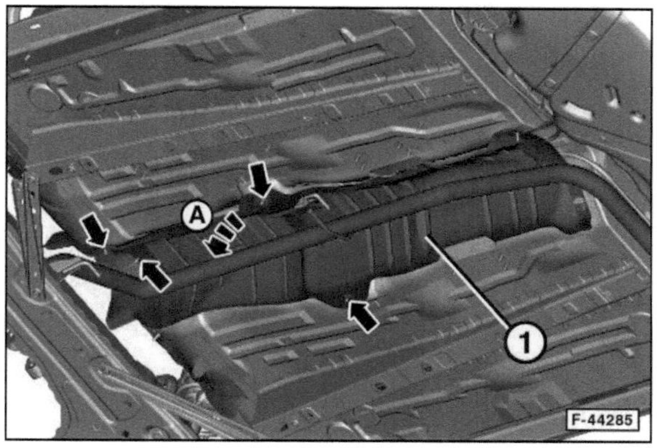

- Hitzeschutzblech –1– abschrauben –Pfeile– und hinter der Abgasanlage hervorziehen –Pfeil A–.

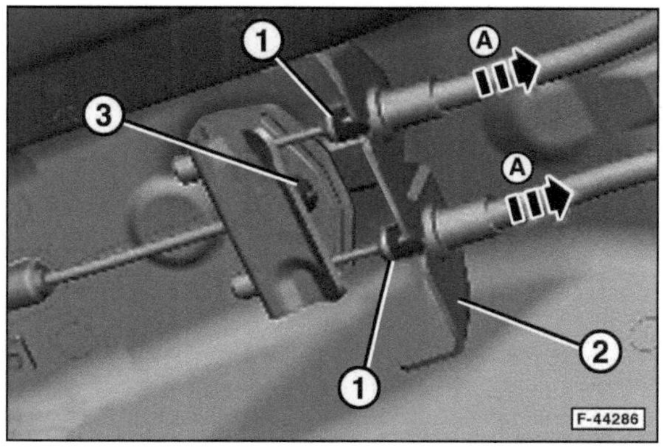

- Clips –1– eindrücken, Seilzughüllen am Widerlager –2– durchziehen –Pfeile A–. Anschließend Seilzüge am Widerlager aushängen.
- Clip –3– mit einem kleinen Schraubendreher heraushebeln.

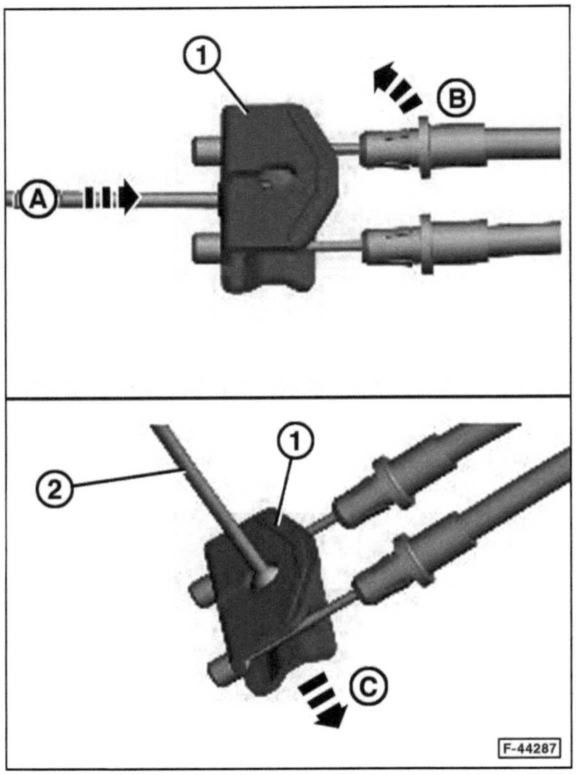

- Ausgleichstück –1– in Pfeilrichtung –A– ziehen, dann in Pfeilrichtung –B– schwenken und vom Seilzug –2– in Pfeilrichtung –C– abziehen.

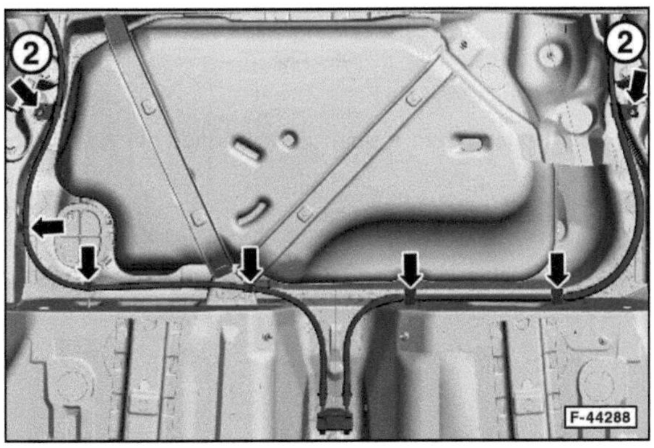

- Einbaulage der Halteclips –Pfeile– markieren.
- Seilzüge aus den Haltern –Pfeile– am Unterboden herausnehmen.
- Halter –2– abschrauben.

Einbau

- Seilzüge mit Halteclips an den bisherigen Stellen am Unterboden befestigen.
- Seilzughalter mit **5 Nm** festziehen.
- Handbremszüge an den Haltern durchschieben und einrasten, siehe F-44281.
- Handbremszüge in die Verbindungsstücke einsetzen, siehe F-44280.

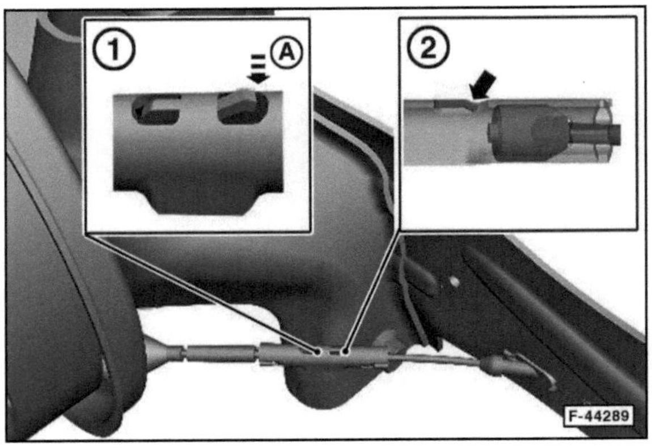

- Handbremszüge in das Verbindungsstück einrasten. Dazu Nase –1– in die Position –2– herunterdrücken –Pfeil A–.

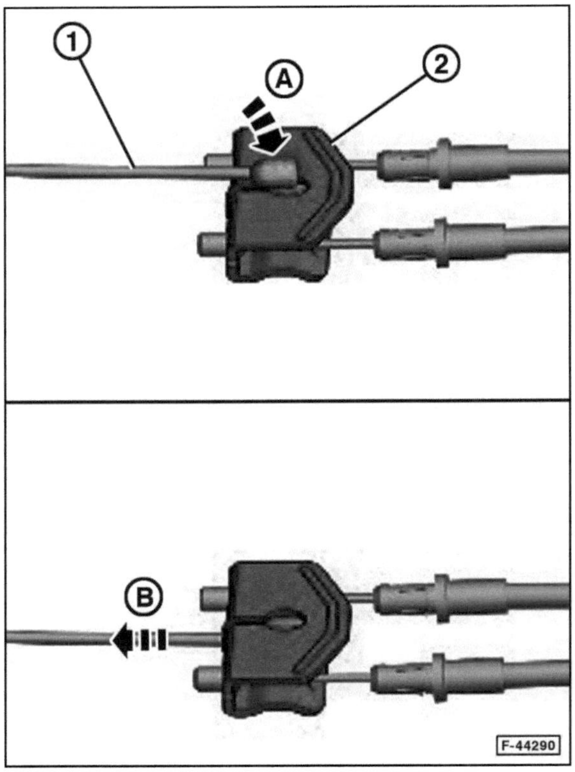

- Vorderen Seilzug –1– in das Ausgleichstück –2– einhängen –Pfeil A– und in Pfeilrichtung –B– ziehen.
- Sicherungsclip für vorderen Seilzug in das Ausgleichstück eindrücken und einrasten.
- Beide Seilzüge am Widerlager einhängen, Seilzughüllen durchziehen und einrasten, siehe Abbildung F-44286.
- Der weitere Einbau erfolgt in umgekehrter Ausbaureihenfolge.
- Handbremse einstellten, siehe Kapitel »Bremstrommeln aus- und einbauen/prüfen/Handbremse einstellen«.

Achtung: Wenn neue Handbremszüge eingebaut wurden, Handbremse 5 Mal um 11 Zähne anziehen und wieder lösen. Anschließend Einstellung wiederholen.

Bremsanlage entlüften/ Bremsflüssigkeit wechseln

Achtung: Fahrzeuge mit ESP müssen mit dem FORD-Diagnosegerät entlüftet werden. Die folgende Beschreibung gilt nur für Fahrzeuge ohne ESP.

Beim Umgang mit Bremsflüssigkeit sind folgende Hinweise zu beachten:

Sicherheitshinweis
Bremsflüssigkeit ist giftig. Keinesfalls Bremsflüssigkeit mit dem Mund über einen Schlauch absaugen. Bremsflüssigkeit nur in Behälter füllen, bei denen ein versehentlicher Genuss ausgeschlossen ist.

- Bremsflüssigkeit ist ätzend und darf deshalb nicht mit dem Autolack in Berührung kommen, gegebenenfalls Bremsflüssigkeit sofort abwischen und mit viel Wasser abwaschen.
- Bremsflüssigkeit ist hygroskopisch, das heißt, sie nimmt aus der Luft Feuchtigkeit auf. Bremsflüssigkeit deshalb nur in geschlossenen Behältern aufbewahren.
- **Bremsflüssigkeit, die schon einmal im Bremssystem verwendet wurde, darf nicht wieder verwendet werden. Auch beim Entlüften der Bremsanlage nur neue Bremsflüssigkeit verwenden.**
- **Bremsflüssigkeits-Spezifikation:**
  Fahrzeuge, gebaut bis 14.2.2012 . . . **»Super-DOT 4«**
  Fahrzeuge, gebaut seit 15.2.2012 . . . . **»DOT 4«**
- Der Bremsflüssigkeitsstand muss **stets zwischen der MAX- und MIN-Markierung** des Vorratsbehälters stehen. Fällt der Stand unter die MIN-Markierung, leuchtet die Warnleuchte für Bremssystem im Kombiinstrument auf.
- Der Bremsflüssigkeitsstand sinkt mit dem Verschleiß von Bremsbacken und Bremsbelägen.
- **Bremsflüssigkeit darf nicht mit Mineralöl in Berührung kommen.** Schon geringe Spuren von Mineralöl machen die Bremsflüssigkeit unbrauchbar, beziehungsweise führen zum Ausfall des Bremssystems. Stopfen und Manschetten der Bremsanlage werden beschädigt, wenn sie mit mineralölhaltigen Mitteln zusammenkommen. Zum Reinigen keine mineralölhaltigen Putzlappen verwenden.
- Bremsflüssigkeit **alle 2 Jahre wechseln**, möglichst nach der kalten Jahreszeit.

Achtung: Bremsflüssigkeit ist ein Problemstoff und darf auf keinen Fall einfach weggeschüttet oder dem Hausmüll mitgegeben werden. Gemeinde- und Stadtverwaltungen informieren darüber, wo sich die nächste Problemstoff-Sammelstelle befindet.

Bremsanlage entlüften

Achtung: Fahrzeuge mit ESP müssen mit dem FORD-Diagnosegerät entlüftet werden. Die folgende Beschreibung gilt nur für Fahrzeuge ohne ESP.

Nach jeder Reparatur an der Bremse, bei der die Bremsanlage geöffnet wurde, kann Luft in die Druckleitungen eingedrungen sein. Dann muss das Bremssystem entlüftet werden. Luft ist auch dann in den Leitungen, wenn sich der Bremsdruck beim Treten des Bremspedals schwammig anfühlt. In diesem Fall muss die Undichtigkeit beseitigt und die Bremsanlage entlüftet werden.

In der Werkstatt wird die Bremse in der Regel mit einem Bremsentlüftungsgerät entlüftet. Dabei darf der Druck im Bremssystem nicht über 1 bar steigen.

Im Normalfall geht es auch ohne das Bremsentlüftungsgerät. Die Bremsanlage wird dann durch Pumpen mit dem Bremspedal entlüftet, dazu ist eine zweite Person notwendig.

Wenn eine Kammer des Bremsflüssigkeitsbehälters vollständig leer gelaufen ist (zum Beispiel bei Undichtigkeiten im Bremssystem oder wenn beim Entlüften vergessen wurde, Bremsflüssigkeit nachzufüllen), wird Luft angesaugt, die in die ABS-Hydraulikpumpe gelangt. **In diesem Fall und wenn sich Luft in der Hydraulikeinheit befindet, muss die Bremsanlage in einer Fachwerkstatt mit einem Bremsentlüftungsgerät entlüftet werden. Das Fahrzeug muss während des Entlüftungsvorgangs an ein Diagnosegerät angeschlossen sein.**

Das Bremssystem ist in 2 Kreise aufgeteilt, mit je einem Vorderrad und einem diagonal gegenüberliegenden Hinterrad. Jeder Bremskreis kann einzeln entlüftet werden. Falls nur ein Bremssattel erneuert beziehungsweise überholt wurde, genügt in der Regel das Entlüften des betreffenden Bremszylinders. Muss die komplette Anlage entlüftet werden, jede Radbremse einzeln entlüften.

Die Reihenfolge der Entlüftung:
1. Bremssattel hinten rechts,
2. Bremssattel hinten links,
3. Bremssattel vorn rechts,
4. Bremssattel vorn links.

Hinweis: Das Fahrzeug muss auf ebenem Untergrund stehen.

- Bremsflüssigkeitsstand am Vorratsbehälter markieren, damit der Behälter nach dem Entlüften auf den alten Stand aufgefüllt werden kann.

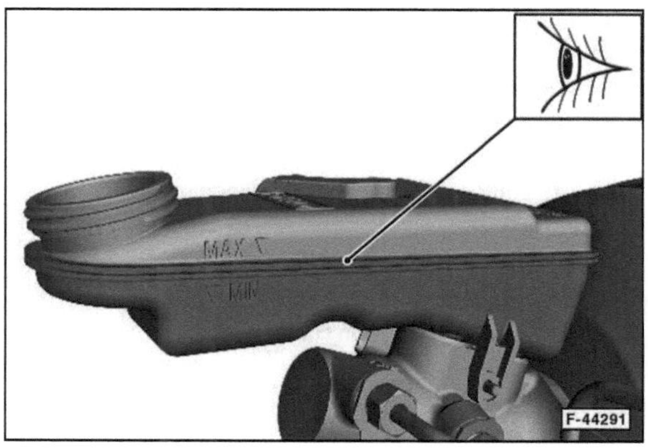

- Bremsflüssigkeitsbehälter bis zur MAX-Markierung auffüllen.

Achtung: Während des Entlüftens muss der Bremsflüssigkeitsstand im Bremsflüssigkeitsbehälter beobachtet werden. Der Flüssigkeitsspiegel darf nicht zu weit sinken, sonst wird über den Bremsflüssigkeitsbehälter Luft angesaugt. **Immer nur neue Bremsflüssigkeit nachgießen!**

Achtung: Staubkappen von den Entlüfterventilen abziehen. Ventile –Pfeil– reinigen und vorsichtig öffnen, damit sie nicht abgedreht werden. Es empfiehlt sich, die Ventile ca. 1 Stunde vor dem Entlüften mit Rostlöser einzusprühen.

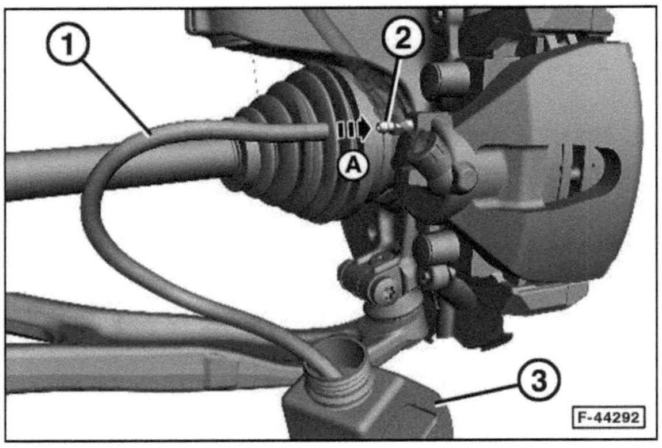

- Durchsichtigen, sauberen Schlauch –1– auf das gereinigte Entlüfterventil –2– aufstecken –Pfeil A–, anderes Schlauchende in eine mit Bremsflüssigkeit halb vollgefüllte Flasche –3– stecken. **Hinweis:** Einen geeigneten Schlauch und ein passendes Gefäß gibt es im Autozubehörhandel.
- Von einem Helfer Bremspedal so oft niedertreten lassen, »pumpen«, bis sich im Bremssystem Druck aufgebaut hat – zu spüren am wachsenden Widerstand beim Betätigen des Pedals. Dabei Bremspedal langsam niedertreten, um Blasenbildung zu vermeiden.
- Ist genügend Druck vorhanden, Bremspedal kräftig niedertreten und Fuß auf dem Bremspedal halten.

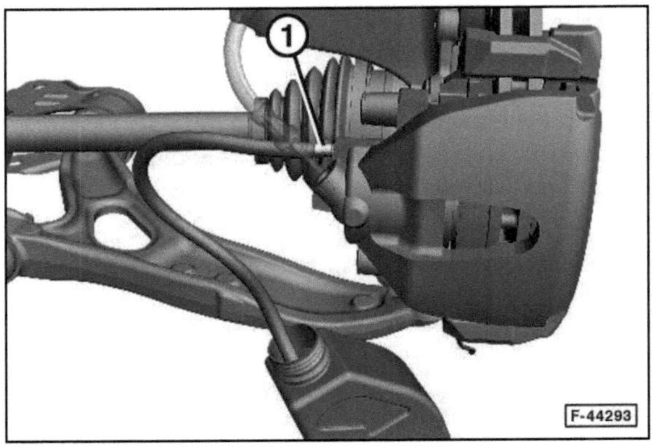

- Entlüfterventil –1– am Bremssattel etwa ½ Umdrehung mit einem Ringschlüssel öffnen. Zum Öffnen der Ventile gibt es spezielle Entlüftungsschlüssel, zum Beispiel HAZET 4968.
- Ausfließende Bremsflüssigkeit in der Flasche sammeln. Darauf achten, dass sich das Schlauchende in der Flasche ständig unterhalb des Flüssigkeitsspiegels befindet.
- Sobald der Flüssigkeitsdruck nachlässt, Entlüfterventil bei weiterhin niedergetretenem Bremspedal schließen.
- Pumpvorgang wiederholen, bis sich Druck aufgebaut hat. Bremspedal niedertreten, Fuß auf dem Bremspedal lassen, Entlüfterventil öffnen, bis der Druck nachlässt. Entlüfterventil schließen.
- Entlüftungsvorgang an einem Bremszylinder so lange wiederholen, bis sich in der Bremsflüssigkeit, die in die Entlüfterflasche strömt, keine Luftblasen mehr zeigen.
- Nach dem Entlüften Schlauch vom Entlüfterventil abziehen, Entlüfterventil leicht mit **etwa 9 Nm** festziehen und Staubkappe auf Ventil stecken.
- Die Bremszylinder an den anderen Rädern auf die gleiche Weise entlüften, dabei Reihenfolge einhalten.
- Nach dem Entlüften den Bremsflüssigkeitsbehälter bis zur angezeichneten Markierung auffüllen. Damit wird gewährleistet, dass nach einem späteren Austausch der Bremsbeläge auf neue, dickere Beläge die Bremsflüssigkeit beim Zurückdrücken des Bremskolbens nicht aus dem Vorratsbehälter austritt.
- Bremsflüssigkeitsbehälter verschließen, dabei auf richtigen Sitz der Gummidichtung im Verschlussdeckel achten.

Achtung, Sicherheitskontrolle durchführen:

- ◆ Sind die Entlüftungsschrauben angezogen?
- ◆ Ist genügend Bremsflüssigkeit eingefüllt?
- ◆ Bei laufendem Motor Dichtheitskontrolle durchführen. Hierzu Bremspedal mit 200 bis 300 N (entspricht 20 bis 30 kg) etwa 10 Sekunden betätigen. Das Bremspedal darf nicht nachgeben. Sämtliche Anschlüsse auf Dichtheit kontrollieren.

◆ Anschließend einige Bremsungen auf einer Straße ohne Verkehr durchführen. Dabei sollte mindestens einmal die Bremsregelung des ABS-Systems geprüft werden, beispielsweise auf losem Untergrund. Dazu Bremse stark betätigen, bis am spürbaren Pulsieren des Bremspedals der Beginn der Bremsregelung erkennbar ist.

Achtung: Falls der Bremspedalweg nach der Probefahrt zu groß ist, obwohl er direkt nach dem Entlüften in Ordnung war, dann ist möglicherweise Luft in der ABS-Hydraulikeinheit. In diesem Fall Bremsanlage umgehend in der Fachwerkstatt entlüften lassen.

Bremsflüssigkeit wechseln

Erforderliches Spezialwerkzeug:

- Ringschlüssel für Entlüftungsschrauben.
- Bremsentlüftungsgerät.
- Diagnosegerät.

Erforderliches Betriebsmittel:

- Etwa 1,15 l Bremsflüssigkeit.

Bremsflüssigkeit nimmt durch die Poren der Bremsschläuche sowie durch die Entlüftungsöffnung des Vorratsbehälters Luftfeuchtigkeit auf. Dadurch sinkt im Laufe der Betriebszeit der Siedepunkt der Bremsflüssigkeit. Bei starker Beanspruchung der Bremse kann es deshalb zu Dampfblasenbildung in den Bremsleitungen kommen, wodurch die Funktion der Bremsanlage stark beeinträchtigt wird.

Die Bremsflüssigkeit soll alle **2 Jahre**, möglichst im Frühjahr, erneuert werden. Bei vielen Gebirgsfahrten, Bremsflüssigkeit in kürzeren Abständen wechseln.

Hinweis: Da bei Fahrzeugen mit Schaltgetriebe die Kupplungsbetätigung ebenfalls mit Bremsflüssigkeit arbeitet, muss auch der Inhalt des Kupplungssystems ersetzt werden, siehe entsprechenden Abschnitt.

Achtung: Die Arbeitsschritte zum Wechseln der Bremsflüssigkeit sind weitgehend gleich wie beim Entlüften der Bremsanlage, siehe entsprechenden Abschnitt. In der folgenden Beschreibung wird nur auf die Unterschiede eingegangen.

- Bremsflüssigkeitsstand auf dem Vorratsbehälter mit Filzstift markieren. Nach Erneuern der Bremsflüssigkeit ursprünglichen Flüssigkeitsstand wieder herstellen. Dadurch wird ein Überlaufen des Bremsflüssigkeitsbehälters beim Wechsel der Bremsbeläge vermieden.
- Mit einer Absaugflasche aus dem Bremsflüssigkeitsbehälter so viel wie möglich Bremsflüssigkeit absaugen.

Achtung: Abgesaugte Bremsflüssigkeit auf keinen Fall wieder verwenden.

- Vorratsbehälter bis zur MAX-Marke mit **neuer** Bremsflüssigkeit füllen.
- Fahrzeug aufbocken.

Sicherheitshinweis
Beim Aufbocken des Fahrzeugs besteht Unfallgefahr! Hinweise im Kapitel »Fahrzeug aufbocken« beachten.

- Alte Bremsflüssigkeit nacheinander aus den Bremssätteln herauspumpen. Die abfließende Bremsflüssigkeit muss in jedem Fall klar und blasenfrei sein. An den **vorderen** Bremssätteln jeweils ca. **200 cm^3** (ml), an den **hinteren** Bremssätteln jeweils **300 cm^3** (ml) Bremsflüssigkeit herauspumpen. Dabei am vorderen linken Bremssattel beginnen, dann in der Reihenfolge vorn rechts, hinten links und hinten rechts fortfahren.

Achtung: Vorratsbehälter zwischendurch immer mit **neuer** Bremsflüssigkeit auffüllen. Er darf nie ganz leer sein, sonst gelangt Luft in das Bremssystem, siehe Hinweise im Abschnitt »Bremsanlage entlüften«.

- Nach dem Bremsflüssigkeitswechsel das Bremspedal betätigen und Leerweg prüfen. Der Leerweg darf maximal ⅓ des gesamten Pedalwegs betragen.

Achtung: Sicherheitskontrolle durchführen, siehe Abschnitt »Bremsanlage entlüften«.

Bremsflüssigkeit im Kupplungssystem wechseln

Hinweis: Das Kupplungssystem ist selbstentlüftend.

- Bremsflüssigkeitsstand am Vorratsbehälter markieren, damit der Behälter nach dem Flüssigkeitswechsel auf den alten Stand aufgefüllt werden kann.
- Mit einer Absaugflasche aus dem Bremsflüssigkeitsbehälter so viel wie möglich Bremsflüssigkeit absaugen.
- Vorratsbehälter bis zur MAX-Marke mit **neuer** Bremsflüssigkeit füllen.
- Wenn das Entlüfterventil von oben zugänglich ist:
  ◆ Batterie ausbauen, siehe Seite 59.
  ◆ Batteriekasten ausbauen, siehe Seite 60.
- Wenn das Entlüfterventil von unten zugänglich ist, Fahrzeug aufbocken.

Sicherheitshinweis
Beim Aufbocken des Fahrzeugs besteht Unfallgefahr! Hinweise im Kapitel »Fahrzeug aufbocken« beachten.

- Schlauch auf das Entlüfterventil am Getriebe aufstecken, anderes Schlauchende in eine halb volle Flasche stecken.
- Entlüfterventil öffnen und Kupplungspedal behutsam durchtreten.
- Ausfließende Bremsflüssigkeit in der Flasche sammeln. Darauf achten, dass sich das Schlauchende in der Flasche ständig unterhalb des Flüssigkeitsspiegels befindet.
- Sobald der Flüssigkeitsdruck nachlässt, Entlüfterventil bei weiterhin niedergetretenem Kupplungspedal schließen.
- Kupplungspedal langsam zurückführen.

- Kupplungspedal erneut niedertreten, Fuß auf dem Pedal lassen, Entlüfterventil öffnen, bis der Druck nachlässt. Entlüfterventil schließen.

Achtung: Vorratsbehälter zwischendurch immer mit **neuer** Bremsflüssigkeit auffüllen. Er darf nie ganz leer sein, sonst gelangt Luft in das Hydrauliksystem.

- Vorgang so oft wiederholen, bis ca. **150 cm^3** (ml) Bremsflüssigkeit herausgeströmt sind.
- Nach dem Entlüften das Entlüfterventil leicht festziehen und Schlauch vom Entlüfterventil abziehen.
- Bremsflüssigkeitsbehälter bis zur angezeichneten Markierung auffüllen.
- Fahrzeug ablassen.
- Um kleinere, im System eingeschlossene Luftmengen zu entfernen, Kupplungspedal maximal fünfmal ganz durchtreten.
- Kupplungssystem auf Funktion prüfen: Motor starten, Kupplung betätigen und 2 Sekunden später den Rückwärtsgang vorsichtig einlegen. Sind ungewöhnliche Geräusche hörbar oder der Rückwärtsgang lässt sich nur schwer einlegen, Entlüftungsvorgang für das Kupplungssystem wiederholen.

Störungsdiagnose Bremse

Störung	Ursache	Abhilfe
Leerweg des Bremspedals zu groß.	Ein Bremskreis ausgefallen.	■ Bremskreise auf Flüssigkeitsverlust prüfen.
Bremspedal lässt sich weit und federnd durchtreten.	Luft im Bremssystem.	■ Bremse entlüften.
	Zu wenig Bremsflüssigkeit im Bremsflüssigkeitsbehälter.	■ Neue Bremsflüssigkeit nachfüllen. Bremse entlüften.
	Dampfblasenbildung. Tritt meist nach starker Beanspruchung auf, z. B. Passabfahrt.	■ Bremsflüssigkeit wechseln. Bremse entlüften.
Bremswirkung lässt nach, und Bremspedal lässt sich durchtreten.	Undichte Leitung.	■ Leitungsanschlüsse nachziehen oder Leitung erneuern. Bremsanlage von der Werkstatt prüfen lassen.
	Beschädigte Manschette im Haupt- oder Radbremszylinder.	■ Manschette erneuern. Beim Hauptbremszylinder Innenteile ersetzen (Werkstatt), gegebenenfalls Hauptbremszylinder oder Radbremszylinder ersetzen.
Schlechte Bremswirkung trotz hohen Fußdrucks.	Bremsbeläge verölt.	■ Bremsbeläge erneuern.
	Ungeeigneter oder verhärteter Bremsbelag.	■ Beläge erneuern. Nur vom Automobilhersteller freigegebene Bremsbeläge verwenden.
	Bremsbeläge abgenutzt.	■ Bremsbeläge erneuern.
	Bremskraftverstärker defekt, Unterdruckleitung porös, defekt.	■ Bremskraftverstärker und Unterdruckleitung prüfen.
Bremse zieht einseitig.	Unvorschriftsmäßiger Reifendruck.	■ Reifendruck prüfen und berichtigen.
	Bereifung ungleichmäßig abgefahren.	■ Abgefahrene Reifen ersetzen.
	Bremsbeläge verölt.	■ Bremsbeläge erneuern.
	Verschiedene Bremsbelagsorten auf einer Achse.	■ Beläge erneuern. Nur vom Automobilhersteller freigegebene Bremsbeläge verwenden.
	Speziell bei Scheibenbremse:	
	Verschmutzte Bremssattelschächte.	■ Sitz- und Führungsflächen der Bremsbeläge im Bremssattel reinigen.
	Korrosion in den Bremssattelzylindern.	■ Bremssattel austauschen.
	Bremsbelag ungleichmäßig verschlissen.	■ Bremsbeläge erneuern (an beiden Rädern), Bremssättel auf Leichtgängigkeit prüfen.
	Speziell bei Trommelbremse:	
	Kolben in den Radbremszylindern schwergängig.	■ Radbremszylinder erneuern.
Bremse zieht von selbst an.	Hauptbremszylinder defekt.	■ Hauptbremszylinder in der Fachwerkstatt ersetzen lassen.
Bremsen erhitzen sich während der Fahrt.	Bremse schwergängig.	■ Bewegliche Teile der Bremse schmieren. Bremssattel eventuell erneuern.
	Handbremsseil schwergängig.	■ Seil schmieren oder erneuern.
	Bremsschlauch innen aufgequollen, dicht.	■ Bremsschlauch austauschen.
	Speziell bei Scheibenbremse:	
	Korrosion in den Bremsattelzylindern.	■ Bremssattel austauschen.
	Speziell bei Trommelbremse:	
	Bremsbacken-Rückzugfedern erlahmt.	■ Rückzugfedern austauschen.

Störung	Ursache	Abhilfe
Bremsen rattern.	Ungeeigneter Bremsbelag.	■ Beläge erneuern. Nur vom Automobilhersteller freigegebene Bremsbeläge verwenden.
	Speziell bei Scheibenbremse:	
	Bremsscheibe stellenweise korrodiert.	■ Scheibe mit Schleifklötzen sorgfältig glätten.
	Bremsscheibe hat Seitenschlag.	■ Scheibe ersetzen.
	Speziell bei Trommelbremse:	
	Bremsbeläge verschlissen.	■ Beläge erneuern.
	Bremstrommel unrund.	■ Bremstrommel ersetzen.
Räder lassen sich schwer von Hand drehen. Beläge lösen sich nicht von der Bremsscheibe bzw. Bremstrommel.	Bremsschlauch innen aufgequollen, dicht.	■ Bremsschlauch erneuern.
	Speziell bei Scheibenbremse: Bremsbeläge lösen sich nicht von der Bremsscheibe, Korrosion in den Bremssattelzylindern.	■ Bremssattel austauschen.
	Speziell bei Trommelbremse:	
	Bremsbacken lösen sich nicht von der Bremstrommel, Rückholfeder gebrochen oder abgesprungen.	■ Neue Rückholfeder einbauen.
Ungleichmäßiger Belag-Verschleiß.	**Speziell bei Scheibenbremse:**	
	Ungeeigneter Bremsbelag.	■ Beläge erneuern.
	Bremssattel verschmutzt.	■ Bremssattelschächte reinigen.
	Bremssattel klemmt.	■ Führungsbuchsen und -stifte gangbar machen.
	Kolben nicht leichtgängig.	■ Bremssattel austauschen.
	Bremssystem undicht.	■ Bremssystem auf Dichtigkeit prüfen.
Keilförmiger Bremsbelag-Verschleiß.	**Speziell bei Scheibenbremse:**	
	Bremsscheibe läuft nicht parallel zum Bremssattel.	■ Anlagefläche des Bremssattels prüfen.
	Korrosion in den Bremssätteln.	■ Verschmutzung beseitigen oder Bremssattel austauschen.
Bremse quietscht.	Oft auf atmosphärische Einflüsse (Luftfeuchtigkeit) zurückzuführen.	■ Keine Abhilfe erforderlich, wenn Quietschen nach längerem Stillstand des Wagens bei hoher Luftfeuchtigkeit auftritt, sich dann aber nach den ersten Bremsungen nicht wiederholt.
	Speziell bei Scheibenbremse:	
	Ungeeigneter Bremsbelag.	■ Beläge erneuern. Belagführungsflächen mit Anti-Quietsch-Paste bestreichen.
	Bremsscheibe läuft nicht parallel zum Bremssattel.	■ Anlagefläche des Bremssattels prüfen.
	Verschmutzte Schächte im Bremssattel.	■ Bremssattelschächte reinigen.
	Speziell bei Trommelbremse:	
	Ungeeigneter Bremsbelag oder Belag liegt nicht satt auf.	■ Beläge erneuern. Nur vom Automobilhersteller freigegebene Bremsbeläge verwenden.
	Bremse verschmutzt.	■ Bremsen reinigen.
	Rückholfedern zu schwach, gebrochen oder abgesprungen.	■ Rückholfedern austauschen.

Störung	Ursache	Abhilfe
Bremse pulsiert.	ABS bei Vollbremsung in Funktion.	■ Normal, keine Abhilfe.
	Speziell bei Scheibenbremse:	
	Seitenschlag oder Dickentoleranz der Bremsscheibe zu groß.	■ Schlag und Toleranz prüfen. Bremsscheibe ersetzen.
	Bremsscheibe läuft nicht parallel zum Bremssattel.	■ Anlagefläche des Bremssattels prüfen.
	Speziell bei Trommelbremse:	
	Anlagefläche der Felge an der Bremstrommel nicht plan, dadurch Verzug der Bremstrommel.	■ Es kann versucht werden, die Felgen untereinander auszutauschen. Gegebenenfalls Felgen ersetzen.
ABS- bzw. ESP-Kontrollleuchte leuchtet während der Fahrt.	Betriebsspannung zu niedrig (unter ca. 10 Volt).	■ Batteriespannung prüfen. Prüfen, ob Kontrolllampe für Generator nach dem Motorstart erlischt, andernfalls Keilrippenriemen und Generator prüfen. ■ Hinweise zu ABS/ESP beachten.
	ABS- bzw. ESP-Anlage defekt.	■ ABS- bzw. ESP-Anlage in der Fachwerkstatt prüfen lassen.
Wirkung der Handbremse nicht ausreichend.	Leerweg des Handbremshebels zu groß.	■ Handbremse einstellen.
	Bowdenzüge korrodiert.	■ Neuteile einbauen.

Motor-Mechanik

Aus dem Inhalt:

- Motor-Kühlung
- Lüfter ausbauen
- Kühler ausbauen
- Thermostat (Kühlmittelregler)

Obere Motorabdeckung aus- und einbauen

1,0-l-Benzinmotor

Ausbau

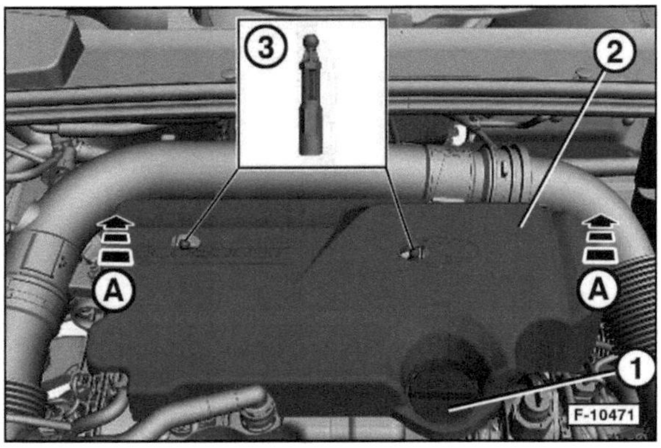

- Öleinfülldeckel –1– abschrauben und zur Seite legen.
- Motorabdeckung –2– im hinteren Bereich nach oben von den beiden Kugelköpfen –3– abziehen –Pfeile A–.
- Motorabdeckung herausnehmen und auf eine weiche Unterlage ablegen, damit sie nicht verkratzt wird.
- Öleinfülldeckel anschrauben damit kein Schmutz durch die Öffnung eindringen kann.

Einbau

- Öleinfülldeckel abschrauben und zur Seite legen.

- Motorabdeckung –1– mit den Öffnungen über dem Öleinfüllstutzen sowie den Kugelköpfen –2– ansetzen und hinten nach unten drücken.
- Öleinfülldeckel anschrauben.

Dieselmotor

Ausbau

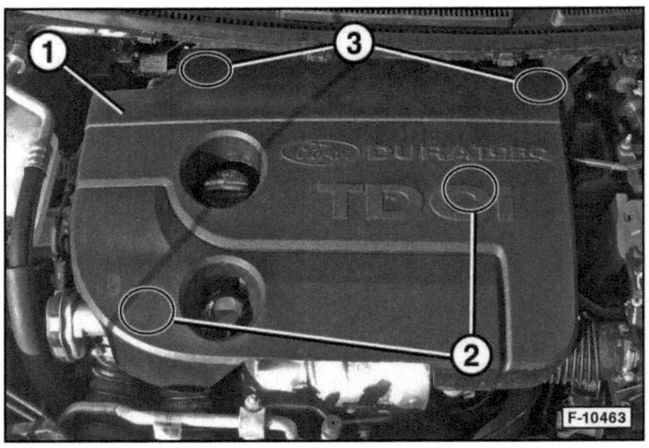

- Motorabdeckung –1– im vorderen Bereich nach oben ziehen und aus den vorderen Befestigungsclips –2– ausrasten.
- Motorabdeckung vorn etwas anheben und schräg nach vorn oben von den hinteren Befestigungsclips –3– abziehen.

- Motorabdeckung auf eine weiche Unterlage ablegen, damit sie nicht verkratzt wird.

Einbau

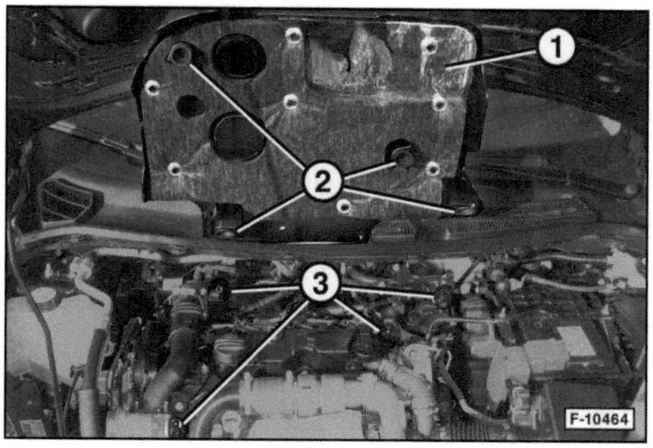

- Motorabdeckung –1– mit den Gummilagern –2– über den Aufnahmen –3– ansetzen und kräftig auf die Aufnahmebolzen aufdrücken.

Zylinderkopfdeckel aus- und einbauen

1,25-/1,4-/1,6-l-Benzinmotor

Ausbau

- Batterie abklemmen. **Achtung:** Hinweise im Kapitel »Batterie aus- und einbauen« beachten.

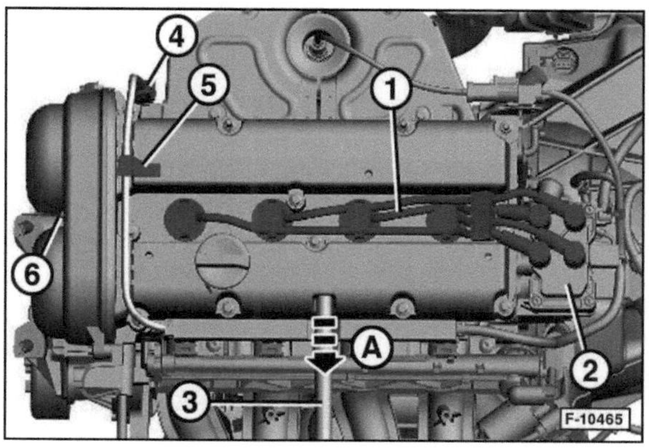

- Zündkabel –1– von den Zündspulen –2– und von den Zündkerzen abziehen und herausnehmen.
- Schlauch für Kurbelgehäuseentlüftung –3– abziehen –Pfeil A–.
- Stecker –4– abziehen, Leitung am Halter –5– aushängen und beiseitelegen.
- Schraube –6– herausdrehen.
- **1,6-l-Motor:** 4 Stecker von Nockenwellensensoren und Magnetschaltern abziehen.

- Schrauben und Muttern –Pfeile– am Zylinderkopfdeckel –1– herausdrehen.
- Zylinderkopfdeckel abnehmen.

Einbau

- Dichtung für Zylinderkopfdeckel auf Porosität und Beschädigungen prüfen, gegebenenfalls ersetzen.
- Dichtung auflegen.

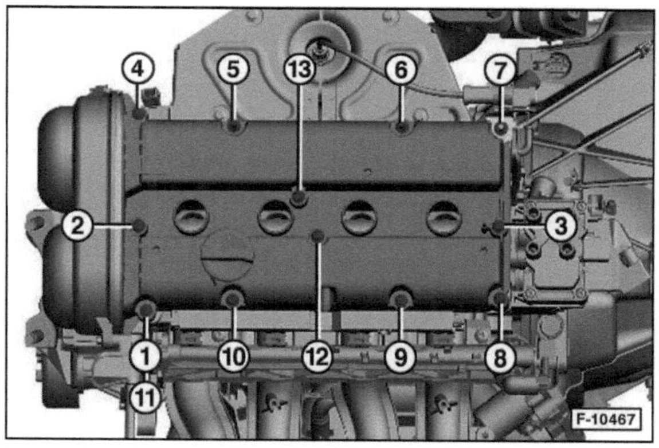

- Zylinderkopfdeckel aufsetzen.
- Schraube –1– mit 3 bis 4 Umdrehungen einschrauben.
- Schrauben/Muttern –2– bis–13– in numerischer Reihenfolge mit **9 Nm** festziehen.
- Der weitere Einbau erfolgt in umgekehrter Ausbaureihenfolge.

Kühlsystem

Benzinmotor

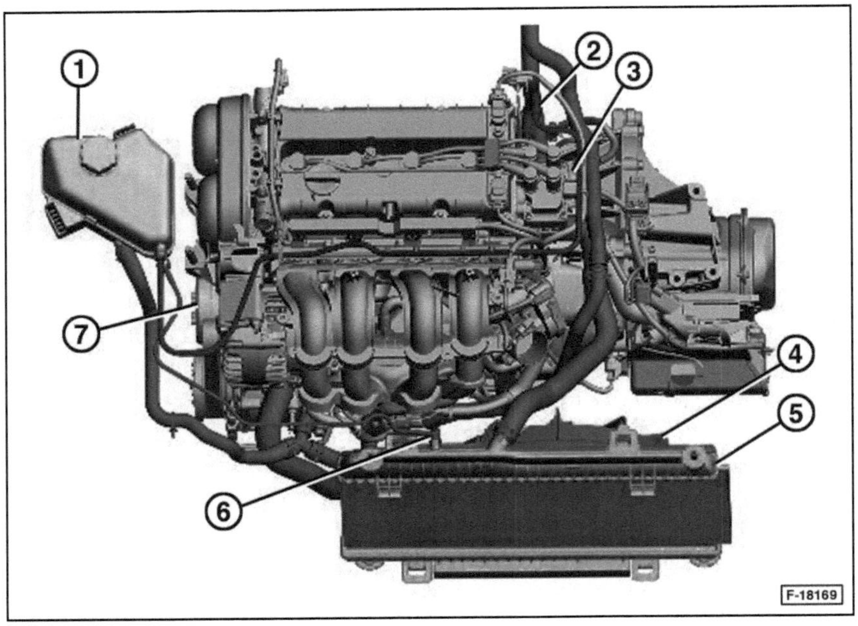

1 – Kühlmittel-Ausgleichbehälter
2 – Entlüftung Zylinderkopf
3 – Kühlmittel-Auslassstutzen
4 – Kühler-Lüfter
5 – Kühler
6 – Entlüftung Kühler
7 – Kühlmittelpumpen-Riemenscheibe

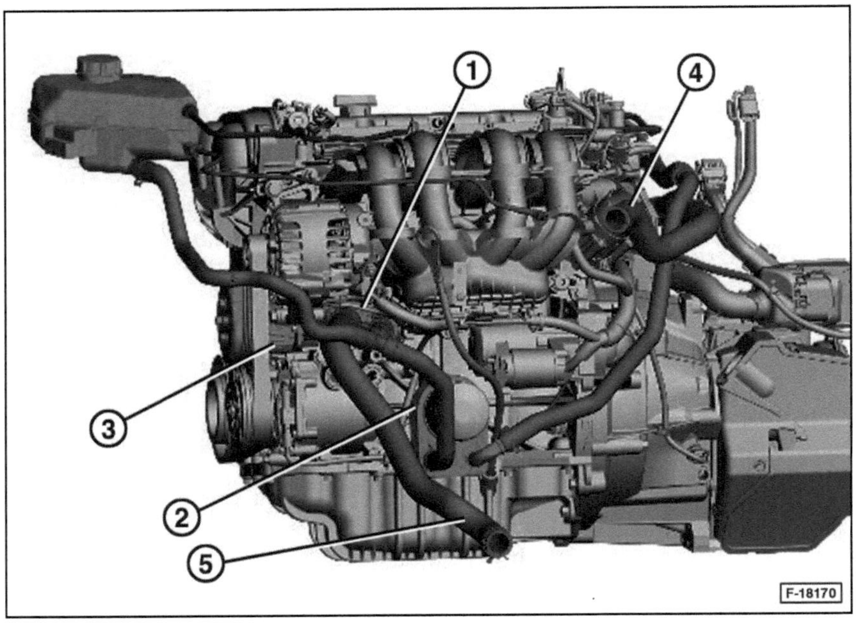

1 – Thermostatgehäuse
2 – Motoröl-Kühler
3 – Kühlmittelpumpe
4 – Oberer Kühlerschlauch
5 – Unterer Kühlerschlauch

Kühler/Lüfter aus- und einbauen

Ausbau

Hinweis: Die Beschreibung bezieht sich auf Fahrzeuge mit Schaltgetriebe und ohne Klimaanlage. Je nach Ausstattung weicht die Anzahl der Stecker und das Aussehen des Lüftergehäuses ab.

- Luftfilter ausbauen, siehe Seite 180.
- Kühlflüssigkeit ablassen, siehe Seite 33.

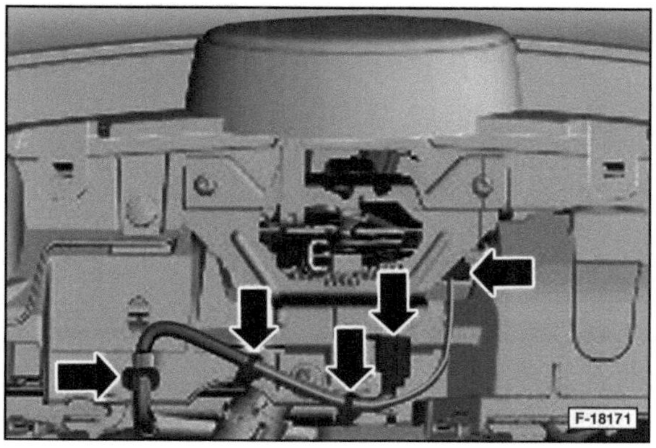

- Falls eingebaut, Stecker abziehen und Kabelbinder öffnen –Pfeile–.

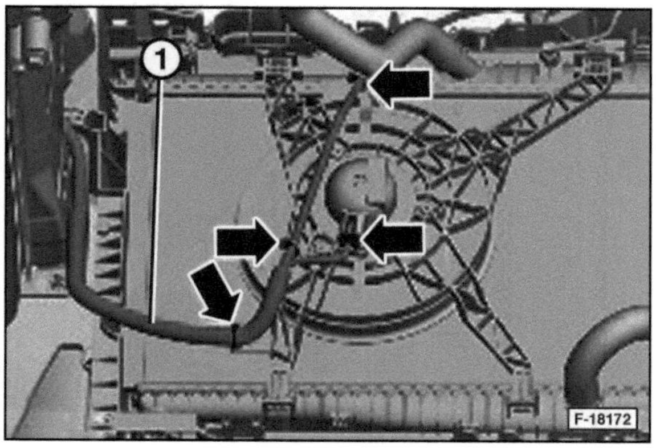

- Stecker abziehen und Kabelbinder öffnen –Pfeile–. Kabelstrang –1– zur Seite legen.

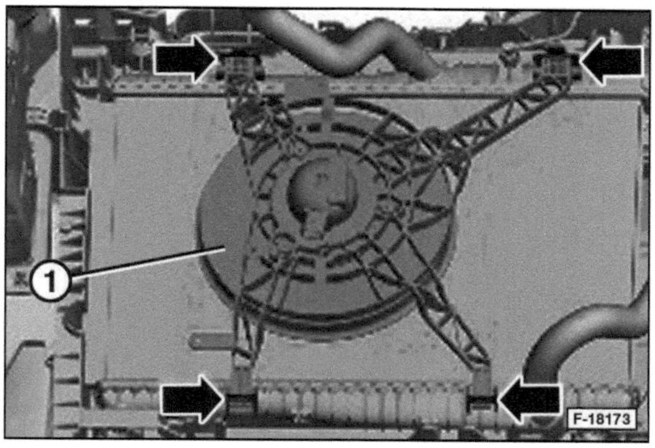

- Lüftergehäuse –1– ausclipsen –Pfeile– und abnehmen.

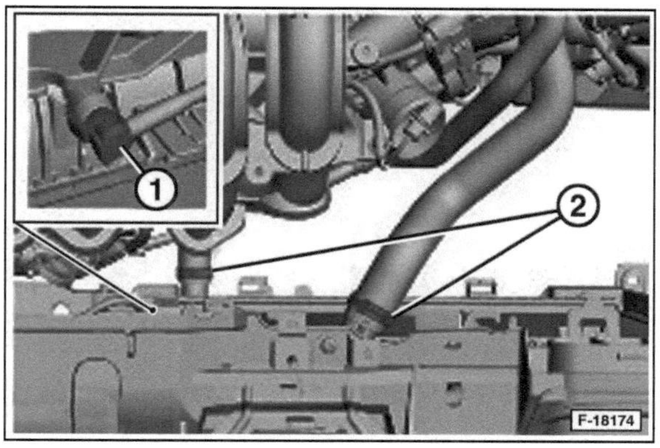

- Stecker –1– abziehen und elektrische Leitung zu Seite legen.
- Schlauchklemmen –2– mit geeigneter Zange öffnen und zurückschieben.
- Kühlmittelschläuche vom Kühler abziehen.

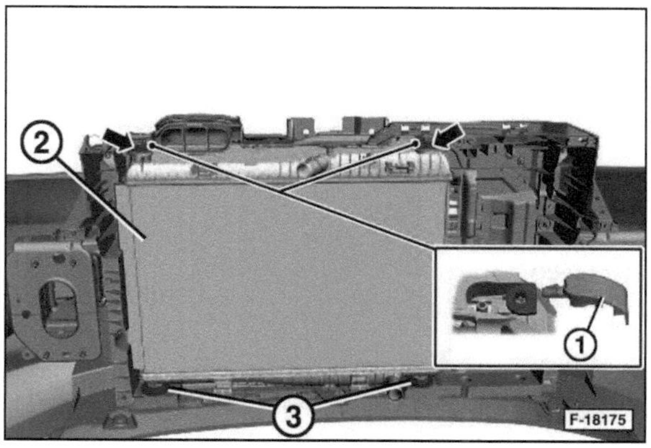

- Sicherungen –1– an den beiden oberen Kühlerhalterungen herausnehmen. **Achtung:** Sicherung von Hand herausnehmen, kein Werkzeug verwenden.
- Kühler –2– etwas nach hinten schwenken und aus den unteren Aufnahmen –3– herausziehen.

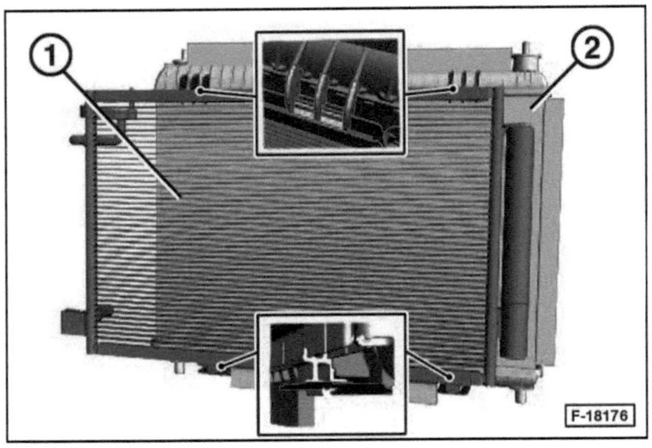

- Klimaanlage: Kondensator –1– vom Kühler –2– abclipsen.

Einbau

- Der Einbau erfolgt in umgekehrter Ausbaureihenfolge.

Thermostat aus- und einbauen

1,25-/1,4-/1,6-l-Benzinmotor

Ausbau

- Kühlflüssigkeit ablassen, siehe Seite 33.
- Generator ausbauen, siehe Seite 65.

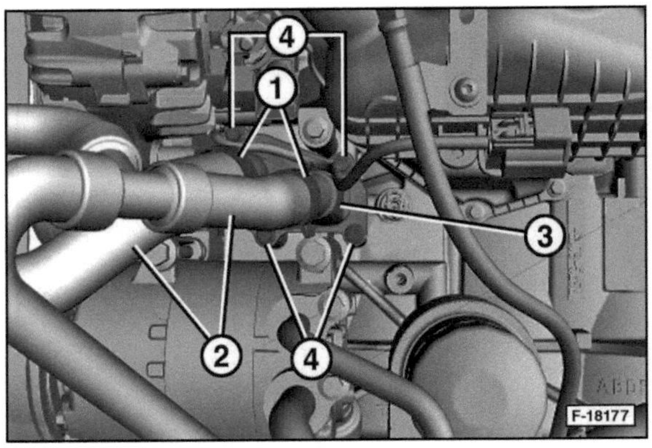

- Schlauchklemmen –1– mit geeigneter Zange öffnen und zurückschieben.
- Kühlmittelschläuche –2– vom Thermostatgehäuse –3– abziehen.
- 4 Schrauben –4– herausdrehen und Thermostatgehäuse abnehmen.

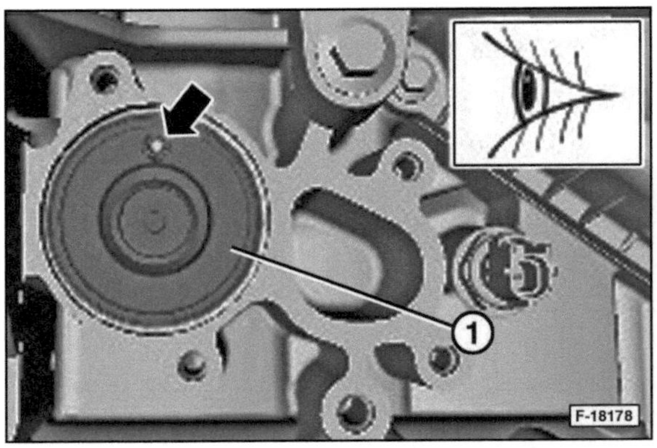

- Thermostat –1– herausnehmen.

Einbau

- Thermostat –1– so einsetzen, dass die Markierung –Pfeil– senkrecht nach oben zeigt.
- Thermostatgehäuse mit **10 Nm** anschrauben.
- Der weitere Einbau erfolgt in umgekehrter Ausbaureihenfolge.

1,4-l-Dieselmotor, Abgasnorm IV

Ausbau

- Kühlflüssigkeit ablassen, siehe Seite 33.

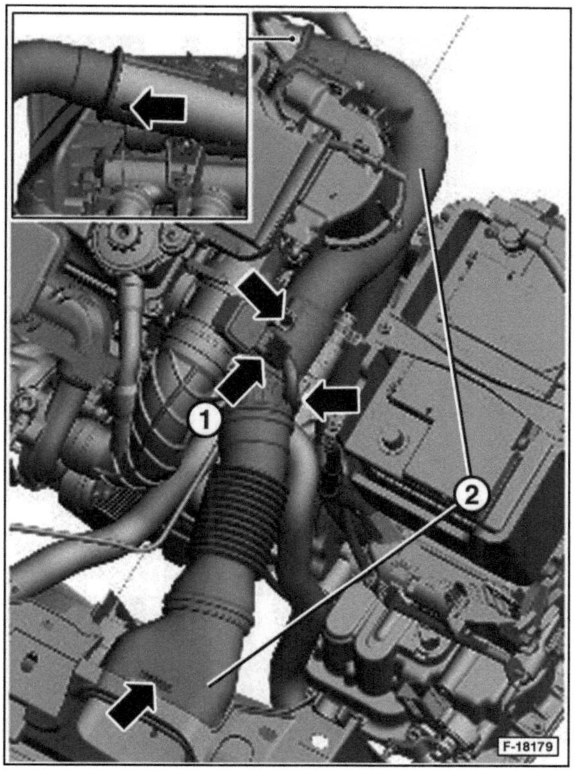

- Stecker –1– vom Luftmassenmesser abziehen.
- Luftschlauch –2– ausclipsen –Pfeile– und herausnehmen.
- Batteriekasten ausbauen, siehe Seite 60.

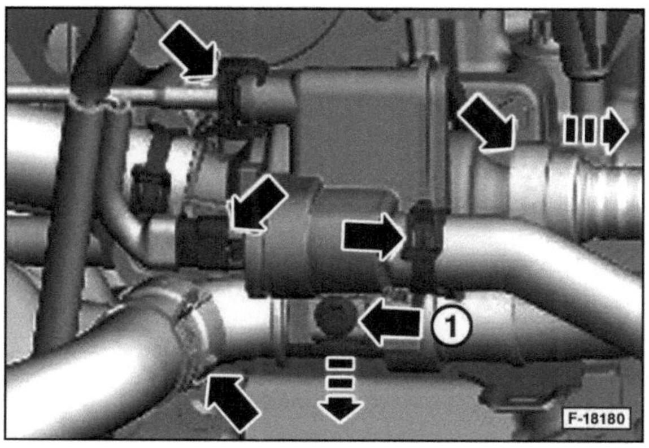

- Schlauchklemmen mit geeigneter Zange öffnen und zurückschieben beziehungsweise Stecker entriegeln und abziehen.
- Schraube –1– herausdrehen.

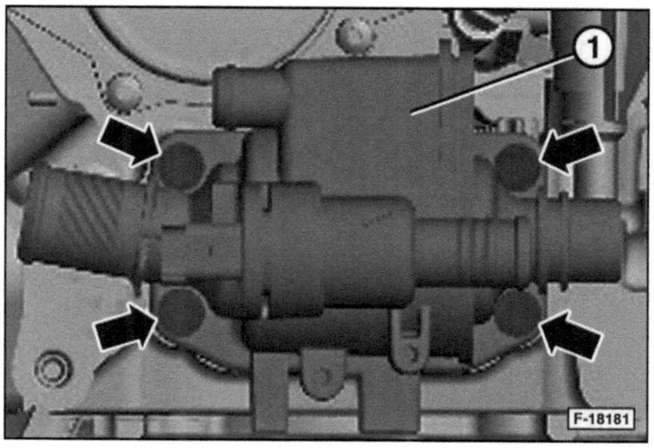

- 4 Schrauben –Pfeile– herausdrehen und Thermostatgehäuse –1– abnehmen.

Einbau

- Der Einbau erfolgt in umgekehrter Ausbaureihenfolge. Dabei ist Folgendes zu beachten:
- Thermostatgehäuse mit neuem Dichtring anschrauben. Schrauben mit **7 Nm** festziehen.

1,4-l-Dieselmotor, 51 kW, Abgasnorm V

Ausbau

- Kraftstofffilter ausbauen, siehe Seite 22.
- Kühlflüssigkeit ablassen, siehe Seite 33.

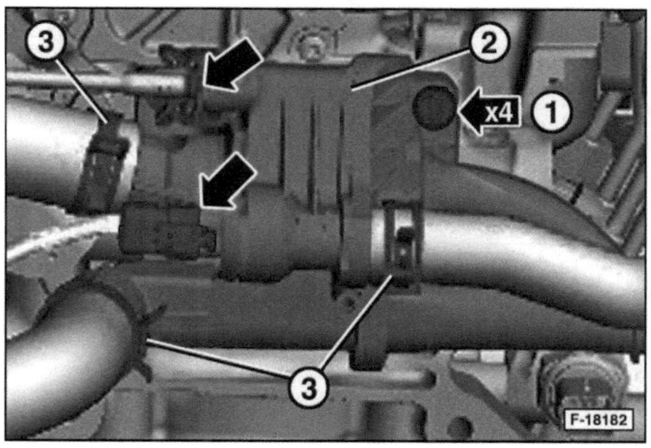

- Schlauchklemmen –3– mit geeigneter Zange öffnen und zurückschieben beziehungsweise Schnellverschlüsse öffnen.
- 4 Schrauben –1– herausdrehen und Thermostatgehäuse –2– abnehmen.

Einbau

- Der Einbau erfolgt in umgekehrter Ausbaureihenfolge. Dabei ist Folgendes zu beachten:
- Thermostatgehäuse mit neuem Dichtring anschrauben.
- Schrauben –Pfeile– in **zwei** Stufen festziehen.
  1. Stufe: Schrauben mit **3 Nm** festziehen.
  2. Stufe: Schrauben mit **7 Nm** festziehen.

1,6-l-Dieselmotor, Abgasnorm V

Ausbau

- Obere Motorabdeckung ausbauen, siehe entsprechendes Kapitel.

- Schlauch –1– vom Luftfilterdeckel abziehen –Pfeil A–.
- Kühlflüssigkeit ablassen, siehe Seite 33.

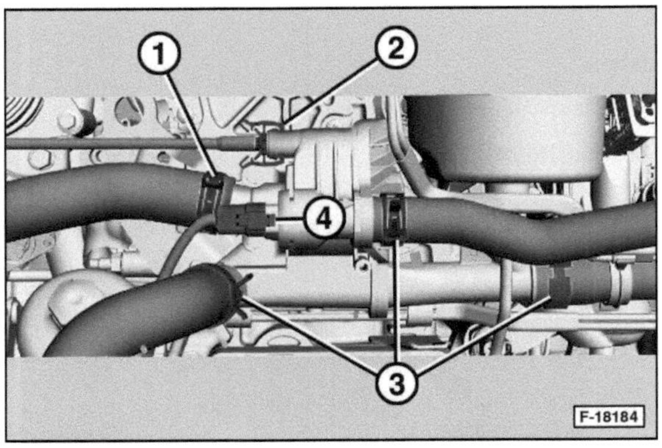

- Schlauchklemmen mit geeigneter Zange öffnen und zurückschieben beziehungsweise Schnellverschlüsse öffnen und Stecker entriegeln und abziehen.

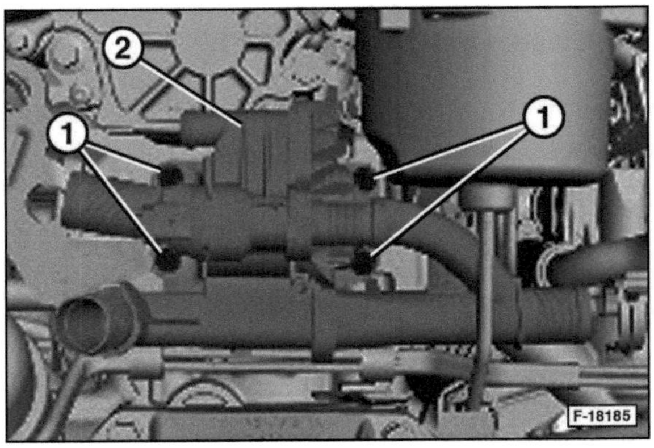

- 4 Schrauben –1– herausdrehen und Thermostatgehäuse –2– abnehmen.

Einbau

- Der Einbau erfolgt in umgekehrter Ausbaureihenfolge. Schrauben mit **7 Nm** festziehen.

Thermostat prüfen

Der Thermostat öffnet mit zunehmender Erwärmung des Motors den Kühlmittelkreislauf zum Kühler. Bleibt der Thermostat durch einen Defekt geschlossen, wird der Motor zu heiß. Erkennbar ist das am Ansteigen der Temperaturanzeige im Kombiinstrument, während gleichzeitig der Kühler kalt bleibt. Ein defekter Thermostat kann aber auch nach dem Abkühlen der Kühlflüssigkeit weiterhin geöffnet bleiben. In diesem Fall erreicht der Motor nicht mehr oder nur sehr langsam seine Betriebstemperatur, die Leistung der Innenraumheizung lässt nach.

Achtung: Wenn der Motor nach kurzer Fahrstrecke heiß wird, kann das auch daran liegen, dass sich der Kühler aufgrund von Kalkablagerungen zugesetzt hat.

- Thermostat ausbauen, siehe entsprechendes Kapitel.

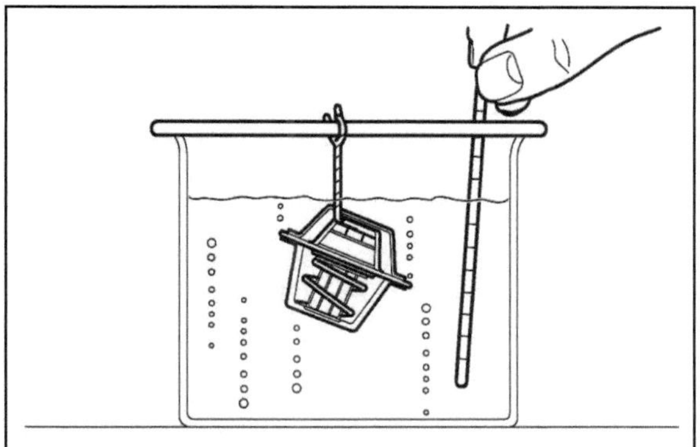

SX-1801

- Thermostat im Wasserbad langsam erwärmen. Dabei darf der Thermostat nicht die Wände des Behälters berühren. Der Thermostat muss vollständig eingetaucht sein. Temperatur mit einem geeigneten Thermometer kontrollieren.

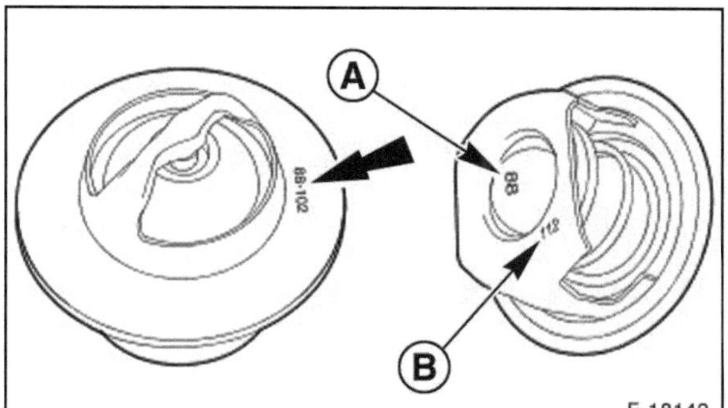

F-18142

- Sobald die Öffnungstemperatur erreicht ist, muss der Thermostat mit dem Öffnen der Regelklappe beginnen. Die Temperatur für Öffnungsbeginn und Öffnungsende ist in der Regel auf dem Thermostat eingeprägt –Pfeil– beziehungsweise –A– und –B–. **Hinweis:** Auf einigen Thermostaten sind die Temperaturen in Grad Celsius und Grad Fahrenheit angegeben.

Hinweis: Die Öffnungstemperatur liegt bei +88° C.

- Beim Abkühlen kontrollieren, ob sich der Regler wieder ganz schließt, andernfalls Thermostat ersetzen.
- Thermostat einbauen.

Motor-Management

Aus dem Inhalt:

- Benzineinspritzanlage
- Dieseleinspritzanlage
- Kraftstoffanlage
- Luftfilter ausbauen

Im Kapitel »Motor-Management« sind die Themen »Benzin-Einspritzanlage«, »Diesel-Einspritzanlage« und »Kraftstoffanlage« zusammengefasst.

Benzin-Einspritz- und Zündanlage

Das elektronische Motor-Management regelt die Kraftstoffzuteilung und das Zündsystem. Die Vorteile des elektronischen Motormanagements:

- Genau dosierte Kraftstoffmenge in jedem Betriebszustand des Motors, dadurch geringer Verbrauch bei guten Fahrleistungen.
- Reduzierung der Abgas-Schadstoffe durch exakte Kraftstoffzumessung und den Einsatz eines geregelten Katalysators.
- Die Eigendiagnose des Motor-Managements ermöglicht ein schnelleres Auffinden von Defekten. Das System ist mit einem Fehlerspeicher ausgestattet. Treten während des Betriebs Defekte auf, werden diese im Speicher abgelegt. Sollte der Motor nicht einwandfrei arbeiten, kann die Fachwerkstatt gegen Kostenerstattung eine Fehlerliste ausdrucken, damit gegebenenfalls der Defekt dann selbst behoben werden kann.

Das Steuergerät entspricht einem kleinen, sehr schnell arbeitenden Computer. Es bestimmt den optimalen Zündzeitpunkt, den Einspritzzeitpunkt und die Kraftstoff-Einspritzmenge. Dabei erfolgt eine Abstimmung des Steuergeräts mit anderen Fahrzeugsystemen, beispielsweise der Getriebesteuerung oder der Wegfahrsperre.

Die Bauteile des Zünd- und Einspritzsystems sind langzeitstabil und praktisch wartungsfrei. Nur der Luftfiltereinsatz sowie die Zündkerzen müssen im Rahmen der Wartung gewechselt werden. Wesentliche Einstell- und Reparaturarbeiten können nur mithilfe von teuren Prüfgeräten durchgeführt werden, so dass diese Arbeiten nur noch von entsprechend ausgerüsteten Fachwerkstätten ausgeführt werden können.

Sicherheitsmaßnahmen bei Arbeiten am Benzin-Einspritzsystem

- **Kein offenes Feuer, nicht rauchen, keine glühenden oder sehr heißen Teile in die Nähe des Arbeitsplatzes bringen. Unfallgefahr! Feuerlöscher bereitstellen.**
- **Unbedingt für gute Belüftung des Arbeitsplatzes sorgen. Kraftstoffdämpfe sind giftig.**
- **Das Kraftstoffsystem steht unter Druck!** Bevor Schlauchverbindungen gelöst werden, Kraftstoffdruck abbauen, siehe Seite 174.
- Beim Trennen der Schlauchverbindungen sicherheitshalber einen dicken Putzlappen um die Verbindungsstelle legen.

Achtung: Bei Arbeiten am Einspritzteil des Systems sind auch die allgemeinen Sicherheits- und Sauberkeitsregeln zu beachten, siehe Kapitel »Kraftstoffanlage«.

Diesel-Einspritzanlage

Die Dieseleinspritzung wird vollelektronisch durch das Motor-Management geregelt. Die Vorteile sind:

- Die Eigendiagnose des Motor-Managements ermöglicht ein schnelleres Auffinden von Defekten.
- Genau dosierte Kraftstoffmenge. Dadurch Reduzierung der Abgas-Schadstoffe und geringer Verbrauch.
- Das Einstellen von Leerlaufdrehzahl und Abregeldrehzahl ist nicht erforderlich.

Die Bauteile des Motor-Managements sind langzeitstabil und praktisch wartungsfrei. Nur der Motor-Luftfiltereinsatz und der Kraftstofffilter müssen im Rahmen der Wartung gewechselt werden.

Benzin-Einspritzanlage

Funktion des Motormanagements beim Benzinmotor

Der Kraftstoff wird aus dem Kraftstoffvorratsbehälter (Tank) von der elektrischen Kraftstoffpumpe angesaugt und zum Kraftstoffverteiler gefördert. Ein Druckregler sorgt dafür, dass der Druck im Kraftstoffsystem konstant bei etwa 3,8 ± 0,2 bar gehalten wird.

Über elektrisch angesteuerte Einspritzventile wird der Kraftstoff stoßweise in das Ansaugrohr direkt vor die Einlassventile des Motors gespritzt. Das Motor-Steuergerät steuert die Einspritzventile sequentiell an, also in Zündreihenfolge, und regelt die Einspritzzeit und dadurch die Einspritzmenge.

Die Verbrennungsluft wird vom Motor über den Luftfilter angesaugt und gelangt durch das Drosselklappenteil sowie das Ansaugrohr bis zu den Einlassventilen. Geregelt wird die Luftmenge durch die Drosselklappe, die über einen Stellmotor betätigt wird. Die angesaugte Luftmenge wird von einem Luftmassenmesser gemessen.

Das Motor-Steuergerät ist ein kleiner, sehr schnell arbeitender Computer. Es bestimmt den optimalen Zündzeitpunkt, den Einspritzzeitpunkt und die Einspritzmenge.

Informationen von weiteren Sensoren (Fühlern) und Befehle an Aktoren (Stellglieder) sorgen in jeder Fahrsituation für einen optimalen Motorbetrieb. Fallen wichtige Sensoren aus, schaltet das Steuergerät auf ein Notlaufprogramm um, damit Motorschäden vermieden werden und weitergefahren werden kann. In diesem Fall ruckelt der Motor und neigt beim Gas geben zum Absterben.

Sensoren und Aktoren der Einspritzanlage

- Der **Kurbelwellenstellungs-Sensor (CKP)** ist im Bereich des Schwungrades in den Motorblock eingeschraubt. Er übermittelt dem Steuergerät die Motordrehzahl und die OT-Stellung des Kolbens für Zylinder 1.
- Der **Nockenwellenstellungs-Sensor (CMP)** sitzt rechts hinten am Zylinderkopfdeckel. Er übermittelt dem Steuergerät zusammen mit dem Kurbelwellen-Positionsgeber die Zünd-OT-Stellung für Zylinder 1. Dies dient zur Synchronisation von Zündzeitpunkt und Einspritzreihenfolge.
- Der **Kühlmittel-Temperaturfühler (ECT)** sitzt unterhalb der Zündspulen an der hinteren Stirnseite des Zylinderkopfs am Kühlmittelstutzen. Es handelt es sich dabei um einen NTC-Widerstand. Das heißt, der Widerstand wird geringer, wenn die Kühlmitteltemperatur ansteigt. NTC = **N**egativer **T**emperatur **K**oeffizient.
- Der **Drosselklappenstellungs-Sensor (TP)** sitzt in der Drosselklappen-Steuereinheit (TCU) und übermittelt dem Steuergerät die Winkelstellung der Drosselklappe.
- Die Tankentlüftung besteht aus dem **Aktivkohlebehälter** und einem **Magnetventil** (Regenerierventil). Im Aktivkohlebehälter werden Kraftstoffdämpfe gespeichert, die sich durch Erwärmung des Kraftstoffs im Tank bilden. Bei laufendem Motor werden die Kraftstoffdämpfe aus dem Aktivkohlebehälter abgesaugt und dem Motor zur Verbrennung zugeführt. Der Aktivkohlebehälter sitzt seitlich am Tank. Zum Ausbau muss der Tank etwas abgesenkt werden.
- Die **Lambdasonde** (Sauerstoffsensor) dient zur Regelung des Katalysators. Sie misst den Sauerstoffgehalt im Abgasstrom und schickt entsprechende Spannungssignale an das Motor-Steuergerät.
- Der **Klopfsensor (KS)** ist am Motorblock eingeschraubt. Er verhindert, dass schädliche, klopfende Verbrennungen auftreten können. Dadurch kann der Zündzeitpunkt an der Klopfgrenze gehalten werden, wodurch die Energie des Kraftstoffes besser ausgenutzt und somit der Kraftstoffverbrauch reduziert wird.

Leerlaufdrehzahl/Zündzeitpunkt/ CO-Gehalt prüfen/einstellen

Im Rahmen der Wartung ist es nicht mehr erforderlich, Leerlaufdrehzahl, Zündzeitpunkt und CO-Gehalt einzustellen, da die Werte permanent elektronisch nachgeregelt werden.

Falls die tatsächlichen Betriebswerte von den Sollwerten abweichen, liegt die Ursache in defekten Bauteilen, die ersetzt werden müssen. Eine fachgerechte Prüfung des Motormanagements ist nur mit speziellen Diagnosegeräten möglich.

Allgemeine Prüfung der Benzin-Einspritzanlage

Für eine systematische Fehlersuche beziehungsweise Fehlerbehebung sind markenspezifische Messgeräte erforderlich. Diese Messgeräte sind sehr teuer und in der Regel nur in der Fachwerkstatt vorhanden. Deshalb wird hier nur eine Grundprüfung beschrieben:

- Batterie prüfen, siehe Seite 46/61.
- Alle Sicherungen prüfen, siehe Seite 58.
- Sämtliche Stecker und Steckverbindungen des betroffenen elektronischen Systems abziehen und aufstecken. Festen Sitz der Steckverbindungen und Fixierung der Kabel im Motorraum prüfen.
- Alle Masseverbindungen auf festen Sitz und einwandfreien Kontakt prüfen.
- Schläuche und Leitungen auf Undichtigkeiten prüfen. Dabei auf Porosität und Risse achten. Lockere Anschlüsse befestigen.

Sensoren und Aktoren der Einspritzanlage

1,25-/1,4-l-Benzinmotor

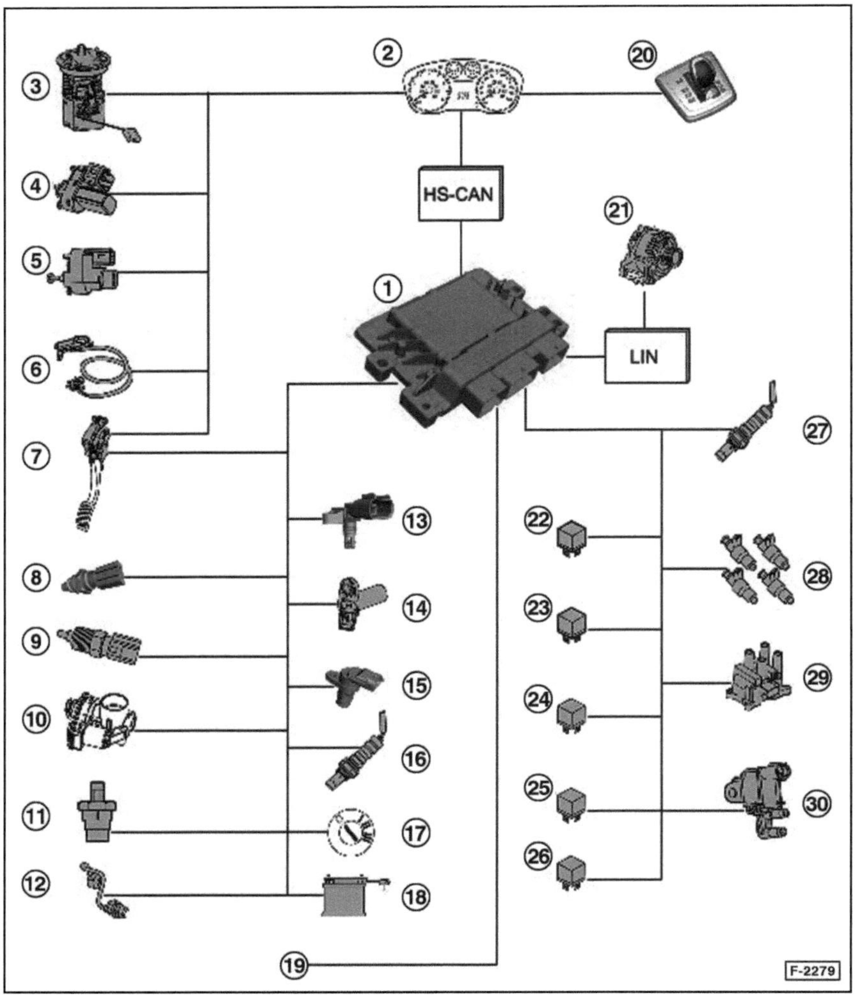

1 – Motor-Steuergerät (PCM)

2 – Kombiinstrument
Dient als Schnittstelle zwischen HS-SCAN und MS-CAN. CAN = Controller Area Network = Steuergerätenetzwerk; HS- = Hochgeschwindigkeits-; MS- = Mittelgeschwindigkeits-.

3 – Kraftstoffördereinheit (FPDM)
Besteht aus elektrischer Kraftstoffpumpe und Tankgeber.

4 – Kupplungspedalschalter (CPP)
Der CPP-Schalter befindet sich direkt an der Pedalbox.
Das Motor-Steuergerät erkennt mithilfe dieses Schalters die Schaltvorgänge und verbessert dabei das Motorlaufverhalten. Außerdem regelt es die Leerlaufdrehzahl, nachdem das Kupplungspedal getreten wurde (ausgekuppelt).
Hinweis: Bei Fahrzeugen mit Start-/Stopp-Einrichtung gibt ein zusätzlicher Schalter bei voll getretenem Kupplungspedal ein Signal an das Motor-Steuergerät.

5 – Bremspedalschalter (BPP)

6 – Sende- und Empfangseinheit für elektronische Wegfahrsperre (PATS)

7 – Gaspedalsensor (APP)

8 – Motoröldruck-Schalter (EOP)

9 – Kühlmittel-Temperatur-Sensor (ECT)

10 – Drosselklappensteuereinheit (TCU)
Aufgrund von Signalen des Gaspedalsensors steuert das Motor-Steuergerät den Elektromotor der Drosselklappenwelle an und regelt somit die Motorleistung entsprechend dem Fahrerwunsch.
Achtung: Die Drosselklappensteuereinheit darf nicht zerlegt werden. Es können keinerlei Einstellarbeiten oder Reparaturen an der TCU durchgeführt werden.

11 – Kältemittel-Drucksensor
Nur bei Klimaanlage.

12 – Klopfsensor (KS)

13 – Temperatur- und Saugrohr-Absolutdruck-Sensor (MAPT)

14 – Kurbelwellenstellungs-Sensor (CKP)

15 – Nockenwellenstellungs-Sensor (CMP)

16 – Lambdasonde, beheizt (HO2S)

17 – Zündschloss

18 – Batterie

19 – Signal für Kraftstoffabschaltung vom RCM (Modul Sicherheits-Rückhaltesystem)

20 – Wählhebel-Positionssensor
Nur bei Automatikgetriebe.

21 – Generator

22 – Kraftstoffpumpen-Relais (FP)

23 – Kühler-Lüfter-Relais

24 – Stromversorgungs-Relais für Motor-Steuergerät (PCM)

25 – Anlasser-Relais

26 – Klimakompressor-Kupplungs-Relais

27 – Heizelement für Lambdasonde und Katalysatorüberwachungs-Sensor

28 – Einspritzventile

29 – Elektronische Zündung, Zündspulen

30 – Magnetventil für Kraftstoffverdunstung (EVAP)

Diesel-Einspritzanlage

Die Dieseleinspritzung wird vollelektronisch durch das Motormanagement geregelt. Die Vorteile des elektronischen Motormanagements sind:

- Eigendiagnose des Motormanagements, dadurch schnelleres Auffinden von Defekten. Das System ist mit einem Fehlerspeicher ausgestattet. Treten während des Betriebs Defekte auf, werden diese im Speicher abgelegt. Sollte der Motor nicht einwandfrei arbeiten, kann die Fachwerkstatt gegen Kostenerstattung eine Fehlerliste ausdrucken, die Hinweise auf die Ursache gibt.
- Genau dosierte Kraftstoffmenge in jedem Betriebszustand des Motors, dadurch geringer Verbrauch bei guten Fahrleistungen.
- Reduzierung der Abgas-Schadstoffe durch exakte Kraftstoffzumessung sowie Einsatz von Katalysator und Abgasrückführung.
- Das Einstellen von Leerlaufdrehzahl und Abregeldrehzahl ist nicht erforderlich.

Die Bauteile des Motormanagements sind langzeitstabil und praktisch wartungsfrei. Nur der Motor-Luftfiltereinsatz und der Kraftstofffilter müssen im Rahmen der Wartung gewechselt werden. Wesentliche Einstell- und Reparaturarbeiten können nur mit Hilfe von teuren Prüfgeräten durchgeführt werden, sodass diese Arbeiten nur noch von entsprechend ausgerüsteten Fachwerkstätten ausgeführt werden können.

Diesel-Einspritzverfahren

Beim Dieselmotor wird reine Luft in die Zylinder angesaugt und dort sehr hoch verdichtet. Dadurch steigt die Temperatur in den Zylindern über die Zündtemperatur des Dieselöls an. Wenn der Kolben kurz vor dem Oberen Totpunkt steht, wird in die hochverdichtete und etwa +600° C heiße Luft Dieselöl eingespritzt. Das Dieselöl zündet von selbst, Zündkerzen sind also nicht erforderlich.

Bei sehr kaltem Motor kann es vorkommen, dass durch die Verdichtung die Zündtemperatur nicht erreicht wird. In diesem Fall muss vorgeglüht werden. Dazu befindet sich in jedem Brennraum eine Glühkerze, die den Brennraum aufheizt. Die Dauer des Vorglühens ist abhängig von der Umgebungstemperatur und wird durch das Motor-Steuergerät über ein Vorglührelais gesteuert.

Für die Einspritzung beim Dieselmotor gibt es 3 unterschiedliche Verfahren: Die Wirbel- oder Vorkammereinspritzung sowie die Direkteinspritzung.

Beim **TDCi-Motor** im FIESTA wird der Diesel-Kraftstoff durch ein **Common-Rail-System** direkt in den Brennraum eingespritzt. Dabei liegt der maximale Einspritzdruck bei etwa 1600 bar. Der Kraftstoff wird dadurch besonders fein zerstäubt und seine Energie kann besser genutzt werden. Der Kraftstoff wird aus dem Tank zur Hochdruckpumpe gefördert. Diese baut bereits bei niedrigen Motordrehzahlen einen sehr hohen Druck auf. Von der Hochdruckpumpe führt eine gemeinsame Kraftstoffleitung (Common Rail) zu den Einspritzventilen der einzelnen Zylinder. Die gemeinsame Kraftstoffleitung dient als Druckspeicher und verteilt den Kraftstoff mit konstantem Druck an die Einspritzventile. Die erforderliche Kraftstoff-Einspritzmenge wird vom Motor-Steuergerät über die elektromagnetischen Einspritzventile den einzelnen Zylindern exakt zugeteilt.

Bevor der Kraftstoff in die Einspritz-/Hochdruckpumpe gelangt, wird er im Kraftstofffilter von Verunreinigungen und Wasser befreit. Daher ist es äußerst wichtig, den Kraftstofffilter im Rahmen der Wartung regelmäßig auszuwechseln.

- Der **Nockenwellenstellungs-Sensor (CMP)** befindet sich hinter dem Zahnriemenrad der Nockenwelle und ist mit einer Schraube am Zylinderkopfdeckel befestigt. Er kann durch einen Schlitz im Sensorgehäuse eingestellt werden. Bei der Montage muss der korrekte Luftspalt zwischen CMP-Sensor und Zahnriemenrad der Auslassnockenwelle eingestellt werden. Fällt das Signal des CMP-Sensors während des Motorlaufs aus, wird der Motor über die Signale des Kurbelwellenstellungs-Sensors (CKP) weiterbetrieben. Fehlt beim nächsten Startvorgang das CMP-Signal, kann der Motor nicht gestartet werden.
- Der **Luftmassenmesser (MAF)** sitzt am Auslass des Luftfiltergehäuses. Im Gehäuse des Luftmassenmessers befindet sich eine dünne, elektrisch beheizte Sensorplatte, die durch die vorbeistreichende Ansaugluft abgekühlt wird. Die Steuerelektronik regelt den Heizstrom so, dass die Temperatur der Platte konstant bleibt. Steigt beispielsweise die Menge der angesaugten Luft, neigt das erhitzte Bauteil zum Abkühlen. Daraufhin wird der Heizstrom sofort erhöht, damit die Temperatur gleich bleibt. Anhand der Schwankungen des Heizstromes erkennt das Motor-Steuergerät den Lastzustand des Motors und regelt dementsprechend die Einspritzmenge.

Sensoren und Aktoren der Einspritzanlage

1,4-l-Dieselmotor

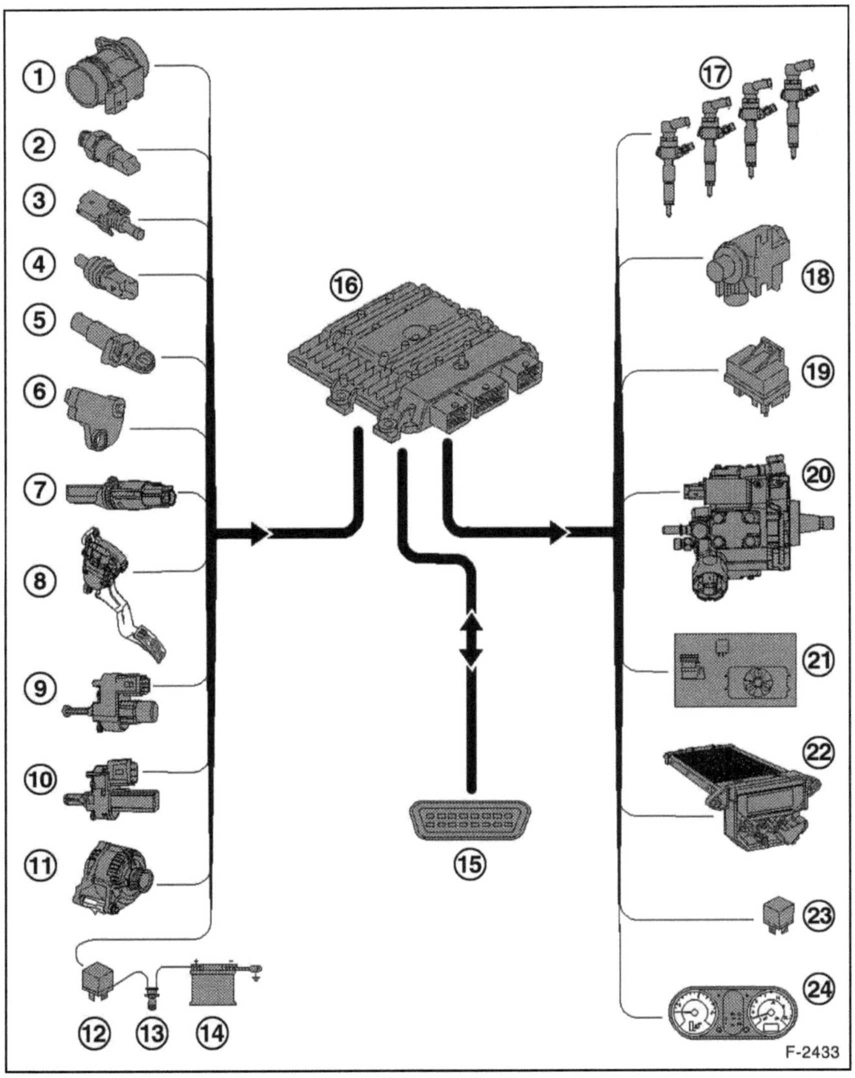

1 – Luftmassenmesser (MAF)
Der Luftmassenmesser befindet sich am Ausgang des Luftfiltergehäuses und arbeitet nach dem Hitzdraht-Prinzip.

2 – Kraftstoffdruck-Sensor
Der Kraftstoffdruck-Sensor ist seitlich am Kraftstoffverteilerrohr angebracht und misst den Kraftstoffdruck im Kraftstoffverteilerrohr. Das Signal des Kraftstoffdruck-Sensors dient dem Motor-Steuergerät als Eingangsgröße zur Berechnung der Einspritzmenge und des Einspritzbeginns.

3 – Kraftstofftemperatur-Sensor
Der Kraftstofftemperatur-Sensor befindet sich im Kraftstoffrücklauf in einem T-Stück oberhalb des Kraftstoffverteilerrohrs. Das Signal wird vom Motor-Steuergerät zur Feinabstimmung von Einspritzbeginn beziehungsweise Einspritzmenge benötigt.

4 – Kühlmittel-Temperatur-Sensor (ECT)
Der ECT-Sensor befindet sich im Thermostatgehäuse am Zylinderkopf. Es handelt sich dabei um einen NTC-Widerstand (Widerstand mit negativem Temperaturkoeffizienten). Über den Spannungsabfall am ECT-Sensor errechnet das Motor-Steuergerät die Kühlmitteltemperatur.

5 – Nockenwellenstellungs-Sensor (CMP)

6 – Kurbelwellenstellungs-Sensor (CKP)
Der Kurbelwellenstellungs-Sensor übermittelt dem Steuergerät Signale, um den Einspritzzeitpunkt zu bestimmen. Der CKP-Sensor befindet sich hinter dem Zahnriemenrad der Kurbelwelle am Ölpumpengehäuse.

7 – Fahrgeschwindigkeits-Sensor (VSS)
Fahrzeuge ohne Brems-Antiblockiersystem (ABS) benötigen zur Ermittlung der Fahrzeuggeschwindigkeit den Fahrgeschwindigkeits-Sensor. Der VSS-Sensor befindet sich am Getriebe und arbeitet nach dem Hall-Effekt-Prinzip. Fahrzeuge mit ABS nutzen die Signale der Radsensoren für die Ermittlung der Fahrzeuggeschwindigkeit.

8 – Gaspedalstellungs-Sensor (APP)
Der Geber für Gaspedalstellung sitzt an der Gaspedallagerung. Durch ein Potentiometer werden Informationen über die Gaspedalstellung an das Motor-Steuergerät übermittelt. Der Geber (APP-Sensor) besteht aus Sicherheitsgründen aus zwei Sensoren. Bei Ausfall einer der Sensoren läuft der Motor mit reduzierter Leistung. Die Höchstgeschwindigkeit kann jedoch erreicht werden. Fällt der APP-Sensor komplett aus, so wird nach einmaligem Betätigen des BPP-Schalters und des Bremslichtschalters, nach einem Plausibilitätsabgleich, der Motor auf eine Drehzahl von bis zu 1200/min geregelt. Das Fahrzeug kann auf maximal 56 km/h beschleunigt werden.

9 – Bremspedalpositions-Schalter (BPP)
Der Bremspedalschalter sorgt zusammen mit dem Bremslichtschalter für ein Abregeln des Motors auf Leerlaufdrehzahl, falls der Geber für Gaspedalstellung ausfällt und der Fahrer das Fahrzeug abbremst. Beide Schalter befinden sich in einem gemeinsamen Gehäuse.

10 – Kupplungspedal-Schalter (CPP)

11 – Generator

12 – Startsperr-Relais

13 – Zündschalter

14 – Fahrzeugbatterie

15 – Diagnosestecker (DLC)

16 – Motor-Steuergerät (PCM)
Das Motor-Steuergerät (PCM) befindet sich im Motorraum neben der Fahrzeugbatterie.

17 – Einspritzventile

18 – Abgasrückführungs-Ventil (EGR)

19 – Vorglühsteuergerät
Das Vorglühsteuergerät befindet sich im Motorraum am Motor-Steuergerät, in der Nähe der Fahrzeugbatterie. Aufgrund von Signalen des Motor-Steuergerätes schaltet es mithilfe eines integrierten Relais die Glühstiftkerzen ein und bestimmt die Vorglühdauer.

20 – Hochdruckpumpe mit Kraftstoffdosierventil und Kraftstoffdruckregler
Das Kraftstoffdosierventil ist im Zulaufkanal zwischen Kraftstoffförderpumpe und Hochdruck-Pumpe positioniert. Zusammen mit dem Kraftstoffdruckregler regelt es den Kraftstoffdruck im Kraftstoffverteilerrohr (Common-Rail).

21 – Magnetkupplung für Klimaanlagenkompressor und Kühlerlüfter

22 – Elektrischer PTC-Zuheizer
Nicht bei allen Modellen vorhanden.

23 – Relais für Motor-Steuergerät

24 – Kombiinstrument

Kraftstoffanlage

Zur Kraftstoffanlage zählen der Kraftstoffvorratsbehälter (Kraftstofftank), die Kraftstoffpumpe, die Kraftstoffleitungen sowie Kraftstoff- und Luftfilter. Hinweise zum Diesel-Kraftstofffilter befinden sich im Kapitel »Wartungsarbeiten«.

Der Kraftstoffvorratsbehälter hat beim Benziner einen Inhalt von etwa 42 Litern (Diesel ca. 40 l) und ist vor der Hinterachse angeordnet. Der jeweilige Kraftstoffvorrat wird dem Fahrer im Kombiinstrument angezeigt. Über ein Entlüftungssystem wird der Tank belüftet. Die ungesunden Benzindämpfe der Tankentlüftung werden in einem Aktivkohlespeicher aufgefangen und dem Motor kontrolliert zur Verbrennung zugeführt.

Kraftstoff sparen beim Fahren

Wesentlichen Einfluss auf den Kraftstoffverbrauch hat die Fahrweise des Fahrzeuglenkers. Hier einige Tipps für den intelligenten Umgang mit dem Gaspedal:

- Nach dem Motorstart gleich losfahren, auch bei Frost.
- Motor bei voraussichtlichen Stopps von über 40 Sekunden Dauer abschalten.
- Im höchstmöglichen Gang fahren.
- Möglichst gleichmäßige Geschwindigkeiten über längere Strecken fahren, hohe Geschwindigkeiten meiden. Vorausschauend fahren. Nicht unnötig bremsen.
- Keine unnötige Zuladung mitführen, Aufbauten am Fahrzeug, beispielsweise Dachgepäckträger, möglichst abbauen.
- Immer mit richtigem, nie mit zu niedrigem Reifendruck fahren.

Sicherheits- und Sauberkeitsregeln bei Arbeiten an der Kraftstoffversorgung

Bei Arbeiten an der Kraftstoffversorgung sind die folgenden Regeln zur Sicherheit und Sauberkeit sorgfältig zu beachten:

- Verbindungsstellen und deren Umgebung vor dem Lösen gründlich reinigen.
- Ausgebaute Teile auf einer sauberen Unterlage ablegen und abdecken. Folie oder Papier verwenden. Keine fasernden Lappen benutzen!

Sicherheitsmaßnahmen bei Arbeiten am Kraftstoffsystem

Das Kraftstoffsystem steht unter Druck! Vor dem Lösen der Schlauchverbindungen den Druck abbauen, siehe entsprechendes Kapitel. Zusätzlich vor dem Trennen der Leitungen einen dicken Putzlappen um die Verbindungsstelle legen. **Achtung:** Beim **Dieselmotor** kann die Temperatur der Kraftstoffleitungen beziehungsweise des Kraftstoffes im Extremfall bis zu +100° C betragen. Vor dem Öffnen von Leitungsverbindungen Kraftstoff abkühlen lassen, da akute Verbrühungsgefahr besteht.

- **Kein offenes Feuer, nicht rauchen, keine glühenden oder sehr heißen Teile in die Nähe des Arbeitsplatzes bringen. Unfallgefahr! Feuerlöscher bereitstellen.**
- **Unbedingt für gute Belüftung des Arbeitsplatzes sorgen. Kraftstoffdämpfe sind giftig.**
- Schutzhandschuhe tragen.
- Schutzbrille tragen.
- Feuerlöscher bereitstellen.

- Geöffnete Bauteile sorgfältig abdecken beziehungsweise verschließen, wenn die Reparatur nicht umgehend ausgeführt wird.
- Ersatzteile erst unmittelbar vor dem Einbau aus der Verpackung nehmen. Nur saubere Teile einbauen.
- Bei geöffneter Kraftstoffanlage möglichst nicht mit Druckluft arbeiten. Das Fahrzeug möglichst nicht bewegen.
- Keine silikonhaltigen Dichtmittel verwenden. Vom Motor angesaugte Spuren von Silikonbestandteilen werden im Motor nicht verbrannt und schädigen die Lambdasonde(n).
- Darauf zu achten, dass kein Dieselkraftstoff auf die Kühlmittelschläuche läuft. Gegebenenfalls Schläuche sofort reinigen. Angegriffene Schläuche umgehend ersetzen.

Kraftstoffdruck abbauen

Benzinmotor

Das Kraftstoffsystem steht auch nach Abstellen des Motors lange unter hohem Druck. Vor Öffnen des Kraftstoffsystems, zum Beispiel durch Abziehen von Kraftstoffleitungen, muss auf jeden Fall der Kraftstoffdruck abgebaut werden.

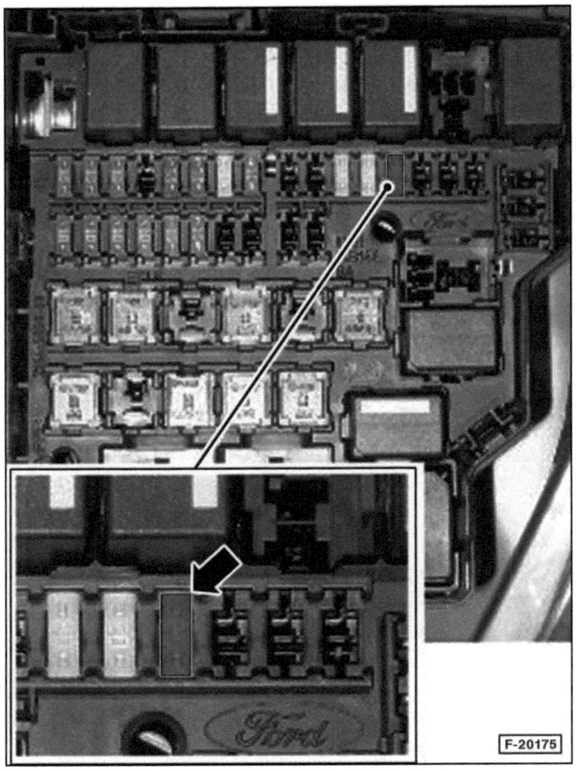

F-20175

- Sicherung Nr. 34 –Pfeil– für die Kraftstoffpumpe aus dem Sicherungskasten im Motorraum herausziehen, siehe auch Seite 58.
- Motor starten und im Leerlauf laufen lassen, bis der Motor von selbst ausgeht.
- Motor mit Anlasser ca. 5 Sekunden durchdrehen, um sicher zu stellen, dass der Druck in der Kraftstoffvorlaufleitung abgebaut wurde.
- Bei ausgeschalteter Zündung die Sicherung für Kraftstoffpumpe am Steckplatz 34 in den Sicherungskasten einstecken.

Kraftstoffleitungen trennen/verbinden

Die Kraftstoffleitungen sind mit Schnellkupplungen verbunden, dabei können mehrere Varianten zum Einsatz kommen. Damit beim Einbau die Anschlüsse nicht verwechselt werden können, sind diese farbig gekennzeichnet. Anschlüsse der Kraftstoffvorlaufleitung sind weiß oder mit weißem Band gekennzeichnet, Anschlüsse der Kraftstoffrücklaufleitung sind rot oder mit rotem Band gekennzeichnet.

Achtung: Sicherheits- und Sauberkeitsregeln für das Arbeiten an der Kraftstoffversorgung einhalten, siehe Seite 173.

Trennen

- **Benzinmotor:** Kraftstoffdruck abbauen, siehe entsprechendes Kapitel.
- Batterie abklemmen. **Achtung:** Hinweise im Kapitel »Batterie aus- und einbauen« beachten.

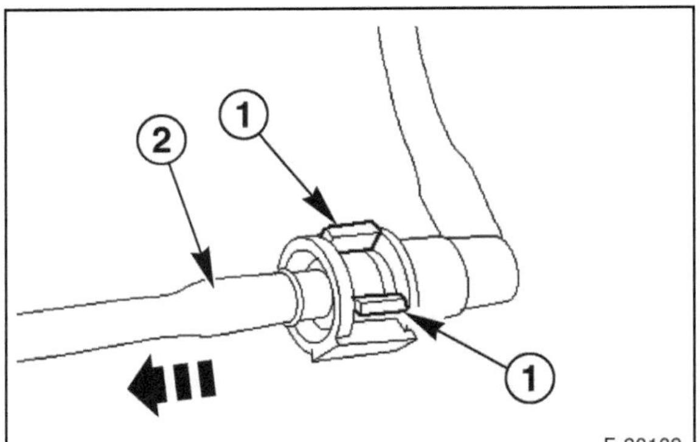

F-20109

- **Ausführung 1:** Rastnasen –1– zusammendrücken und Kraftstoffleitung –2– in Pfeilrichtung abziehen.

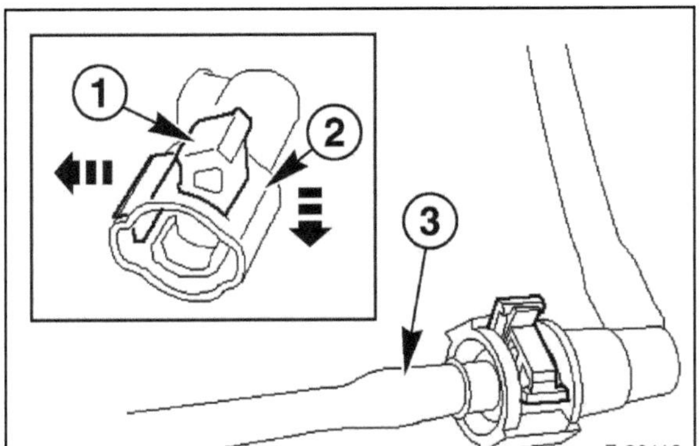

F-20110

- **Ausführung 2:** Rastnase –1– herausziehen, Clip –2– durch die Schnellkupplung schieben und Kraftstoffleitung –3– abziehen.

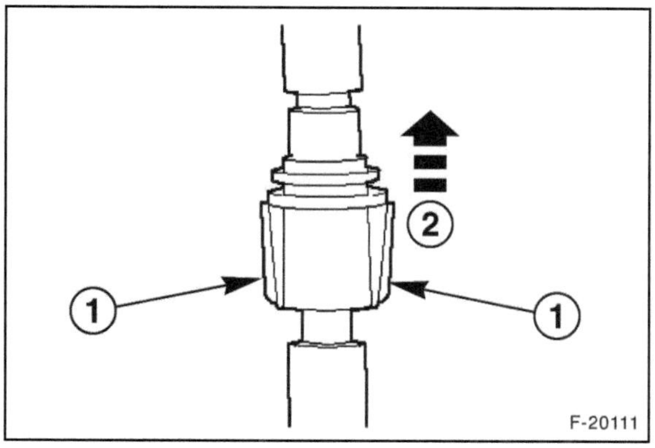

- **Ausführung 3:** Rastnasen –1– zusammendrücken und Kraftstoffleitung in Pfeilrichtung –2– abziehen.

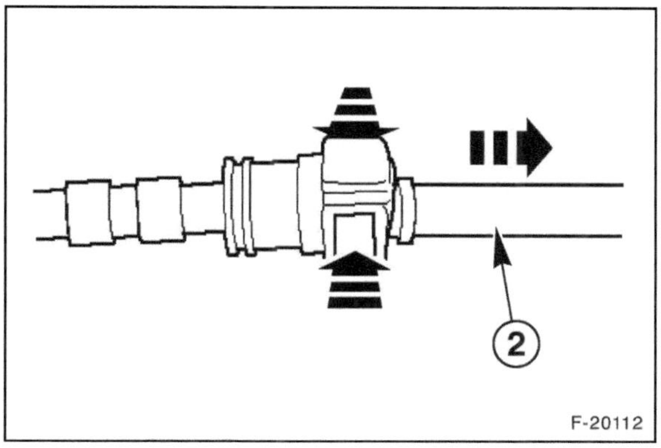

- **Ausführung 4:** Tasten der Schnellkupplung drücken und gleichzeitig Kraftstoffleitung –2– herausziehen.

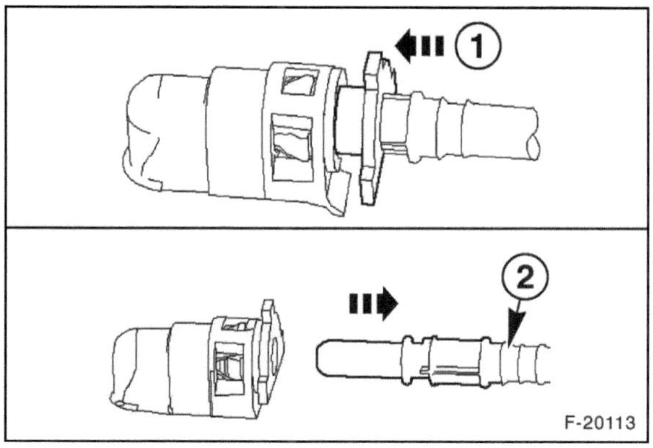

- **Ausführung 5:** Kragen der Schnellkupplung in Pfeilrichtung –1– drücken und Kraftstoffleitung –2– herausziehen.

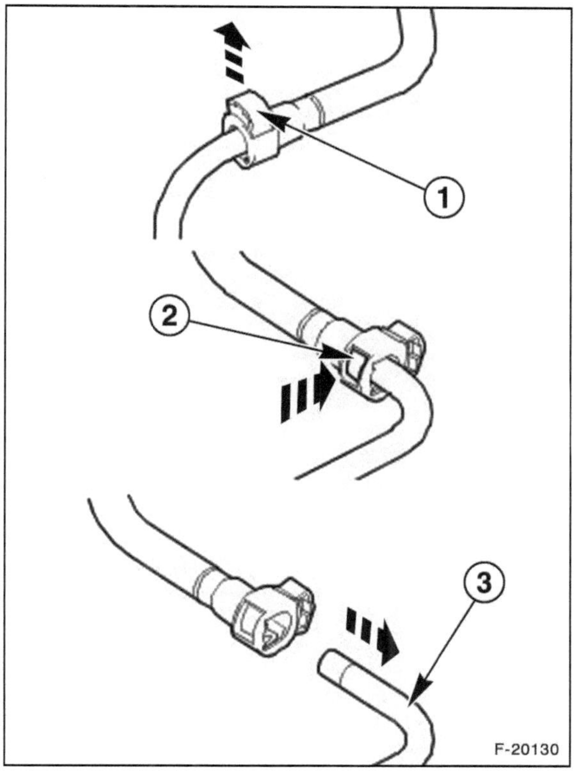

- **Ausführung 6:** Raste –1– mit Schraubendreher anheben. Raste –2– eindrücken und Kraftstoffleitung –3– herausziehen.
- Zum Schutz gegen Verschmutzung die Anschlüsse der Kraftstoffleitungen mit kleinen Plastiktüten und Gummis abdecken.

Verbinden

Achtung: Nur Kraftstoffleitungen mit gleicher, farbiger Kennzeichnung verbinden.

- Plastiktüten von den Kraftstoffleitungen abnehmen.
- Kraftstoffleitung in die Schnellkupplung einschieben und einrasten, gegebenenfalls durch Verschieben des Clips sichern.
- Batterie anklemmen. **Achtung:** Hinweise im Kapitel »Batterie aus- und einbauen« beachten.

Kraftstoffanlage – Detailansicht

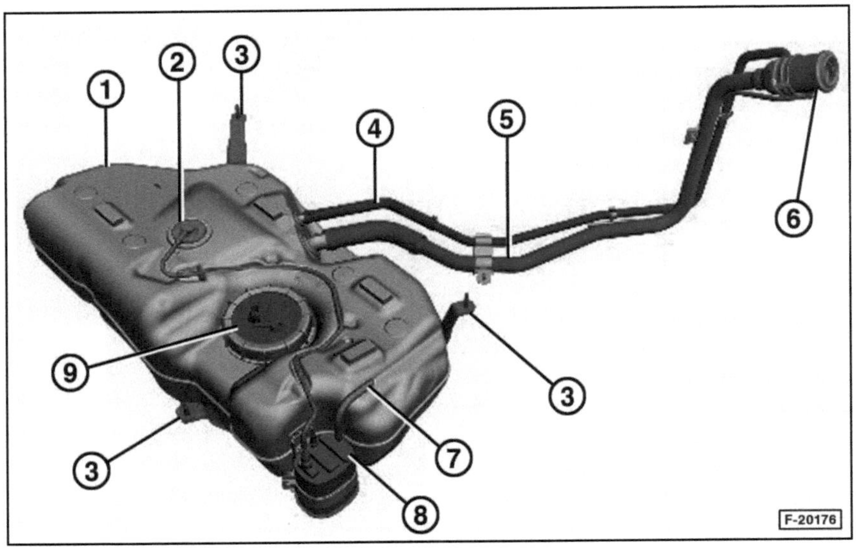

1 – Kraftstofftank
2 – Überroll-Sicherheitsventil
3 – Halteband
4 – Tankbelüftung
5 – Kraftstoff-Einfüllrohr
6 – Deckelloser Einfüllstutzen
7 – Belüftung für Aktivkohlebehälter
8 – Aktivkohlebehälter (EVAP)
Nur Benzinmotor
9 – Benzinmotor: Kraftstoffpumpe und Tankgeber
– Dieselmotor: Tankgeber

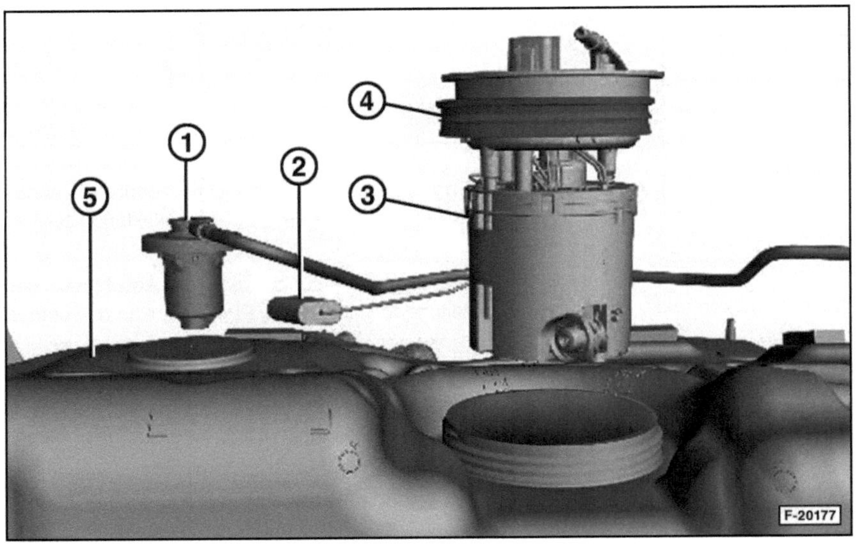

1 – Überroll-Sicherheitsventil
2 – Schwimmer für Tankgeber
3 – Benzinmotor: Kraftstoffpumpe und Tankgeber
– Dieselmotor: Tankgeber
4 – Dichtung
5 – Kraftstofftank

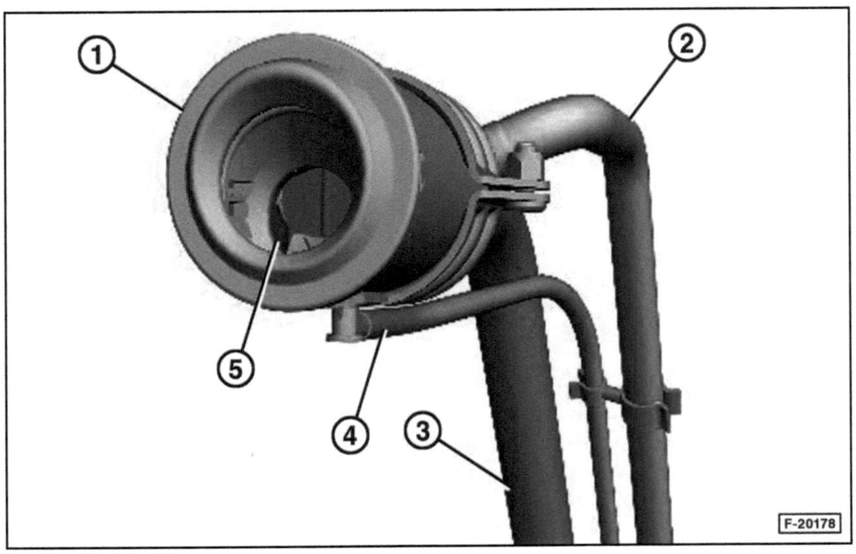

1 – Deckelloser Einfüllstutzen
2 – Tankbelüftung
3 – Kraftstoffeinfüllrohr
4 – Ablaufschlauch
5 – Verriegelung für Einfüllstutzen

Kraftstoffvorratsbehälter (Tank)/ Kraftstoffpumpe/Tankgeber aus- und einbauen

Sicherheitshinweise:

- **Kein offenes Feuer, nicht rauchen, keine glühenden oder sehr heißen Teile in die Nähe des Arbeitsplatzes bringen. Unfallgefahr! Feuerlöscher bereitstellen.**
- **Unbedingt für gute Belüftung des Arbeitsplatzes sorgen. Kraftstoffdämpfe sind giftig.**
- Das Kraftstoffsystem steht unter Druck. Beim Öffnen der Anlage können Benzinspritzer auftreten, daher austretenden Kraftstoff mit einem Lappen auffangen. **Schutzbrille tragen.**

Ausbau

- Tank weitgehend leerfahren.
- **Benzinmotor:** Kraftstoffdruck abbauen, siehe entsprechendes Kapitel.
- Batterie abklemmen. **Achtung:** Hinweise im Kapitel »Batterie aus- und einbauen« beachten.
- Fahrzeug aufbocken.

Sicherheitshinweis
Beim Aufbocken des Fahrzeugs besteht Unfallgefahr! Hinweise im Kapitel »Fahrzeug aufbocken« beachten.

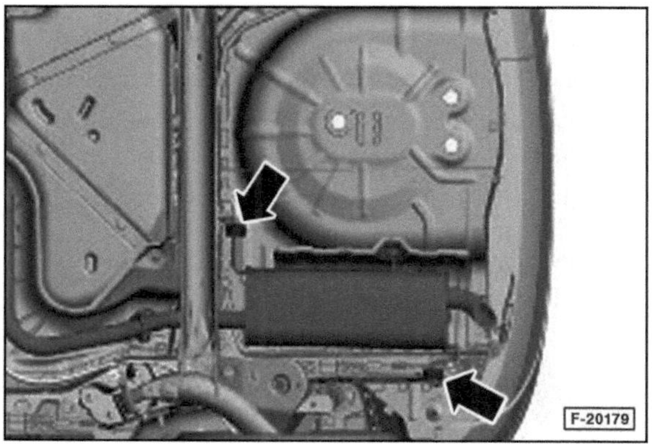

- Abgasanlage aus den hinteren Gummistegschlaufen –Pfeile– am Nachschalldämpfer aushängen und auf der Hinterachse abstützen.

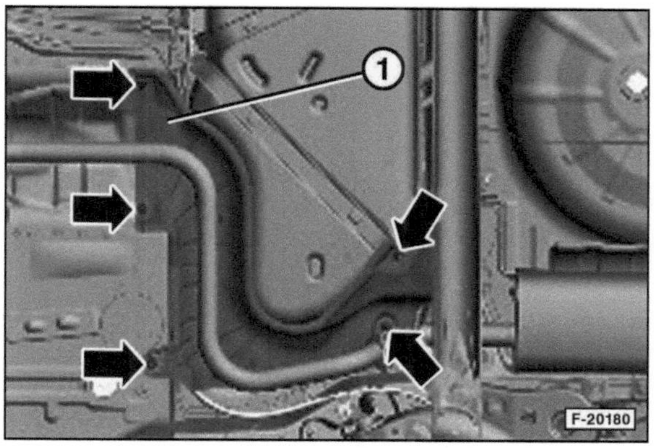

- Hitzeschutzblech –1– vom Fahrzeug-Unterboden abschrauben –Pfeile– und herausnehmen.

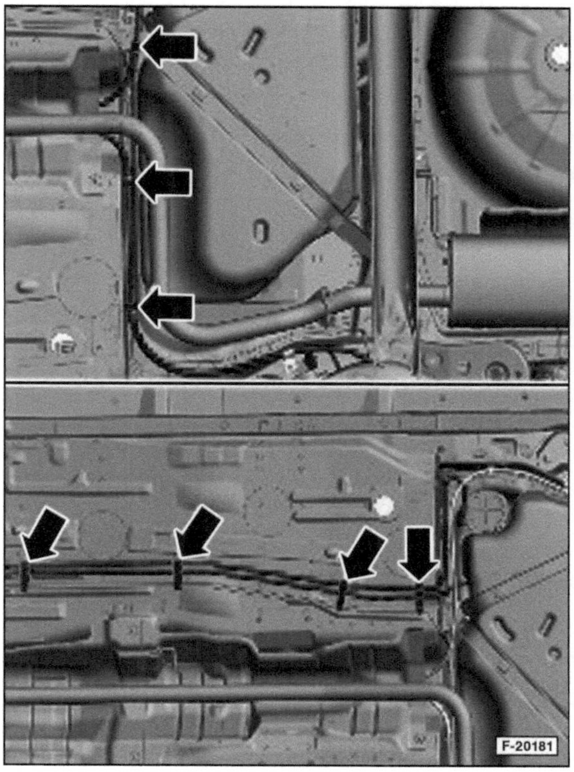

- Kraftstoffleitung ausclipsen –Pfeile–.

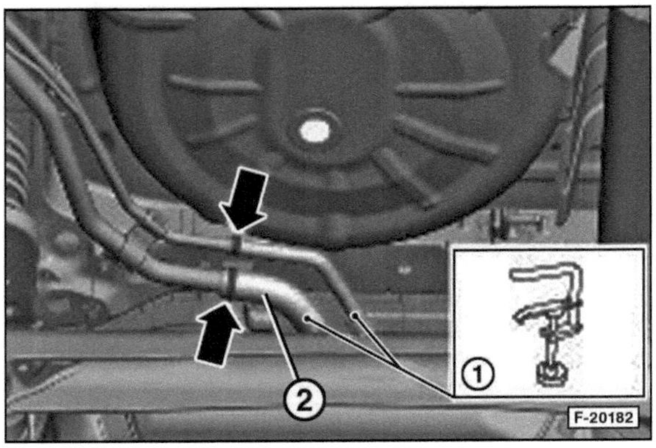

- Kraftstoffschläuche mit Schlauchklemmen –1– abklemmen.

Achtung: Einbaulage der Schellen –Pfeile– notieren, damit sie später mit gleicher Ausrichtung eingebaut werden können, oder fotografieren. Schellen grundsätzlich erneuern.

- Schellen öffnen und zurückschieben.
- Kraftstoffschläuche abziehen.
- Schlauch –2– in einen ausreichend großen, kraftstoffresistenten Kanister führen. Schlauchklemme öffnen und Kraftstoff vollständig ablassen.

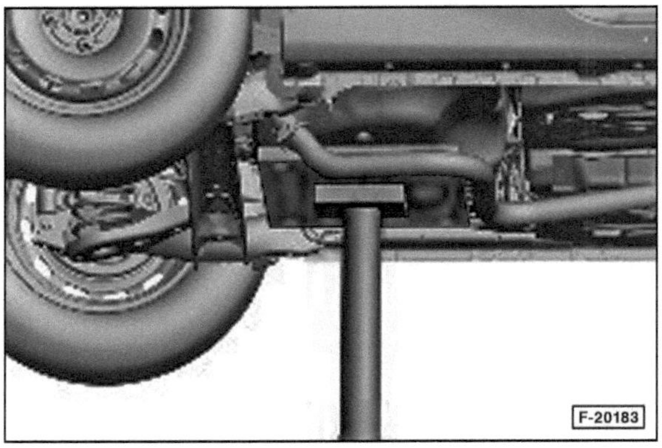

- Kraftstofftank mit einem Getriebeheber oder einem Werkstattwagenheber mit breiter Holzzwischenlage abstützen.

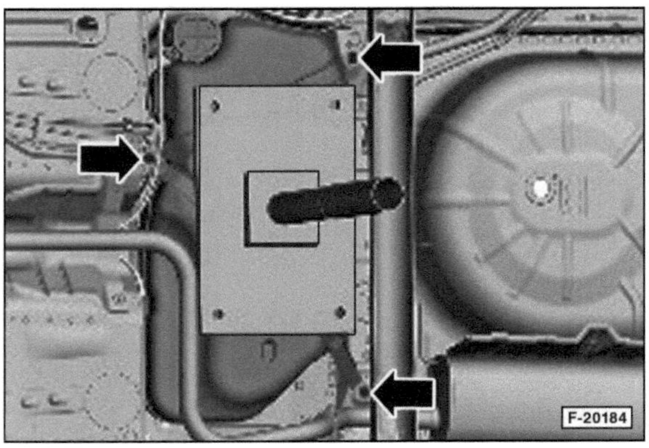

- Befestigungsschrauben –Pfeile– herausdrehen.

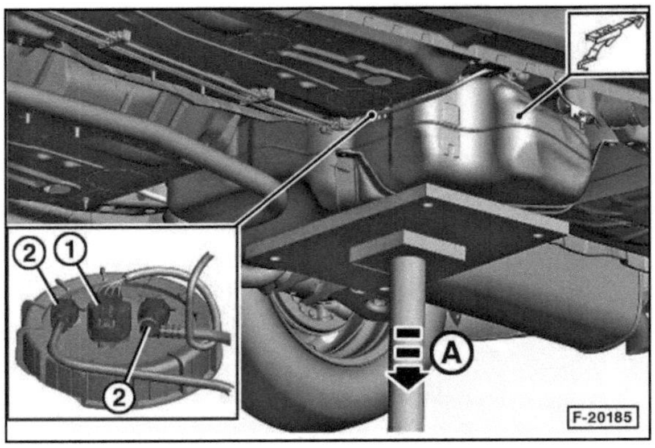

- **Dieselmotor:** Kraftstofftank vorsichtig ca. 10 cm absenken –Pfeil A–. Am Tankgeber den Mehrfachstecker –1– sowie die Kraftstoffleitungen –2– entriegeln und abziehen.

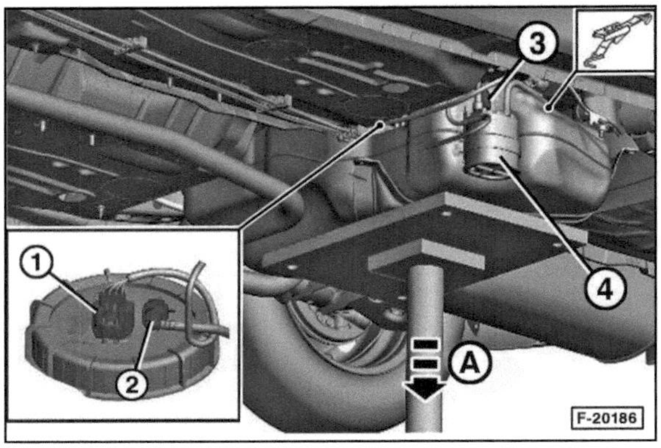

- **Benzinmotor:** Kraftstofftank vorsichtig ca. 10 cm absenken –Pfeil A–. Am Tankgeber den Mehrfachstecker –1– sowie die Kraftstoffleitung –2– entriegeln und abziehen.
- **Benzinmotor:** Stecker –3– am Aktivkohlebehälter –4– abziehen.
- Kraftstoffbehälter ganz absenken und unter dem Fahrzeug vorziehen.

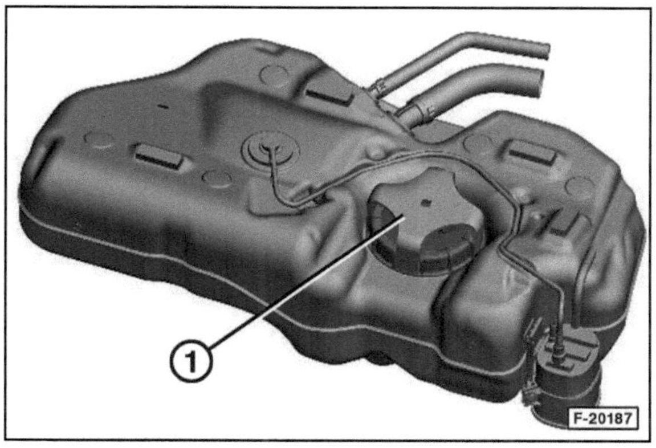

- Sicherungsring mit Spezialwerkzeug –1– FORD 310-069 gegen den Uhrzeigersinn drehen. Falls das Werkzeug nicht zur Verfügung steht, Sicherungsring mit entsprechend großer Rohrzange lösen.

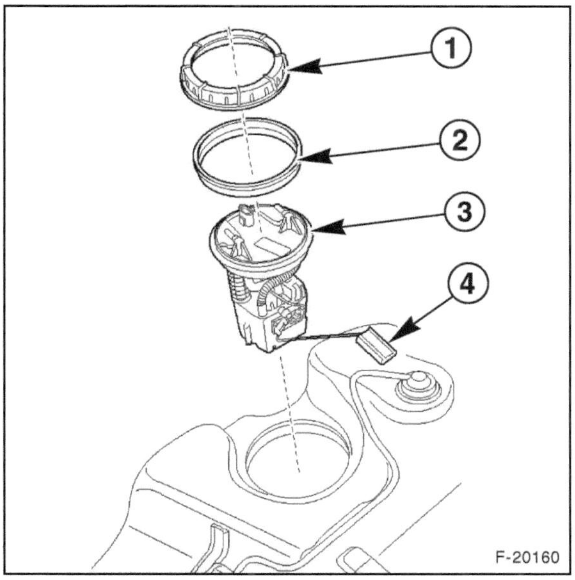

- Sicherungsring –1– abschrauben und Dichtungsring –2– herausnehmen.
- Kraftstoffpumpe/Tankgeber –3– aus dem Kraftstoffbehälter herausziehen. **Achtung:** Beim Herausziehen darauf achten, dass der Schwimmer –4– und der Schwimmerarm nicht beschädigt werden. Lappen unterlegen und eventuell austretenden Kraftstoff auffangen.

Hinweis: Beim Dieselmotor befindet sich keine Kraftstoffpumpe in der Kraftstofffördereinheit, sondern nur der Tankgeber. Der Kraftstoff wird hier von einer in der Hochdruckpumpe integrierten Transferpumpe vom Tank zur Hochdruckpumpe befördert. Die Transferpumpe wird von der Antriebswelle der Hochdruckpumpe angetrieben.

Einbau

Der Einbau erfolgt in umgekehrter Ausbaureihenfolge. Dabei ist Folgendes zu beachten:

- Kraftstoffpumpe/Tankgeber mit **neuem** Dichtungsring einsetzen.

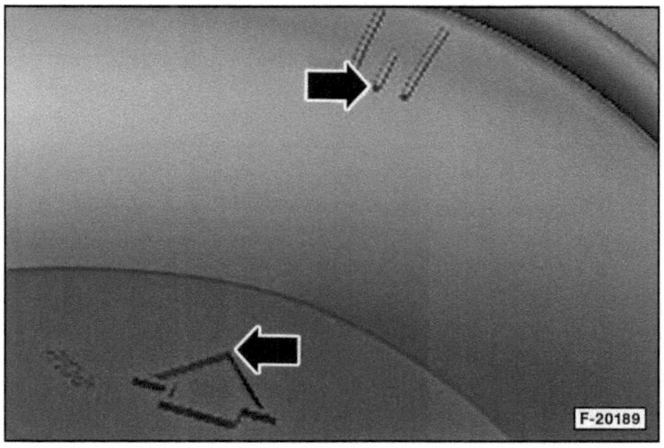

- Kraftstoffpumpe/Tankgeber im Uhrzeigersinn drehen, bis die Markierungen –Pfeile– übereinstimmen.
- Sicherungsring zunächst handfest anschrauben, dann mit FORD-Spezialwerkzeug und **85 Nm** festziehen. Steht das Spezialwerkzeug nicht zur Verfügung, Sicherungsring mit Rohrzange festziehen.
- Falls ausgebaut, Aktivkohlebehälter mit **2 Nm** anschrauben.
- Tank-Haltebänder mit **24 Nm** festschrauben, dabei Einbaulage beachten.
- Kraftstoff-Einfüllleitung und Tank-Entlüftungsleitung mit **neuen Schellen** am Kraftstoffbehälter anschließen, dabei Einbaulage der Schellen wie vor dem Ausbau achten.

Luftfilter aus- und einbauen

1,25-/1,4-/1,6-l-Benzinmotor

Ausbau

- Motorhaube öffnen.

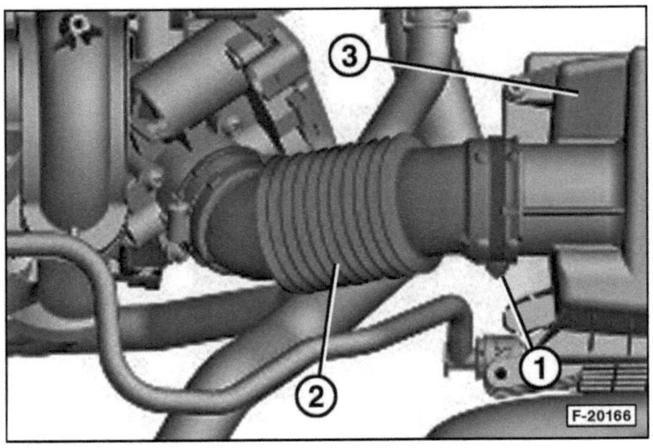

- Schlauchschelle –1– öffnen und zurückschieben.
- Ansaugschlauch –2– vom Luftfilter –3– abziehen und zur Seite schwenken.

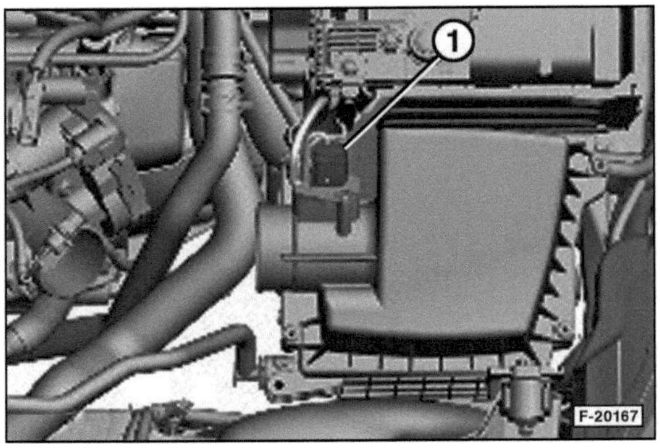

- **1,6-l-Motor:** Stecker –1– abziehen.

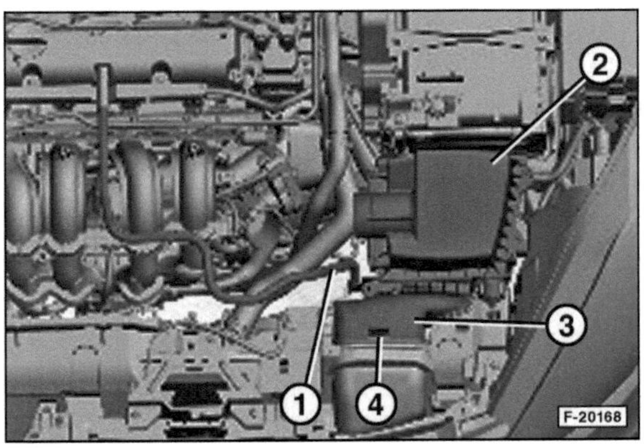

- Kurbelgehäuse-Entlüftungsschlauch –1– am Luftfilter –2– abziehen.
- Lufteingangskanal –3– am Lufteinlasstrichter ausclipsen –4– .

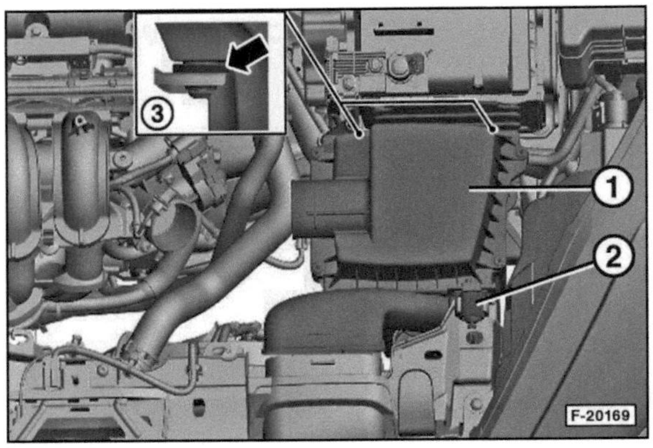

- Luftfilter –1– aus Gummilagern –2– und –3– nach oben abziehen und aus dem Motorraum herausnehmen.

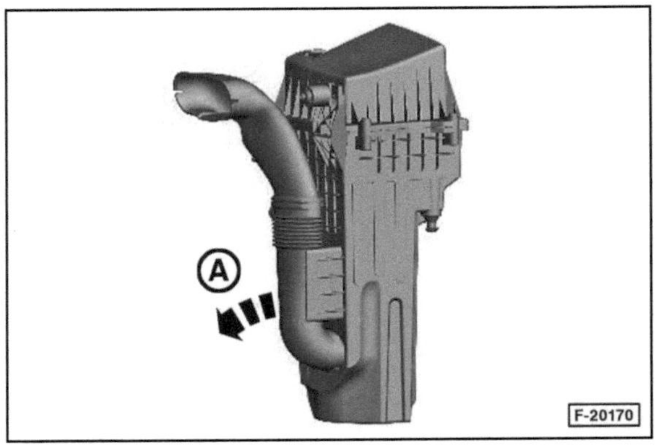

- Wird der Luftfilter ersetzt, Lufteingangskanal in Pfeilrichtung –A– ausbauen und auf neuen Luftfilter umbauen.

Einbau

- Der Einbau erfolgt in umgekehrter Ausbaureihenfolge.

1,4-l-Dieselmotor

Ausbau

- Windlaufgrill ausbauen, siehe Seite 202.

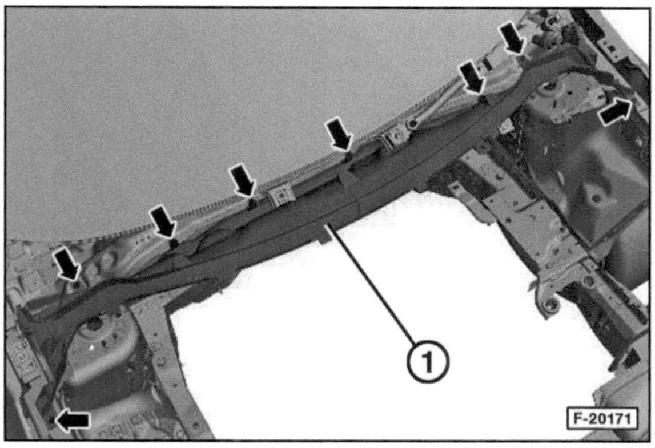

- Stirnwandverkleidung –1– ausbauen –Pfeile–.

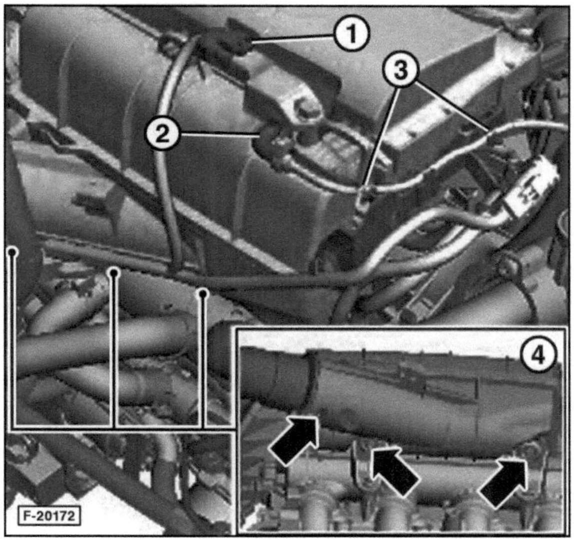

- Stecker –1– abziehen.
- Schlauch –2– abziehen und aushängen –3–.
- Ansaugstutzen abschrauben –4–.

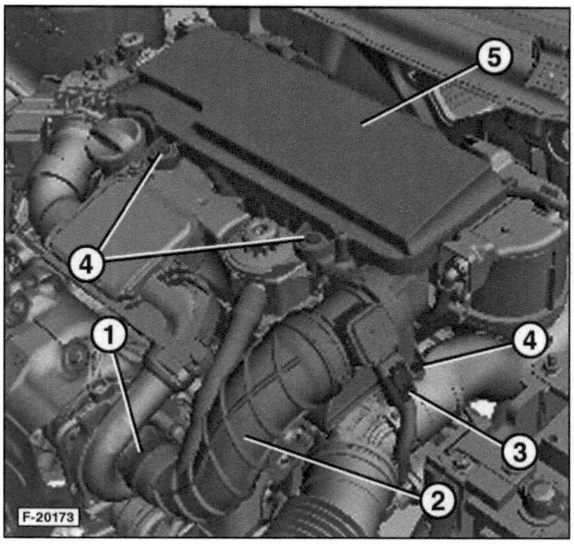

- Schelle –1– öffnen und zurückschieben. Luftschlauch –2– abziehen.
- Stecker –3– entriegeln und abziehen.
- 3 Schrauben –4– herausdrehen und Luftfilter –5– abnehmen.

Einbau

- Der Einbau erfolgt in umgekehrter Ausbaureihenfolge.

Luftfiltereinsatz

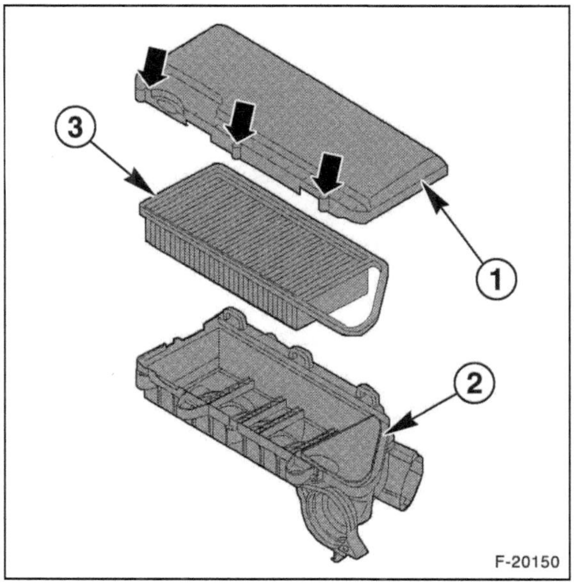

- Deckel –1– vom Luftfiltergehäuse –2– abschrauben –Pfeile– und Luftfiltereinsatz –3– herausnehmen.

1,6-l-Dieselmotor

Ausbau

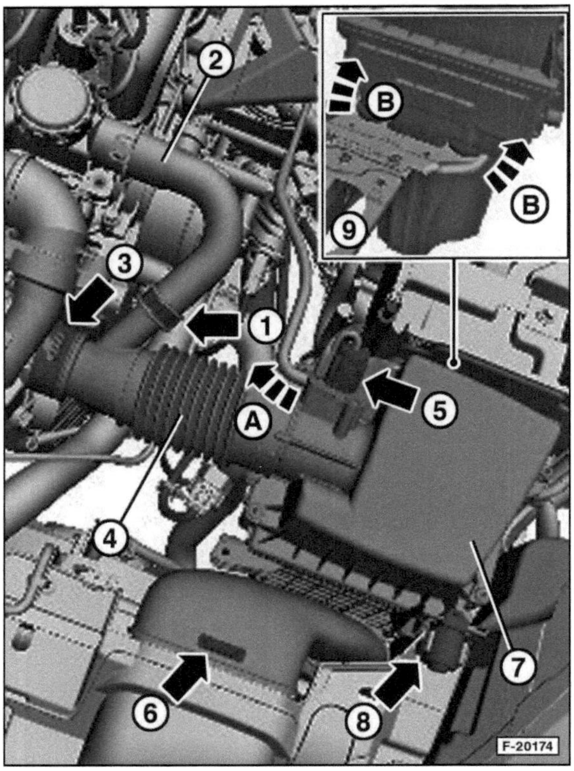

- Schlauchschelle –1– öffnen und Schlauch –2– abziehen.
- Schlauchschelle –3– öffnen und Luftschlauch –4– abziehen.
- Stecker –5– abziehen.
- Lufteingangskanal am Lufteinlasstrichter ausclipsen –6–.
- Luftfilter –7– aus Gummilagern –8– und –9 nach oben abziehen und aus dem Motorraum herausnehmen.

Einbau

- Der Einbau erfolgt in umgekehrter Ausbaureihenfolge.

Abgasanlage

Aus dem Inhalt:

- **Katalysator- und Filtersysteme**
- **Abgasturbolader**
- **Abgasanlagen-Übersicht**
- **Abgasanlage demontieren**
- **Abgasanlage prüfen**

Abgaskrümmer, Katalysator sowie Vor- und Nachschalldämpfer bilden die Abgasanlage. Die Abgasanlage besteht aus einem Teil. Soll der Nachschalldämpfer ausgetauscht werden, muss das Abgasrohr durchtrennt werden. Der neue Nachschalldämpfer wird anschließend mit einer Klemmschelle mit dem Abgasrohr verbunden. Das vordere Abgasrohr ist mit dem Katalysator verschraubt.

Hinweis: Beim Benzinmotor bilden Katalysator und Abgaskrümmer eine Einheit, die nur komplett ausgetauscht werden kann.

Katalysatorschäden vermeiden

Um Beschädigungen am Katalysator zu vermeiden, sind folgende Hinweise unbedingt zu beachten:

Benzinmotor

- Grundsätzlich nur **bleifreies** Benzin tanken.
- Das Anlassen des Motors durch **Anschieben** oder Anschleppen darf nur in **einem** Versuch über eine Strecke von etwa 50 Metern erfolgen. Besser: Starthilfekabel verwenden. Unverbrannter Kraftstoff könnte bei einer Zündung zur Überhitzung des Katalysators und zu seiner Zerstörung führen. Ist der Motor **betriebswarm**, darf er **nicht** angeschoben oder angeschleppt werden.
- Bei Startschwierigkeiten nicht unnötig lange den Anlasser betätigen. Während des Anlassens wird permanent Kraftstoff eingespritzt. Fehlerursache ermitteln und beseitigen.
- Kraftstofftank nie ganz leerfahren.
- Treten Zündaussetzer auf, hohe Motordrehzahlen vermeiden und Fehler umgehend beheben.
- Nur die vorgeschriebenen Zündkerzen verwenden.
- Keine Funkenprüfung ohne ausreichende Masseverbindung durchführen.
- Es darf kein Zylindervergleich (Balancetest) durch Zündabschaltung eines Zylinders durchgeführt werden. Bei Zündabschaltung der einzelnen Zylinder – auch über Motortester – gelangt unverbrannter Kraftstoff in den Katalysator.

Benzin- und Dieselmotor

- Fahrzeug nicht über trockenem Laub oder Gras beziehungsweise auf einem Stoppelfeld abstellen. Die Abgasanlage wird im Bereich des Katalysators sehr heiß und strahlt die Wärme auch nach Abstellen des Motors noch ab.
- Keinen Unterbodenschutz an Abgasrohren auftragen.
- Die Hitzeschilde der Abgasanlage nicht verändern.
- Beim Ein- oder Nachfüllen von Motoröl besonders darauf achten, dass auf keinen Fall die Maximum-Markierung am Ölmessstab (obere Markierung) überschritten wird. Das überschüssige Öl gelangt sonst aufgrund unvollständiger Verbrennung in den Katalysator und kann das Edelmetall beschädigen oder den Katalysator vollständig zerstören.

Funktion des Katalysators

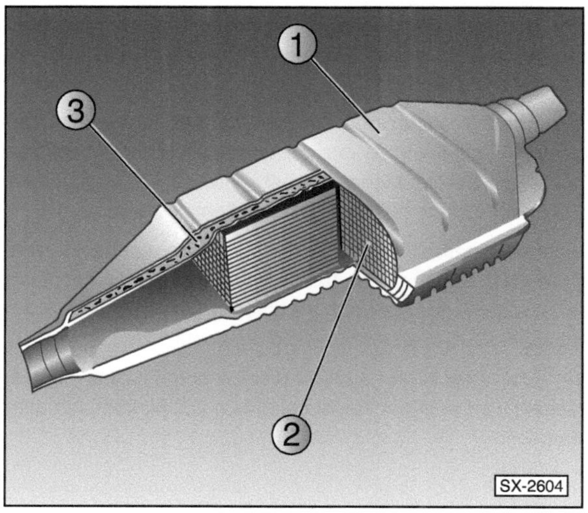

Der Katalysator dient zur Abgasreinigung. Er besteht aus einem Keramik-Wabenkörper –2–, der mit einer Trägerschicht überzogen ist. Auf der Trägerschicht befinden sich Edelmetallsalze, die den Umwandlungsprozess bewirken. Im Gehäuse –1– wird der Katalysator durch eine Isolations-Stützmatte –3– fixiert, die außerdem Wärmeausdehnungen ausgleicht.

Abgasturbolader

Beim Turbolader sitzen auf einer Welle zwei Turbinenräder, die in zwei voneinander getrennten Gehäusen untergebracht sind. Für den Antrieb der Turbinenräder sorgen die Abgase. Sie bringen die Laderwelle auf bis zu 300.000 Umdrehungen in der Minute. Da Abgas- und Frischluftrotor auf gleicher Welle sitzen, wird mit gleicher Drehzahl Frischluft in die Zylinder gedrückt. Zur Schmierung ist der Lader an den Ölkreislauf des Motors angeschlossen.

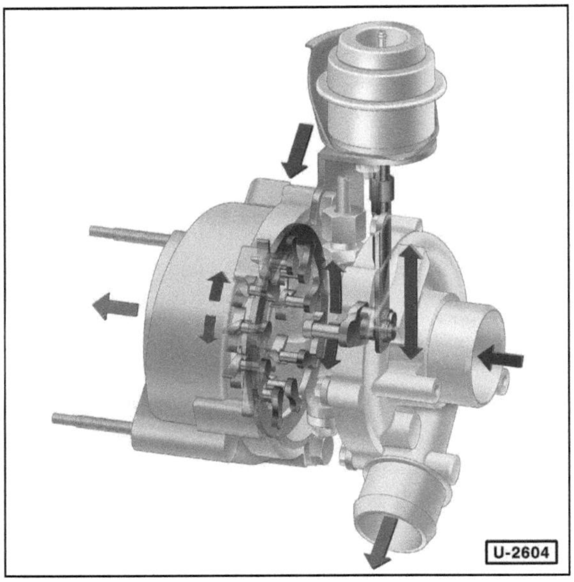

Zur Verbesserung des Ansprechverhaltens ist ein sogenannter VTG-Turbolader (VTG = Variable Turbinen-Geometrie) eingebaut. Dieser Abgaslader besitzt verstellbare Leitschaufeln, die vom Motor-Steuergerät über ein Magnetventil und eine Unterdruckdose stufenlos geregelt werden. Dadurch kann bei allen Drehzahlen der optimale Ladedruck erzeugt werden, was zu einem höheren Drehmoment und auch zu mehr Leistung führt.

Zwischen Turbolader und Einlasskanal des Motors befindet sich ein Ladeluftkühler, der die vorverdichtete Luft abkühlt. Das erhöht die Motorleistung, weil kühle Luft durch die höhere Luftdichte einen höheren Sauerstoffanteil besitzt.

Gegenüber dem Ottomotor ist es beim Dieseltriebwerk nicht erforderlich, aufgrund der Aufladung die normale Verdichtung zu verringern, sodass auch im unteren Drehzahlbereich der eingespritzte Kraftstoff vollständig ausgenutzt wird.

Der Turbolader ist ein äußerst präzise hergestelltes Bauteil. Deshalb wird er in der Regel bei einem Defekt komplett ausgetauscht.

Abgasanlagen-Übersicht

Benzinmotor

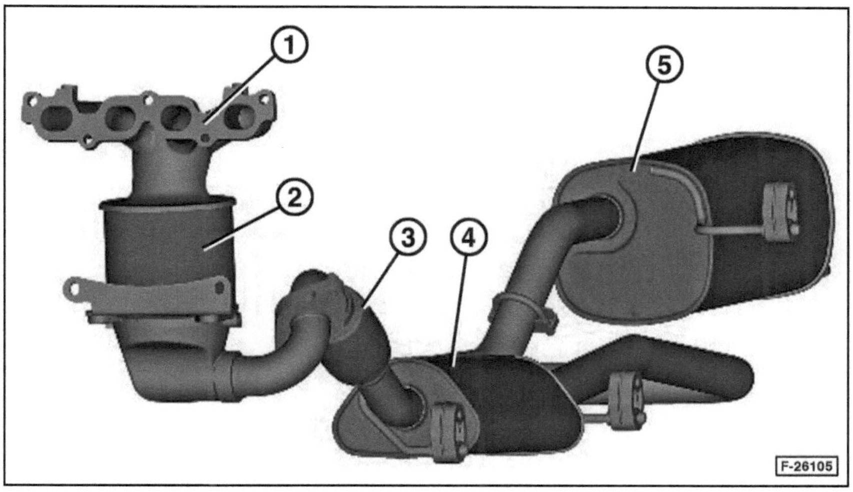

Bis Mitte 8/2009

1 – Abgaskrümmer (Grauguss)

2 – Katalysator

3 – Flexibles Abgasrohr

4 – Vorschalldämpfer
Nur 1,6-l-Motor.

5 – Nachschalldämpfer

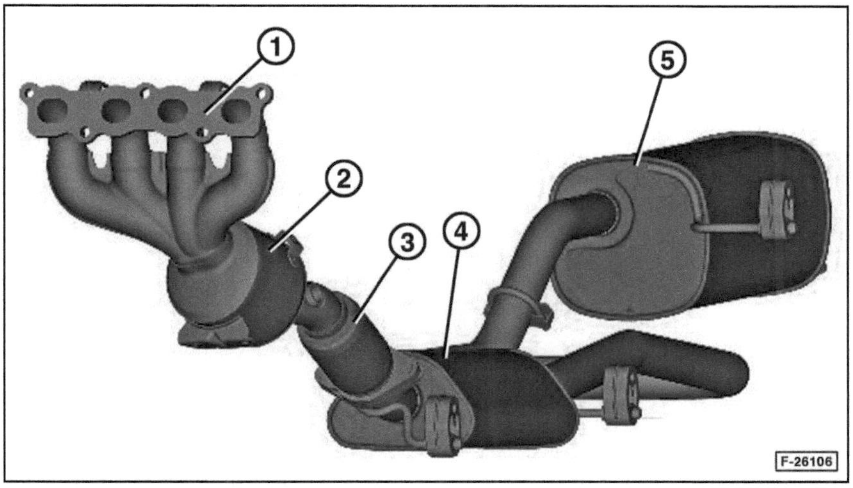

Seit Mitte 8/2009

1 – Abgaskrümmer (Edelstahl)

2 – Katalysator

3 – Flexibles Abgasrohr

4 – Vorschalldämpfer

5 – Nachschalldämpfer

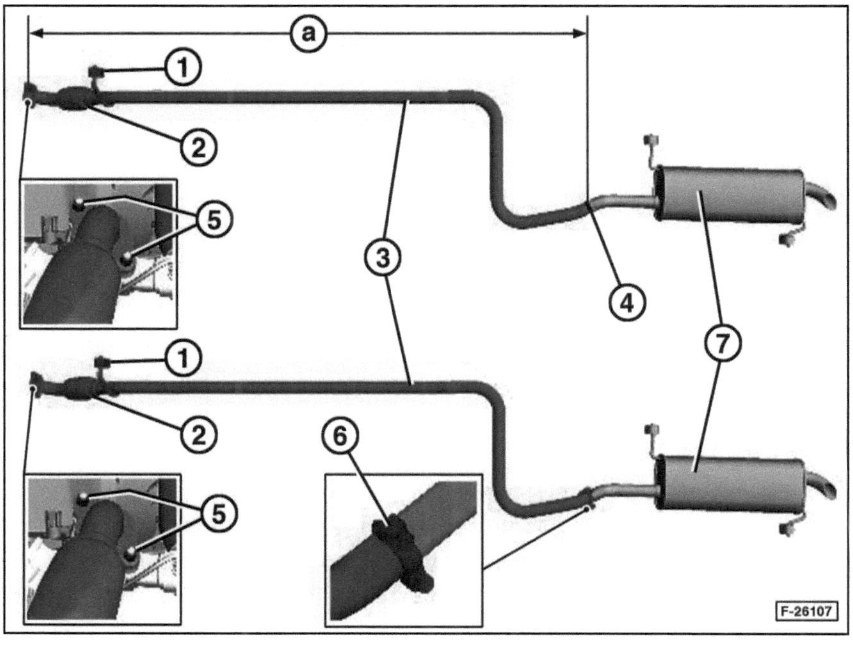

1 – Vordere Halteschlaufe

2 – Flexibles Abgasrohr

3 – Mittleres Abgasrohr

4 – Trennstelle
a = 1704 mm.

5 – Muttern, 48 Nm

6 – Verbindungsschelle
Mit **45 Nm** festziehen.

7 – Nachschalldämpfer

Wichtige Hinweise für Arbeiten an der Abgasanlage

Sicherheitshinweise

- Verbrennungsgefahr! Arbeiten am Abgassystem nur bei abgekühlter Abgasanlage durchführen.
- Den Ausbau der Abgasanlage mit einer zweiten Person durchführen.
- Beim Aufbocken des Fahrzeugs besteht Unfallgefahr! Deshalb das Kapitel »Fahrzeug aufbocken« durchlesen.

Achtung: Beim Einbau von Teilen der Abgasanlage darauf achten, dass die Teile dicht zusammengefügt werden. Sonst kann es bei der Abgasuntersuchung (AU) zu Fehlmessungen kommen.

- Fahrzeug aufbocken.

Sicherheitshinweis
Beim Aufbocken des Fahrzeugs besteht Unfallgefahr! Hinweise im Kapitel »Fahrzeug aufbocken« beachten.

- Sämtliche Schrauben und Muttern der Abgasanlage mit rostlösendem Mittel einsprühen. Rostlöser einige Zeit einwirken lassen.

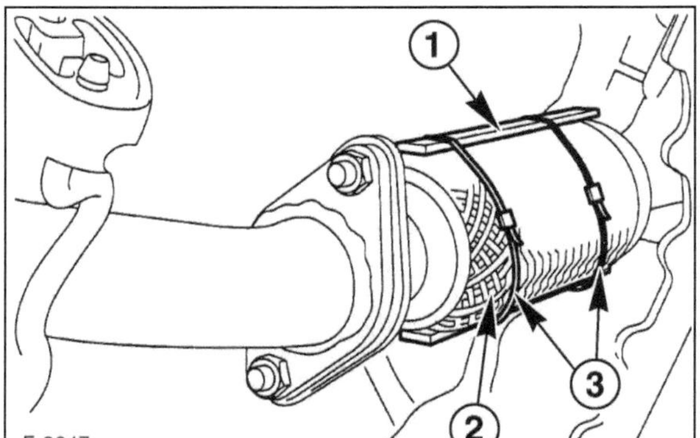

F-2647

- Stützmantel aus Blech um das flexible Abgasrohr –2– legen und mit Schlauchbindern –3– sichern. Anstelle des Blechmantels können auch geeignete Stützschienen –1– verwendet werden. **Achtung:** Durch zu starkes Biegen kann das flexible Abgasrohr beschädigt werden.
  Anzugsdrehmoment:
  Muttern für flexibles Abgasrohr . . . . **48 Nm**
- Dichtungen grundsätzlich ersetzen.
- Befestigungsmuttern grundsätzlich erneuern.
- Um die Muttern und Schrauben der Abgasanlage später leichter lösen zu können, empfiehlt es sich, das Gewinde mit einer Hochtemperatur-Kupferpaste zu bestreichen, zum Beispiel Liqui Moly LM-508-ASC.

Achtung: Es darf keine Hochtemperaturpaste in die Abgasanlage vor dem Katalysator gelangen. Auch darf kein flüssiges Dichtmittel verwendet werden, da sonst der Katalysator verunreinigt werden kann.

- Gummistegschlaufen auf Beschädigungen und Porosität sichtprüfen, gegebenenfalls ersetzen. Zum Einbau der Gummistegschlaufen verwendet die Fachwerkstatt ein Schmiermittel entsprechend der FORD-Spezifikation ESE-M99B144-B.
- Vor dem Zusammenfügen der Abgasanlage Verbindungsflansch mit Stahlbürste reinigen.
- Vor dem Festziehen der Schrauben und Muttern Abgasanlage am Fahrzeug-Unterboden ausrichten.
- Fahrzeug ablassen.

Abgasanlage aus- und einbauen

Hier wird der Aus- und Einbau beim 1,4-l-Benzinmotor bis 8/2009 schrieben. Bei den anderen Motoren im Prinzip in gleicher Weise vorgehen. **Hinweis:** Beim Dieselmotor ist das flexible Abgasrohr nicht fest mit dem vorderen Abgasrohr verbunden und kann einzeln abgebaut werden.

Achtung: »Wichtige Hinweise für Arbeiten an der Abgasanlage« beachten.

Ausbau

- Fahrzeug aufbocken.

Sicherheitshinweis
Beim Aufbocken des Fahrzeugs besteht Unfallgefahr! Hinweise im Kapitel »Fahrzeug aufbocken« beachten.

- Abgasanlage mit Werkstattwagenheber und geeigneter Aufnahme, zum Beispiel Holzunterlage, abstützen und gegen Herabfallen sichern.
- Flexibles Abgasrohr mit Stützumhüllung oder Verstärkung schützen.

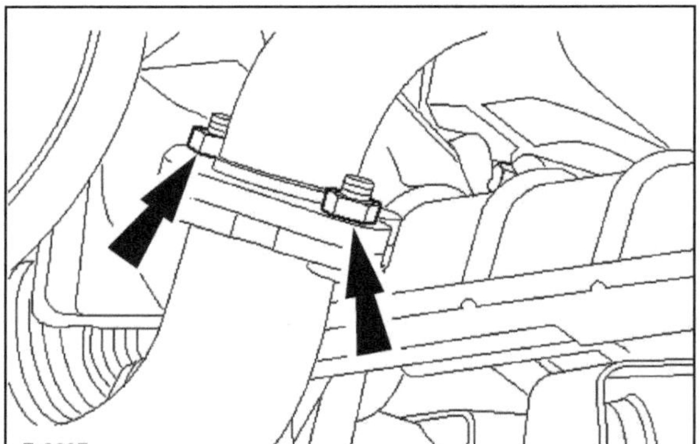
F-2697

- Muttern –Pfeile– abschrauben und flexibles Abgasrohr vom Katalysator trennen. **Hinweis:** In der Abbildung ist die Ausführung bis 8/09 dargestellt.
- **Seit 8/09:** Muttern abschrauben und mittleres Abgasrohr beziehungsweise Vorschalldämpfer vom flexiblen Abgasrohr trennen.

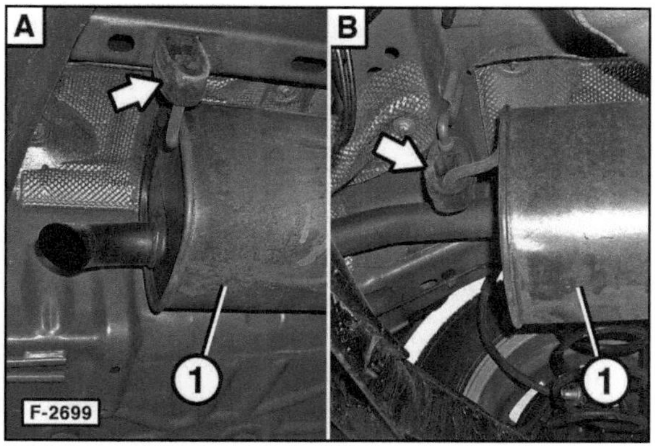

- Nachschalldämpfer –1– aus den hinteren Gummistegschlaufen –Pfeile A/B– aushängen.

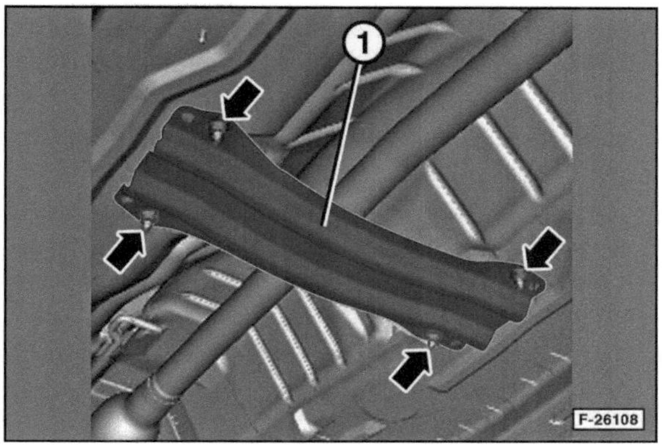

- Quertraverse –1– vom Fahrzeug-Unterboden abschrauben –Pfeile–.

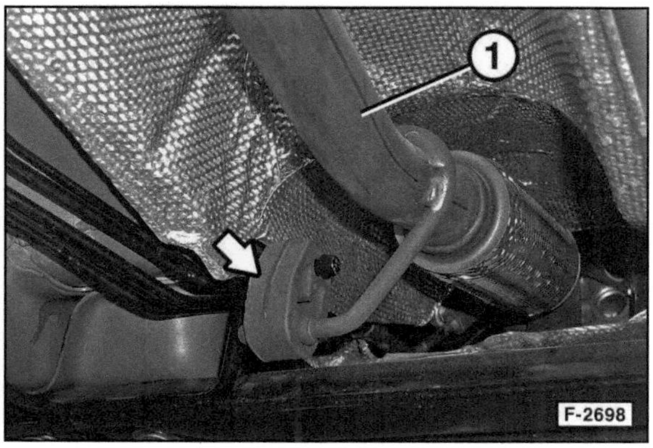

- Abgasrohr –1– aus der vorderen Gummistegschlaufe –Pfeil– aushängen.
- Abgasanlage vorsichtig absenken und herausnehmen.

Einbau

- Abgasanlage einsetzen und in die Gummistegschlaufen einhängen.
- Flexibles Abgasrohr und Katalysator am Verbindungsflansch zusammenfügen und lose anschrauben. Dabei **neue Muttern** und **neue Dichtung** verwenden.
- Abgasanlage spannungsfrei ausrichten, dabei überall auf gleichmäßigen Abstand von mindestens 25 mm vom Unterboden achten.
- Muttern mit **48 Nm** festziehen.
- Quertraverse mit **40 Nm** am Fahrzeug-Unterboden anschrauben.

Nachschalldämpfer aus- und einbauen

Beim Neufahrzeug bilden das mittlere Abgasrohr, beziehungsweise der Vorschalldämpfer samt Verbindungsrohr mit dem Nachschalldämpfer eine Einheit. Um bei der serienmäßigen Anlage den Nachschalldämpfer separat ersetzen zu können, muss das Abgasrohr durchgesägt werden. Trennmaß siehe in der Legende zu Abbildung F-26107.

Achtung: »Wichtige Hinweise für Arbeiten an der Abgasanlage« beachten.

Ausbau

- Fahrzeug aufbocken.

Sicherheitshinweis
Beim Aufbocken des Fahrzeugs besteht Unfallgefahr! Hinweise im Kapitel »Fahrzeug aufbocken« beachten.

- Falls die Trennstelle nicht markiert ist, neuen Nachschalldämpfer über die alte Abgasanlage legen und Trennstelle am alten Abgasrohr anreißen. Dabei auf einen ausreichend großen Überlappungsbereich achten.

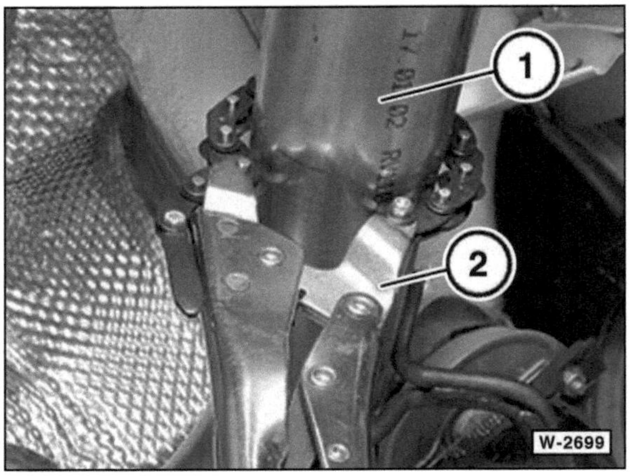

- Abgasrohr –1– kurz vor dem Nachschalldämpfer mit einem Kettenrohrschneider –2–, zum Beispiel HAZET 4682, durchtrennen. Dabei Werkzeug am Abgasrohr ansetzen und Schneidekette stramm um das Rohr legen. Werkzeug um das Rohr herum rollen oder hin- und herbewegen. Kette immer wieder nachspannen, jedoch nicht zu stark, damit das Rohr nicht verformt wird.

Hinweis: Steht der Kettenrohrschneider nicht zur Verfügung, Abgasanlage ausbauen und Abgasrohr mit einer Eisensäge durchsägen.

- Nachschalldämpfer aus den Gummistegschlaufen aushängen.

Einbau

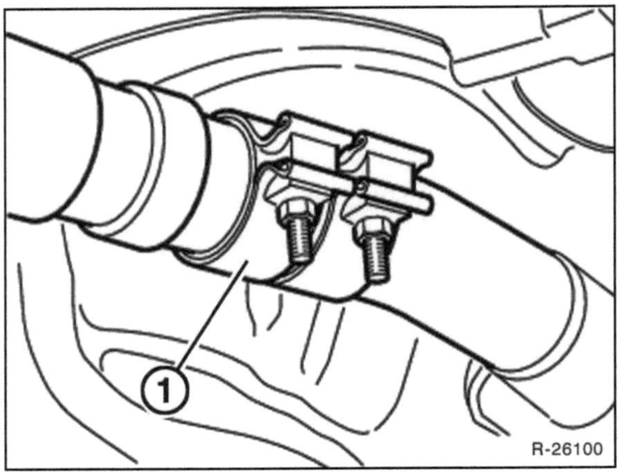

- Abgasrohr und Nachschalldämpfer mit einer Ersatz-Schelle –1– verbinden, Rohranschlüsse vorher entgraten.
- Nachschalldämpfer in den Gummistegschlaufen einhängen.
- Verbindungsschelle so ausrichten, dass die Trennstelle in der Mitte der Schelle liegt und die Muttern nach unten gerichtet sind. Darauf achten, dass die Klemmschrauben keine umliegenden Karosserieteile berühren.
- Muttern mit **45 Nm** erst festziehen, wenn die Abgasanlage ausgerichtet ist.

Abgasanlage auf Dichtigkeit prüfen

Bei Fahrzeugen mit geregeltem Katalysator können Undichtigkeiten der Abgasanlage vor der Lambdasonde zu folgenden Störungen führen:

- Startschwierigkeiten.
- Motor schüttelt im Leerlauf, geht aus.
- Motor ruckelt beim Beschleunigen.

Dichtigkeit prüfen

Prüfvoraussetzung: Motor kalt oder handwarm.

- Motor starten und bei laufendem Motor Abgasanlage mit einem Lappen verschließen.
- Abgasanlage auf Undichtigkeit abhören. Gegebenenfalls Verbindungsstellen Zylinderkopf/Abgaskrümmer und Krümmer/Abgasrohr vorn mit handelsüblichem »Leck-Suchspray« einsprühen und auf Blasenbildung sichtprüfen.
- Undichtigkeit beseitigen.

Innenausstattung

Aus dem Inhalt:

- Konsolen demontieren
- Innenverkleidungen
- Innenspiegel ersetzen
- Sitze ausbauen

Wichtige Arbeits- und Sicherheitshinweise

Werden Arbeiten an der Innenausstattung ausgeführt, sind folgende Hinweise unbedingt zu beachten:

- Zum Abhebeln von Kunststoffverkleidungen und -blenden Kunststoffkeil verwenden, zum Beispiel HAZET 1965-20, oder eine Kunststoffkarte.
- Bereiche, an denen ein Kunststoffkeil oder ein Schraubendreher angesetzt wird, zum Schutz mit Klebeband abkleben.
- Clips, die beim Ausbau von Verkleidungen beschädigt werden, immer erneuern.
- Die Fenster- und Türsäulen der Karosserie werden von vorn nach hinten als A-, B- und C-Säulen bezeichnet.
- Sitze, Sicherheitsgurte und Airbags sind sicherheitsrelevante Bauteile. **Aus Sicherheitsgründen nur die hier beschriebenen Arbeiten durchführen. Komplexere Arbeiten nicht in Eigenregie vornehmen, sondern von einer Fachwerkstatt durchführen lassen.**

Achtung: Airbag-Sicherheitshinweise unbedingt befolgen, insbesondere bei Arbeiten an der Armaturentafel, siehe Seite 127.

Um ein Auslösen des Airbags zu verhindern, vor dem Trennen von Kabeln des Airbag-Systems die Zündung ausschalten und dann die Batterie abklemmen. Außerdem muss aus Sicherheitsgründen der Minuspol von der Batterie isoliert werden, siehe Seite 59.

> **Achtung:** Wenn im Rahmen von Arbeiten an der Karosserie auch Arbeiten an der elektrischen Anlage durchgeführt werden, **grundsätzlich** das Batterie-Massekabel (–) abklemmen. Dazu Hinweise im Kapitel »Batterie aus- und einbauen« beachten. Als Arbeit an der elektrischen Anlage ist dabei schon zu betrachten, wenn eine elektrische Leitung vom Anschluss abgezogen beziehungsweise abgeklemmt wird.

Stopfen/Halteclips/Halteklammern aus- und einbauen

Zahlreiche Abdeckungen und Verkleidungen sind mit Stopfen, Halteclips und Halteklammern an der Karosserie befestigt.

Ausbau

- **Stopfen:** Dünnen Faden um die Kappe des Stopfens –1– winden und Stopfen am Faden herausziehen.
- **Halteclip an der Rückseite der Verkleidung:** Geeignetes Werkzeug, zum Beispiel HAZET-Lösehebel 799-3, unter die Verkleidung schieben und Halteclip –2– aus der Bohrung herausziehen. **Hinweis:** Die Clips werden dabei häufig beschädigt und müssen ersetzt werden.
- **Halteklammer an der Rückseite der Verkleidung:** Verkleidung im Bereich der Halteklammer –3– von der Karosserie abziehen und dadurch die Halteklammer aus der Bohrung herausziehen.

Einbau

- Vor dem Einbau Halteclips auf Beschädigungen überprüfen, wenn nötig, ersetzen. Gegebenenfalls auf richtigen Sitz an der Verkleidung überprüfen.
- **Spreizclip:** Verkleidung ansetzen, Spreizclip in die Bohrung stecken und Sicherungsstift in den Clip eindrücken.
- **Halteclip/Federklammer:** Verkleidung so ansetzen, dass sich die Halteclips oder Federklammern über den Bohrungen befinden. Verkleidung im Bereich der Clips fest andrücken und einrasten.

Innenspiegel aus- und einbauen

Spiegel ohne Regensensor

Ausbau

- Schnapphaken –Pfeil– am Spiegelfuß entriegeln und gleichzeitig Innenspiegel am Spiegelfuß vom Halter abziehen.

Hinweis: Der Halter ist auf der Frontscheibe aufgeklebt und kann nicht ausgebaut werden.

Einbau

- Innenspiegel auf den Halter aufschieben. Der Schnapphaken muss hörbar einrasten.

Spiegel mit Regensensor

Ausbau

- Zündung ausschalten und Zündschlüssel abziehen.
- Obere und untere Abdeckung für Regensensor ausbauen, siehe Seite 80.

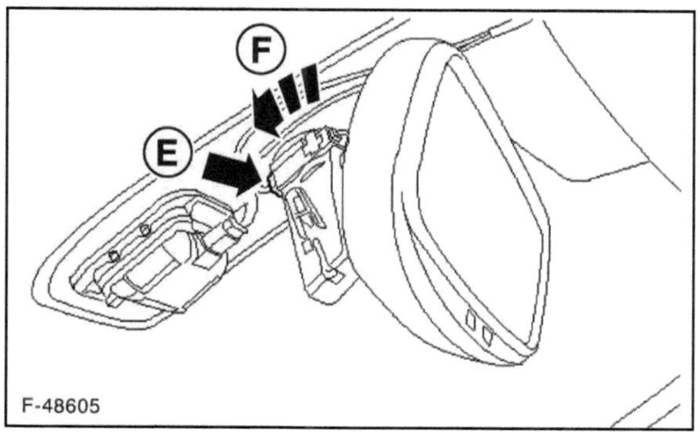

- Stecker –Pfeil E– vom Innenspiegel abziehen.
- Innenspiegel vorsichtig um 60° gegen den Uhrzeigersinn drehen –Pfeil F– und von der Halterung an der Frontscheibe abnehmen.

Einbau

- Der Einbau erfolgt in umgekehrter Ausbaureihenfolge.

Dachhaltegriff aus- und einbauen

Ausbau

- Haltegriff herunterklappen und in dieser Stellung festhalten.

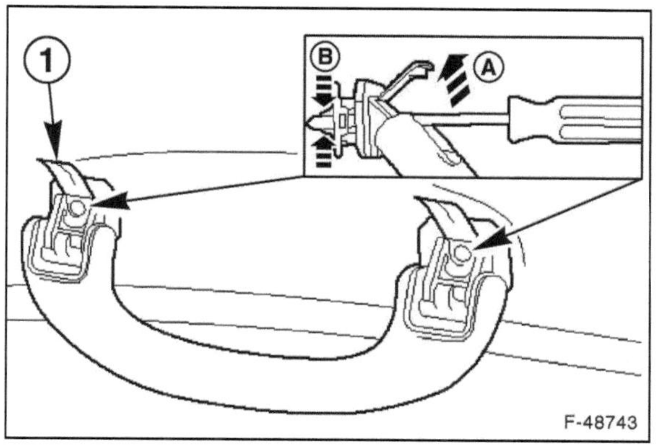

- Abdeckungen –1– mit einem kleinen Schraubendreher hochklappen.
- Halteclip unter der Abdeckung mit einem Schraubendreher um 90° drehen –Pfeil A– und entriegeln –Pfeile B–.
- Haltegriff vom Dachhimmel abnehmen.

Einbau

- Haltegriff anschrauben und Abdeckungen einrasten.

Sonnenblende aus- und einbauen

Ausbau

- Sonnenblende aus dem Haltehaken am Dachhimmel aushängen.

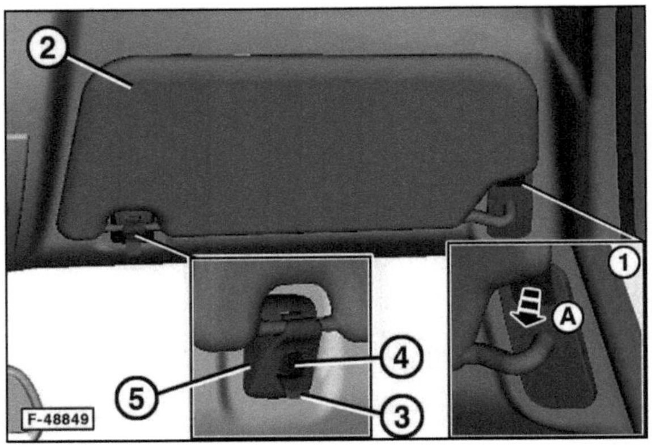

- Clip –1– öffnen –Pfeil A– und Sonnenblende –2– abnehmen.
- Falls erforderlich, Abdeckung –3– herunterklappen und Schraube –4– herausdrehen.
- Haltehaken –5– aus dem Dachhimmel herausziehen.

Einbau

- Der Einbau erfolgt in umgekehrter Ausbaureihenfolge.

Mittelkonsole aus- und einbauen

Ausbau

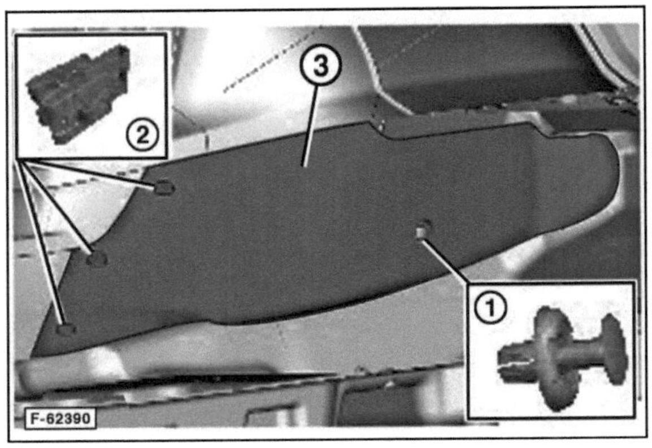

- Spreizclip –1– ausbauen. Dazu Spreizstift mit einem kleinen Schraubendreher heraushebeln, anschließend Clip heraushebeln.
- Abdeckung –3– mit einem Kunststoffkeil abdrücken und dadurch aus den 3 Blechklammern –2– lösen. Abdeckung abnehmen.
- Zweite Abdeckung –3– auf der anderen Seite in gleicher Weise ausbauen.

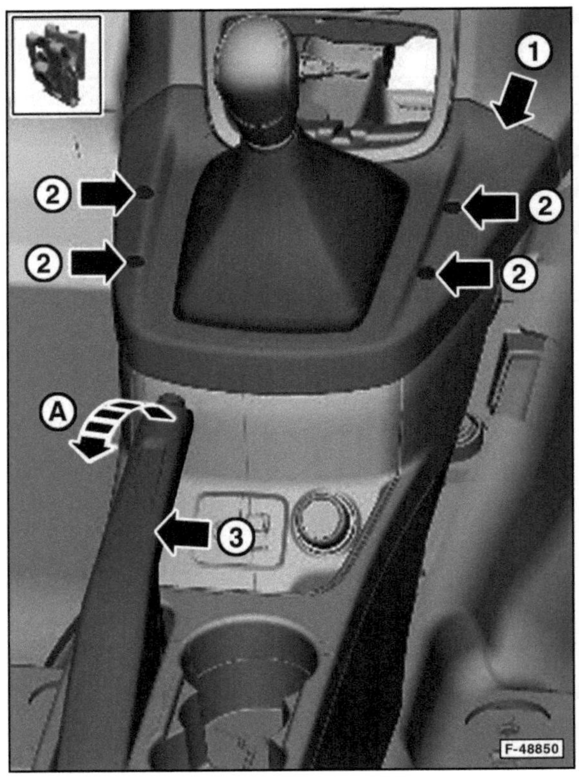

- Abdeckung –1– mit einem Kunststoffkeil nach oben abdrücken und dabei aus den Blechklammern –2– ausclipsen.
- Handbremshebel –3– anziehen –Pfeil A–.

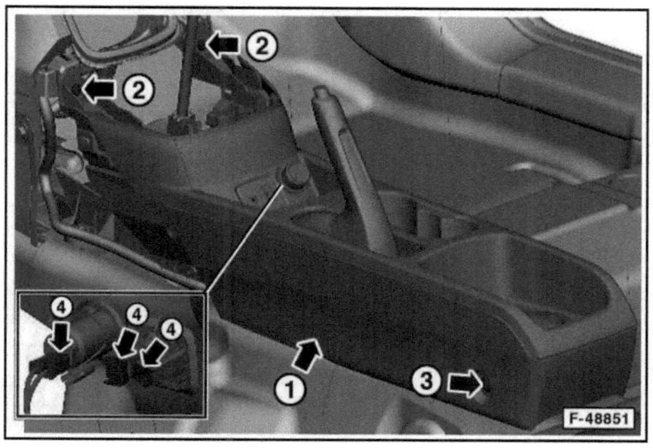

- 2 vordere Schrauben –2– herausdrehen.
- Hinten je eine Schraube –3– auf jeder Seite herausdrehen.
- Mittelkonsole –1– etwas anheben und auf der Unterseite die Stecker –4– entriegeln und abziehen.
- Mittelkonsole –1– herausnehmen.

Einbau

- Der Einbau erfolgt in umgekehrter Reihenfolge.

Handschuhfach aus- und einbauen

Ausbau

- Handschuhfach öffnen und leerräumen.

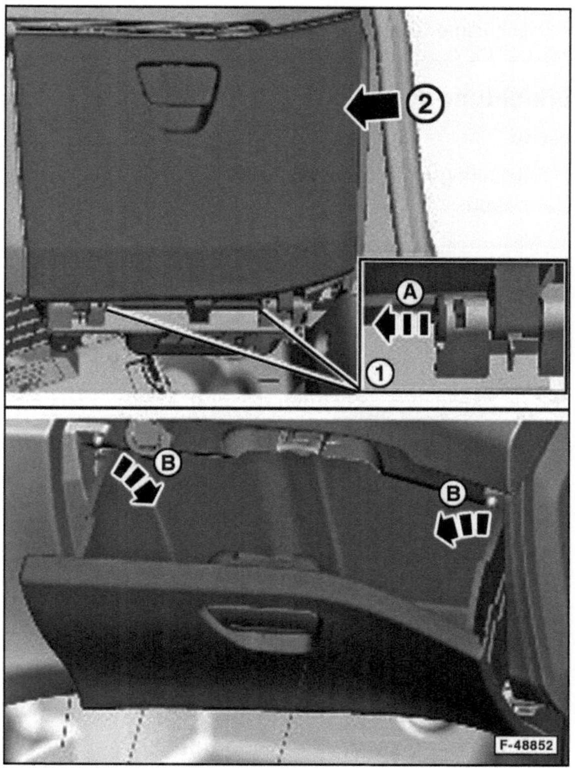

- Kunststoffachsen –1– herausziehen –Pfeil A–.
- Handschuhfach –2– öffnen.
- Seitenwände des Handschuhfachs nach innen drücken –Pfeile B– und Handschuhfach nach unten schwenken.
- Handschuhfach herausnehmen.

Einbau

- Der Einbau erfolgt in umgekehrter Ausbaureihenfolge.

Verkleidungen im Fahrzeug-Innenraum aus- und einbauen

- Gegebenenfalls abgelöste Halteklammern oder Halteclips an der Rückseite der Verkleidung anbringen.
- Beschädigte Clips oder Halteklammern ersetzen.

Verkleidung A-Säule

Ausbau

- Türdichtung im Bereich der Verkleidung vom Türrahmen abziehen.

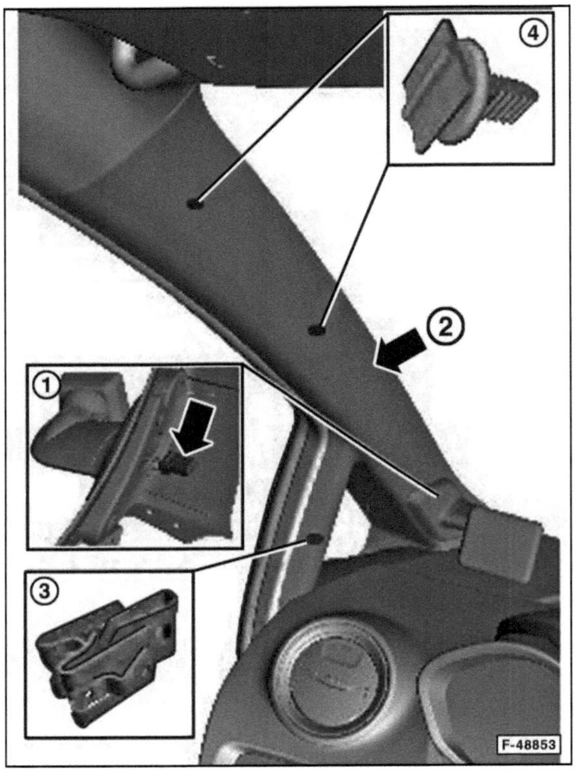

- Griff –1– abziehen.
- Verkleidung –2– mit einem Kunststoffkeil von der A-Säule abdrücken und dabei aus der Blechklammer –3– und den Halteclips –4– lösen.

Einbau

- Der Einbau erfolgt in umgekehrter Ausbaureihenfolge.

Verkleidung B-Säule/3-Türer

Ausbau

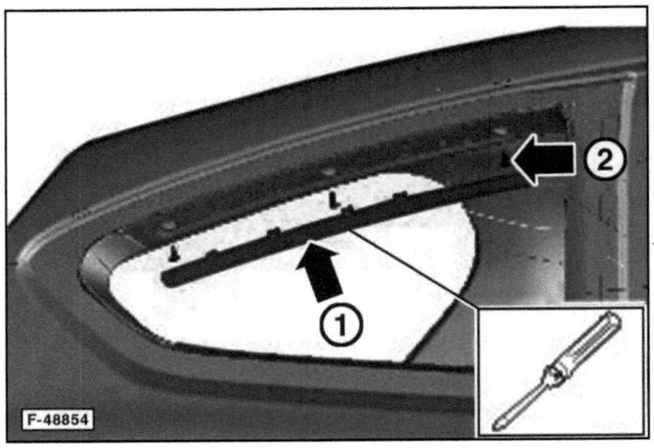

- 3 Schrauben –2– herausdrehen und Abdeckleiste –1– abnehmen.

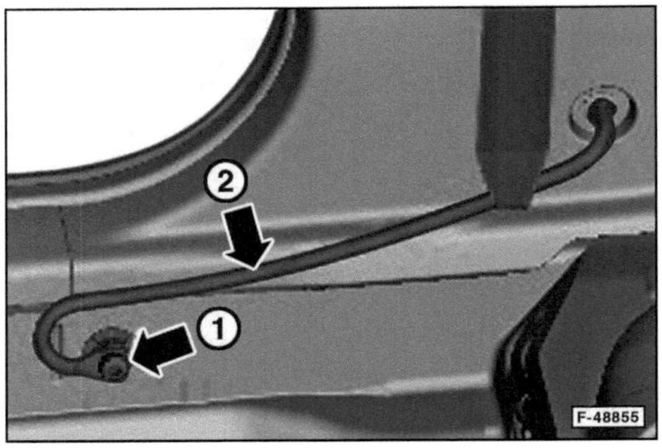

- Schraube –1– für Gurtführungsbügel –2– herausdrehen.

Achtung: Falls vorhanden, Faserscheibe, Distanzscheiben sowie Schraube nicht vom Gurtführungsbügel abbauen.

- Gurtführungsbügel um 90° drehen und vom Türschweller abnehmen.
- Sicherheitsgurt vom Führungsbügel abnehmen.

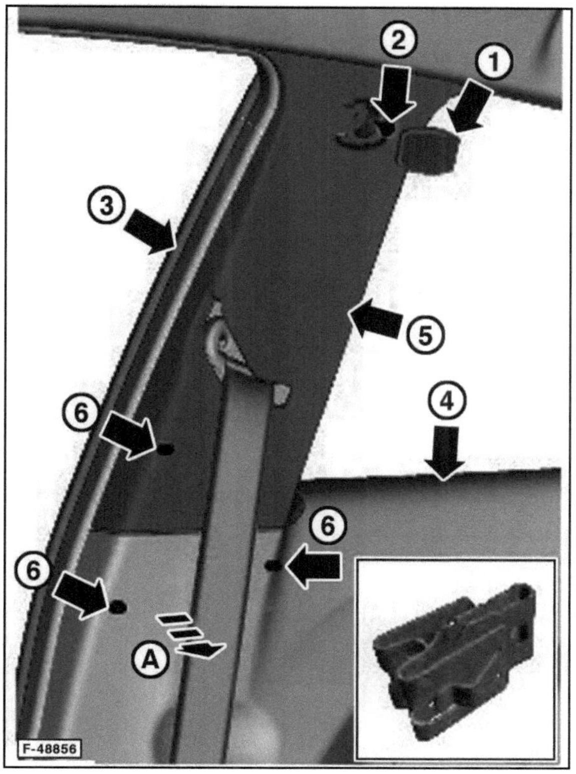

- Abdeckkappe –1– mit kleinem Schraubendreher heraushebeln.
- Darunterliegende Schraube –2– herausdrehen.
- Türdichtgummi –3– und hintere Seitenverkleidung –4– im oberen Bereich von der B-Säulen-Verkleidung lösen.
- B-Säulen-Verkleidung –5– aus den Blechklammern lösen und von der B-Säule abziehen –Pfeil A–.
- Sicherheitsgurt durch die Öffnung fädeln.

Einbau

- Der Einbau erfolgt in umgekehrter Ausbaureihenfolge. Schraube für Gurtführungsbügel mit **40 Nm** festziehen.

Verkleidung B-Säule/5-Türer

Ausbau

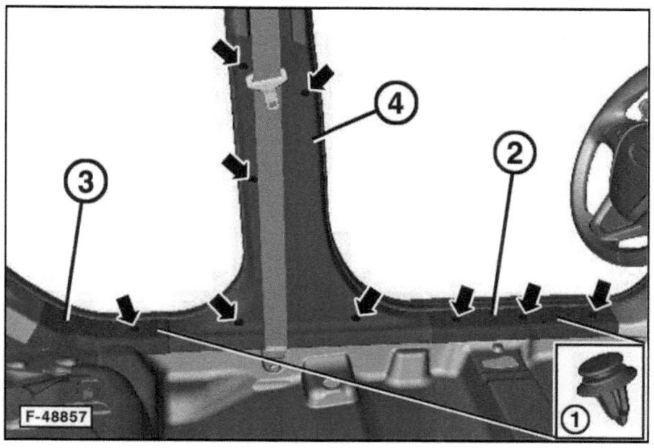

- Türdichtgummis im Bereich der Einstiegleisten und der B-Säulen-Verkleidung abziehen.
- Spreizclips –1– herausdrücken –Pfeile–.
- Vordere –2– und hintere Einstiegleiste –3– abnehmen.
- Untere B-Säulen-Verkleidung –4– ausclipsen –Pfeile– und abnehmen.

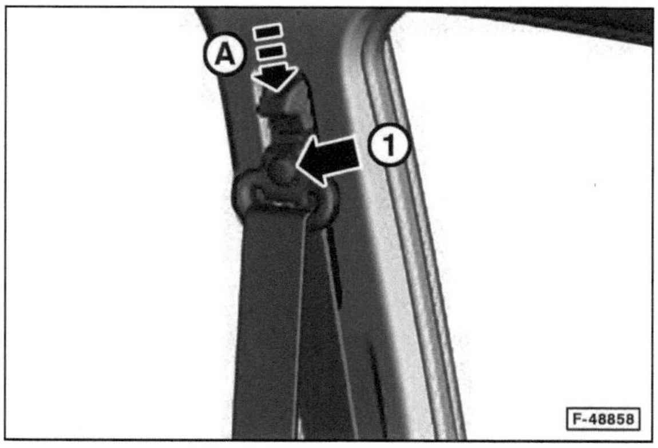

- Schraube –1– herausdrehen und Gurtumlenkbügel abnehmen –Pfeil A–.

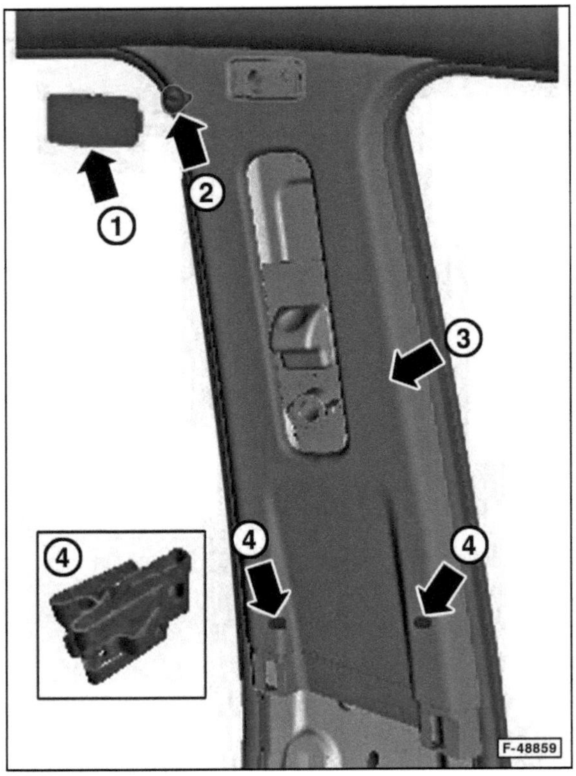

- Abdeckkappe –1– mit kleinem Schraubendreher heraushebeln.
- Darunterliegende Schraube –2– herausdrehen.
- Obere B-Säulen-Verkleidung –3– aus den Blechklammern –4– lösen und von der B-Säule abziehen.

Einbau

- Der Einbau erfolgt in umgekehrter Ausbaureihenfolge. Schraube für Gurtumlenkbügel mit **40 Nm** festziehen.

Obere Verkleidung C-Säule

Ausbau

- 3 Schrauben herausdrehen und Abdeckleiste –1– abnehmen, siehe Abbildung F-48854.

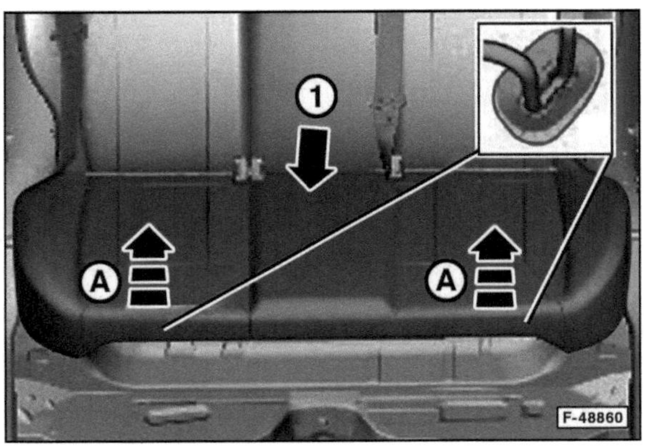

- Rücksitzbank –1– vorn nach oben ziehen –Pfeile A– und aus den Führungen aushängen.
- Rücksitzbank unter der Lehne vorziehen und herausnehmen.

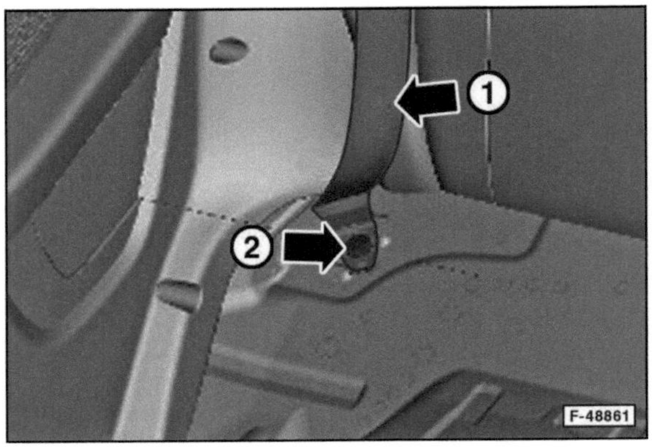

- Sicherheitsgurt –1– am Unterboden abschrauben –2–.

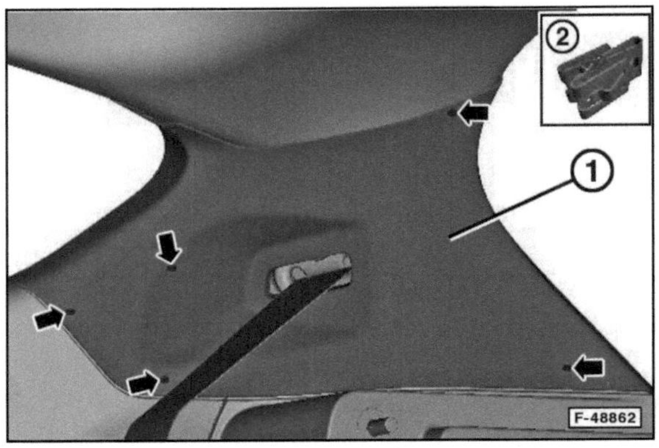

- **3-Türer:** C-Säulen-Verkleidung –1– aus den Blechklammern –2– lösen –Pfeile– und von der C-Säule abziehen. Sicherheitsgurt durch die Öffnung fädeln.

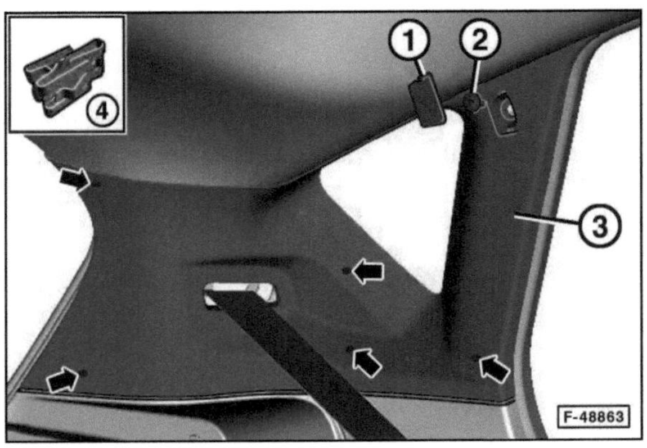

- **5-Türer:** Abdeckkappe –1– mit kleinem Schraubendreher heraushebeln und darunterliegende Schraube –2– herausdrehen.
- **5-Türer:** C-Säulen-Verkleidung –3– aus den Blechklammern –4– lösen –Pfeile– und von der C-Säule abziehen. Sicherheitsgurt durch die Öffnung fädeln.

Einbau

- Der Einbau erfolgt in umgekehrter Ausbaureihenfolge. Schraube für Gurtbügel mit **40 Nm** festziehen.

Untere Verkleidung C-Säule/5-Türer

Ausbau

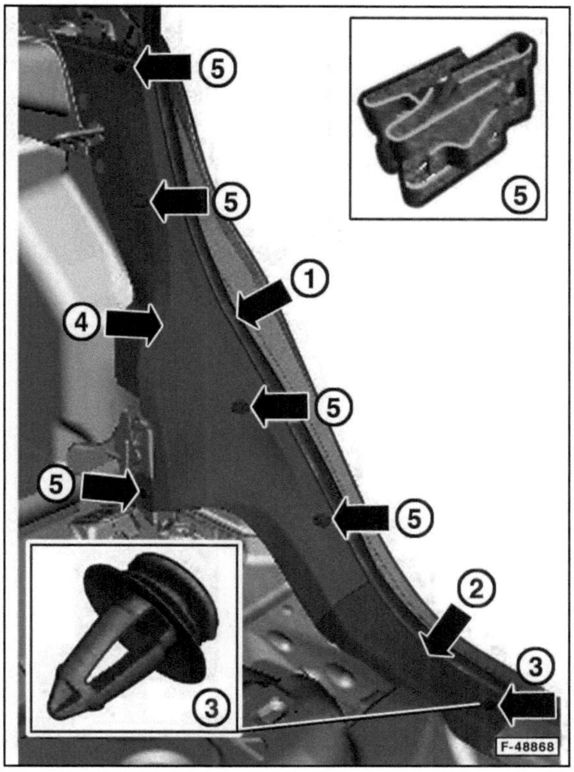

- Türdichtgummi –1– im Bereich der Einstiegleiste und der unteren C-Säulen-Verkleidung abziehen.
- Hintere Einstiegleiste –2– mit einem Kunststoffkeil abdrücken und dadurch aus Clip –3– lösen.
- Untere C-Säulen-Verkleidung –4– mit einem Kunststoffkeil abdrücken und dadurch aus den 5 Blechklammern –5– lösen.

Einbau

- Der Einbau erfolgt in umgekehrter Ausbaureihenfolge.

Laderaum-Seitenverkleidung

Ausbau

- Laderaumabdeckung herausnehmen.
- **5-Türer:** Obere und untere C-Säulenverkleidung ausbauen, siehe entsprechenden Abschnitt.
- Heckabschlussverkleidung ausbauen, siehe entsprechenden Abschnitt.
- Heckklappen-Dichtgummi im Bereich der seitlichen Laderaumverkleidung abziehen.

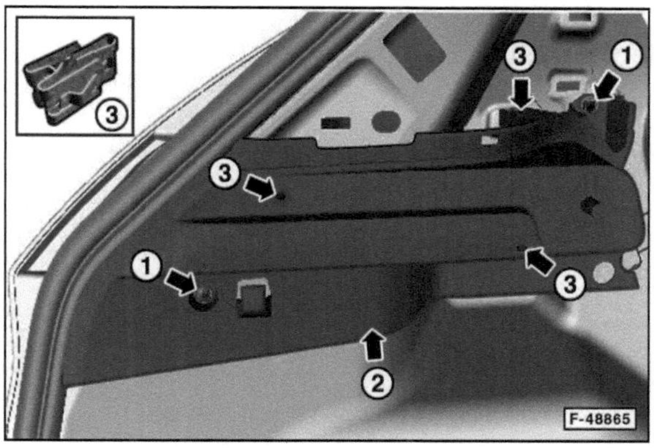

- 2 Schrauben –1– herausdrehen.
- Obere, linke Seitenverkleidung –2– aus den Blechklammern –3– lösen und abnehmen.

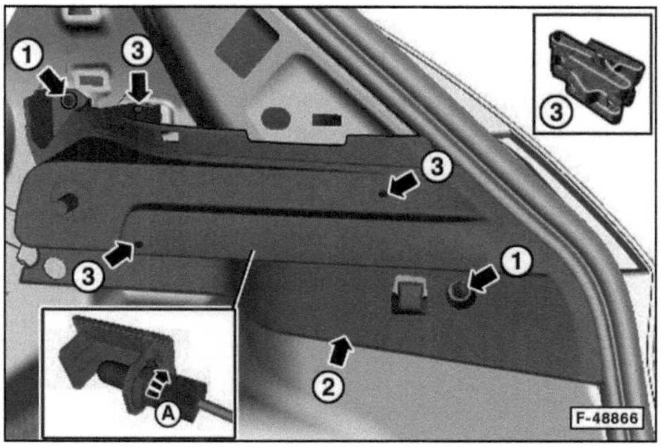

- 2 Schrauben –1– herausdrehen.
- Obere, rechte Seitenverkleidung –2– aus den Blechklammern –3– lösen und etwas abziehen.
- Lampe für Laderaumbeleuchtung mit Fassung in Pfeilrichtung –A– drehen und herausnehmen.

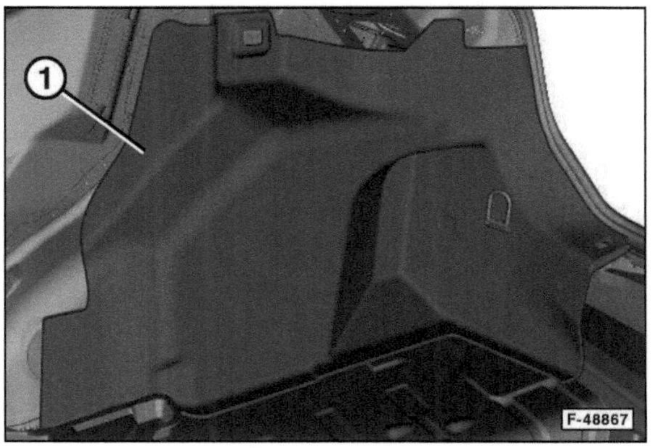

- Untere Seitenverkleidung –1– herausnehmen.

Einbau

- Der Einbau erfolgt in umgekehrter Ausbaureihenfolge.

Heckabschlussverkleidung

Ausbau

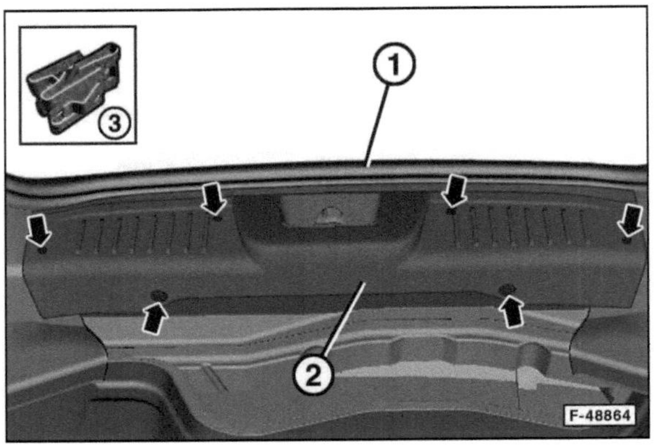

- Heckklappen-Dichtgummi –1– im Bereich der Heckabschlussverkleidung –2– abziehen.
- Verkleidung –2– mit einem Kunststoffkeil abdrücken und dabei aus den 6 Blechklammern –3– lösen –Pfeile–.
- Heckabschlussverkleidung –2– herausnehmen.

Einbau

- Der Einbau erfolgt in umgekehrter Ausbaureihenfolge.

Vordersitz aus- und einbauen

Ausbau

Achtung: Bei Fahrzeugen mit Seitenairbag unbedingt Airbag-Sicherheitshinweise beachten, siehe Seite 127.

- **Um ein Auslösen des Seitenairbags zu verhindern, Batterie abklemmen. Achtung: Hinweise im Kapitel »Batterie aus- und einbauen« beachten.**
- **Batterieminuspol isolieren.**

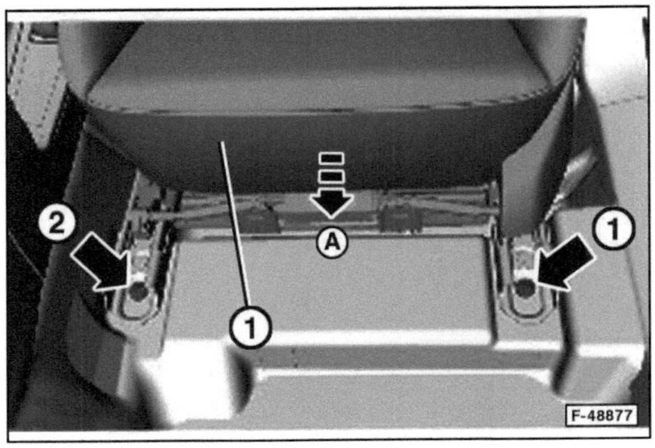

- Vordersitz –1– ganz nach hinten stellen –Pfeil A–.
- Vordere Schrauben –2– herausdrehen.

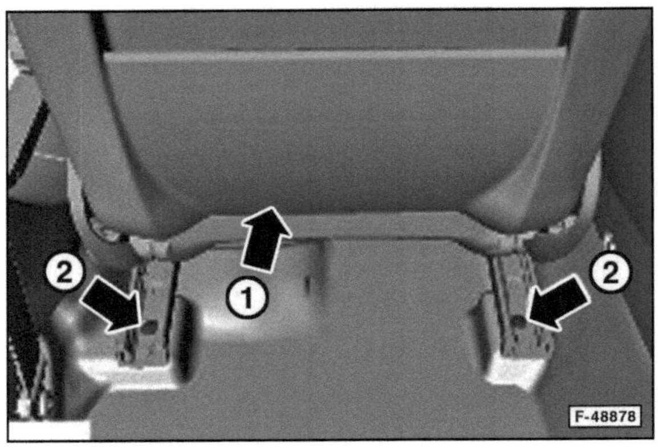

- Vordersitz –1– ganz nach vorne stellen.
- Hintere Schrauben –2– herausdrehen.

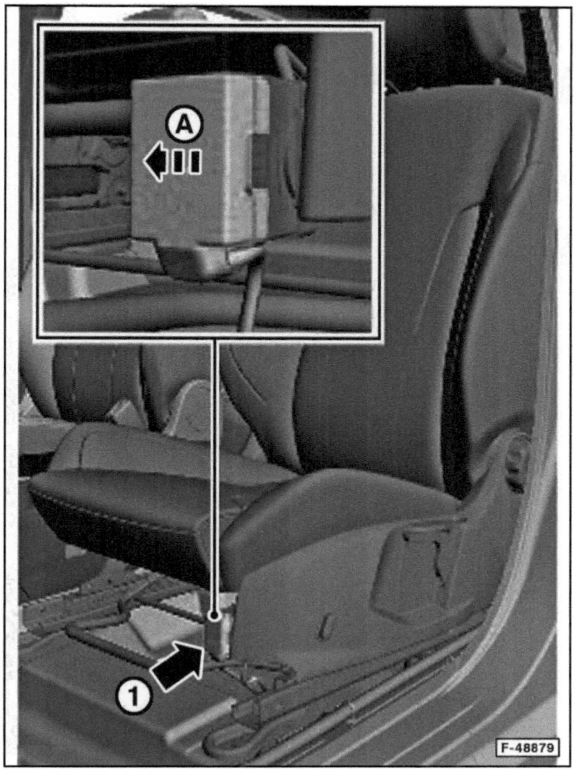

Achtung: Vor dem Trennen der Steckverbindung elektrostatische Aufladung abbauen. Dazu kurz den Schließbügel der Tür oder die Karosserie anfassen.

- Steckverbindung –1– unter dem Sitz entriegeln und trennen –Pfeil A–.
- Türschweller zum Schutz mit Decken abdecken.
- Vordersitz mit einem Helfer aus dem Fahrzeug herausheben.

Einbau

- Der Einbau erfolgt in umgekehrter Ausbaureihenfolge.

Achtung: Airbag-Sicherheitshinweise beachten

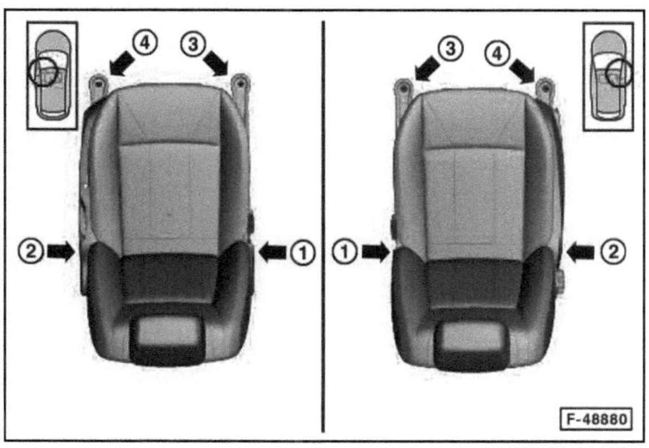

- Vordersitz in der Reihenfolge von –1– bis –4– mit **35 Nm** anschrauben.

Rücksitz aus- und einbauen

Rücksitzbank

Ausbau

- Vordersitze ganz nach vorne stellen.

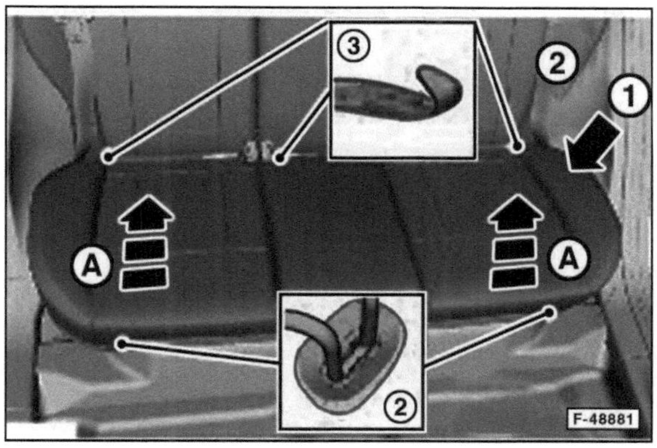

- Rücksitzbank –1– vorn nach oben ziehen –Pfeile A– und dadurch die Haltebügel aus den Aufnahmen herausziehen –2–.
- Rücksitzbank –1– aus den Haltebügeln –3– aushängen und mit einem Helfer aus dem Fahrzeug herausheben.

Einbau

- Rücksitzbank hinten in die Haltebügel einhängen.
- Sitzbank vorn kräftig nach unten drücken und Haltebügel einrasten. Durch leichtes Hochziehen prüfen, ob die Rücksitzbank fest sitzt.

Rücksitzlehne

Ausbau

- Kopfstütze einschieben.
- Heckklappe öffnen.

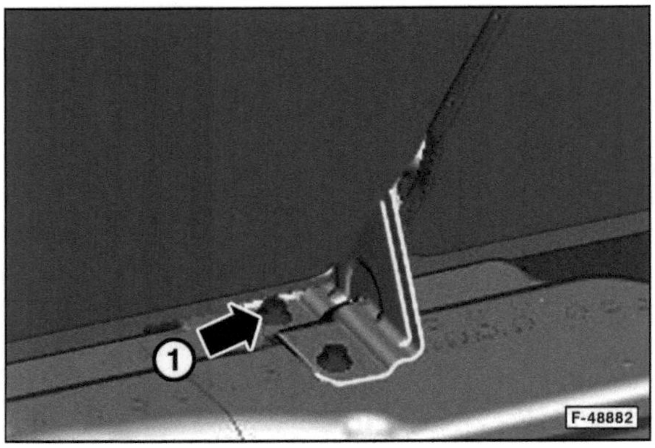

- Schrauben –1– hinten an der mittleren Lehnenhalterung herausdrehen.

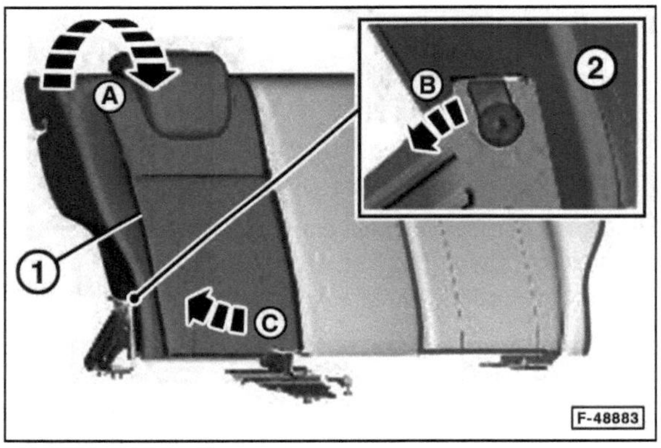

- Rechte Lehne –1– vorklappen –Pfeil A–.
- Arretierung –2– lösen –Pfeil B–.
- Lehnenhälfte abnehmen –Pfeil C– und aus dem Fahrzeug herausheben.

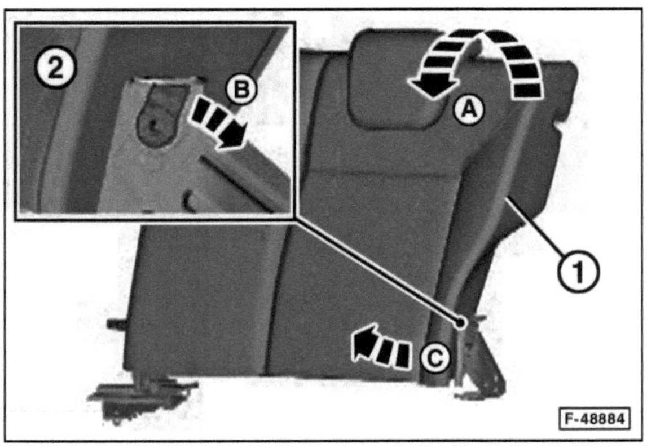

- Linke Lehne –1– vorklappen –Pfeil A–.
- Arretierung –2– lösen –Pfeil B–.
- Lehnenhälfte abnehmen –Pfeil C– und aus dem Fahrzeug herausheben.

Einbau

- Der Einbau erfolgt in umgekehrter Ausbaureihenfolge.
- Rücksitzlehne mit **40 Nm** anschrauben.

Karosserie außen

Aus dem Inhalt:

- Stoßfänger
- Kotflügel
- Motorhaube
- Heckklappe
- Tür zerlegen
- Außenspiegel

Bei der selbsttragenden Karosserie des FIESTA sind Bodengruppe, Seitenteile, Dach und die hinteren Kotflügel miteinander verschweißt. Die Reparatur größerer Karosserieschäden sowie das Auswechseln von Front- und Heckscheibe sollten von einer Fachwerkstatt durchgeführt werden.

Motorhaube, Heckklappe, Türen und die vorderen Kotflügel sind angeschraubt und lassen sich auswechseln. Beim Einbau ist unbedingt ein gleichmäßiger Luftspalt einzuhalten, sonst klappert beispielsweise die Tür, oder es können während der Fahrt erhöhte Windgeräusche auftreten. Der Luftspalt muss auf jeden Fall parallel verlaufen, das heißt, der Abstand zwischen den Karosserieteilen muss auf der gesamten Länge des Spaltes gleich groß sein. Abweichungen bis zu 1 mm sind zulässig.

Hinweis: Zum Lösen von Tür- und Heckklappenverkleidungen einen **Kunststoffkeil** verwenden, zum Beispiel HAZET 1965-20. Clips, die beim Ausbau von Verkleidungen beschädigt werden, immer erneuern.

Sicherheitshinweise bei Karosseriearbeiten

Achtung: Wenn im Rahmen von Arbeiten an der Karosserie auch Arbeiten an der elektrischen Anlage durchgeführt werden, **grundsätzlich** die Batterie abklemmen. Dazu Hinweise im Kapitel »Batterie aus- und einbauen« durchlesen. Als Arbeit an der elektrischen Anlage ist dabei schon zu betrachten, wenn eine elektrische Leitung vom Anschluss abgezogen beziehungsweise abgeklemmt wird.

- Muss an der Karosserie geschweißt werden, soll dies grundsätzlich durch Widerstandspunktschweißen (RP) durchgeführt werden. Nur wenn sich die Schweißzange nicht ansetzen lässt, ist das Schutzgas-Schweißverfahren anzuwenden.
- So weit Schweißarbeiten oder andere funkenerzeugende Arbeiten durchgeführt werden, grundsätzlich die Batterie abklemmen und Batterieminuspol (–) mit Klebeband isolieren. Bei Arbeiten in Batterienähe muss die Batterie ausgebaut werden. **Achtung:** Unbedingt Hinweise im Kapitel »Batterie aus- und einbauen« beachten.
- **Fahrzeuge mit Klimaanlage:** An Teilen der befüllten Klimaanlage darf weder geschweißt noch hart- oder weichgelötet werden. Das gilt auch für Schweiß- und Lötarbeiten am Fahrzeug, wenn die Gefahr besteht, dass sich Teile der Klimaanlage erwärmen. **Achtung:** Der **Kältemittelkreislauf** der Klimaanlage darf **nicht geöffnet** werden, da das Kältemittel bei Hautberührung Erfrierungen hervorrufen kann.

Sicherheitshinweis
Bei Karosseriearbeiten entstehen oft starke Erschütterungen, beispielsweise durch Hammerschläge. Deshalb immer Zündung ausschalten und Batterie abklemmen, sonst kann der Airbag ausgelöst werden. Airbag-Sicherheitshinweise durchlesen, siehe Seite 127.

- **Lackierung trocknen:** Im Rahmen einer Reparatur-Lackierung darf das Fahrzeug im Trockenofen oder in der Vorwärmzone nicht über **+70° C** aufgeheizt werden. Sonst können elektronische Steuergeräte im Fahrzeug beschädigt werden. Außerdem kann dadurch in der Klimaanlage ein starker Überdruck entstehen, der möglicherweise zum Platzen der Anlage führt.
- **PVC-Unterbodenschutz entfernen:** Auf dem Unterboden ist ein PVC-Unterbodenschutz aufgetragen. Unterbodenschutz an der Reparaturstelle mit rotierender Drahtbürste entfernen oder mit einem Heißluftgebläse auf maximal +180° C erwärmen und mit einem Spachtel ablösen. **Achtung:** Durch Abbrennen beziehungsweise Erwärmen von PVC-Material über +180° C entsteht stark korrosionsfördernde Salzsäure, außerdem werden stark gesundheitsschädliche Dämpfe frei.

Steinschlagschäden an der Frontscheibe

Kleinere Schäden an der Frontscheibe, zum Beispiel durch Steinschlag verursacht oder Scheibenwischerstreifen, beeinträchtigen die Sicht und können zu **Folgeschäden** an der Scheibe (Risse) führen.

Selbst kleinste Steinschlagschäden sollten deshalb so bald wie möglich behoben werden. Verschiedene Firmen sind auf Reparaturen an Frontscheiben spezialisiert. Der Austausch der Scheibe kann auf diese Weise vermieden werden. Überdies werden die Kosten für die Scheibenreparatur von der Teilkaskoversicherung übernommen.

Spreizclips und Stopfen aus- und einbauen

Ausbau

Viele Abdeckungen sind mit Spreizclips oder Stopfen befestigt.

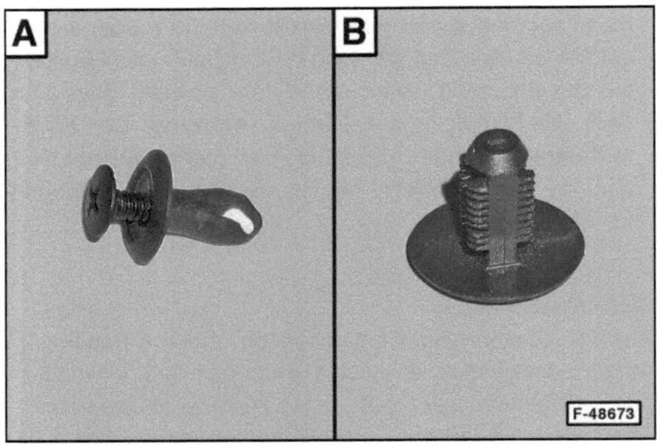

- **Spreizclip:** Kunststoffschraube aus dem Spreizclip –A– herausdrehen und Spreizclip aus der Bohrung herausziehen.
- **Spreizclip mit Spreizbolzen:** Bolzen in der Mitte des Clips mit einem geeigneten Dorn durchdrücken.
- **Stopfen:** Dünnen Faden um die Kappe des Stopfens –B– winden und Stopfen am Faden herausziehen.

Einbau

- Beschädigte Spreizclips oder Stopfen durch Neuteile ersetzen.
- **Spreizclip:** Spreizclip –A– in die Bohrung setzen und Kunststoffschraube eindrehen. Dadurch werden die Clipnasen gespreizt und der Spreizclip sitzt sicher in der Bohrung.
- **Spreizclip mit Spreizstift:** Spreizclip in die Bohrung setzen und Bolzen eindrücken.
- **Stopfen:** Stopfen –B– in die Bohrung setzen und eindrücken.

Blindnieten aus- und einbauen

Zum Entfernen von Blindnieten (Popnieten) zunächst nur den Nietkopf vorsichtig ausbohren und dann die Niete mit einem Dorn aus der Bohrung heraustreiben. Dadurch wird verhindert, dass die Bohrung ausgeweitet wird.

Neue Niete in die Bohrung einsetzen und mit einer Blindnietzange festquetschen, die Niethülse muss denselben Durchmesser wie die Bohrung haben. Häufig verwendete Nieten-Durchmesser: 2,4 mm, 3,2 mm, 4,0 mm und 4,8 mm.

Windlaufabdeckung aus- und einbauen

Ausbau

- Wischermotor kurze Zeit laufen lassen und mit dem Wischerschalter abschalten. Dadurch läuft der Scheibenwischer in Endstellung.
- Zündung ausschalten und Zündschlüssel abziehen.
- Motorhaube öffnen.

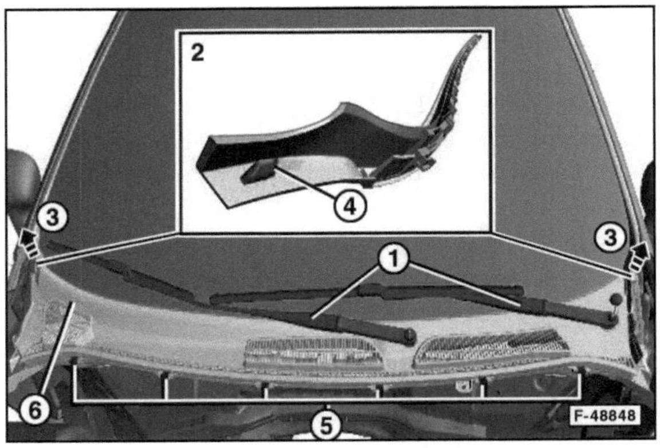

- Scheibenwischerarme –1– ausbauen, siehe Seite 74.
- Auf beiden Seiten die Abdeckungen –2– über dem Windlaufgrill abziehen –Pfeile 3–. Dabei Führungen –Pfeil 4– beachten.
- Clips –5– abhebeln und Windlaufgrill –6– herausnehmen.

Einbau

- Der Einbau erfolgt in umgekehrter Ausbaureihenfolge.

Untere Motorraumabdeckung aus- und einbauen

Ausbau

- Fahrzeug aufbocken.

Sicherheitshinweis
Beim Aufbocken des Fahrzeugs besteht Unfallgefahr! Hinweise im Kapitel »Fahrzeug aufbocken« beachten.

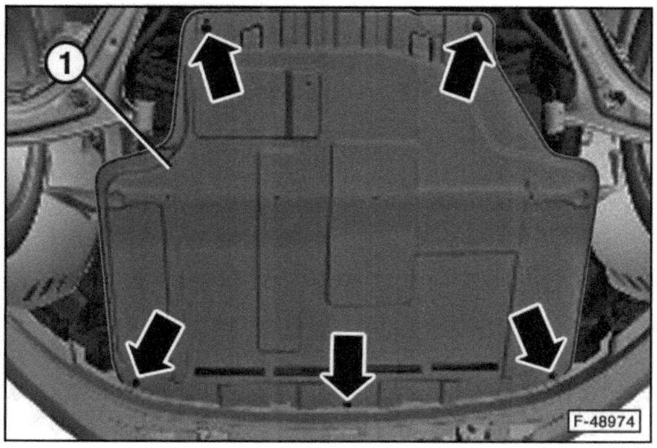

- 5 Schrauben –Pfeile– herausdrehen.
- Untere Motorraumabdeckung –1– hinten absenken und vorn aus der Stoßfängerabdeckung herausziehen.

Einbau

- Der Einbau erfolgt in umgekehrter Ausbaureihenfolge.

Stoßfängerabdeckung vorn aus- und einbauen

Ausbau

- Motorhaube öffnen und gegen Herunterfallen sichern.
- Zündung ausschalten, Zündschlüssel abziehen.
- Beide Scheinwerfer ausbauen, siehe Seite 84.
- Fahrzeug aufbocken.

Sicherheitshinweis
Beim Aufbocken des Fahrzeugs besteht Unfallgefahr! Hinweise im Kapitel »Fahrzeug aufbocken« beachten.

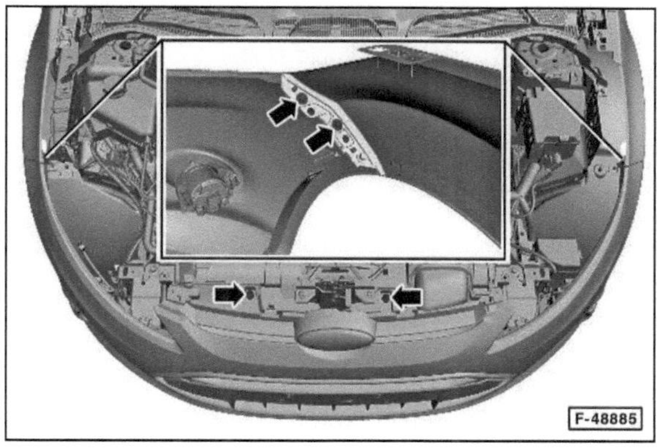

- 6 Schrauben –Pfeile– herausdrehen.

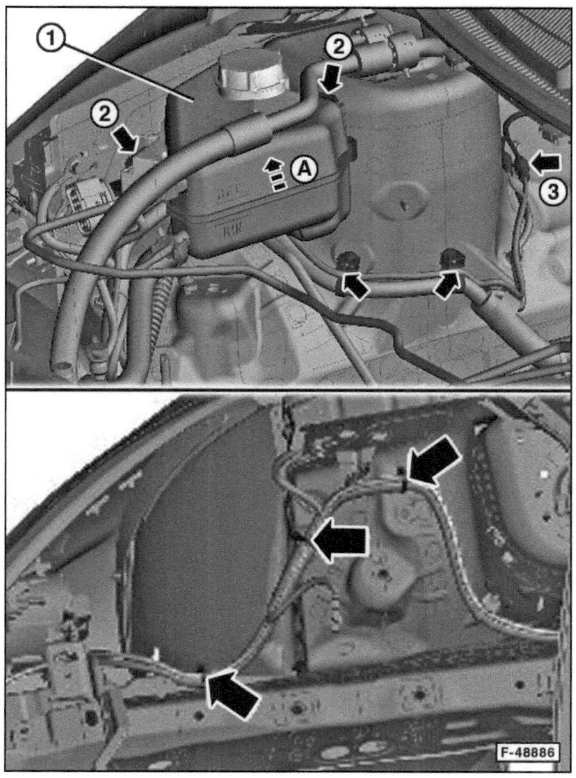

- **Fahrzeuge mit Einparkhilfe:** Kühlmittelvorratsbehälter –1– aus den Aufnahmen –2– herausziehen –Pfeil A– und mit angeschlossenen Schläuchen zur Seite legen.

- **Fahrzeuge mit Einparkhilfe:** Sämtliche Kabelbinder –Pfeile– öffnen und Steckverbindung –3– trennen.

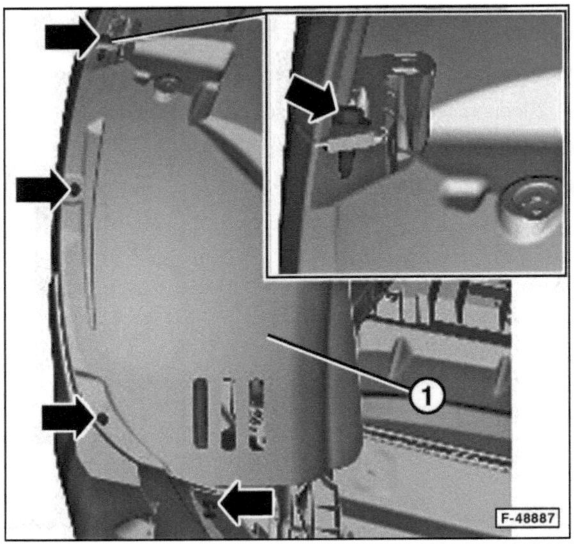

- Auf beiden Seiten die Schrauben –Pfeile– für die Innenkotflügel –1– herausdrehen.
- Nebelscheinwerfer ausbauen, siehe Seite 85.

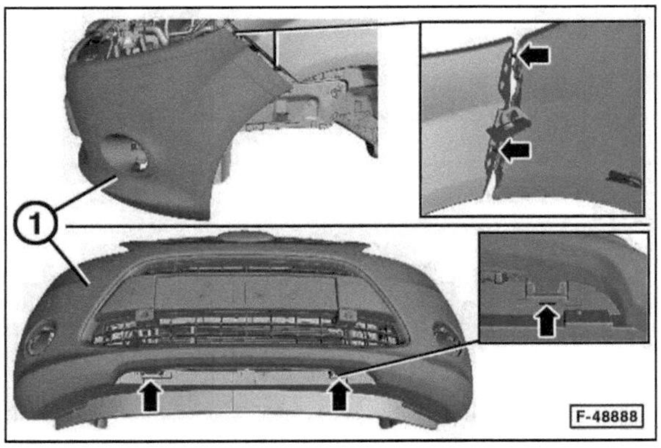

- Vordere Stoßfängerabdeckung –1– zusammen mit einem Helfer links und rechts abdrücken, aushängen –Pfeile– und parallel nach vorn abziehen.

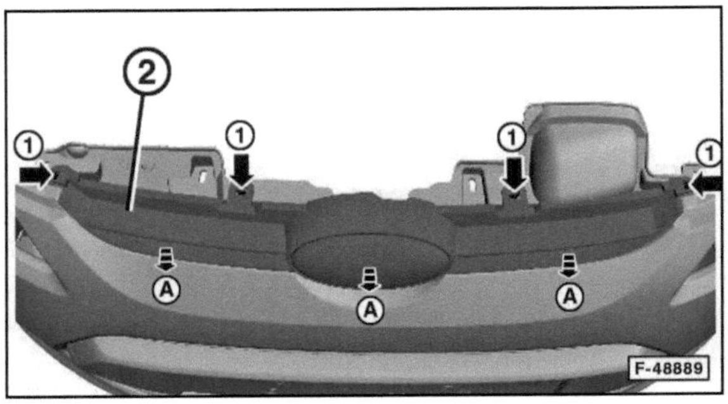

- Obere Abdeckung –2– ausclipsen –1– und in Pfeilrichtung –A– abnehmen.
- Falls erforderlich, Kühlergrill ausbauen, siehe Seite 104.
- Falls erforderlich, Sensoren für Einparkhilfe ausbauen, siehe Seite 57.

Einbau

- Der Einbau erfolgt in umgekehrter Ausbaureihenfolge.
- Stoßfängerabdeckung ausrichten, dabei Spaltmaße prüfen. Der Spalt zu den angrenzenden Karosserieteilen soll jeweils gleichmäßig breit sein und parallel verlaufen.

Stoßfängerabdeckung hinten aus- und einbauen

Ausbau

- Heckklappe öffnen.
- Batterie abklemmen. **Achtung:** Hinweise im Kapitel »Batterie aus- und einbauen« beachten.
- Fahrzeug aufbocken.

Sicherheitshinweis
Beim Aufbocken des Fahrzeugs besteht Unfallgefahr! Hinweise im Kapitel »Fahrzeug aufbocken« beachten.

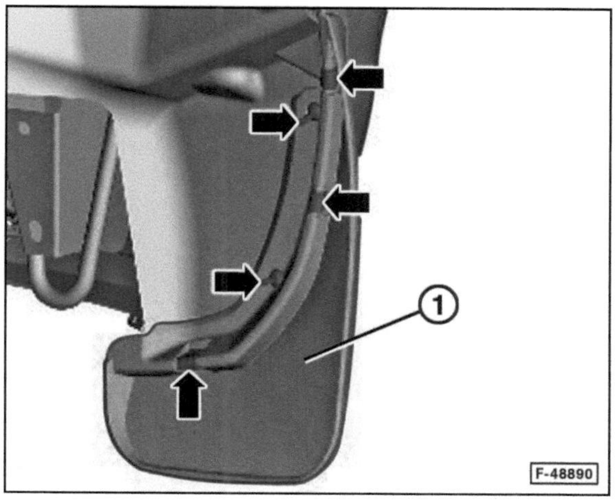

- Falls vorhanden, Schmutzfänger –1– ausclipsen –Pfeile–.

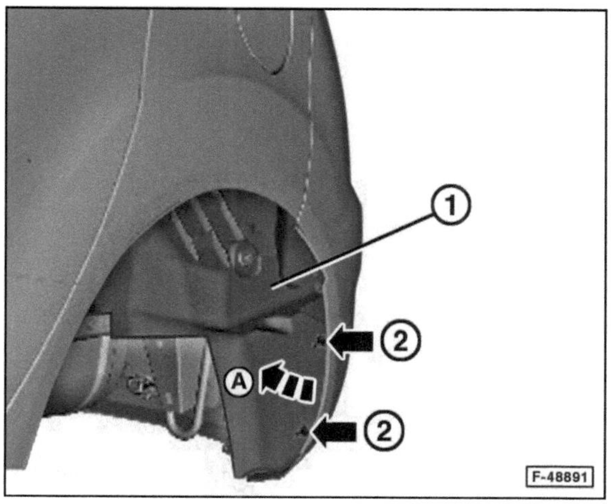

- 2 Spreizclips –2– herausdrücken und Innenkotflügel –1– zur Seite schwenken –Pfeil A–.
- Innenkotflügel auf der anderen Seite auf die gleiche Weise lösen.

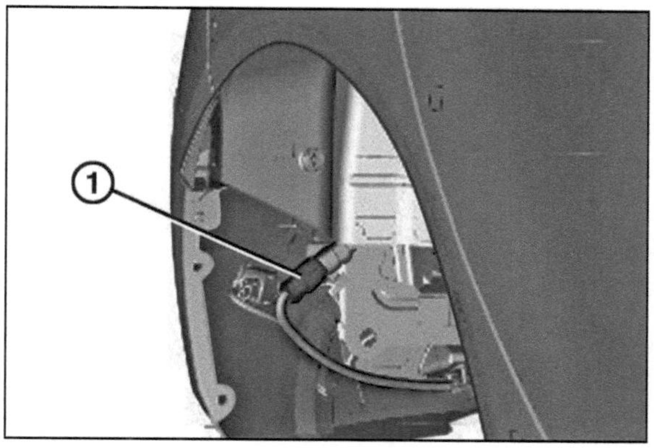

- **Fahrzeuge mit Einparkhilfe:** Stecker –1– abziehen und mit Kabel zur Seite legen.

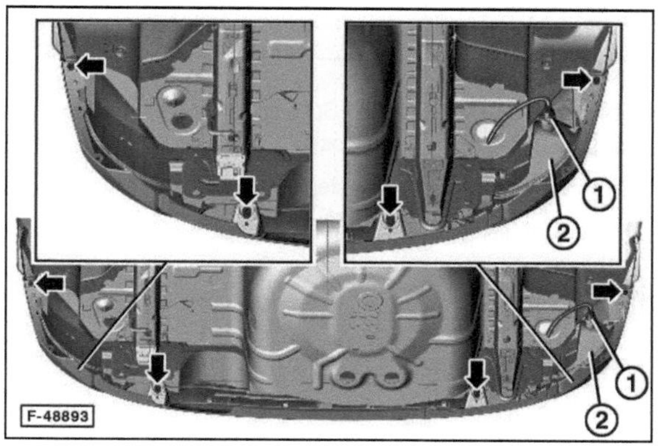

- Von unten Schrauben –Pfeile– herausdrehen.
- Stecker –1– für Nebelschlussleuchte –2– abziehen.

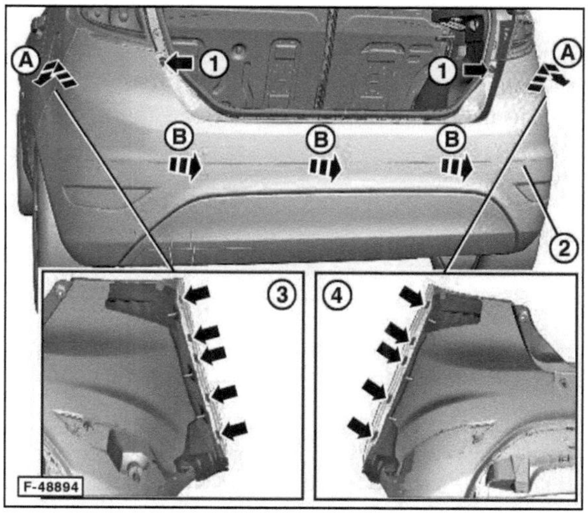

- Schrauben –1– herausdrehen.
- Stoßfängerabdeckung –2– mit Helfer auf beiden Seiten –3– und –4– ausclipsen –Pfeile A– und parallel nach hinten abziehen –Pfeile B–.

3-Türer

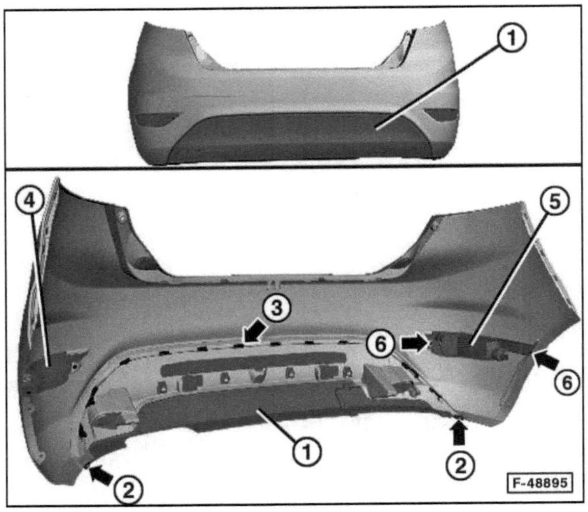

- Falls erforderlich, unteren Spoiler –1– abschrauben –2– und ausclipsen –3– (12 Clips).
- Blende –4– abschrauben, siehe Seite 87.
- Nebelschlussleuchte –5– abschrauben –6– und herausnehmen.

3-Türer

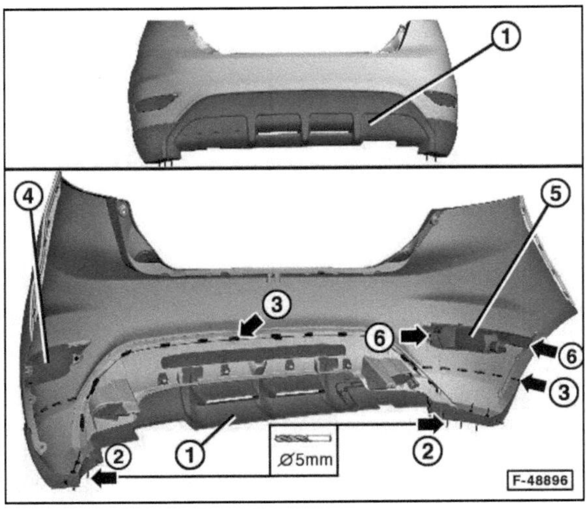

- Falls erforderlich, unteren Spoiler –1– ausbauen. Dabei auf jeder Seite je 6 Nieten –2– mit einem 5-mm-Bohrer ausbohren.
- Spoiler ausclipsen –3– (24 Clips).
- Blende –4– ausclipsen und abnehmen.
- Nebelschlussleuchte –5– abschrauben –6– und herausnehmen.

Einbau

- Der Einbau erfolgt in umgekehrter Ausbaureihenfolge.
- Stoßfängerabdeckung ausrichten, dabei Spaltmaße prüfen. Der Spalt zu den angrenzenden Karosserieteilen soll jeweils gleichmäßig breit sein und parallel verlaufen.

Kotflügel vorn aus- und einbauen

Ausbau

- Scheinwerfer ausbauen, siehe Seite 84.
- Muttern für Vorderrad lockern.
- Fahrzeug aufbocken.

> **Sicherheitshinweis**
> Beim Aufbocken des Fahrzeugs besteht Unfallgefahr! Hinweise im Kapitel »Fahrzeug aufbocken« beachten.

- Radmuttern abschrauben und Vorderrad abnehmen. **Achtung:** Hinweise im Kapitel »Rad aus- und einbauen« beachten.
- Innenkotflügel ausbauen, siehe Seite 208.

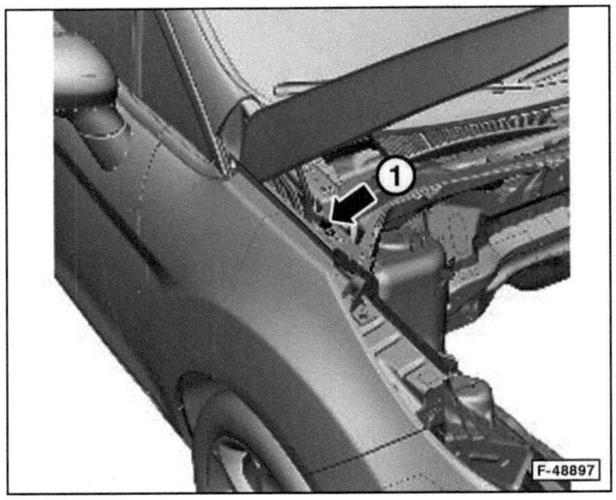

- Schraube –1– herausdrehen.

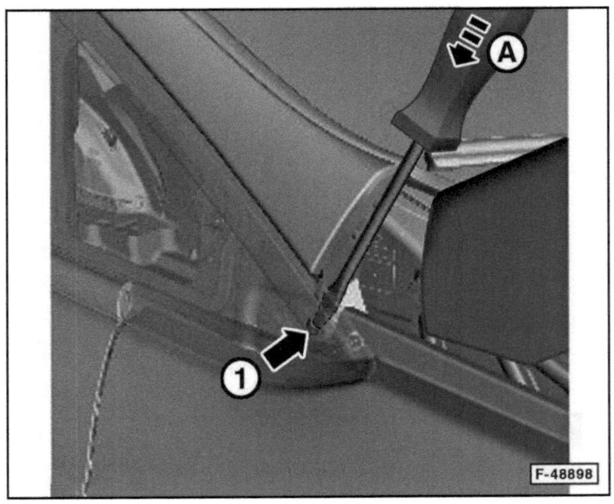

- Dichtmasse –1– mit einem Schlitzschraubendreher abkratzen –Pfeil A–.

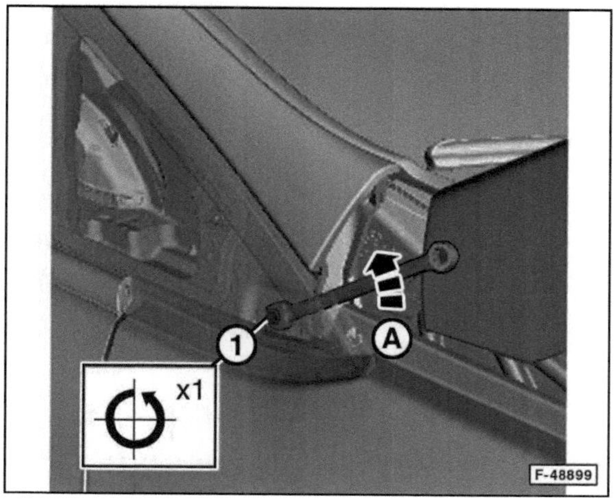

- Schraube –1– mit einem Maulschlüssel um 1 Umdrehung lösen –Pfeil A–.

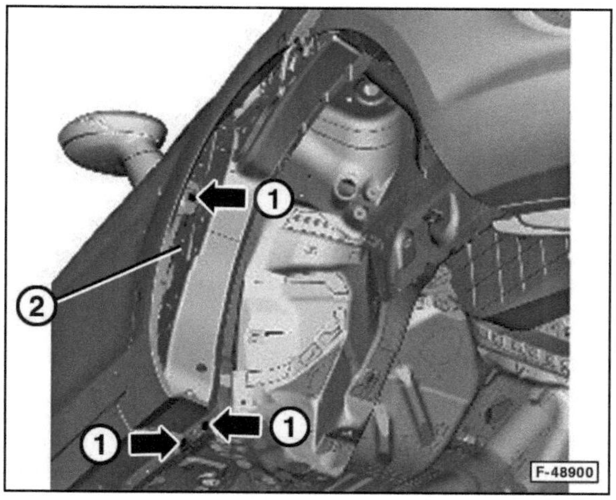

- Schrauben –1– herausdrehen und Spritzblech –2– aus dem Radkasten herausnehmen.

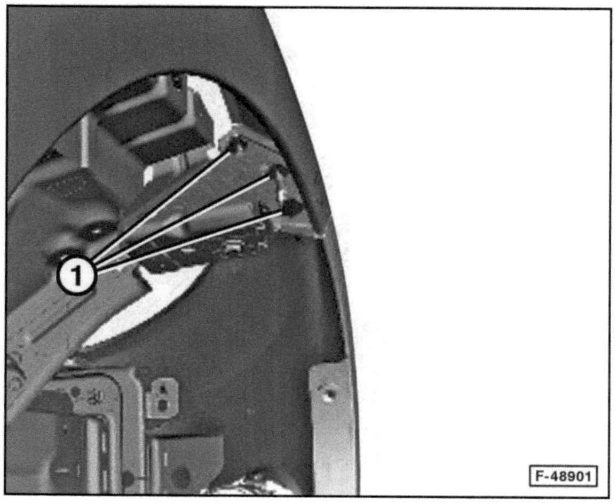

- 3 Schrauben –1– herausdrehen.

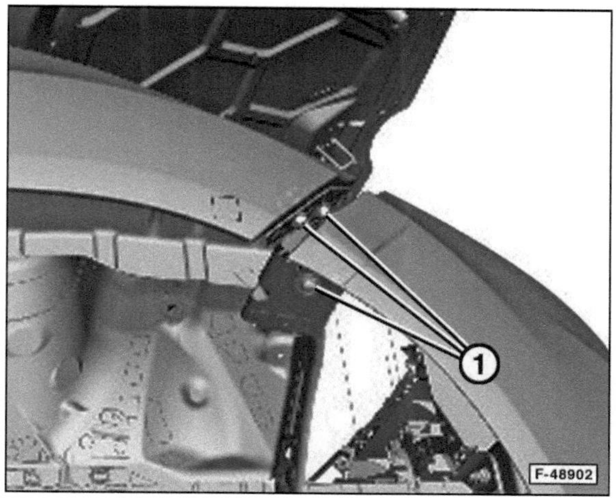

- 3 Schrauben –1– herausdrehen.

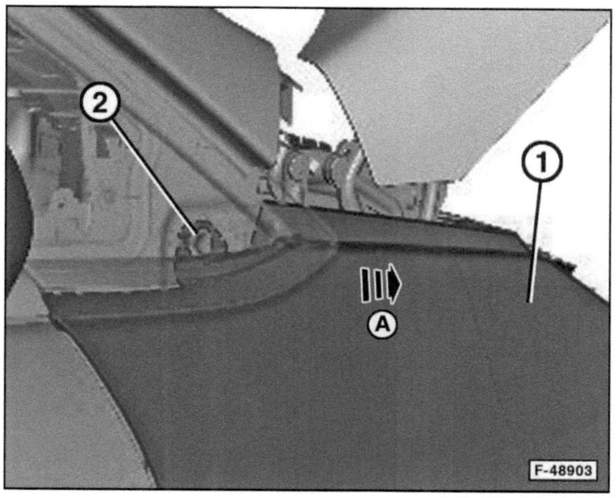

- Kotflügel –1– von der Halteschraube an der A-Säule –2– aushängen und vorsichtig abnehmen –Pfeil A–. **Achtung:** Dabei die Stoßfängerabdeckung nicht verkratzen.

Einbau

- Der Einbau erfolgt in umgekehrter Ausbaureihenfolge.
- Kotflügel so ausrichten, dass die Spalte zu den angrenzenden Karosserieteilen jeweils gleichmäßig breit sein und parallel verlaufen.
- Sämtliche Schrauben mit **6 Nm** festziehen.

Innenkotflügel aus- und einbauen

Innenkotflügel vorn

Ausbau

- Radmuttern lösen. Fahrzeug aufbocken und Rad abnehmen. **Achtung:** Unbedingt Hinweise im Kapitel »Rad aus- und einbauen« beachten.

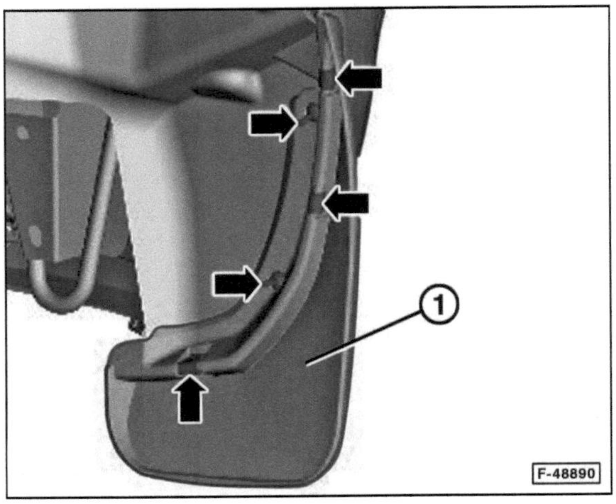

- Falls vorhanden, Schmutzfänger –1– ausclipsen –Pfeile–.

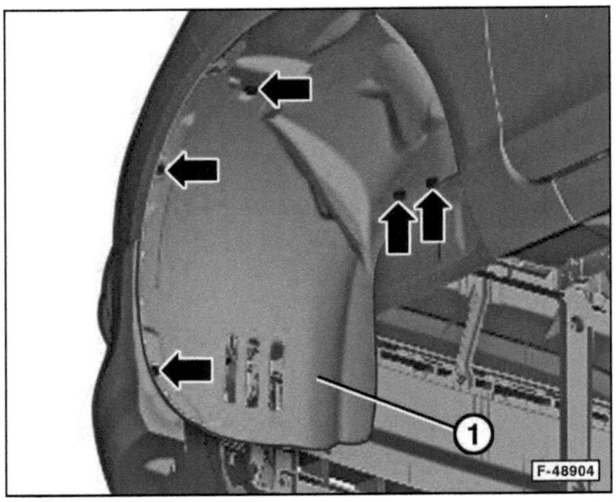

- Schrauben –Pfeile– am vorderen Teil des Innenkotflügels –1– herausdrehen.

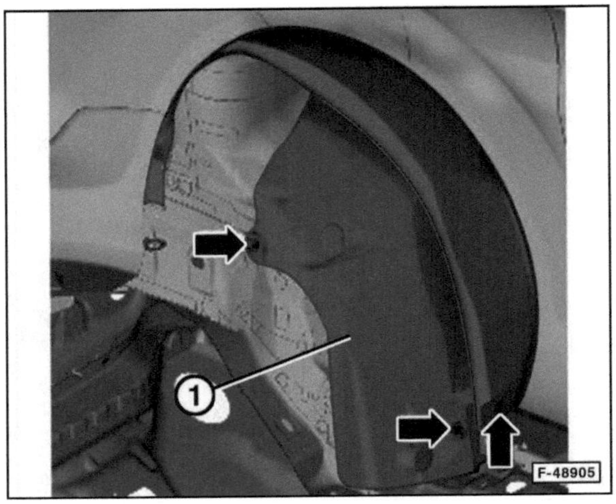

- Spreizclips –Pfeile– herausziehen, vorher Spreizstifte mit einem Kreuzschlitzschraubendreher ¼ Umdrehung nach rechts drehen und dadurch die Clips lösen. 1 – Innenkotflügel.
- Innenkotflügel aus dem Radkasten herausnehmen.

Einbau

- Der Einbau erfolgt in umgekehrter Ausbaureihenfolge.
- Rad anschrauben, dabei Reifen-Laufrichtung beachten. Fahrzeug ablassen, erst dann Radmuttern über Kreuz mit **135 Nm** festziehen. **Achtung:** Unbedingt Hinweise im Kapitel »Rad aus- und einbauen« beachten.

Innenkotflügel hinten

Ausbau

- Radmuttern lösen. Fahrzeug hinten aufbocken und Rad abnehmen. **Achtung:** Unbedingt Hinweise im Kapitel »Rad aus- und einbauen« beachten.

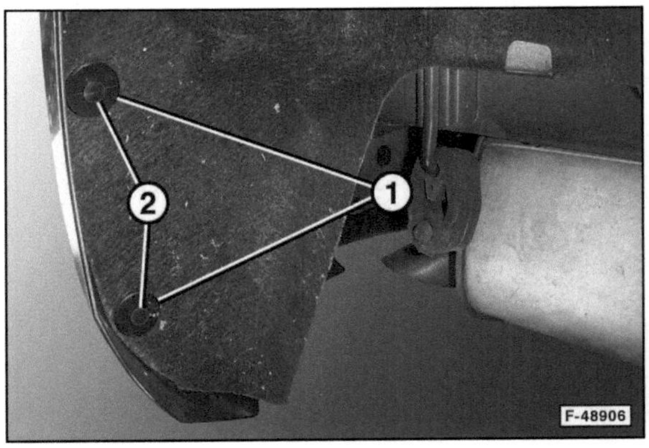

- Spreizclips –1– entfernen. Dazu die Spreizstifte –2– mit einem kleinen Schraubendreher heraushebeln, anschließend die Clips heraushebeln.

- Krallenringe –Pfeile– abziehen.
- Innenkotflügel abziehen und aus dem Radkasten herausnehmen.

Einbau

- Der Einbau erfolgt in umgekehrter Ausbaureihenfolge. Beschädigte Clips und Krallenringe ersetzen.
- Rad anschrauben, dabei Reifen-Laufrichtung beachten. Fahrzeug ablassen, erst dann Radmuttern über Kreuz mit **135 Nm** festziehen. **Achtung:** Unbedingt Hinweise im Kapitel »Rad aus- und einbauen« beachten.

Motorhaube aus- und einbauen

Ausbau

Achtung: Verletzungsgefahr durch Klemmen oder Quetschen der Finger.

- Motorhaube öffnen.
- Scheibenwaschdüsen ausbauen, siehe Seite 77.
- Wasserschlauch aus den Halterungen der Motorhaube herausziehen und zur Seite legen.
- Kotflügel mit Abdeckungen schützen.
- Mit einem Filzschreiber Einbauposition der Motorhaube an den Scharnieren sowie Einbaulage der Befestigungsmuttern kennzeichnen.

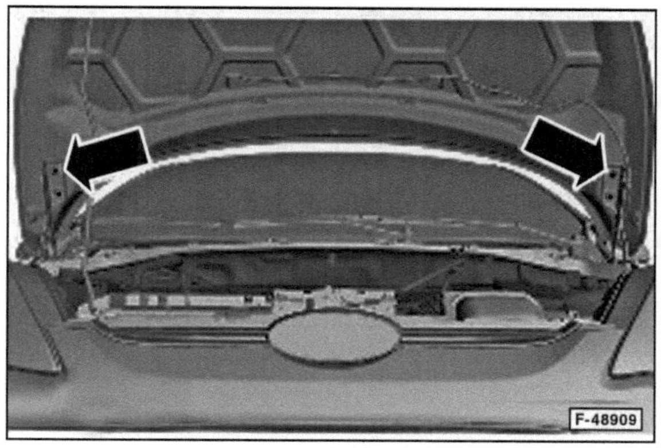

- Motorhaube von einem Helfer abstützen lassen. Motorhaube auf beiden Seiten von den Scharnieren abschrauben –Pfeile–, abnehmen und auf geeigneter Ablage ablegen. Darauf achten, dass die Unterlegscheiben nicht verloren gehen.

Einbau

Der Einbau erfolgt in umgekehrter Ausbaureihenfolge. Dabei ist Folgendes zu beachten:

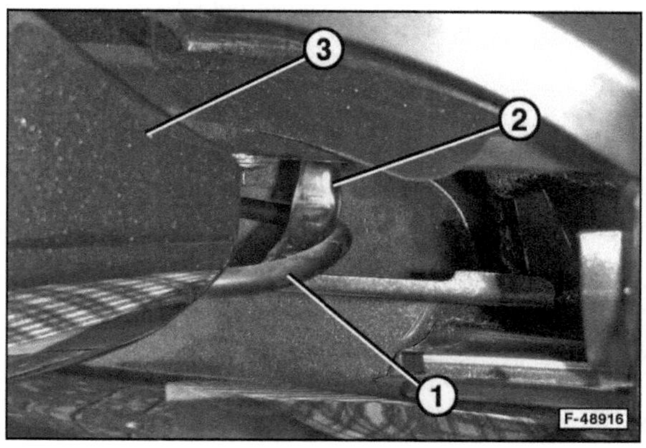

- Auf der linken Seite den Waschwasserschlauch –1– hinter dem Knickschutz –2– verlegen. 3 – Motorhaube.
- Motorhaube einstellen, siehe entsprechenden Abschnitt.
- Muttern an den Scharnieren mit **12 Nm** festziehen.

- Funktion der Scheibenwaschanlage kontrollieren.

Motorhaube waagerecht einstellen

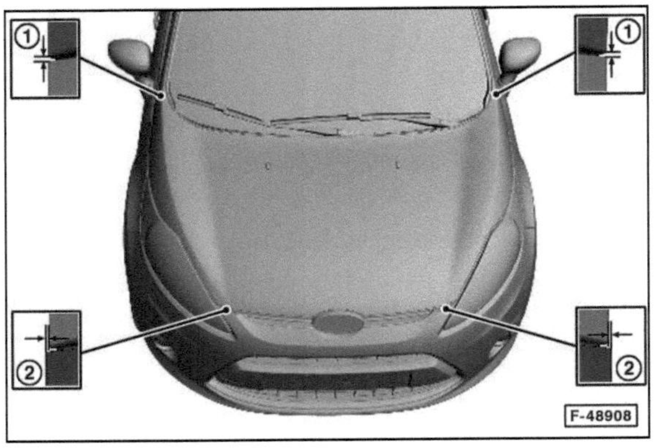

- Ringsum die Spaltmaße der Motorhaube prüfen.
  Sollwerte:
  –1–: 3,9 mm ± 1,5 mm
  –2–: 0,1 mm ± 1,5 mm
- Falls die Prüfwerte nicht mit den Sollwerten übereinstimmen, Motorhaube wie folgt einstellen.

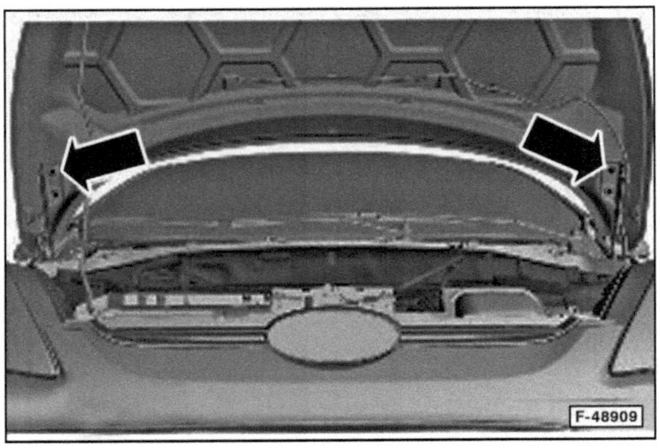

- Muttern für Motorhaubenscharnier auf beiden Seiten um 1 Umdrehung lösen.

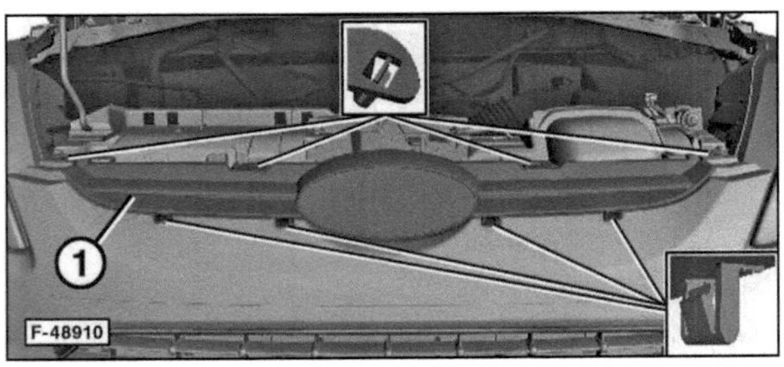

- Obere Abdeckung –1– ausclipsen und abnehmen.

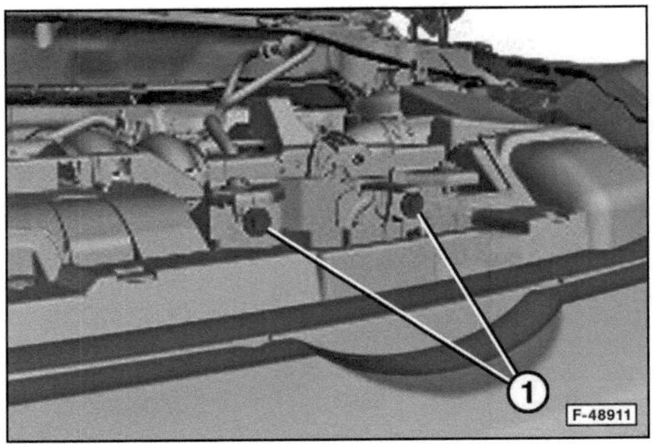

- Schrauben –1– am Motorhaubenschloss –2– um 1 Umdrehung lösen.

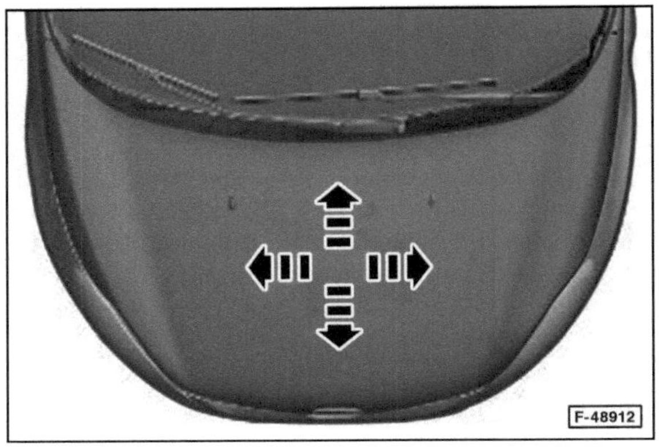

- Motorhaube vorsichtig schließen und so ausrichten, dass die Spalte zu den umliegenden Bauteilen gleichmäßig breit und parallel verlaufen. Die Spaltmaße müssen den Werten unter Abbildung F-48908 entsprechen. **Hinweis:** Beim Ausrichten der Motorhaube wird gleichzeitig das Motorhaubenschloss eingestellt.
- Motorhaube vorsichtig öffnen und Schrauben für Scharniere mit **12 Nm** festziehen.
- Schrauben für Motorhaubenschloss mit **9 Nm** festziehen.
- Obere Abdeckung einclipsen.

Motorhaube in der Höhe einstellen

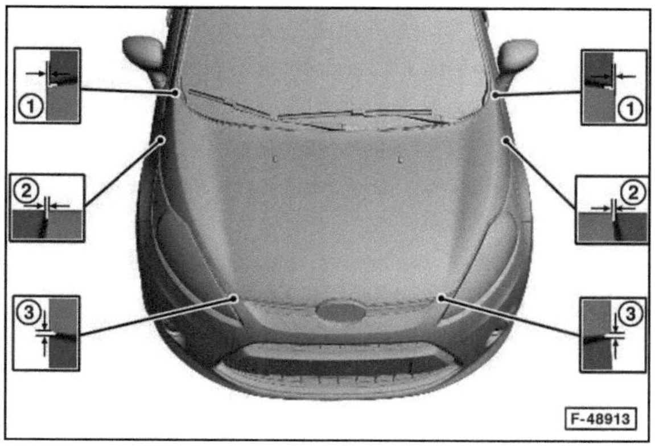

- Ringsum die Spaltmaße der Motorhaube prüfen.
  Sollwerte:
  –1–: 1,0 mm ± 1,5 mm
  –2–: 4,5 mm ± 2,0 mm
  –3–: 6,0 mm ± 1,5 mm
- Falls die Prüfwerte nicht mit den Sollwerten übereinstimmen, Motorhaube wie folgt einstellen.

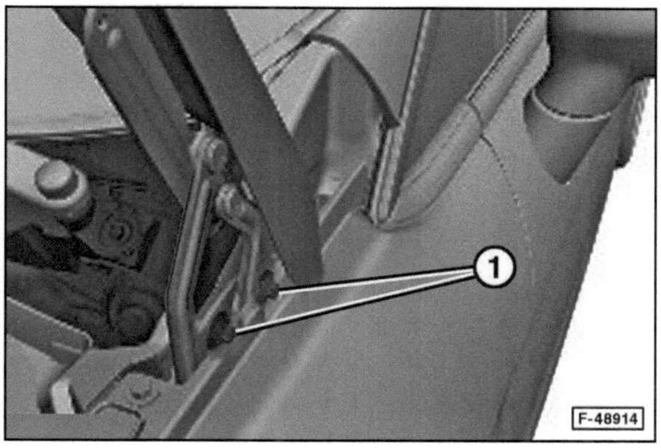

- Seitliche Schrauben –1– am Haubenscharnier um jeweils 1 Umdrehung lösen.
- Obere Abdeckung –1– ausclipsen und abnehmen, siehe Abbildung F-48910.
- Schrauben –1– am Motorhaubenschloss –2– um 1 Umdrehung lösen, siehe Abbildung F-48911.

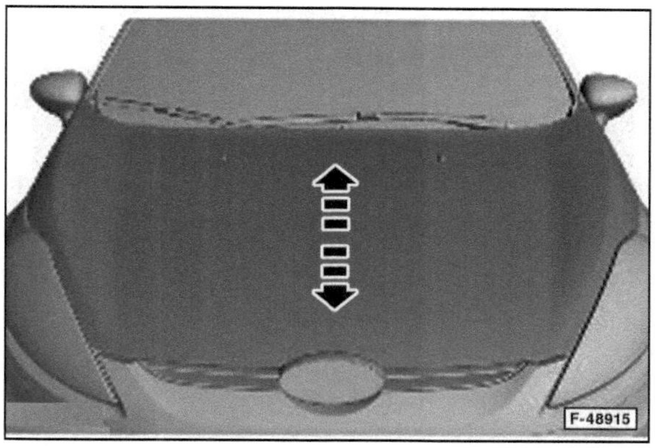

- Motorhaube vorsichtig schließen und in der Höhe so ausrichten, dass die Spaltmaße den Werten unter Abbildung F-48913 entsprechen. **Hinweis:** Beim Ausrichten der Motorhaube wird gleichzeitig das Motorhaubenschloss eingestellt.
- Motorhaube vorsichtig öffnen und Schrauben für Scharniere mit **25 Nm** festziehen.
- Schrauben für Motorhaubenschloss mit **9 Nm** festziehen.
- Obere Abdeckung einclipsen.
- Beschädigten Lack oder unlackierte Stellen im Bereich der Verschiebungen von Motorhaube und Scharnieren ausbessern.

Motorhaubenschloss aus- und einbauen

Ausbau

- Motorhaube öffnen und gegen Herunterklappen sichern.

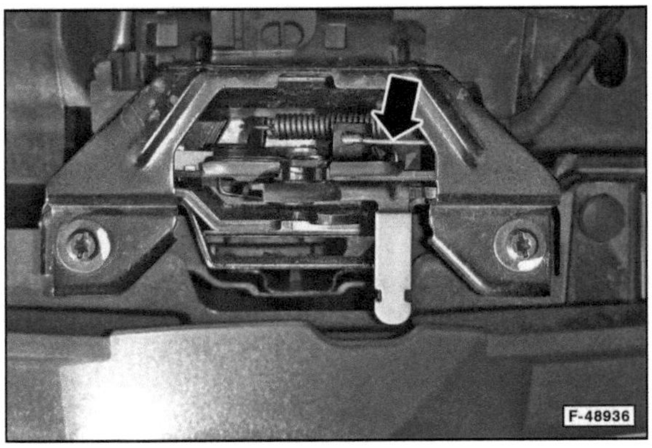

- Zug am Motorhaubenschloss aushängen –Pfeil–.

- Einbaulage des Motorhaubenschlosses –1– am Schlossträger kennzeichnen. Dazu mit Filzstift Schrauben –2– umkreisen.
- Motorhaubenschloss am Schlossträger abschrauben.

Einbau

- Der Einbau erfolgt in umgekehrter Ausbaureihenfolge.
- Schrauben für Motorhaubenschloss mit **9 Nm** festziehen.

Heckklappe aus- und einbauen

Ausbau

- Zündung ausschalten, Zündschlüssel abziehen.
- Heckklappe öffnen und Heckklappenverkleidung ausbauen, siehe entsprechendes Kapitel.
- Kennzeichenleuchte ausbauen und Stecker abziehen, siehe Seite 88.
- Stecker für Heckscheibenheizung vorsichtig abziehen.
- Stecker vom Heckklappenschloss abziehen.
- Stecker vom Wischermotor abziehen.
- Zusatzbremsleuchte mit Scheibenwaschdüse ausbauen, siehe Seite 88.
- Leitungen aus den Halterungen an der Heckklappe lösen.

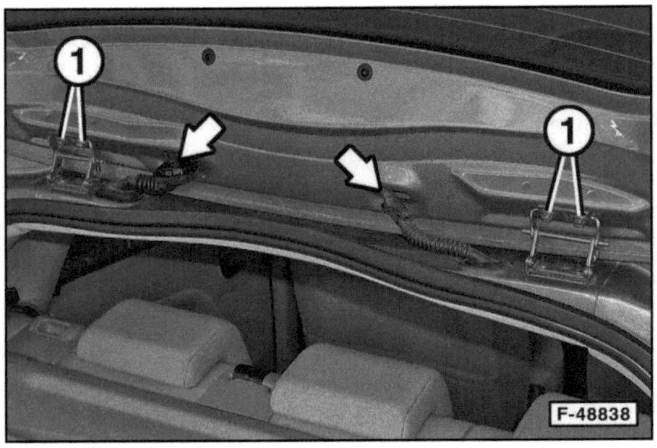

- Gummitüllen –Pfeile– aus der Heckklappe herausziehen und Leitungen durch die Öffnung herausziehen. Darauf achten, dass die Gummitüllen nicht beschädigt werden.
- Für den Wiedereinbau Einbaulage der Scharniere mit Filzstift an der Heckklappe markieren.
- Auf jeder Seite 2 Schrauben –1– an der Heckklappe lockern, aber nicht abschrauben.
- **Heckklappe von einem Helfer abstützen lassen.** Beide Gasdruckfedern vom oberen Kugelzapfen abziehen, siehe Kapitel »Gasdruckfeder aus- und einbauen«.
- Scharnierschrauben herausdrehen.
- Heckklappe mit Helfer abnehmen und vorsichtig ablegen.

Einbau

- Heckklappe mit Helfer am Scharnier ansetzen. Die alte Heckklappe dabei nach den Markierungen ausrichten.
- Scharnierschrauben links und rechts handfest eindrehen.
- Heckklappe auf korrekte Spaltmaße überprüfen, gegebenenfalls einstellen, siehe entsprechenden Abschnitt.
- Gasdruckfedern auf Kugelzapfen aufdrücken und einrasten.
- Scharnierschrauben mit **11 Nm** festziehen.
- Lackschäden am Scharnier sowie an den Schrauben ausbessern.

- Der weitere Einbau erfolgt in umgekehrter Ausbaureihenfolge.
- Schließfunktion des Schlosses prüfen.
- **Spaltmaße** und **Kontur** zu den hinteren Seitenteilen prüfen. Der Spalt zum rechten und linken Seitenteil sowie zur Stoßfängerabdeckung soll jeweils gleichmäßig breit sein und parallel verlaufen. Gegebenenfalls Heckklappe einstellen.

Heckklappe einstellen

Achtung: Falls durch Verschieben der Heckklappe unlackierte Flächen sichtbar werden, diese gegen Korrosion schützen und lackieren.

Seiteneinstellung

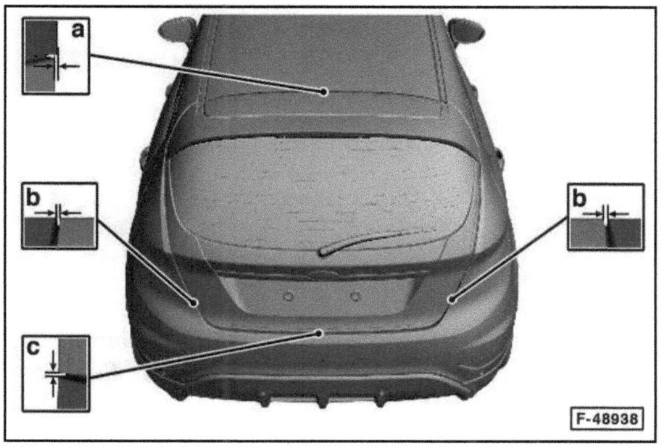

- **Spaltmaße:**
  a – 2,0 mm ± 1,5 mm
  b – 4,2 mm ± 1,5 mm
  c – 6,2 mm ± 2,0 mm
- Heckklappe öffnen und Scharnierschrauben –1– um eine Umdrehung lösen, siehe Abbildung F-48838.

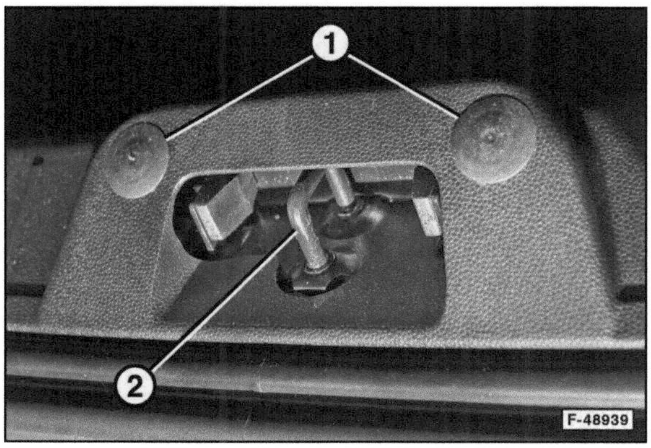

- Abdeckungen –1– mit einem kleinen Schraubendreher abhebeln und darunterliegende Schrauben um 1 Umdrehung lösen. 2 – Schließbügel.
- Falls abgezogen, Stecker am Heckklappenschloss anschließen.

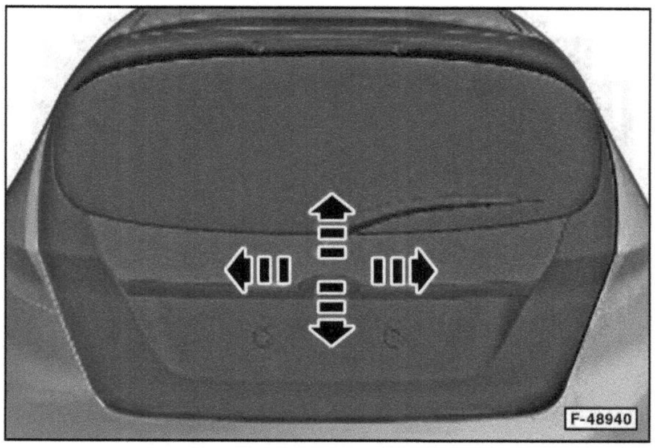

- Heckklappe schließen und durch Verschieben –Pfeile– ausrichten. **Hinweis:** Dadurch wird gleichzeitig auch der Schließbügel eingestellt.
- Heckklappe vorsichtig öffnen und Scharnierschrauben mit **11 Nm** festziehen.
- Schrauben für Schließbügel mit **24 Nm** festziehen.

Tiefeneinstellung

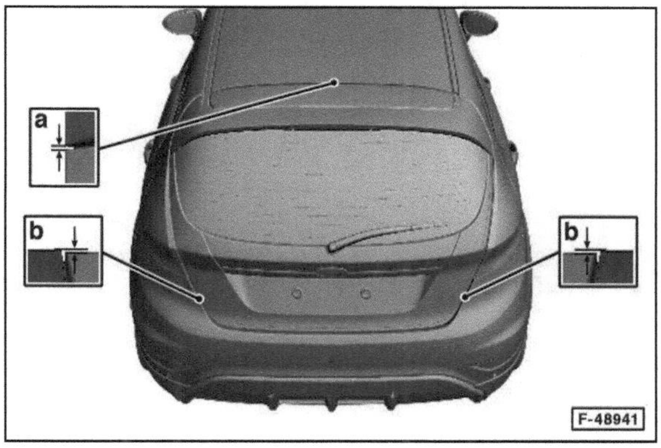

- **Spaltmaße:**
  a – 6,7 mm ± 1,5 mm
  b – 2,3 mm ± 1,5 mm
- C-Säulen-Verkleidungen ausbauen, siehe Seite 194.

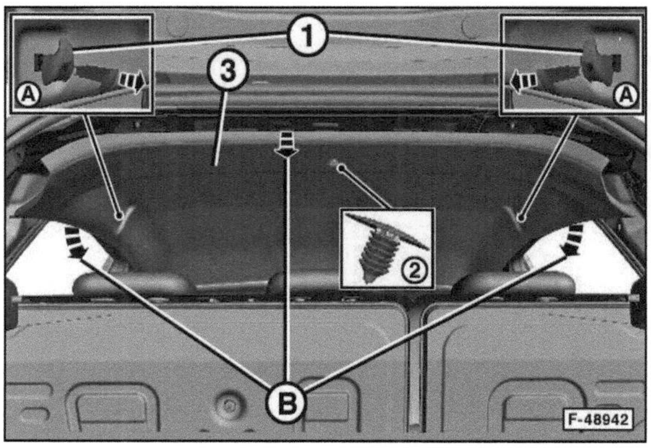

- Haken –1– ausbauen, dazu Halteclips in Pfeilrichtung –A– herausziehen.

- Clip –2– herausdrücken und Dachhimmel –3– hinten etwas absenken –Pfeile B–.

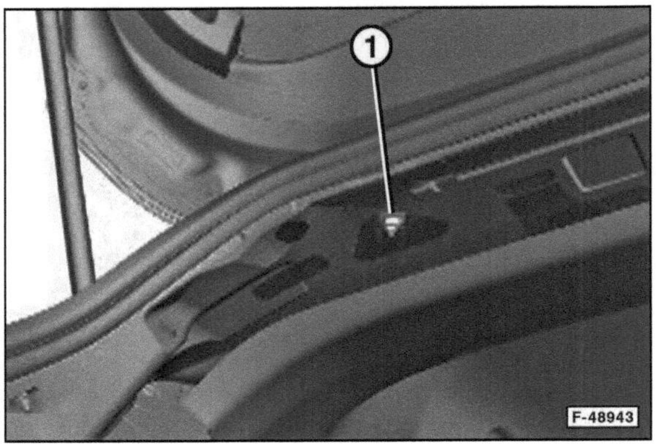

- Auf beiden Seiten die Muttern –1– eine Umdrehung lösen.
- Schrauben am Schließbügel eine Umdrehung lösen, siehe Abbildung F-48938.
- Falls abgezogen, Stecker am Heckklappenschloss anschließen.

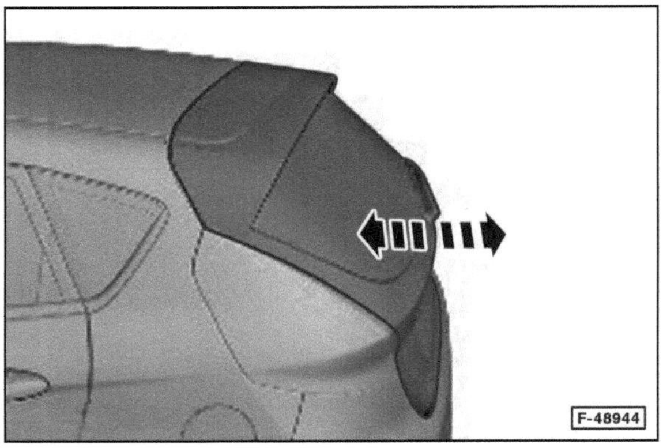

- Heckklappe schließen und durch Verschieben –Pfeile– ausrichten. **Hinweis:** Dadurch wird gleichzeitig auch der Schließbügel eingestellt.
- Heckklappe vorsichtig öffnen und Scharniermuttern mit **48 Nm** festziehen.
- Schrauben für Schließbügel mit **24 Nm** festziehen.
- Dachhimmel nach oben drücken und einclipsen.
- C-Säulen-Verkleidungen einbauen, siehe Seite 194.

Heckklappenverkleidung aus- und einbauen

Ausbau

- Heckklappe öffnen.

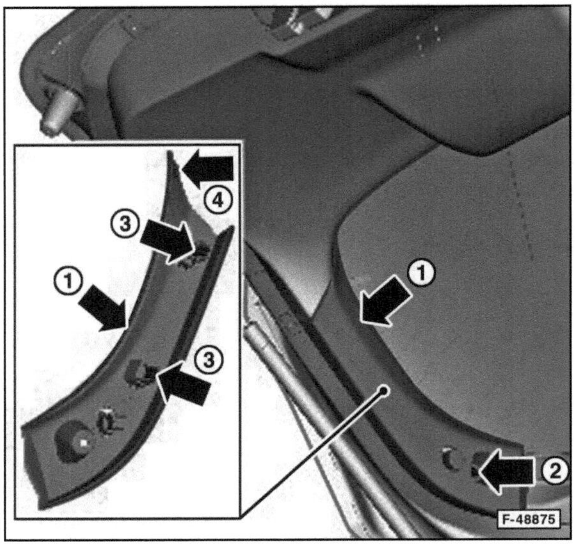

- Auf der linken und rechten Seite die Seitenverkleidung –1– ausbauen. In der Abbildung ist die rechte Seitenverkleidung dargestellt.
- Schraube –2– herausdrehen.
- Seitenverkleidung mit einem Kunststoffkeil abdrücken und dadurch aus Clips –3– und Führung –4– lösen.

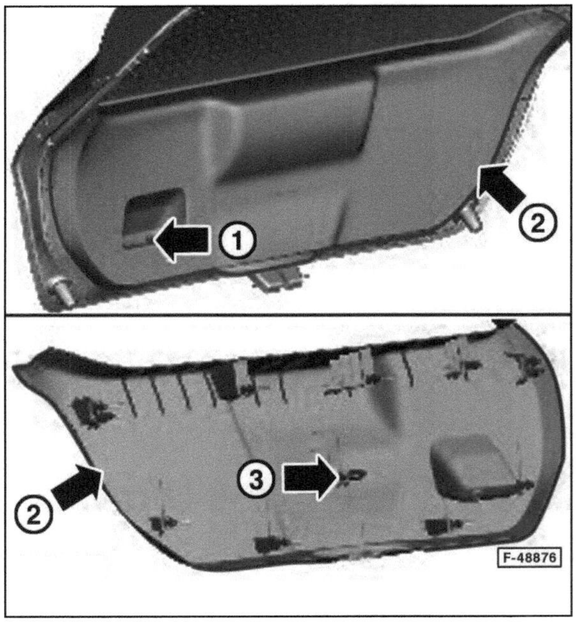

- Schraube –1– herausdrehen.
- Untere Heckklappenverkleidung –2– mit einem Kunststoffkeil abdrücken und dadurch aus den 10 Clips –3– lösen.

Einbau

- Der Einbau erfolgt in umgekehrter Ausbaureihenfolge.

Gasdruckfeder aus- und einbauen

Ausbau

- Heckklappe öffnen und durch einen Helfer abstützen lassen.

Sicherheitshinweis
Heckklappe unbedingt durch einen Helfer abstützen lassen, bevor eine Gasdruckfeder gelöst wird. Sonst fällt die Heckklappe herunter, da sie von nur einem Dämpfer nicht gehalten werden kann.

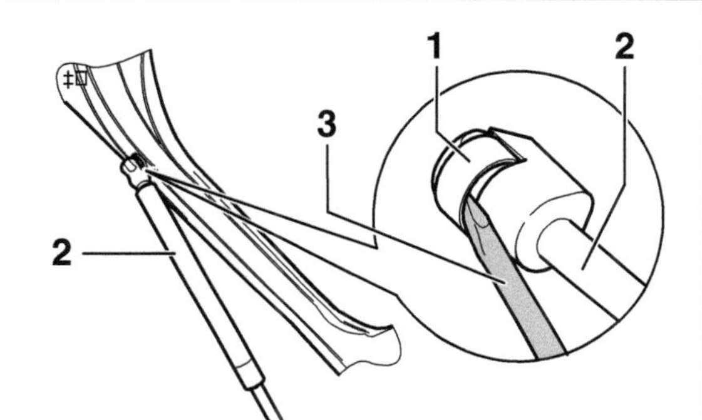

F-48419

- Mit kleinem Schraubendreher –3– Sicherungsbügel –1– etwas anheben und Gasdruckfeder –2– vom oberen Kugelzapfen abziehen.

Achtung: Sicherungsbügel nicht vollständig abclipsen.

- Gasdruckfeder auf die gleiche Weise vom unteren Kugelzapfen abziehen.

Einbau

- Heckklappe durch einen Helfer abstützen lassen.
- Gasdruckfeder auf beide Kugelzapfen aufdrücken und einrasten. Dabei auf korrekten Sitz der Sicherungsbügel achten.
- Heckklappe schließen.

Gasdruckfeder entsorgen

Achtung: Falls die Gasdruckfeder ersetzt wird, muss die alte Feder entgast werden, bevor sie entsorgt wird.

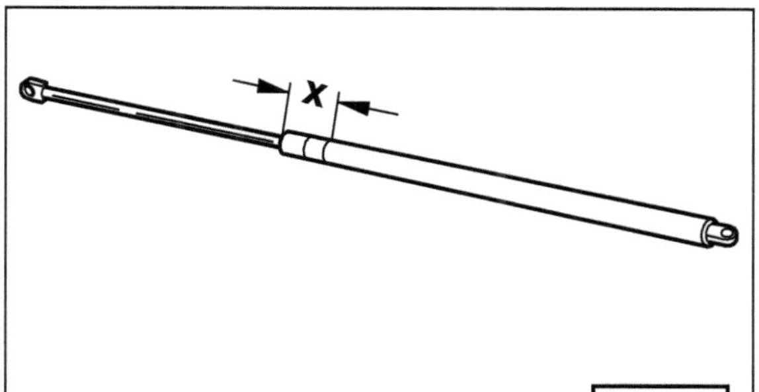

V55-0080

- Gasdruckfeder im **Bereich x = 50 mm** in den Schraubstock einspannen.

Achtung: Feder unbedingt **nur in diesem Bereich** einspannen, sonst besteht Unfallgefahr!

- Zylinder im ersten Drittel der Zylindergesamtlänge – ausgehend von der Bezugskante auf der Kolbenstangenseite – aufsägen. Um herausspritzendes Öl aufzufangen, Bereich des Sägetrennschnittes mit einem Lappen abdecken. **Achtung:** Während des Sägevorganges Schutzbrille tragen.

Tür aus- und einbauen

Hinweis: Hier wird der Aus- und Einbau sowie das Einstellen am Beispiel der Vordertür beschrieben.

Ausbau

- Türfenster ganz nach unten fahren.
- Batterie abklemmen. **Achtung:** Hinweise im Kapitel »Batterie aus- und einbauen« beachten.
- Tür öffnen.

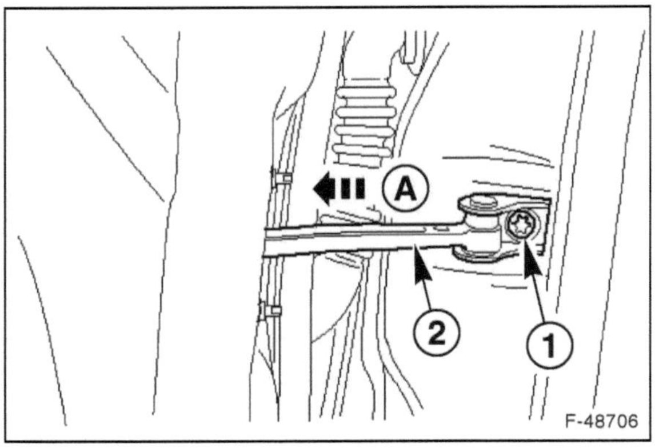

- Schraube –1– herausdrehen, Türbremse –2– von der A-Säule lösen und in die Tür einschieben –Pfeil A–.
- Steckverbindung an der Tür trennen.
- Tür durch einem Helfer abstützenlassen.

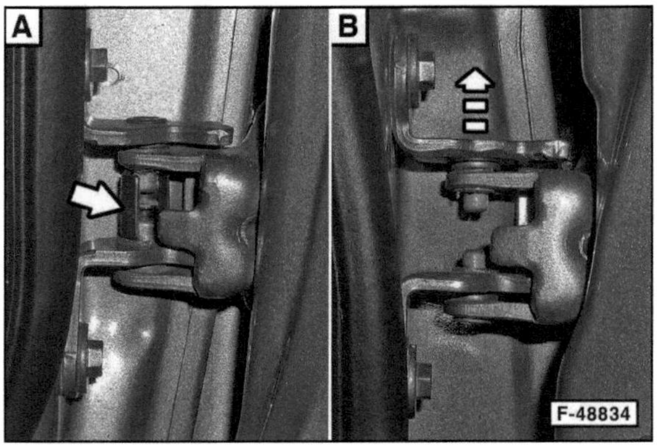

- Am unteren Türscharnier Sicherungsclip –Pfeil A– von den Gelenkzapfen abziehen.
- Tür anheben –Pfeil B– und an den Türscharnieren von den Gelenkzapfen aushängen.
- Mit einem Helfer Tür auf einer geeigneten Unterlage ablegen.

Einbau

Der Einbau erfolgt in umgekehrter Ausbaureihenfolge. Dabei ist Folgendes zu beachten:

- Tür auf korrekte Spaltmaße überprüfen, gegebenenfalls einstellen, siehe entsprechenden Abschnitt.
- Türbremse mit **23 Nm** an der A-Säule festschrauben.

Türspaltmaße

- Spaltmaße prüfen. Der Spalt zu den angrenzenden Karosserieteilen soll jeweils gleichmäßig breit sein und parallel verlaufen.

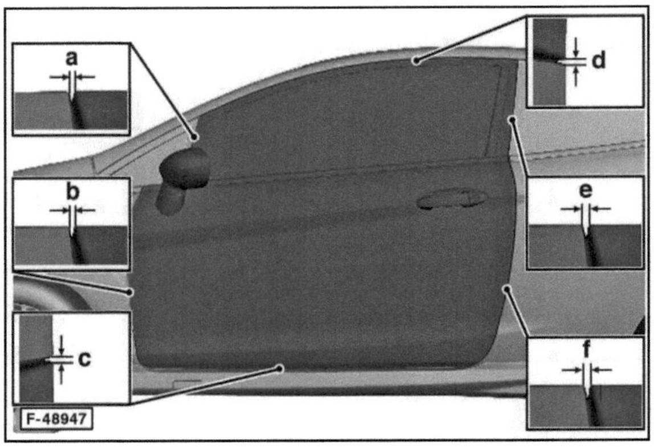

- **Spaltmaße:**
  a – 4,5 mm ± 1,5 mm
  b – 3,5 mm ± 1,5 mm
  c – 6,0 mm ± 2,0 mm
  d – 5,0 mm ± 1,5 mm
  e – 4,5 mm ± 1,5 mm
  f – 3,5 mm ± 2,0 mm

Tür einstellen

Hinweis: Beschrieben wird der Einstellvorgang für die Fahrertür. Bei der Beifahrertür ist analog zu verfahren.

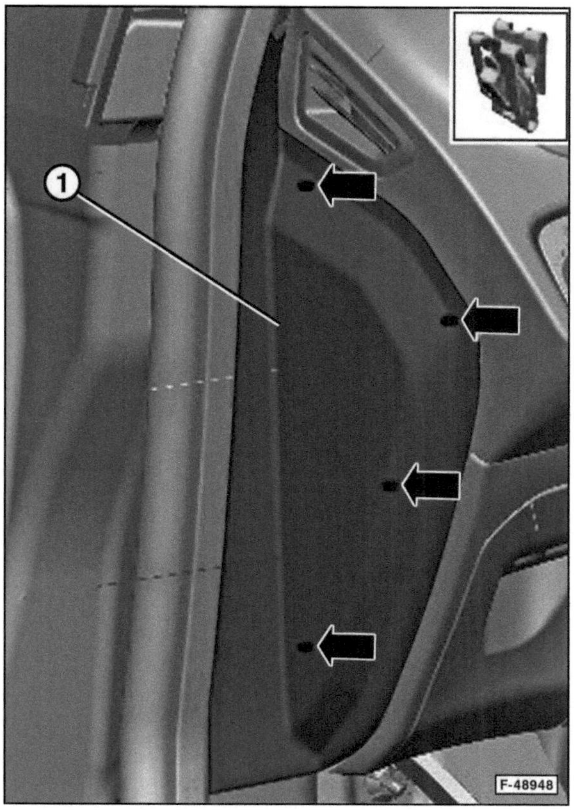

- Seitliche Abdeckung –1– an der Armaturentafel mit einem Kunststoffkeil abdrücken und dabei aus den Federklammern –Pfeile– lösen.

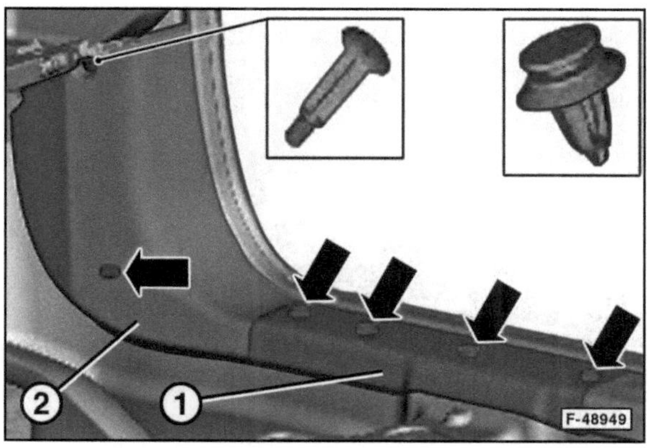

- Einstiegleiste –1– und untere A-Säulen-Verkleidung –2– ausclipsen –Pfeile–.
- Abdeckung unterhalb der Lenksäule ausbauen, siehe Seite 129.

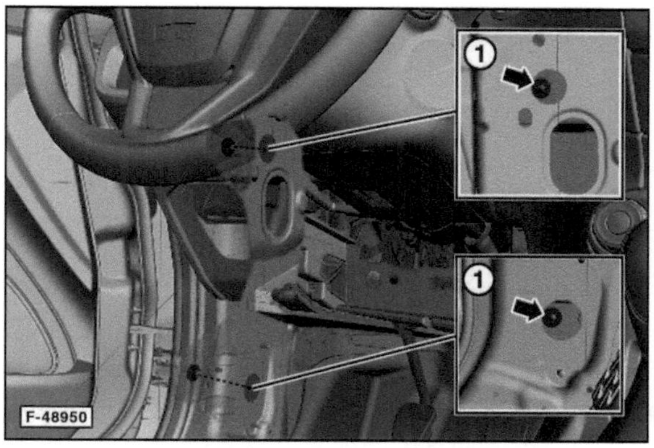

- Muttern –1– um 1 Umdrehung lösen.

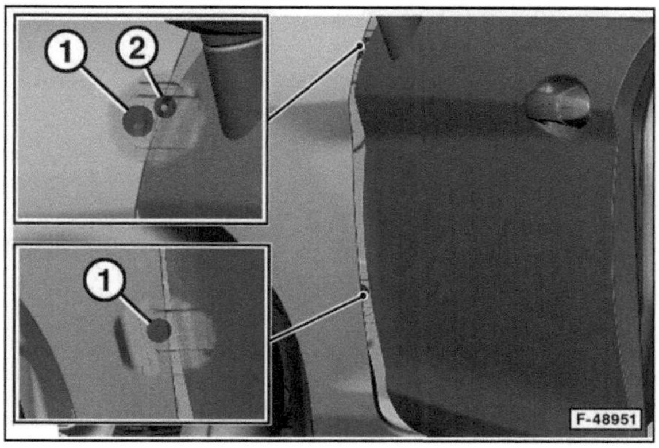

- Schrauben –1– und, falls vorhanden, Mutter –2– um eine Umdrehung lösen.

- Tür schließen und verschieben, bis die Spaltmaße mit den Sollwerten übereinstimmen.
- Tür vorsichtig öffnen.
- Abbildung F-48951: Schrauben –1– mit **25 Nm** sowie Mutter –2–, falls vorhanden, mit **12 Nm** festziehen.
- Abbildung F-48950: Muttern –1– mit **25 Nm** festziehen.

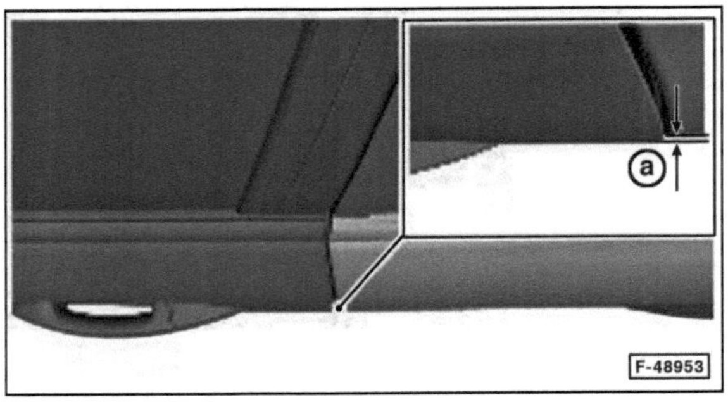

- Prüfen, ob die Konturen der vorderen und der hinteren Tür übereinstimmen beziehungsweise bis zu maximal 1,5 mm abweichen; a = 0,0 mm ± 1,5 mm.

- Andernfalls die beiden Schrauben am Türschließbügel –1– um 1 Umdrehung lösen.
- Türschließbügel etwas nach außen schieben.
- Tür schließen und entsprechender der Kontur der hinteren Tür ausrichten.
- Tür vorsichtig öffnen und Schrauben für Schließbügel mit **20 Nm** festziehen.

Türverkleidung aus- und einbauen

Ausbau

Fahrertür

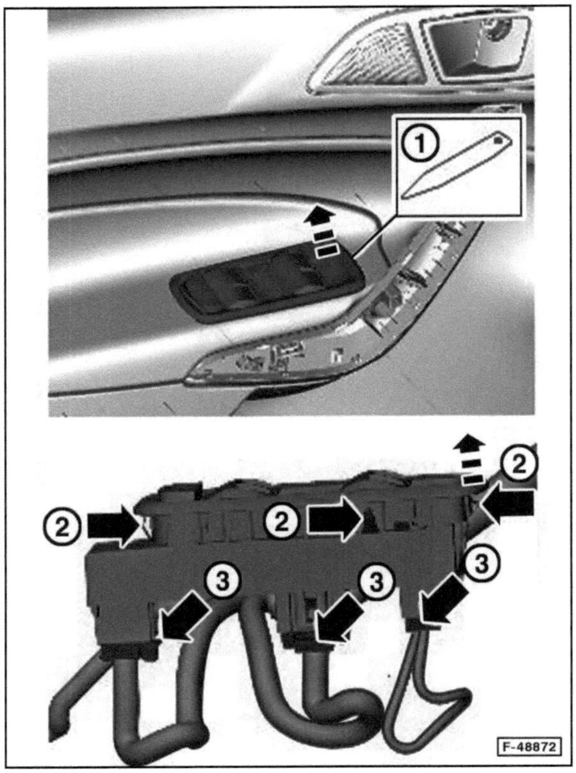

- **Elektrischem Fensterheber:** Schaltereinheit mit einem Kunststoffkeil –1– aus der Türverkleidung heraushebeln. Dabei die Federklammern –2– eindrücken und Schaltereinheit zuerst vorn aus der Verkleidung schwenken.
- Stecker –3– entriegeln und abziehen.

Beifahrertür

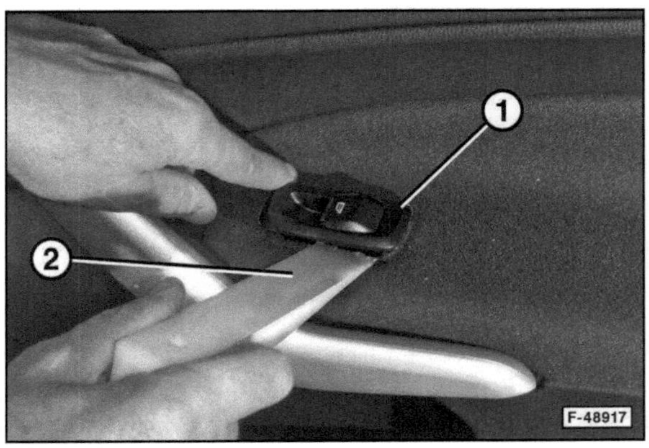

- **Elektrischem Fensterheber:** Fensterheberschalter –1– mit einem Kunststoff-Montagekeil –2– aus der Türverkleidung heraushebeln.

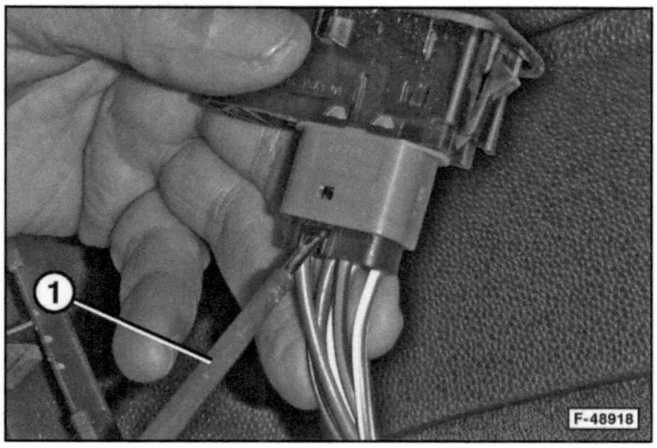

- Mehrfachstecker entriegeln, dazu Rastnase mit einem kleinen Schraubendreher eindrücken.

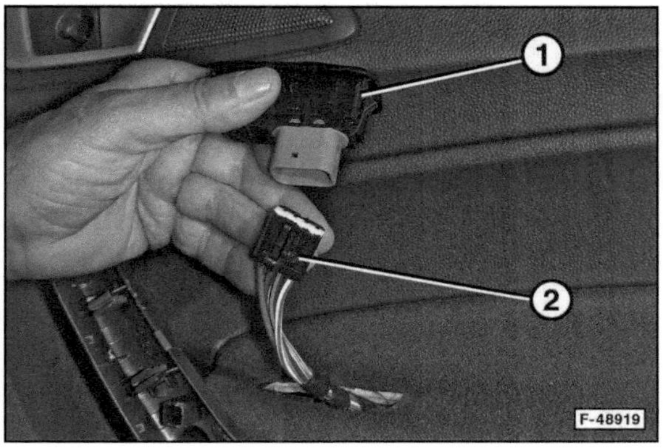

- Schalter –1– vom Stecker –2– abziehen.

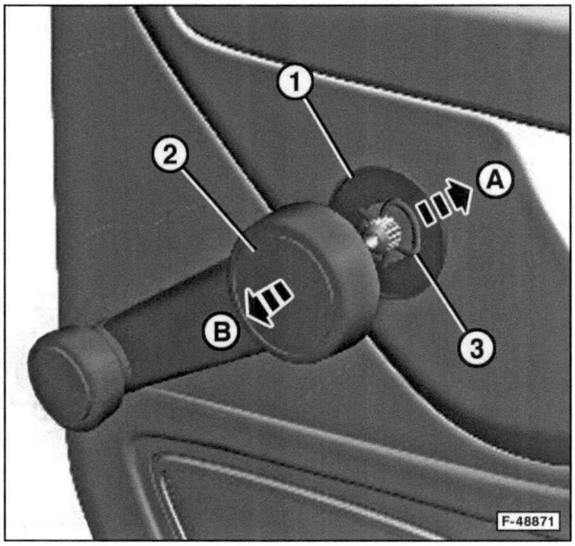

- **Manuellem Fensterheber:** Türverkleidung im Bereich der Unterlegscheibe –1– etwas eindrücken und Halteklammer –3– mit geeignetem Drahthaken herausziehen –Pfeil A–.
- Fensterkurbel –2– von der Kurbelachse abziehen –Pfeil B–. Anschließend Halteklammer sofort wieder in die Schlitze der Fensterkurbel einschieben.

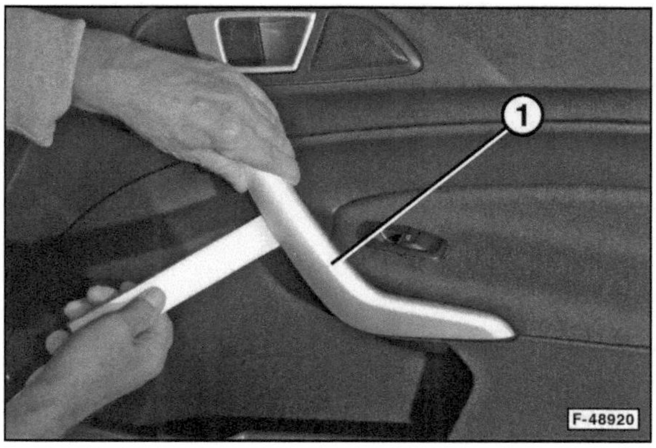

- Blende –1– am Türzuziehgriff mit einem Montagekeil abhebeln.

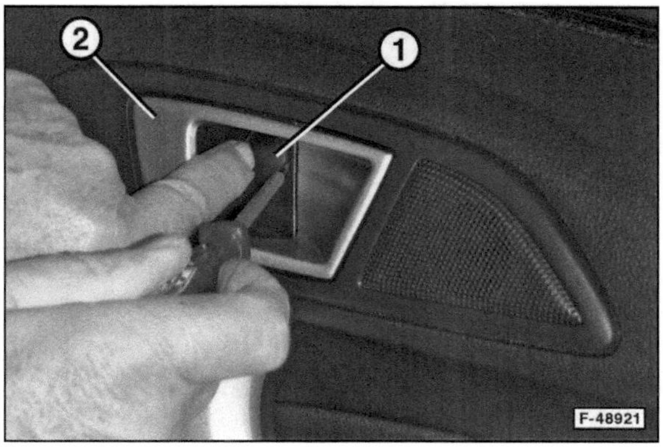

- Blende –1– am Türinnengriff –2– ausbauen. Dazu Blende mit einem kleinen Schraubendreher anheben und auf der anderen Seite mit dem Finger hineindrücken.
- Darunterliegende Schraube herausdrehen.

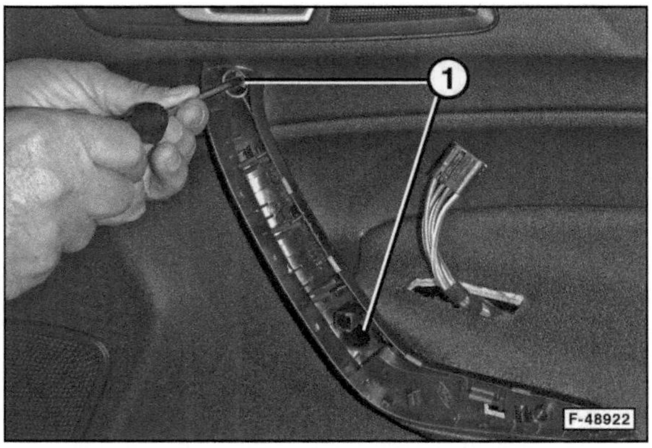

- Beide Schrauben –1– am Türzuziehgriff –2– herausdrehen.

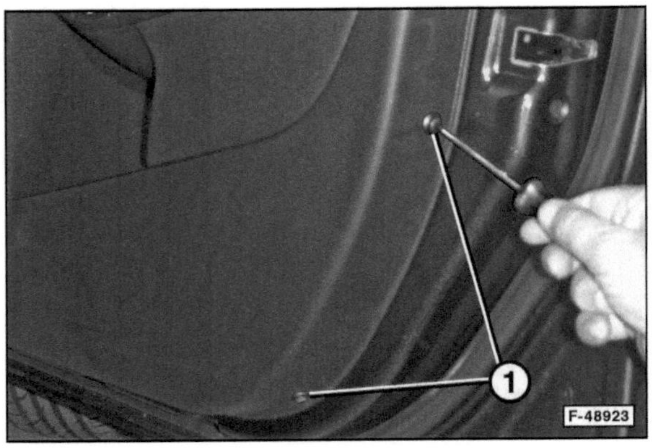

● 2 Schrauben –1– an der Stirnseite der Türverkleidung –2– herausdrehen.

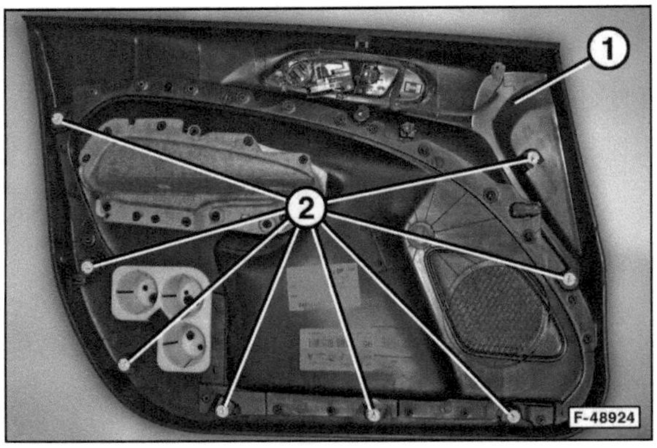

● Türverkleidung –1– mit einem Montagekeil vom Türrahmen abclipsen. Dabei den Keil jeweils in der Nähe der Clips –2– ansetzen.

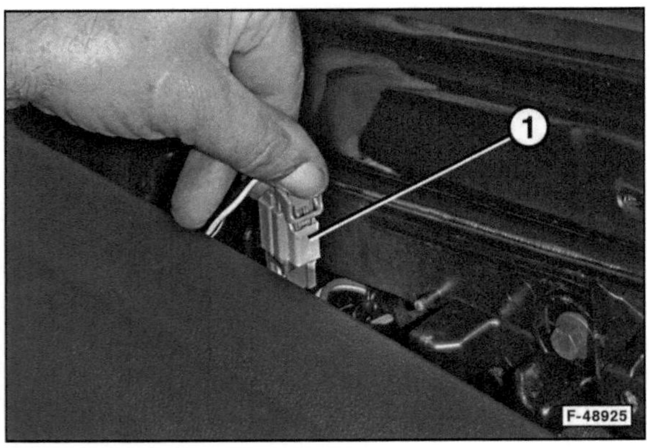

● Türverkleidung etwas vom Türrahmen abheben und Steckverbindung –1– für Hochtonlautsprecher trennen.

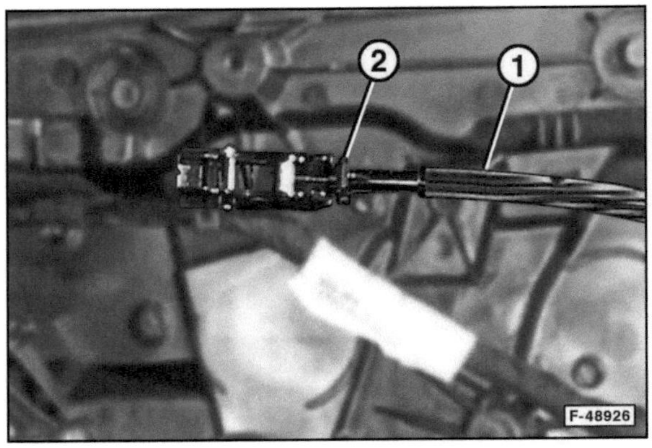

● Seilzug –1– für Türinnenbetätigung am Türinnengriff aushängen. Dazu Halteclip –2– etwas zurückdrücken.

● Türverkleidung abnehmen.

Einbau

● Der Einbau erfolgt in umgekehrter Ausbaureihenfolge. Funktion der Türinnenbetätigung prüfen.

● Fensterkurbel auf die Verzahnung der Kurbelachse aufdrücken, bis die Halteklammer einrastet.

Türaußengriff aus- und einbauen

Ausbau

- Tür öffnen.

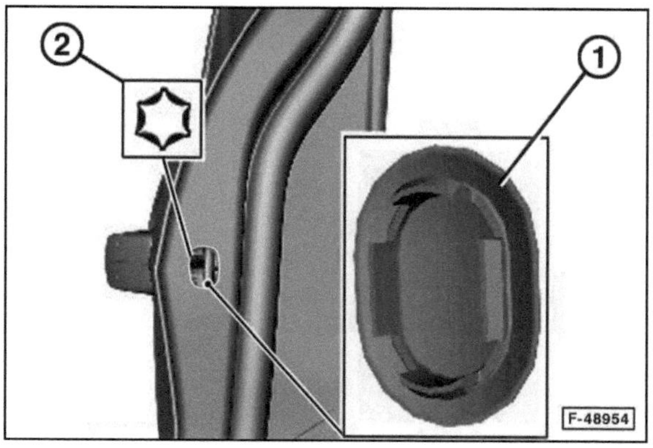

- Abdeckkappe –1– mit einem kleinen Schraubendreher abdrücken.
- Dahinter liegende Schraube –2– herausdrehen, bis die Führung des Schließzylinders gelöst ist.

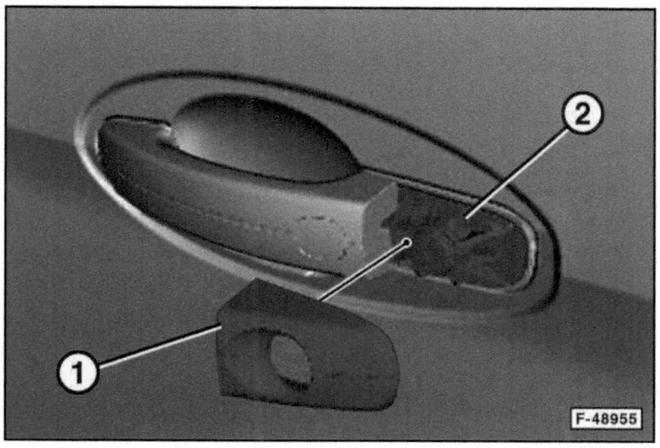

- Abdeckkappe –1– abdrücken.
- Schließzylinder –2– abnehmen.

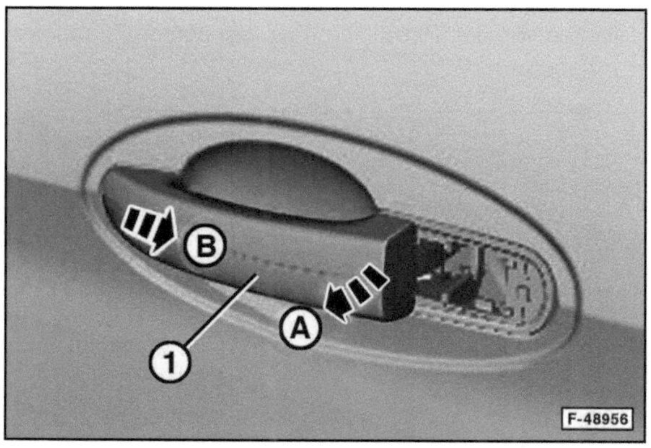

- Türgriff –1– hinten herausziehen –Pfeil A–, anschließend nach hinten schieben –Pfeil B– und abnehmen.

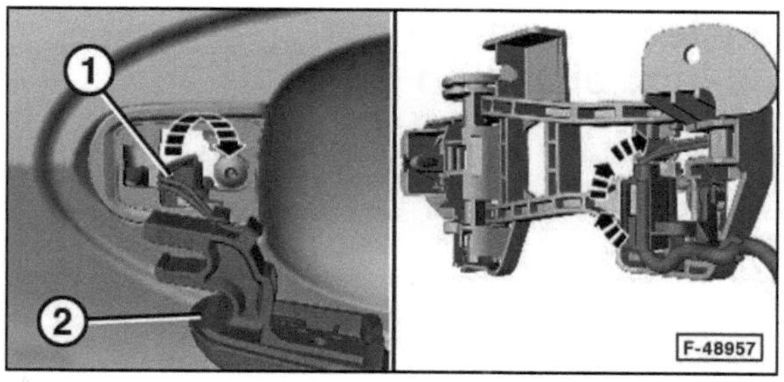

- Fahrzeuge mit elektronischer Verriegelung: Steckverbindung –1– ausclipsen und aus der Öffnung im Türblech herausschwenken –Pfeile–. 2 – Türaußengriff.

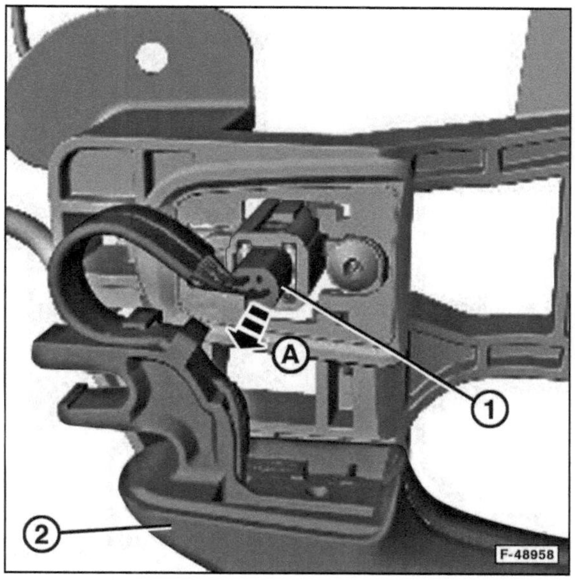

- Steckverbindung –1– entriegeln und Stecker abziehen –Pfeil A–. 2 – Türaußengriff.

Einbau

- Falls getrennt, Steckverbindung zusammenstecken.
- Türaußengriff einsetzen, gegen die Tür drücken und nach hinten schieben.
- Abdeckung über dem Schließzylinder einsetzen und Schraube eindrehen.
- Funktion von Türaußengriff und Schließzylinder kontrollieren.

Fensterhebermotor aus- und einbauen

Ausbau

- Türverkleidung ausbauen, siehe entsprechendes Kapitel.

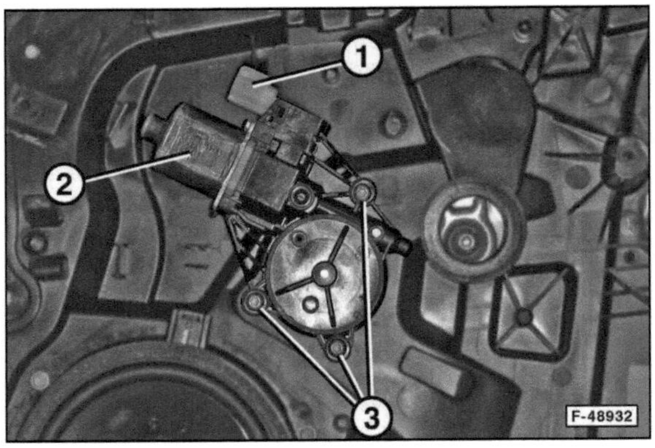

- Mehrfachstecker am Anschluss –1– des Fensterhebermotors –2– entriegeln und abziehen.
- 3 Schrauben –3– herausdrehen und Fensterhebermotor –2– aus der Verzahnung herausziehen und abnehmen.

Einbau

- Der Einbau erfolgt in umgekehrter Ausbaureihenfolge. Fensterhebermotor mit **3,5 Nm** anschrauben.

Türmodul aus- und einbauen

Ausbau

- Türverkleidung ausbauen, siehe entsprechendes Kapitel.

Hinweis: Die Beschreibung bezieht sich auf den 5-Türer. Abweichungen für den 3-Türer stehen im Kapitel »Türfenster aus- und einbauen«.

- Abdeckungen –2– von den Öffnungen im Türmodul –1– abziehen
- Türfenster hoch- beziehungsweise runterfahren, bis die Klemmmuttern –3– in den Öffnungen zugänglich sind. Dazu Fensterheberschalter aufstecken und Zündung kurzfristig einschalten. Anschließend Zündung ausschalten und Fensterheberschalter vom Mehrfachstecker abziehen.
- Muttern –3– lockern, nicht abschrauben.
- Türfenster aus den Aufnahmen heraus und so weit wie möglich nach oben ziehen.
- Fensterscheibe in dieser Stellung fixieren. Dazu einen Montagekeil zwischen Türrahmen und Fensterscheibe in den Fensterschacht klemmen. Außerdem einen Klebestreifen von der Türscheibe über den oberen Türrahmen ankleben.

- Schrauben –2– herausdrehen und Türmodul –1– vom Türrahmen etwas lösen.

- Türmodul an der Türscharnierseite –A– etwas herausziehen und an der Türschlossseite –B– etwas andrücken.

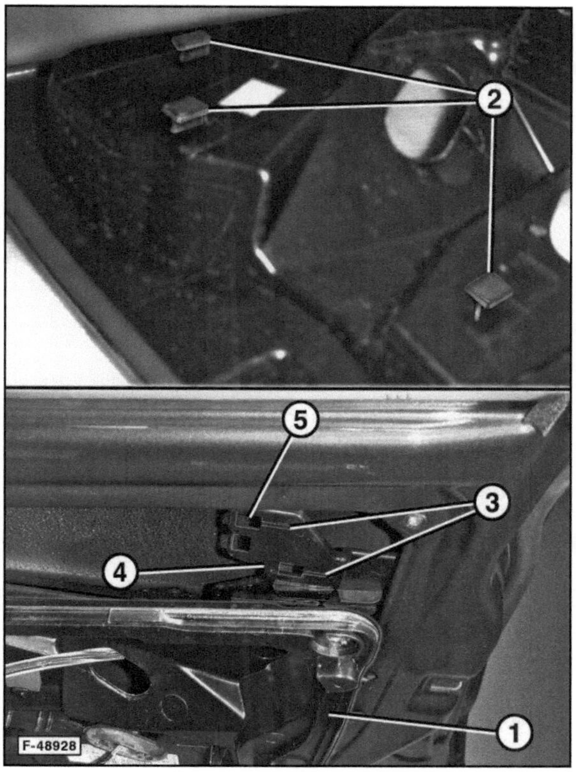

- Türmodul –1– in Richtung Türscharnier schieben und dadurch mit den Clips –2– in den Langlöchern –3– des Trägers –4– verschieben und anschließend aus den Aufnahmeöffnungen –5– herausnehmen.
- Türmodul etwas vom Türrahmen abheben. Mehrfachstecker am Türschloss entriegeln und abziehen.
- Gummitülle aus dem Türmodul herausziehen und Kabel mit Stecker durch die Öffnung ziehen.
- Gummitülle für Seilzug herausdrücken und Seilzug durch für Türinnenbetätigung durch die Öffnung im Türmodul ziehen.
- Türmodul abnehmen.

Einbau

- Türmodul vor die Tür halten und elektrische Leitung für Türschloss sowie Seilzug für Türinnenbetätigung durch die Öffnungen im Türmodul führen. Gummitüllen einclipsen und Stecker aufstecken.
- Türmodul mit dem Fensterheber in den Türrahmen einhängen.

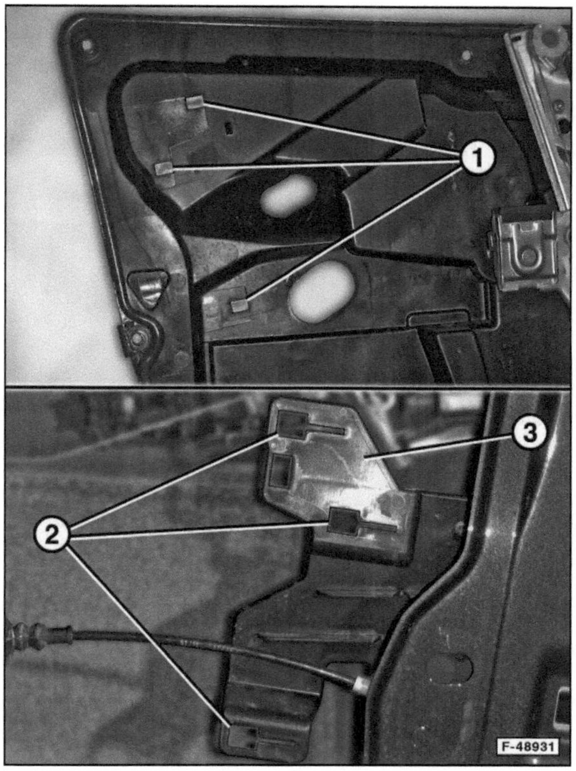

- Türmodul in Richtung Türscharnier schieben und an der Türscharnierseite etwas herausziehen. Gleichzeitig das Türmodul an der Türschlossseite etwas andrücken und dadurch die Clips –1– in die Öffnungen –2– des Halters –3– einsetzen.
- Türmodul unter Druck an der Türschlossseite in Richtung Türschloss schieben und dadurch die Clips in den Langlöchern des Halters verschieben.
- Schrauben für Türmodul mit **8 Nm** festziehen.
- Türfensterscheibe festhalten, anschließend Montagekeil herausziehen und, falls vorhanden, Klebestreifen abziehen.
- Scheibe gegen die hintere Fensterführung drücken. In dieser Stellung die Scheibe vorsichtig nach unten führen und in die Klemmbacken einsetzen.
- Klemmmuttern mit **7 Nm** festziehen.
- Abdeckungen für die Montageöffnungen der Klemmmuttern aufkleben.
- Fensterscheibe bis zum oberen und unteren Anschlag fahren. Dabei auf spannungsfreien Fensterlauf achten. Gegebenenfalls Scheibe neu ausrichten.
- Endstellungen der Fensterscheibe neu anlernen. Dazu Fensterheberschalter ziehen und Scheibe bis zum Anschlag nach oben fahren. Fensterheberschalter loslassen und anschließend nochmals für 2 Sekunden ziehen. Dadurch wird die obere Endstellung gespeichert. Anschließend untere Endstellung analog einstellen.
- Türverkleidung einbauen, siehe entsprechendes Kapitel.

Fensterheber aus- und einbauen

Ausbau

- Türmodul ausbauen, siehe entsprechendes Kapitel
- Fensterhebermotor am Türmodul abschrauben, siehe Abbildung F-48932.

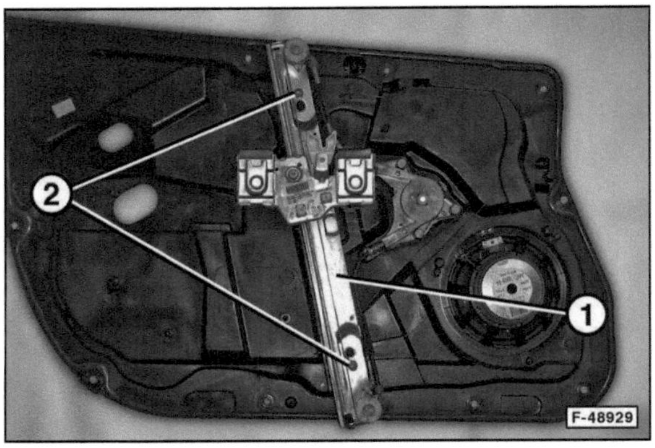

F-48929

- Fensterheber –1– abschrauben –2–.

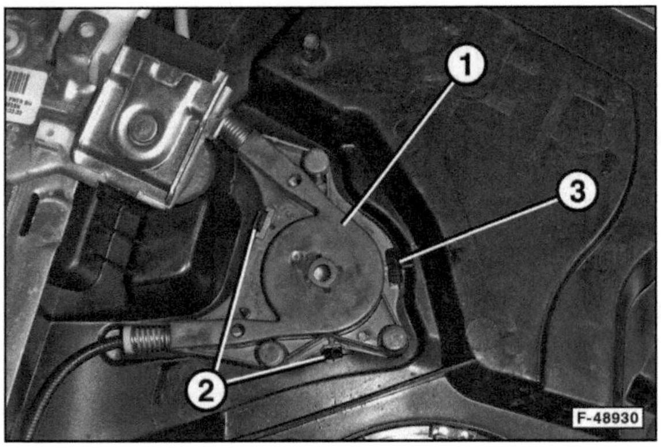

F-48930

- Fensterhebergetriebe –1– ausclipsen –2—.
- Fensterheber abnehmen und dabei Getriebe unter der Nase –3– hervorziehen.

Einbau

- Fensterhebergetriebe am Türmodul einclipsen.
- Fensterheber mit **3,5 Nm** anschrauben.
- Fensterhebermotor einsetzen und anschrauben.
- Türmodul einbauen, siehe entsprechendes Kapitel.

Türschloss aus- und einbauen

Ausbau

- Türmodul ausbauen, siehe entsprechendes Kapitel.
- Türgriff ausbauen, siehe entsprechendes Kapitel.

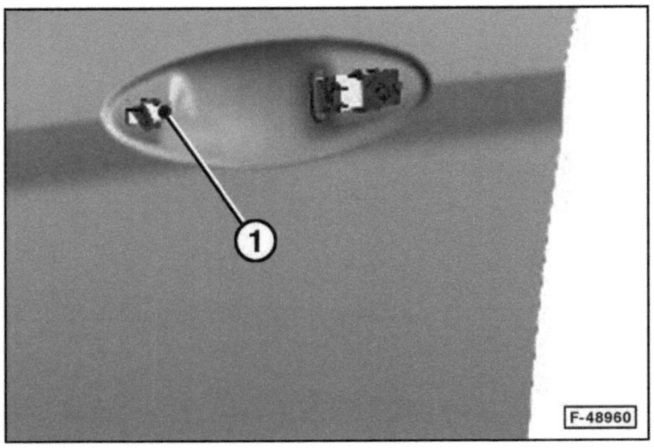

F-48960

- Schraube –1– herausdrehen.

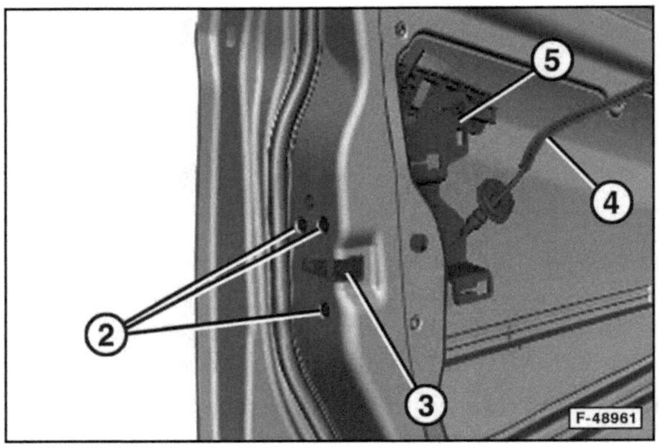

F-48961

- 3 Schrauben –2– herausdrehen und Türschloss –3– mit Seilzug –4– und Halter –5– aus dem Türrahmen herausnehmen.

Einbau

- Der Einbau erfolgt in umgekehrter Ausbaureihenfolge. Schrauben für Türschloss mit **8 Nm** festziehen.

Gummidichtung für Türfensterscheibe vorn aus- und einbauen

Ausbau

- Türfenster nach unten fahren.

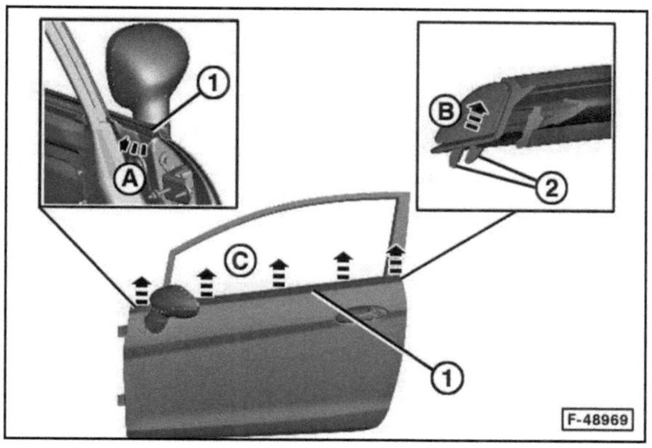

- Tür öffnen und Dichtung –1– vorn aushängen –Pfeil A–.
- Dichtung –1– über die ganze Länge vorsichtig nach oben abhebeln und mit den Nasen –2– aus den Aufnahmen lösen –Pfeile B und C–.

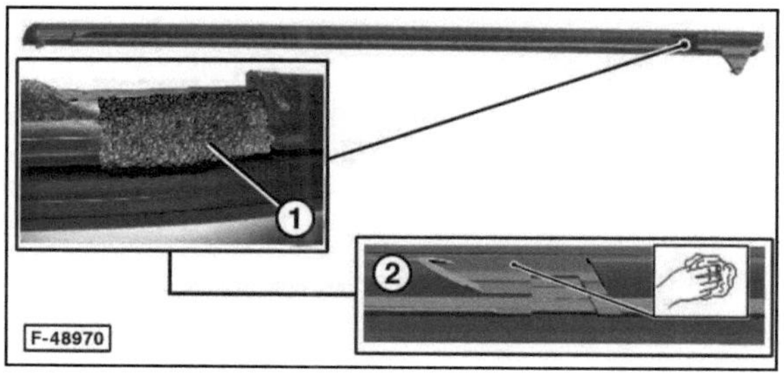

- Falls vorhanden, altes Schaumstoffpolster –1– entfernen und Anlagefläche reinigen –2–.

Einbau

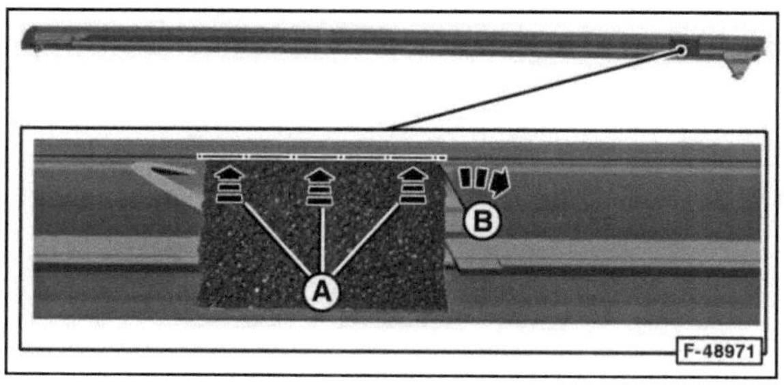

- Neues Schaumstoffpolster oben einschieben –Pfeile A und B–.

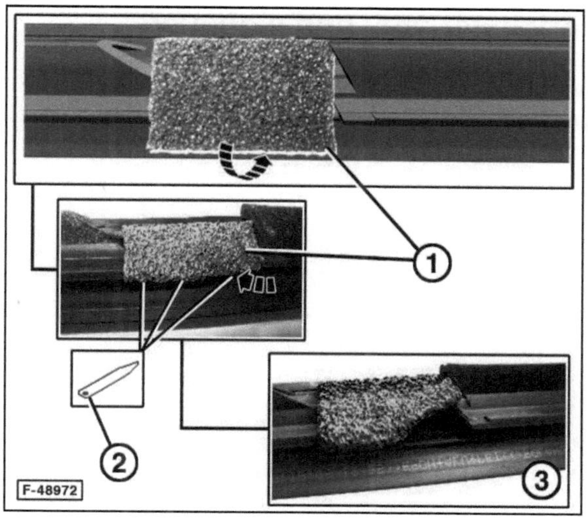

- Schaumstoffpolster –1– mit einem Kunststoffkeil –2– unten umklappen und, wie in Ausschnitt –3– gezeigt, hineinstecken –Pfeil A–.
- Der weitere Einbau erfolgt in umgekehrter Ausbaureihenfolge.

Türfenster aus- und einbauen

Ausbau

- Türverkleidung ausbauen, siehe entsprechendes Kapitel.

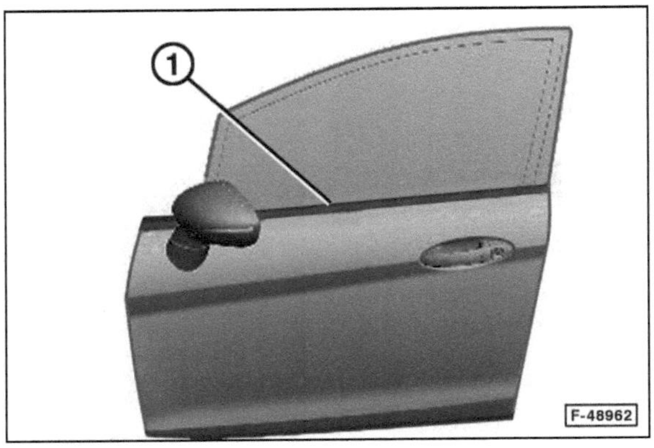

- Fensterabdichtung –1– mit Montagekeil abhebeln, siehe entsprechendes Kapitel.

3-Türer

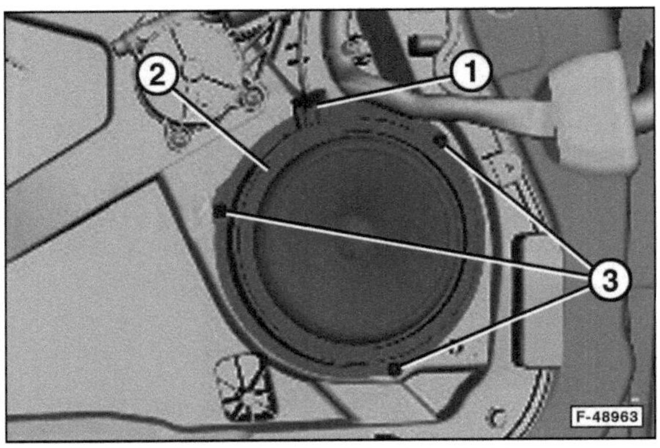

- Stecker –1– für Lautsprecher –2– entriegeln und abziehen.
- Schrauben –3– herausdrehen und Lautsprecher –2– abnehmen.

Achtung Fahrzeuge mit elektrischem Fensterheber: Um die Scheibe nach oben und unten zu fahren, kurzzeitig den Fensterheberschalter am Stecker aufstecken und die Zündung einschalten. Wenn die gewünschte Position des Fensters erreicht ist, unbedingt Schalter vom Mehrfachstecker trennen, Zündung ausschalten und Zündschlüssel abziehen. Ein unbeabsichtigt betätigter Fensterheber kann zu schweren Verletzungen führen.

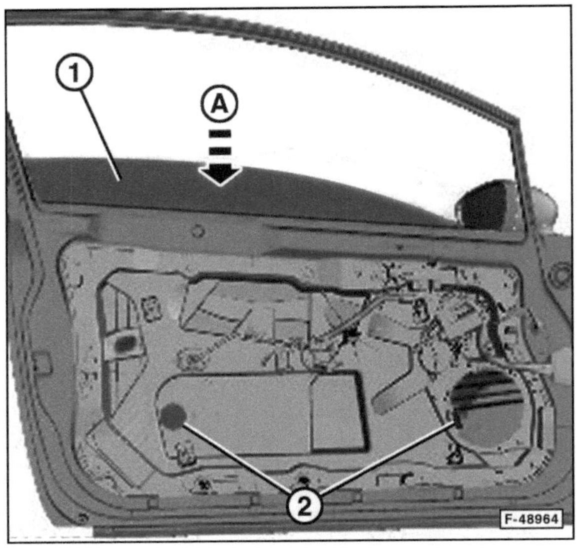

- Fensterscheibe –1– absenken –Pfeil A–, bis die Führungsclips –2– in der Öffnung des Türrahmens und des Lautsprechers zugänglich sind.

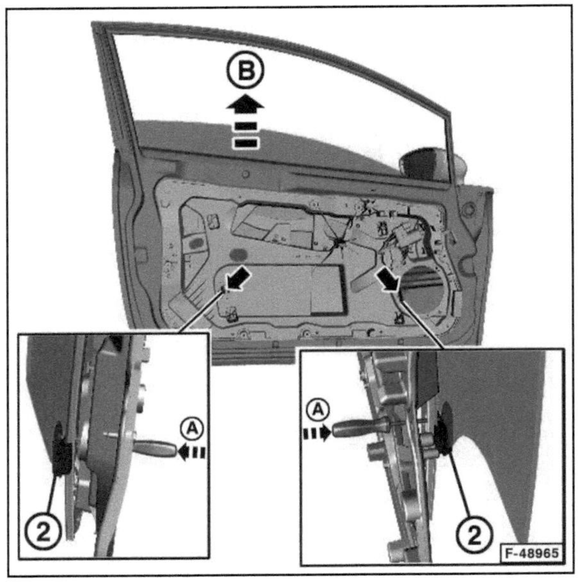

- Fensterscheibe –1– durch einen Helfer festhalten lassen.
- Führungen –2– mit einem Schlitzschraubendreher abdrücken –Pfeile A–.
- Fensterscheibe nach oben ziehen –Pfeil B–.

5-Türer

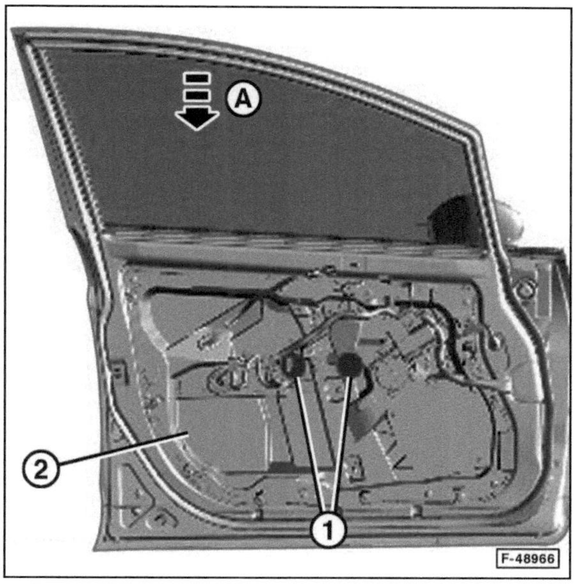

- Kreisförmige Abdeckungen –1– am Türmodul –2– abziehen.

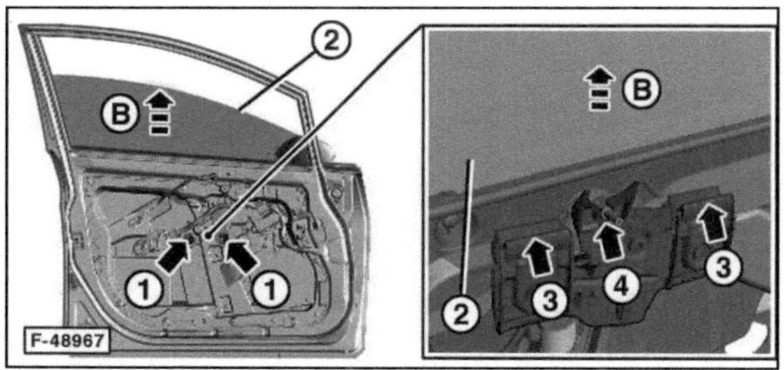

- Türfenster nach unten fahren –Pfeil A– (Abbildung F-48966), bis die Klemmmuttern –1– in den kreisförmigen Öffnungen im Türmodul zugänglich sind.
- Klemmmuttern lockern, bis sich die Türscheibe –2– aus den Klemmbacken –3– und der Führung –4– herausziehen lässt –Pfeil B–.

Alle Modelle

- Türfensterscheibe –1– nach vorn schwenken und aus dem Türrahmen herausheben.

Einbau

- Scheibe leicht nach vorn schwenken und von außen in den Fensterrahmen einsetzen.
- Scheibe zurückschwenken und in die hintere Fensterführung einsetzen.
- Scheibe gegen die hintere Fensterführung drücken und vorsichtig nach unten führen. **5-Türer:** Scheibe in die Klemmbacken einsetzen. **3-Türer:** Scheibe in die Führungen einclipsen.
- **5-Türer:** Klemmmuttern mit **7 Nm** festziehen.
- Fensterscheibe bis zum oberen und unteren Anschlag fahren. Dabei auf spannungsfreien Fensterlauf achten. Gegebenenfalls Scheibe neu ausrichten.
- Abdeckungen für die Montageöffnungen der Klemmmuttern aufkleben.
- Endstellungen der Fensterscheibe neu anlernen. Dazu Fensterheberschalter ziehen und Scheibe bis zum Anschlag nach oben fahren. Fensterheberschalter loslassen und anschließend nochmals für 2 Sekunden ziehen. Dadurch wird die obere Endstellung gespeichert. Anschließend untere Endstellung analog einstellen.
- Türverkleidung einbauen, siehe entsprechendes Kapitel.
- Der weitere Einbau erfolgt in umgekehrter Ausbaureihenfolge.

Außenspiegel aus- und einbauen

Ausbau

- Zündung ausschalten und Zündschlüssel abziehen.
- Türverkleidung ausbauen, siehe Seite 218.

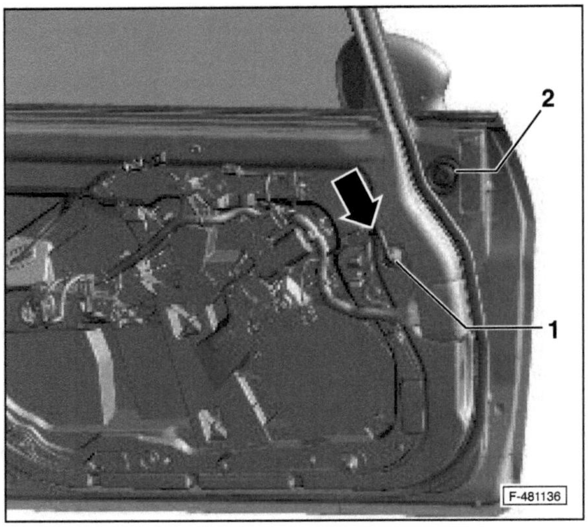

- Steckverbindung für Außenspiegel –Pfeil– trennen.
- Tülle –1– aus dem Türblech lösen und zusammen mit dem Kabel durch die Öffnung im Türblech stecken.
- Abdeckung –2– vom Türblech abziehen.

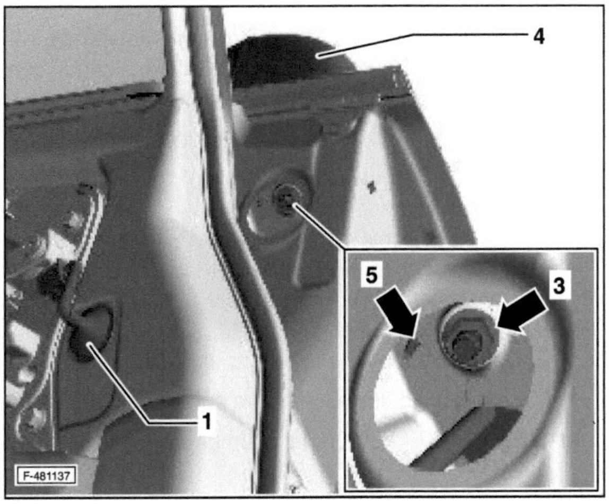

- Dahinterliegende Befestigungsmutter –3– für Außenspiegel mit Steckschlüssel SW 13 einige Umdrehungen lösen, dann abschrauben und herausnehmen. Dabei darauf achten, dass die Mutter nicht in den Türrahmen hineinfällt.
- Außenspiegel abnehmen.

Einbau

- Elektrische Leitung für Außenspiegel durch die Bohrung im Türblech hindurchschieben.
- Außenspiegel –4– so ansetzen, dass der Stift –5– in die Bohrung am Türblech eingreift.
- Befestigungsmutter in den Steckschlüssel einsetzen und Außenspiegel anschrauben. Mutter mit **13 Nm** festziehen.
- Elektrische Leitung für Außenspiegel mit einer Spitzzange oder Pinzette durch die untere Bohrung im Türinnenblech herausziehen.
- Stecker verbinden. Tülle –1– am Türblech einclipsen
- Türverkleidung einbauen, siehe Seite 218.
- Abdeckung für Spiegelbefestigung am Türblech einclipsen.

Stromlaufpläne

Aus dem Inhalt:

- Zeichenerklärung
- Stromlaufplan-Übersicht
- Stromlaufplan-bezeichnungen
- Einzelpläne

Der Umgang mit dem Stromlaufplan

In einem Personenwagen werden bis zu 2.000 Meter Leitungen verlegt, um alle elektrischen Verbraucher (Scheinwerfer, Radio usw.) mit Strom zu versorgen.

Will man einen Fehler in der elektrischen Anlage aufspüren oder nachträglich ein elektrisches Zubehör montieren, kommt man nicht ohne Stromlaufplan aus; anhand dessen der Stromverlauf und damit die Kabelverbindungen aufgezeigt werden. Grundsätzlich muss der betreffende Stromkreis geschlossen sein, sonst kann der elektrische Strom nicht fließen. Es reicht beispielsweise nicht aus, wenn an der Plusklemme eines Scheinwerfers Spannung anliegt, wenn nicht gleichzeitig über den Masseanschluss der Stromkreis geschlossen ist.

Deshalb ist auch das Massekabel von der Batterie mit der Karosserie verbunden. Mitunter reicht diese Masseverbindung jedoch nicht aus, und der betreffende Verbraucher bekommt eine direkte Masseleitung, deren Isolierung in der Regel braun eingefärbt ist. In den einzelnen Stromkreisen können Schalter, Relais, Sicherungen, Messgeräte, elektrische Motoren oder andere elektrische Bauteile integriert sein. Damit diese Bauteile richtig angeschlossen werden können, haben die einzelnen Kontakte entsprechende Klemmenbezeichnungen.

Achtung: Die Darstellung der Bauteile und Kabel erfolgt nicht maßstabsgerecht. So erscheint zum Beispiel ein Kabel von über 1 m Länge nicht anders, als ein Kabel, das nur wenige cm lang ist. Außerdem werden Leitungen innerhalb eines komplexen Bauteils vereinfacht dargestellt.

Die wichtigsten Klemmenbezeichnungen sind:

Klemme 15 wird über das Zündschloss gespeist. Die Leitungen führen nur bei eingeschalteter Zündung Strom. Die Kabel sind meist grün oder grün mit farbigem Streifen.

Klemme 30. An dieser Klemme liegt immer die Batteriespannung an. Die Kabel sind meist rot oder rot mit farbigem Streifen.

Klemme 31 führt zur Masse. Die Masse-Leitungen sind in der Regel schwarz.

Stromlaufpläne FORD FIESTA

Modelljahr 2012 (Stand 01/2012)

Da die Original-Stromlaufpläne für den FIESTA sehr umfangreich und stark ausstattungsbezogen sind, beschränkt sich die hier getroffene Auswahl auf Stromlaufpläne, die für möglichst viele Modelle gelten.

Stromlaufplan-Bezeichnungen

Bezeichnungen

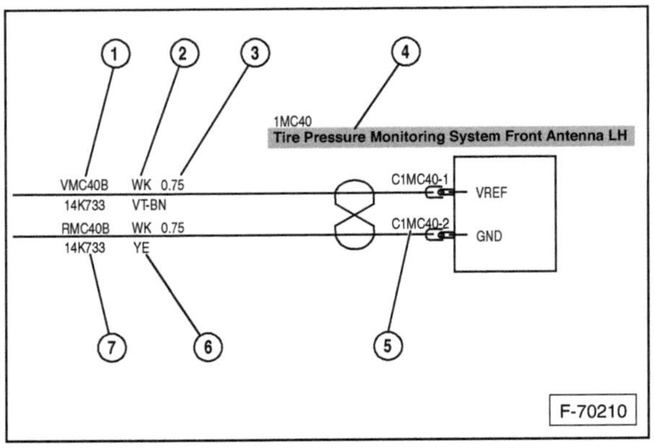

Pos.	Beschreibung
1	Stromkreiscode
2	Kabelisolierungs-Spezifikationen (Temperatur)
3	Kabelquerschnitt (mm²)
4	Bauteilbezeichnung [1)]
5	Steckercode
6	Kabelfarbencode
7	Kabelstrangcode

[1)] Teilweise in englischer Sprache. Hier: »Tire Pressure Monitoring System Front Antenna LH« = Antenne für Reifenfülldruck-Überwachungssystem vorn, Linkslenker.

Stromkreiscode

Stellung	Beschreibung
1	Potenzial
2	System
3	Untersystem
4 und 5	Funktion

Einige Stromkreiscodes haben einen Suffix. Suffixe werden verwendet, wenn Teile eines Stromkreises durch einen Stecker getrennt sind.

Potenzial

Motorcode	Beschreibung
G	GND (Masse)
S	Standardspannung
H	Höher als Standardspannung
C	Veränderlich oder geschaltet
V	Variables Signal
L	Niedriger als Standardspannung
R	Rücklauf oder Referenz
D	Drain-Kabel
Z	Jeder beliebige der oben angegebenen Punkte mit zeitlich begrenzter Funktion

System

Motorcode	Beschreibung
A	Sonderfahrzeug
B	Stromkreisabsicherung
C	Fahrwerk
D	Elektrikverteilung
E	Motor und Getriebe
H	Beheizung
L	Beleuchtung
M	Multimedia (Information und Unterhaltung)
P	Komfort-Elektronik
R	Sicherheits-Rückhaltesysteme/Airbags
Y	Hybridfahrzeug-Antriebsstrang

Schlüssel für Leitungsfarben

BK = schwarz BN = braun BU = blau GN = grün GY = grau	LG = hellgrün NA = farblos OG = orange PK = pink RD = rot	SR = silber VT = violett WH = weiß YE = gelb

Stromlaufplan-Symbole

	Steckverbindung		Teil eines Bauteils
	Stecker	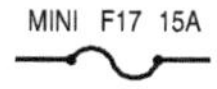	Mini-Sicherung, hier: F17 mit einer Stärke von 15 Ampère
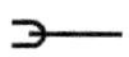	Buchse	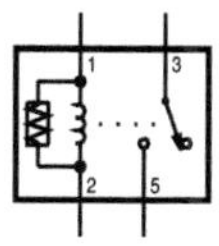	Relais
	Masseanschluss		Elektromotor
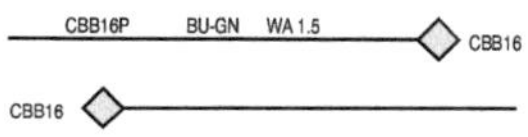	Stromkreis wird im folgenden Plan weitergeführt beziehungsweise kommt vom folgenden Plan	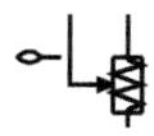	Regelbarer Widerstand, z.B. Tankgeber
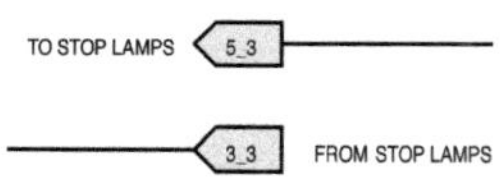	Stromkreis wird in einem anderen Plan weitergeführt beziehungsweise kommt von einem anderen Plan		Lampe
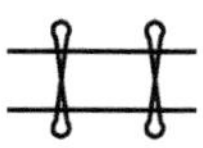	2 verdrillte Adern (Leitungen)		Zweifaden-Lampe
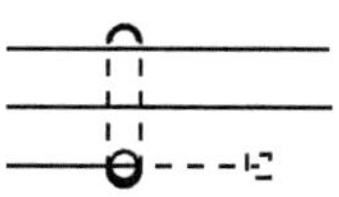	Abgeschirmte Kabel	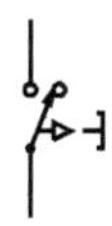	Schalter

Motorregelung   (1 von 2)

1.25L Duratec-16V (44kW/60PS) - Sigma/1.25L Duratec-16V (60kW/82PS) - Sigma/1.4L Duratec-16V (70kW/95PS) - Sigma/1.4L Duratec-16V (71kW/96PS) - Sigma -- Fahrzeuge ausgestattet mit 5-Gang Schaltgetriebe - B5/IB5, Fahrzeuge ausgestattet mit schlüssellosem Schließ- und Startsystem, Fahrzeuge nicht ausgestattet mit Klimaanlage

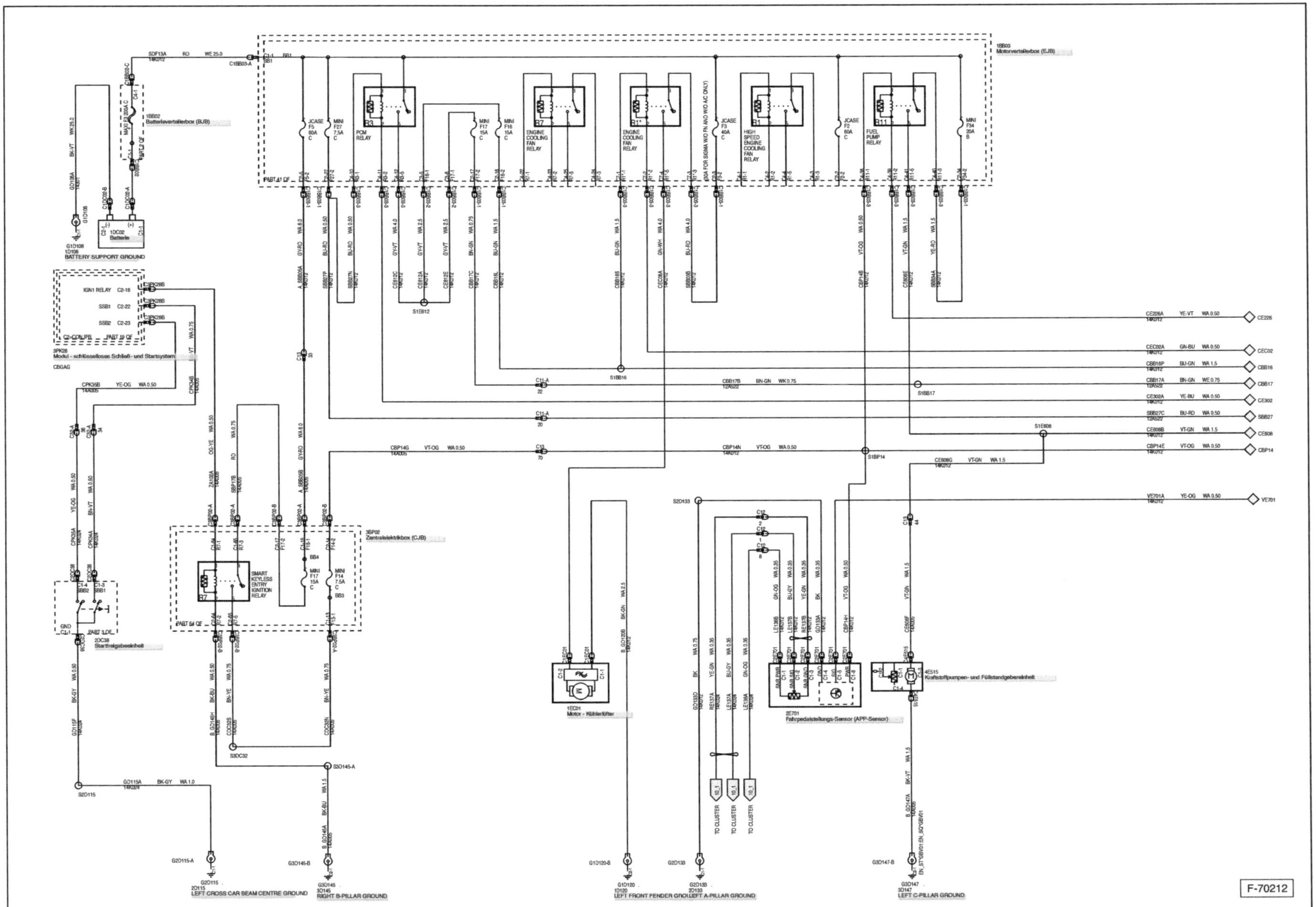

1.25L Duratec-16V (44kW/60PS) - Sigma/1.25L Duratec-16V (60kW/82PS) - Sigma/1.4L Duratec-16V (70kW/95PS) - Sigma/1.4L Duratec-16V (71kW/96PS) - Sigma -- Fahrzeuge ausgestattet mit 5-Gang Schaltgetriebe - B5/IB5, Fahrzeuge ausgestattet mit schlüssellosem Schließ- und Startsystem, Fahrzeuge nicht ausgestattet mit Klimaanlage

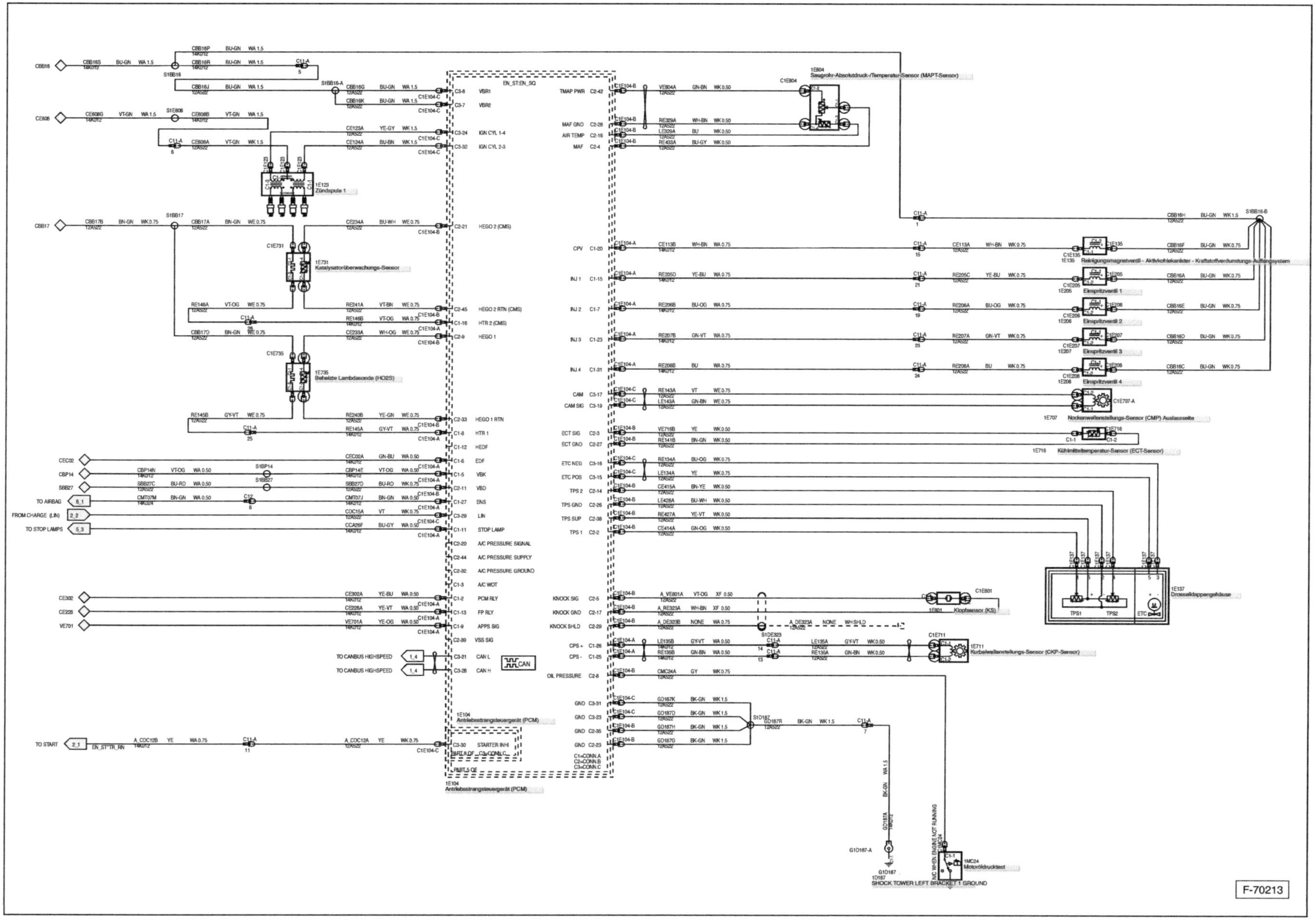

Anlasssystem

1.25L Duratec-16V (44kW/60PS) - Sigma/1.25L Duratec-16V (60kW/82PS) - Sigma/1.4L Duratec-16V (70kW/95PS) - Sigma/1.4L Duratec-16V (71kW/96PS) - Sigma/1.6L Duratec-16V (88kW/120PS) - Sigma
Fahrzeuge ausgestattet mit 5-Gang Schaltgetriebe - B5/IB5 ohne schlüsselloses Schließ- und Startsystem

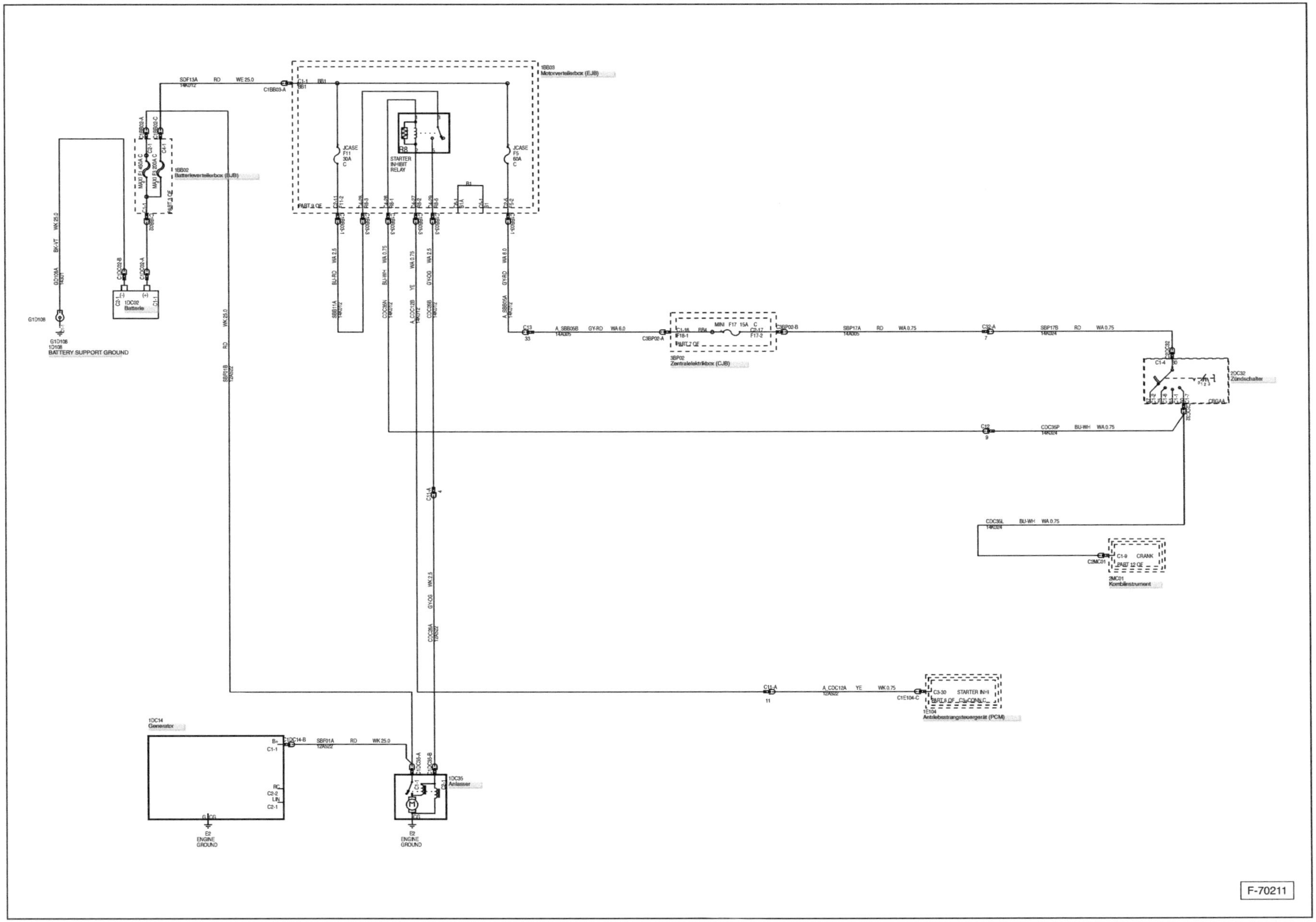

Fahrzeuge nicht ausgestattet mit schlüssellosem Schließ- und Startsystem

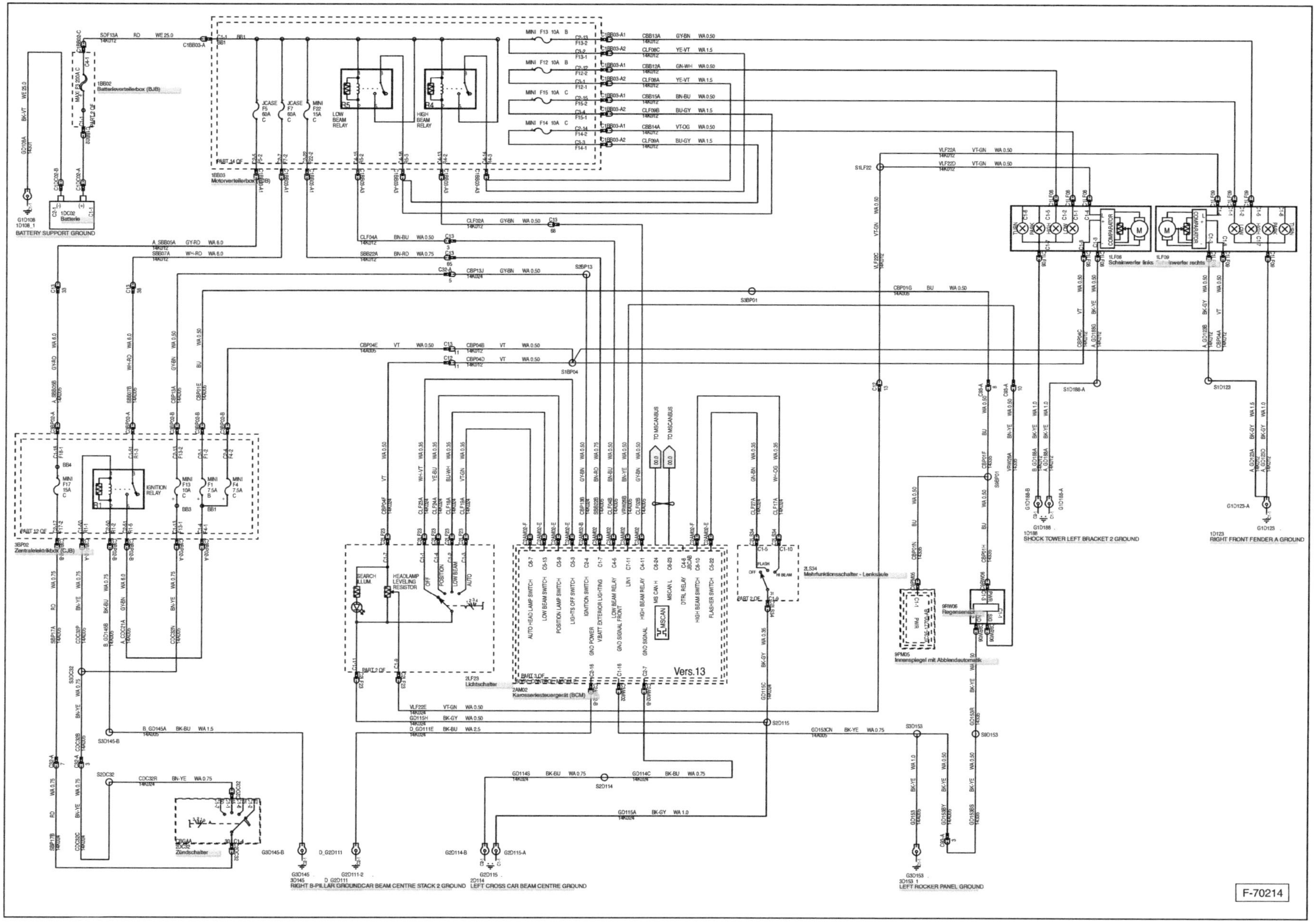

Außenbeleuchtung - Nebelleuchten

Fahrzeuge nicht ausgestattet mit schlüssellosem Schließ- und Startsystem

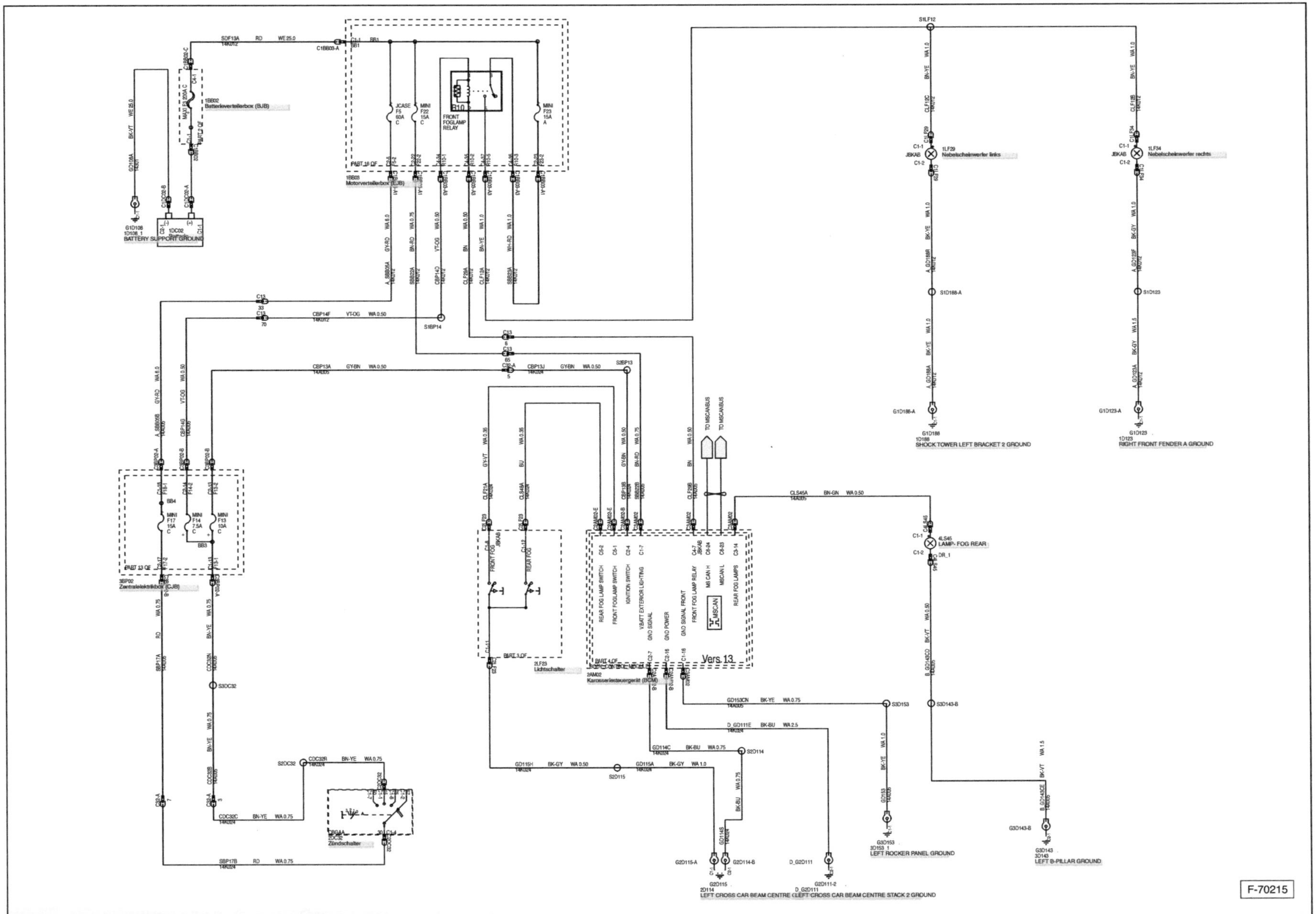

Außenbeleuchtung - Bremsleuchten

1.25L Duratec-16V (44kW/60PS) - Sigma/1.25L Duratec-16V (60kW/82PS) - Sigma/1.4L Duratec-16V (70kW/95PS) - Sigma/1.4L Duratec-16V (71kW/96PS) - Sigma/1.6L Duratec-16V Ti-VCT (88kW/120PS) - Sigma, Fahrzeuge ausgestattet mit 5-Gang Schaltgetriebe - B5/IB5, Fahrzeuge nicht ausgestattet mit schlüssellosem Schließ- und Startsystem

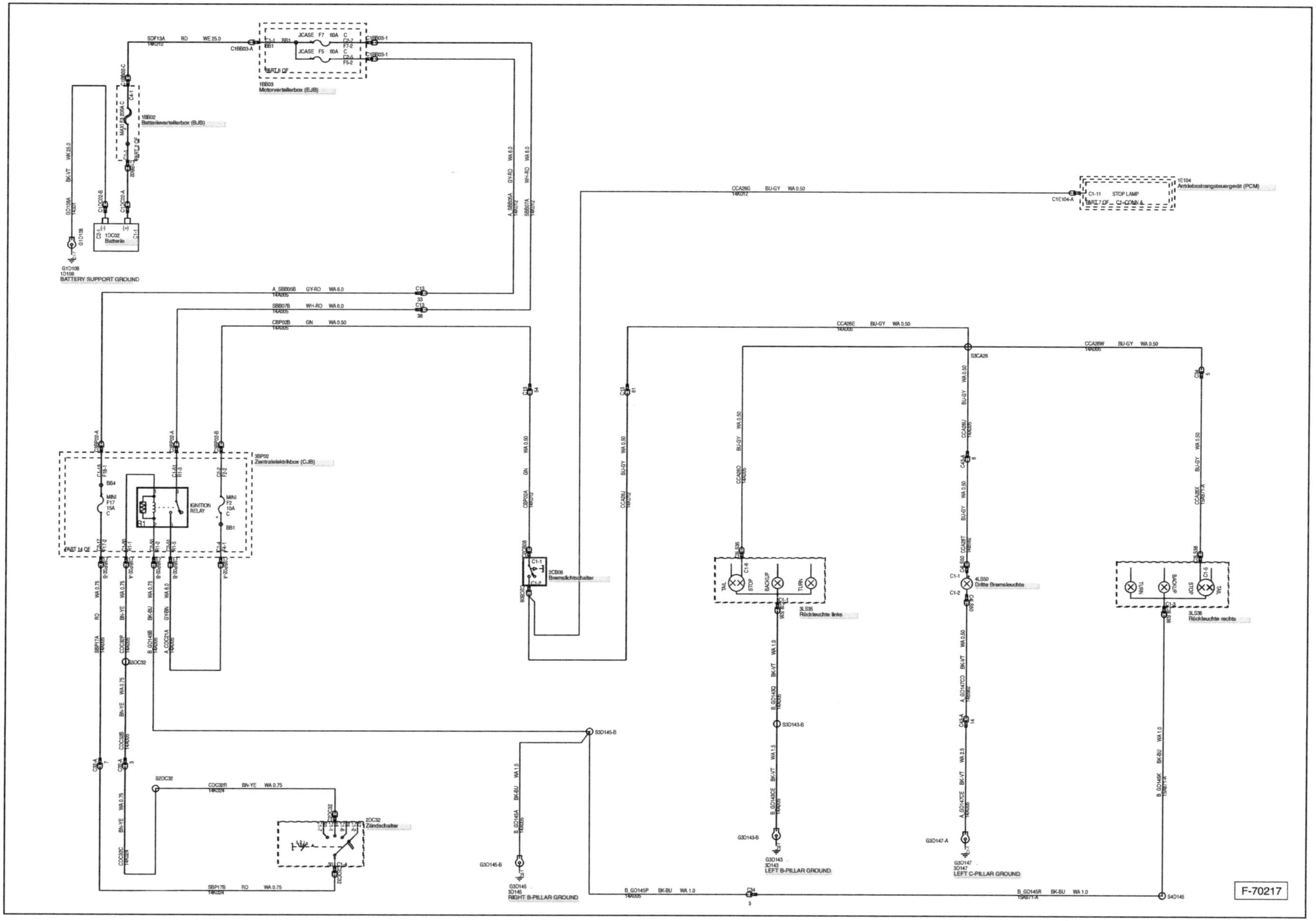

Außenbeleuchtung - Bremsleuchten

1.6L Duratorq-TDCi (55kW/75PS)/1.6L Duratorq-TDCi (66kW/90PS)/1.6L Duratorq-TDCi (70kW/95PS) (T3)/1.6L Duratorq-TDCi (70kW/95PS) (TZ), Fahrzeuge ausgestattet mit schlüssellosem Schließ- und Startsystem

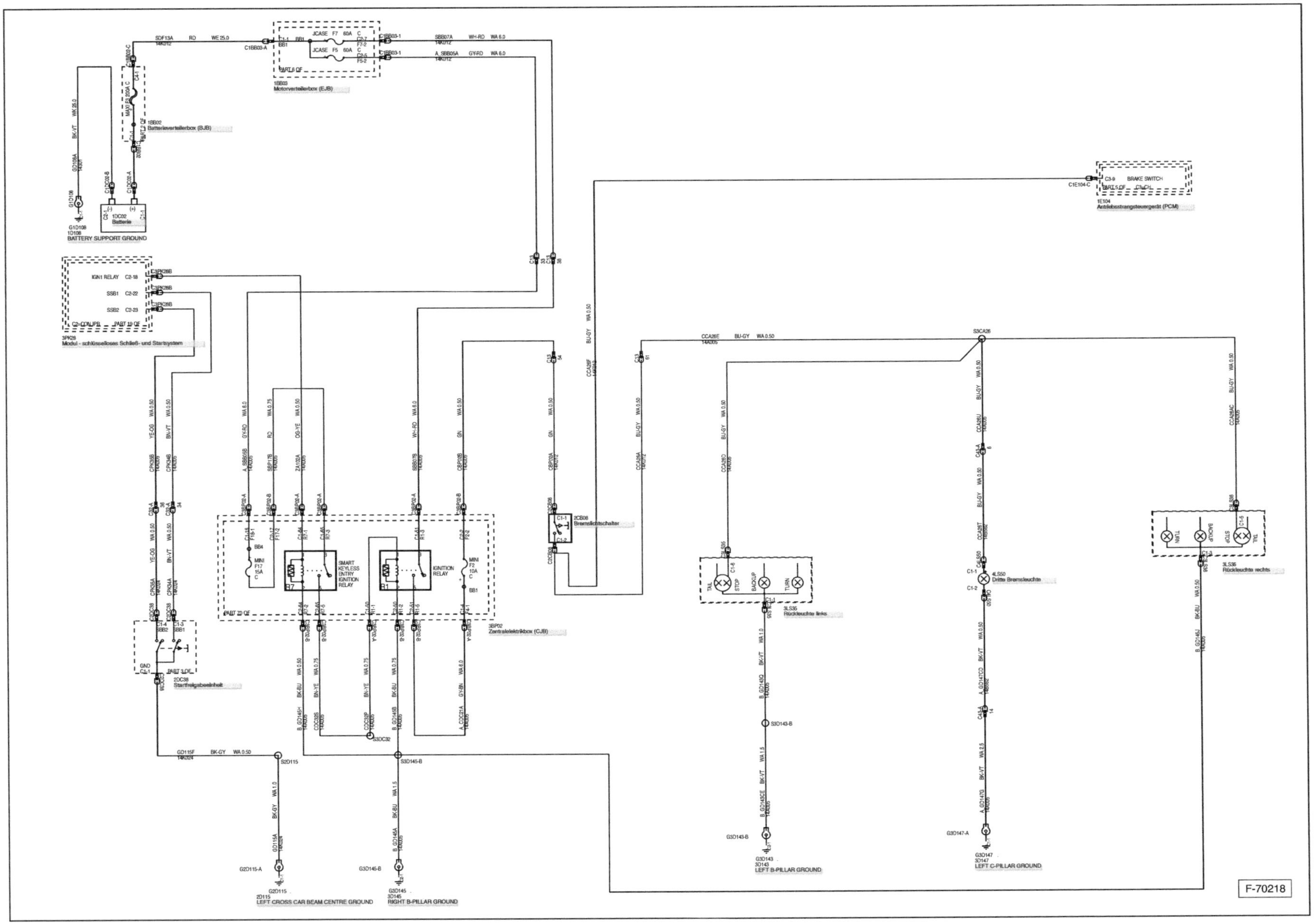

Fahrzeuge nicht ausgestattet mit schlüssellosem Schließ- und Startsystem

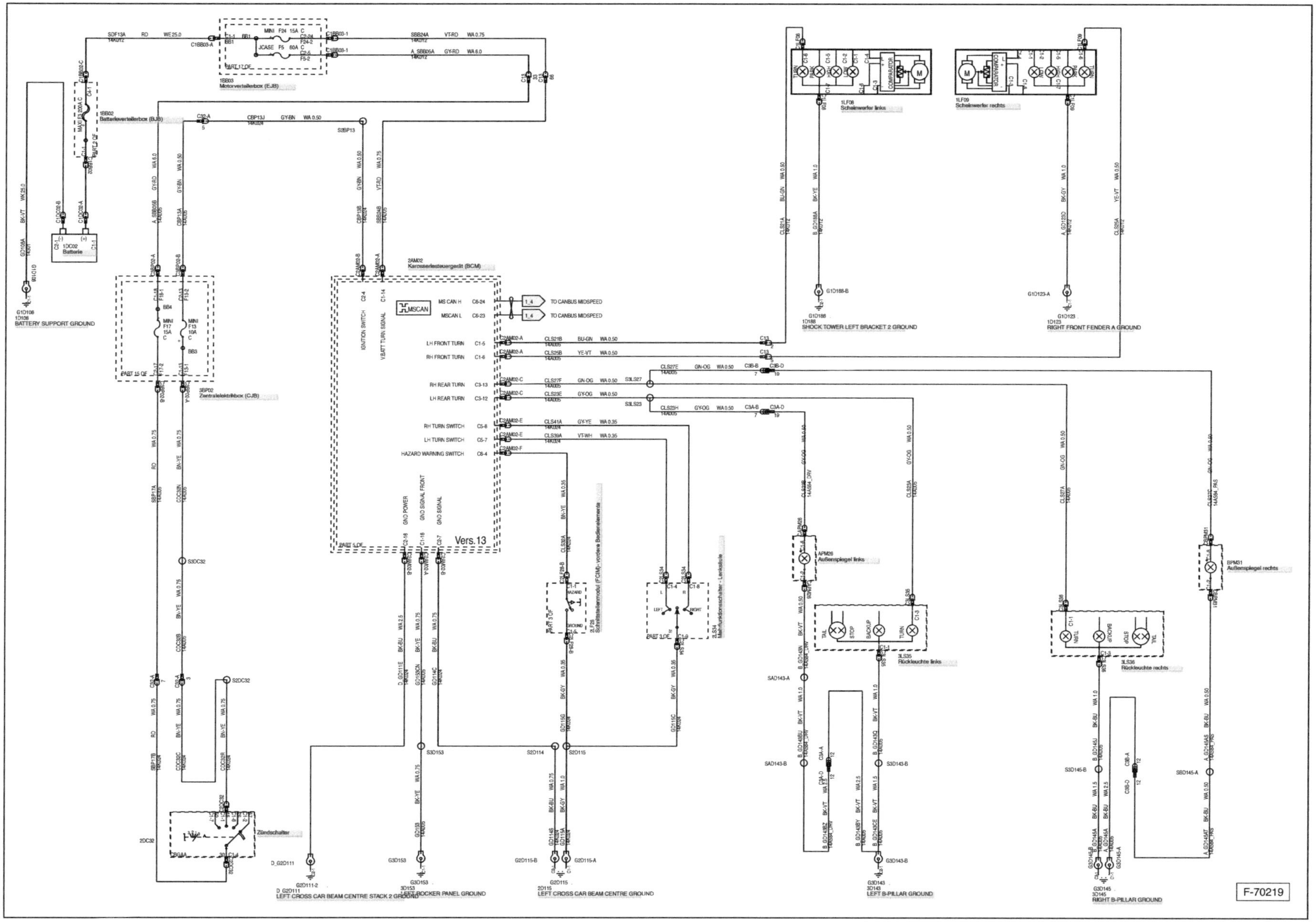

Rückspiegel - Elektrische Außenspiegel

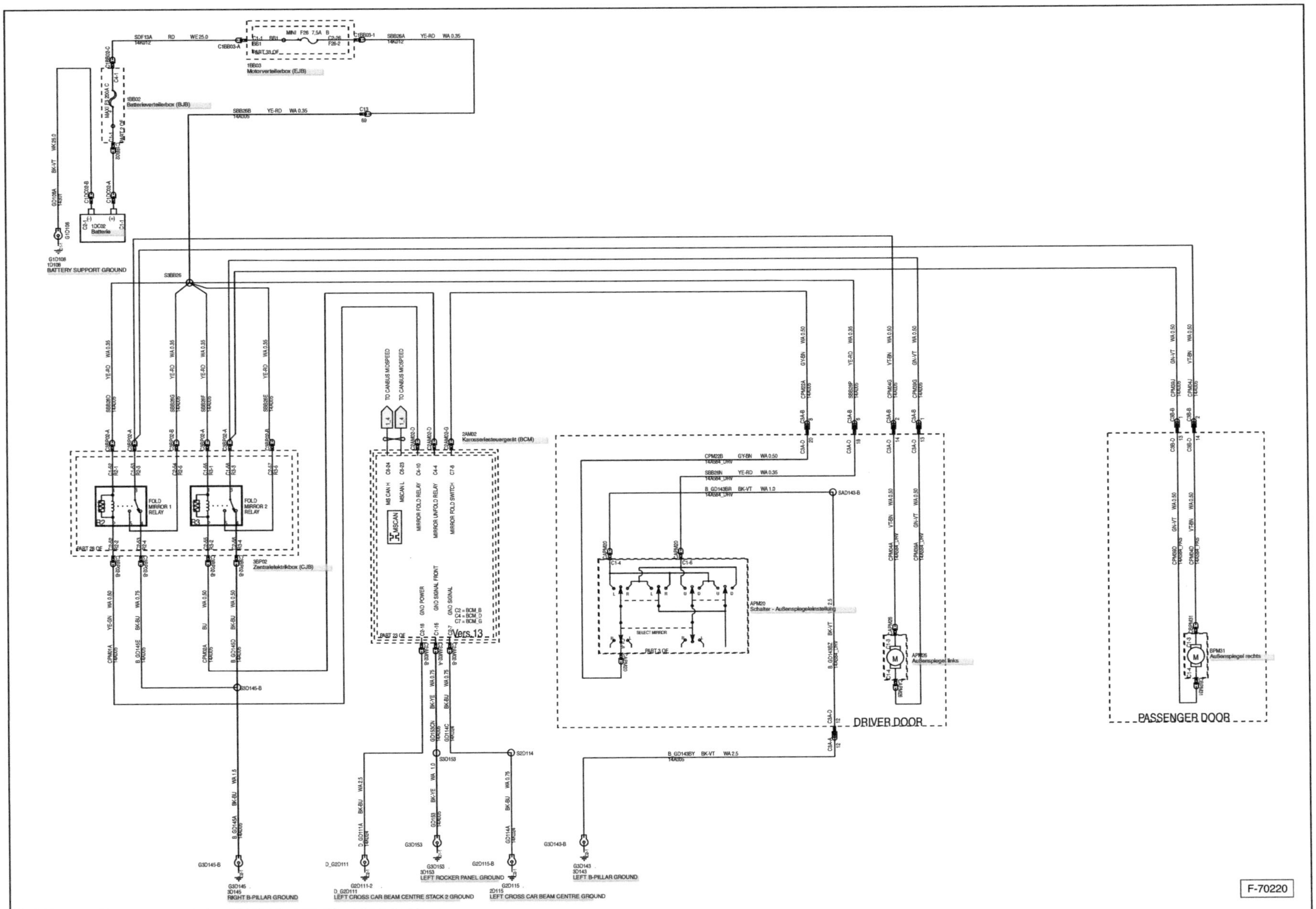

5-Türer, Fahrzeuge nicht ausgestattet mit schlüssellosem Schließ- und Startsystem

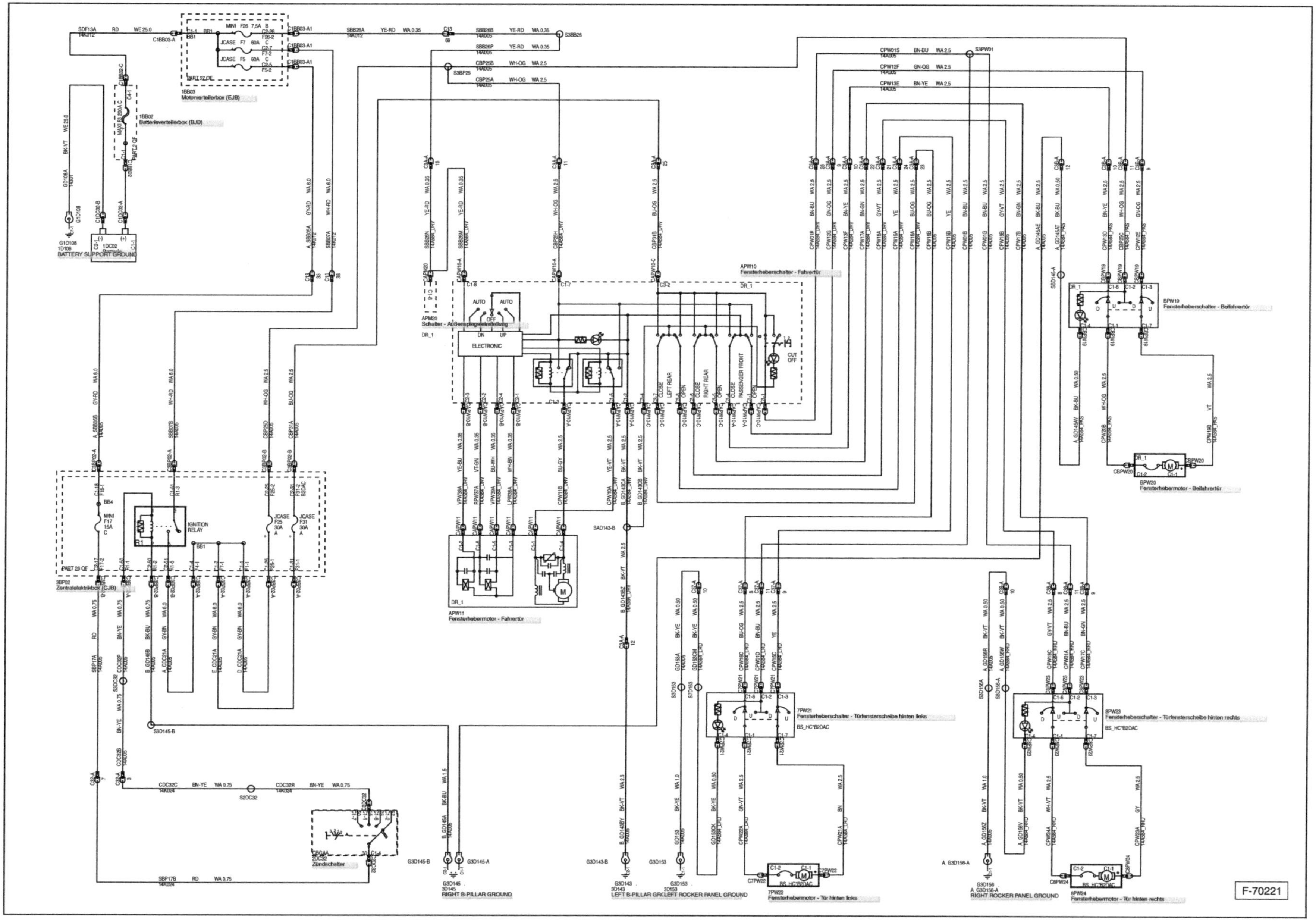

Scheibenwischer und Scheibenwaschanlage (1 von 2)

Fahrzeuge ausgestattet mit 5-Gang Schaltgetriebe - B5/IB5, Fahrzeuge nicht ausgestattet mit schlüssellosem Schließ- und Startsystem

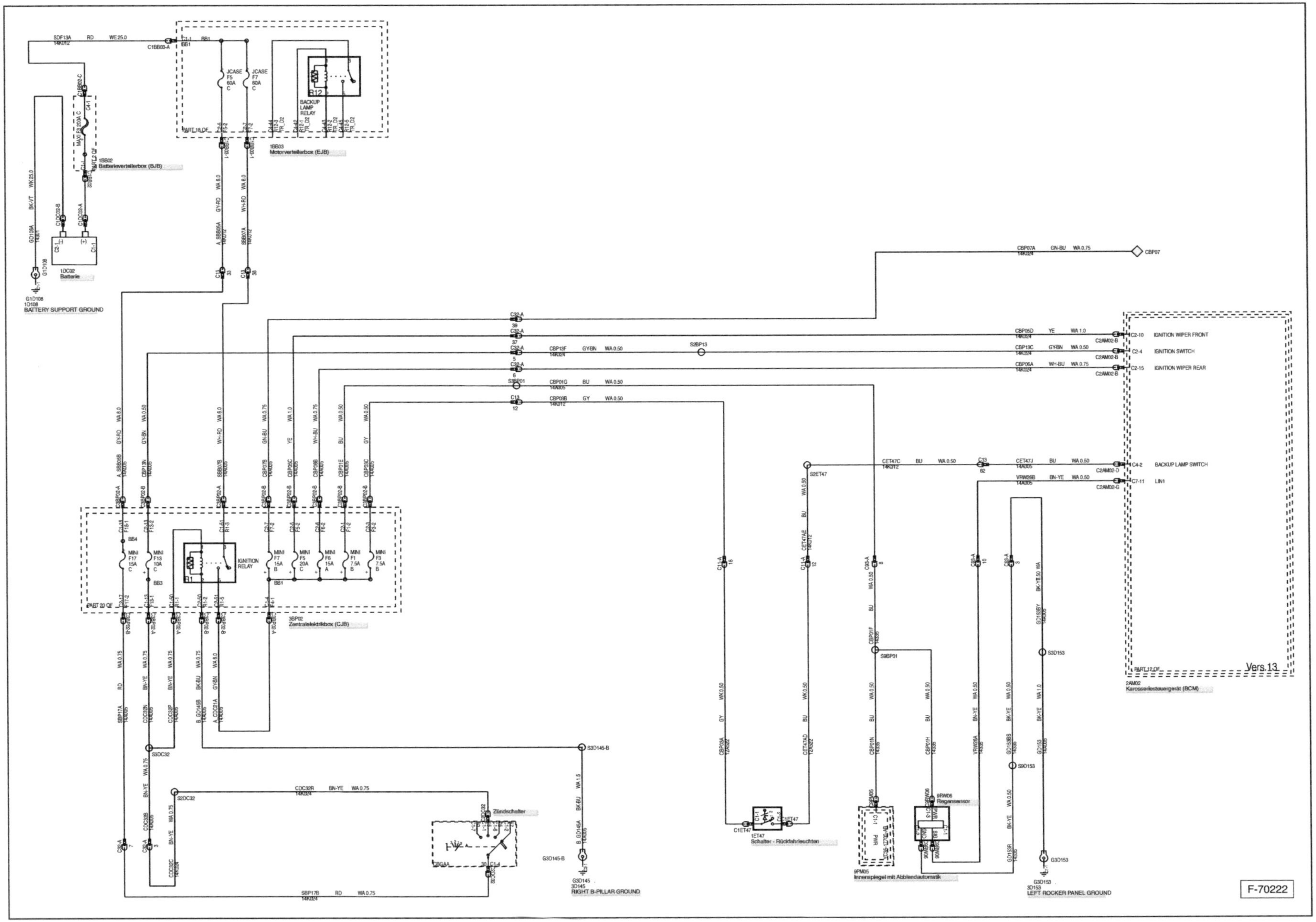

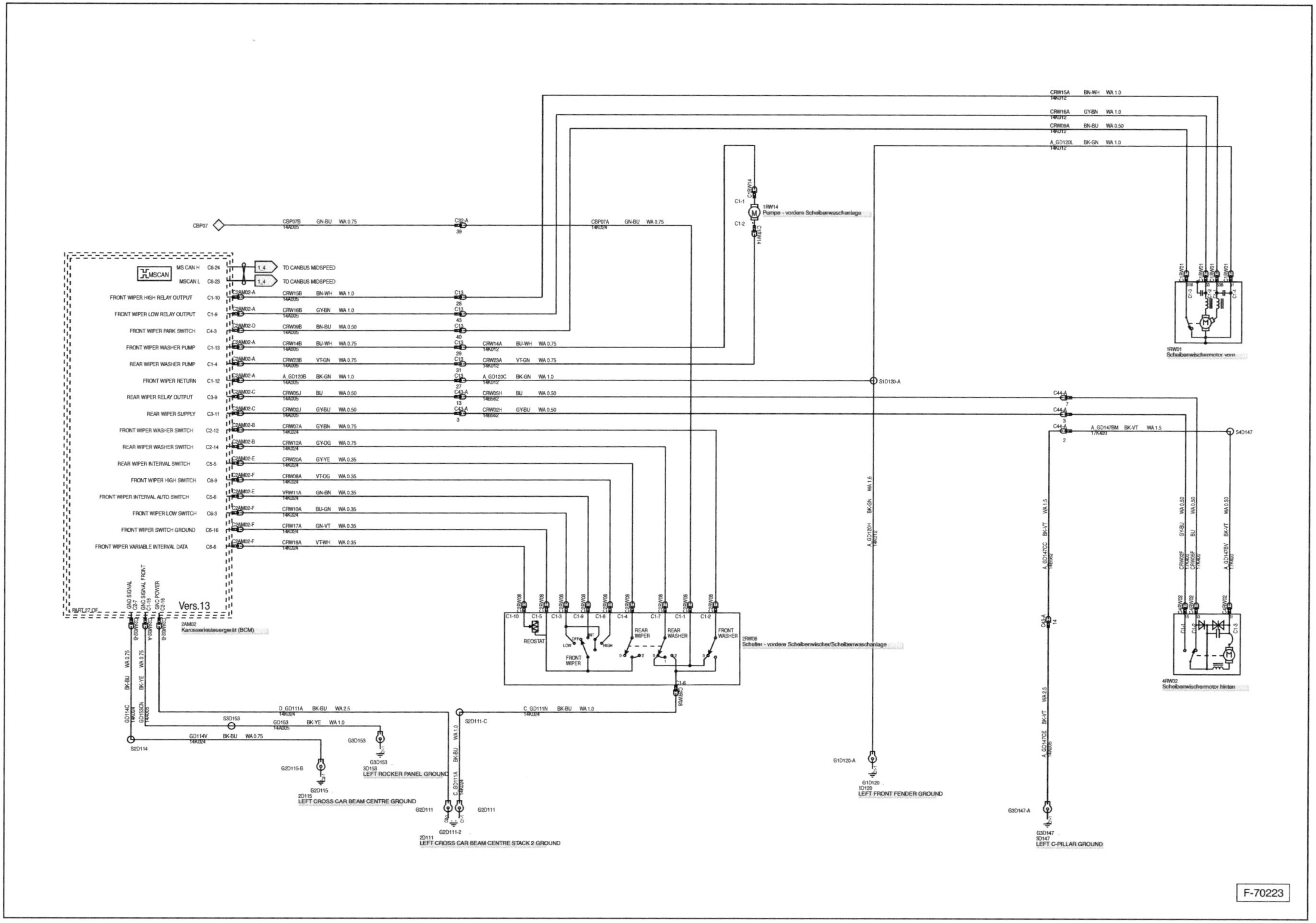

MS CAN H C6-24
MSCAN L C6-23
TO CANBUS MIDSPEED
FRONT WIPER HIGH RELAY OUTPUT C1-10
FRONT WIPER LOW RELAY OUTPUT C1-9
FRONT WIPER PARK SWITCH C4-3
FRONT WIPER WASHER PUMP C1-13
REAR WIPER WASHER PUMP C1-4
FRONT WIPER RETURN C1-12
REAR WIPER RELAY OUTPUT C3-9
REAR WIPER SUPPLY C3-11
FRONT WIPER WASHER SWITCH C2-12
REAR WIPER WASHER SWITCH C2-14
REAR WIPER INTERVAL SWITCH C5-5
FRONT WIPER HIGH SWITCH C6-9
FRONT WIPER INTERVAL AUTO SWITCH C5-6
FRONT WIPER LOW SWITCH C6-3
FRONT WIPER SWITCH GROUND C6-16
FRONT WIPER VARIABLE INTERVAL DATA C6-6
GND SIGNAL C2-7
GND SIGNAL FRONT C1-15
GND POWER C2-16
Vers.13
2AM02
Karosseriesteuergerät (BCM)
1RW14
Pumpe - vordere Scheibenwaschanlage
1RW01
Scheibenwischermotor vorn
4RW02
Scheibenwischermotor hinten
2RW08
Schalter - vordere Scheibenwischer/Scheibenwaschanlage
REOSTAT
FRONT WIPER
REAR WIPER
REAR WASHER
FRONT WASHER
S1D120-A
S4D147
S2D111-C
S2D114
S3D153
G1D120-A
1D120
LEFT FRONT FENDER GROUND
G3D147-A
3D147
LEFT C-PILLAR GROUND
G2D111
2D111
LEFT CROSS CAR BEAM CENTRE STACK 2 GROUND
G3D153
3D153
LEFT ROCKER PANEL GROUND
G2D115-B
2D115
LEFT CROSS CAR BEAM CENTRE GROUND
CBP07
F-70223